普通高等教育电气信息类系列教材

电机学教与学指导书

苏少平　杜锦华　编

机械工业出版社

本书是与苏少平等编写、机械工业出版社出版的《电机学》一书配套的教与学指导书，主要总结、论述电机学教学和学习的方法。全书共分为 10 章，第 1~8 章分别是《电机学》相应章节的教学目标和重点、内容概要、难点解析、例题精讲、思考题与习题解答等；第 9 章介绍计算机辅助教学、辅助学习、模拟实验等内容；第 10 章为《电机学》模拟试题及答案。本书选取典型例题进行了精讲，给出了《电机学》主教材中的习题解答，还提供了常见考试题型的模拟练习。

本书可作为"电机学"课程的教学、学习指导书，也可供相关技术人员参考。

图书在版编目（CIP）数据

电机学教与学指导书 / 苏少平，杜锦华编. -- 北京：机械工业出版社，2025.8. -- (普通高等教育电气信息类系列教材). -- ISBN 978-7-111-78825-6

Ⅰ. TM3

中国国家版本馆CIP数据核字第2025Z06V38号

机械工业出版社（北京市百万庄大街22号　邮政编码100037）

策划编辑：王雅新　　　　　　　责任编辑：王雅新　王　荣
责任校对：贾海霞　丁梦卓　　　封面设计：鞠　杨
责任印制：张　博
北京建宏印刷有限公司印刷
2025年9月第1版第1次印刷
184mm×260mm・13.75印张・339千字
标准书号：ISBN 978-7-111-78825-6
定价：43.80 元

电话服务　　　　　　　　　　网络服务
客服电话：010-88361066　　　机　工　官　网：www.cmpbook.com
　　　　　010-88379833　　　机　工　官　博：weibo.com/cmp1952
　　　　　010-68326294　　　金　书　网：www.golden-book.com
封底无防伪标均为盗版　　　　机工教育服务网：www.cmpedu.com

前 言

"电机学"课程是电类和机电类专业的重要专业基础课,其理论性、实践性都很强,在教学与学习过程中会遇到许多困惑与疑难。编者在总结多年电机学教学经验的基础上,编写了本指导书,并与编者此前编著的由机械工业出版社出版的《电机学》教材配套,供教师和广大读者参考。

本书对《电机学》的各章节的教学目标、基本内容、教学重点、学习难点等进行了归纳和解析,选取典型例题精讲,给出了教材中的思考题简答和习题解答,还提供了常见考试题型的模拟练习。这些内容对初上讲坛讲授《电机学》的教师和广大读者会有较大的指导作用。另外,本书还探索了将计算机辅助技术融入电机学教与学的实践,这在国内电机学相关书籍中有一定的首创性。

本书由西安交通大学苏少平和杜锦华共同编写,苏少平编写了第 1~7 章、第 10 章,杜锦华编写了第 8 章、第 9 章,全书由苏少平统稿。西安交通大学电机教研室其他教师在成书过程中提出了许多宝贵的意见和建议,在此表达诚挚的谢意!

本书编者长期从事电机学教学工作,但毕竟水平有限,书中难免谬误和遗漏,望广大读者不吝指正。

编者

目 录

前言
第1章 绪论 ………………………………… 1
  1.1 教学目标和重点 ……………………… 1
  1.2 内容概要 ……………………………… 1
  1.3 难点解析 ……………………………… 3
  1.4 例题精讲 ……………………………… 4
  1.5 思考题简答 …………………………… 6
  1.6 习题解答 ……………………………… 8

第2章 变压器 ……………………………… 12
  2.1 教学目标和重点 ……………………… 12
  2.2 内容概要 ……………………………… 12
  2.3 难点解析 ……………………………… 16
  2.4 例题精讲 ……………………………… 17
  2.5 思考题简答 …………………………… 22
  2.6 习题解答 ……………………………… 30

第3章 机电能量转换及旋转电机原理 … 39
  3.1 教学目标和重点 ……………………… 39
  3.2 内容概要 ……………………………… 39
  3.3 难点解析 ……………………………… 42
  3.4 例题精讲 ……………………………… 43
  3.5 思考题简答 …………………………… 46
  3.6 习题解答 ……………………………… 50

第4章 直流电机 …………………………… 56
  4.1 教学目标和重点 ……………………… 56
  4.2 内容概要 ……………………………… 56
  4.3 难点解析 ……………………………… 59
  4.4 例题精讲 ……………………………… 62
  4.5 思考题简答 …………………………… 65
  4.6 习题解答 ……………………………… 71

第5章 交流旋转电机的共同问题 ……… 81
  5.1 教学目标和重点 ……………………… 81
  5.2 内容概要 ……………………………… 81
  5.3 难点解析 ……………………………… 84
  5.4 例题精讲 ……………………………… 86
  5.5 思考题简答 …………………………… 88
  5.6 习题解答 ……………………………… 94

第6章 感应电机 …………………………… 101
  6.1 教学目标和重点 ……………………… 101
  6.2 内容概要 ……………………………… 101
  6.3 难点解析 ……………………………… 105
  6.4 例题精讲 ……………………………… 108
  6.5 思考题简答 …………………………… 111
  6.6 习题解答 ……………………………… 119

第7章 同步电机 …………………………… 129
  7.1 教学目标和重点 ……………………… 129
  7.2 内容概要 ……………………………… 130
  7.3 难点解析 ……………………………… 133
  7.4 例题精讲 ……………………………… 135
  7.5 思考题简答 …………………………… 141
  7.6 习题解答 ……………………………… 149

第8章 特种电机和交流伺服控制 ……… 160
  8.1 教学目标和重点 ……………………… 160
  8.2 内容概要 ……………………………… 160
  8.3 难点解析 ……………………………… 165
  8.4 例题精讲 ……………………………… 166
  8.5 思考题简答 …………………………… 168
  8.6 习题解答 ……………………………… 171

第9章 计算机辅助教学与学习 ………… 174
  9.1 引言 …………………………………… 174
  9.2 并励直流发电机的自励建压 ………… 174
  9.3 他励直流电动机的电枢串电阻起动 … 176
  9.4 感应电动机的直接起动 ……………… 178
  9.5 变压器空载合闸运行 ………………… 181
  9.6 同步发电机的并网运行 ……………… 185

第10章 模拟试题及答案 ………………… 191
  10.1 模拟试题 …………………………… 191
    10.1.1 模拟试题一 …………………… 191
    10.1.2 模拟试题二 …………………… 193

- 10.1.3 模拟试题三 ……………… 195
- 10.1.4 模拟试题四 ……………… 198
- 10.1.5 模拟试题五 ……………… 200
- 10.2 模拟试题答案 ……………… 203
  - 10.2.1 模拟试题一答案 ………… 203
- 10.2.2 模拟试题二答案 ………… 204
- 10.2.3 模拟试题三答案 ………… 205
- 10.2.4 模拟试题四答案 ………… 207
- 10.2.5 模拟试题五答案 ………… 210

参考文献 …………………………… 214

第 1 章

绪 论

1.1 教学目标和重点

- 电机的用途和类别。对电机的定义、分类、作用有较为清晰的理解；对电机学课程的性质、特点、学习方法有宏观认识。教师可以重点讲述电机在国民经济和人民生活中的重要地位和巨大作用，特别是在许多大国重器、高精尖领域的应用，启发学生的学习兴趣和动力，激励学生技术报国和实业报国的情怀和使命担当。
- 电机学课程的性质、特点和学习方法。既要讲清电机学内容的广度和难度，提醒学生做好打硬仗的准备；又要强调电机学课程规律性强、原理简单等特点，打消学生的畏惧心理。重点在于以讲解电机学课程特点和学习方法为契机，启发引导学生自觉运用辩证思维、正确应对困难的思想觉悟。
- 磁路基本知识。建立电机和变压器主磁路、漏磁路的概念；学习主要的磁路定律，掌握与磁路相关的基本物理量的概念、计算及计量单位；会进行简单的磁路计算。教师要讲清楚磁路模型是对磁场的简化处理。重点在于讲解磁路三个定律之间的递推关系。以讲解例题为契机，强调工程计算规范书写的重要性，培养学生认真严谨的态度和作风。
- 磁性材料的特性。学习铁磁材料的特点和性能，掌握磁化曲线的概念和特点，搞清楚产生铁耗的机理。重点在于讲述铁磁材料磁化曲线的概念和特点、铁耗产生的机理及采用硅钢片叠压铁心减少涡流损耗的原理。
- 电机作用原理的基础。掌握电磁感应定律、电磁力定律及其在电机中的应用。重点讲述电磁感应定律和电磁力定律的 3 个基本公式，强调电、磁、力在电机中相互作用和转换的规律。

1.2 内容概要

电机是一种与电能相关的、基于电磁感应原理的能量转换装置，用来实现机械能与电能之间能量形态的转换或者电能自身形式的改变。从本质上讲，电机是以磁（场）为媒介，实现电（能）与力（机械能）或者电（能）与电（能）相互转换的装置。按功能可将电机分为发电机、电动机、变压器和控制电机等。发电机将机械能转换成电能，实现发电；电动机将电能转换为机械能，完成用电；变压器改变电压等级，实现变电。按电流可将电机分为直流电机和交流电机，交流电机又分为感应电机和同步电机，变压器可以看成是静止的交流感应电机。电机和变压器都具有可逆性。

电机学主要讲述变压器和各种旋转电机的基本构造、基本理论、基本性能和基本操作方法，是电类和机电类专业极为重要的专业基础课。

永久磁铁和电流能产生磁场。通常用磁力线来描述磁场，磁力线充满空间。用磁性材料可以引导绝大多数磁力线沿人们设计的路径闭合，并形成明确的磁路。在电机中，通常以铁磁材料为主体引导和规范绝大多数磁力线沿所设计的磁路闭合，这种磁路称为主磁路；极少数磁力线沿主磁路周围的空间闭合，相应的路径称为漏磁路。变压器主磁路全部由铁磁材料构成，旋转电机主磁路的绝大部分为铁磁材料，但必须有用来分隔定、转子的气隙。

大多数电机采用载流线圈产生磁场，这称为励磁，相应的线圈称为励磁线圈（绕组），相应的电流称为励磁电流。可以说，电流是磁路上的激励源。

电流激励磁场的一般性规律用安培全电流定律来描述：磁场强度 H 沿闭合回线 L 的线积分等于该闭合回线所包围的电流 i 的代数和。即

$$\oint_L \boldsymbol{H} \cdot \mathrm{d}l = \sum i \tag{1-1}$$

针对具体磁路，应用安培全电流定律就可推导出磁路的基尔霍夫定律：闭合磁路上所施加的总磁势 F 等于各串联磁路段上消耗的磁压降 F_i 之和。即

$$H_1 l_1 + H_2 l_2 + \cdots + H_i l_i + \cdots + H_n l_n = F_1 + F_2 + \cdots + F_i + \cdots + F_n = F \tag{1-2}$$

这里要注意理解描述磁路的 3 个重要概念：磁势 F——与磁路交链的电流总数，单位为 A；磁场强度 H——单位长度磁路上消耗的磁势，单位为 A/m；磁压降 $F_i = H_i l_i$——第 i 段磁路上消耗的磁势，单位为 A。

磁势作用于磁路，就会在磁路中产生磁力线，通过磁路横截面 S 的磁力线数量（也称磁荷量）称为磁通 Φ，Φ 的单位为 Wb。

磁路通过磁通的能力用磁导或磁阻来描述。在某段磁路上施加单位磁压降时所产生的磁通称为该段磁路的磁导；某段磁路通过单位磁通时所产生的磁压降称为该段磁路的磁阻。磁路的欧姆定律可以表示为

$$\Phi = \Lambda_i F_i \quad \text{或} \quad F_i = R_{mi} \Phi \tag{1-3}$$

式中，Λ_i 为第 i 段磁路的磁导，1A 的磁压降作用在某段磁路上，若产生 1Wb 的磁通，则定义该段磁路的磁导为 1H（亨）= 1Wb/A；R_{mi} 为第 i 段磁路的磁阻，1Wb 磁通通过某段磁路时若需要 1A 的磁压降，则该磁路段的磁阻定义为 1A/Wb = 1/H（每亨）。

磁路可以与电阻电路作类比。如磁压降与电压降、磁阻与电阻、磁通与电流等相互对应，磁路和电路都遵循欧姆定律和基尔霍夫定律等。

与电流密度 J 对应的是磁通密度 B，即单位面积通过的磁通，其单位为特[斯拉]，$1T = 1Wb/m^2$。

材料的导磁性能用磁导率 μ 来衡量。给材料施加磁场强度 H，若能产生磁通密度 B，则 $\mu = B/H$。μ 的单位为 (Wb/m^2)/(A/m) = (Wb/A)/m = H/m。一般非磁性材料的 $\mu \approx \mu_0 = 4\pi \times 10^{-7}$ H/m 且基本为常数，相对磁导率 $\mu_r \approx 1$。

磁通密度 B 与磁场强度 H 之间的关系曲线 $B = f(H)$ 称为材料的磁化曲线。非磁性材料的磁化曲线为线性函数，即 $B = \mu_0 H$；磁性材料的磁化曲线通常为非线性。

铁磁材料是最通用的磁性材料，其磁导率 $\mu_{Fe} \gg \mu_0$，且随着 H 而变。铁磁材料的主要特

点有：μ_{Fe}大且变，有饱和、磁滞和剩磁现象等。采用交变电流对铁磁材料进行正反向周期性磁化，所得到的 $B=f(H)$ 关系为非单值函数曲线，函数曲线为磁滞回线。按磁滞回线形状可将磁性材料分为软磁材料和硬磁材料。软磁材料适合作为电机或变压器磁路的铁心，硬磁材料适合作为永磁体。为使用方便，通常将电机中使用的软磁材料的磁滞回线简化为单值函数曲线，即基本磁化曲线。

当铁心处于交变磁场中时，铁心中会产生两类功率损耗：磁滞损耗和涡流损耗，合称铁耗。采用叠片铁心可以大大降低涡流损耗，叠片越薄，涡流损耗越小。基于此，电机和变压器的铁心通常采用薄的硅钢片叠压而成。

电机的作用原理基于电、磁、力三者相互作用、相互转换的规律，主要是2个定律——电磁感应定律和电磁力定律。电磁感应定律描述变化的磁通产生感应电势的规律，对应2个基本公式即

$$e=-N\frac{d\phi}{dt} \quad \text{和} \quad e=Blv \tag{1-4}$$

分别是变压器和发电机作用原理的基础。电磁力定律描述载流导体在磁场中产生电磁力的规律，对应的简化公式为

$$f=Bil \tag{1-5}$$

是电动机作用原理的基础。在旋转电机中，作用在转子导体上的电磁力会使得转子获得电磁转矩。电磁转矩 T 和感应电势 E 在机电能量转换中起着重要作用，是机电能量转换和电机学中最重要的两个物理量。

1.3 难点解析

难点1 对磁路定律的理解。

电机学中用到的磁路定律主要有3个。安培全电流定律是关于电流激励磁场的基本定律，是宏观的、普遍适应的原理。磁路基尔霍夫定律和欧姆定律是这一普遍原理在具体磁路中的应用和推论。可以参考下面的逻辑关系图理解磁路定律。

$$\oint_L \boldsymbol{H} \cdot d\boldsymbol{l} = \sum i = F \xrightarrow{\text{推论}} H_1 l_1 + H_2 l_2 + \cdots + H_n l_n = F_1 + F_2 + \cdots + F_n = F$$

全电流定律 　　　　　　　　　　　　　　　基尔霍夫定律

$$\Big\downarrow \text{推论}$$

$$\frac{B_1}{\mu_1}l_1 = \frac{1}{\mu_1}\frac{l_1}{S_1}\Phi = R_{m1}\Phi = F_1 \longrightarrow \Phi = F_1 \Lambda_1$$

欧姆定律

难点2 对电磁量的概念和单位的理解。

从宏观上描述磁路的量有：磁势（本质上是某个空间电流的多少）F——交链在磁路上的总电流，单位为A；磁通 Φ——通过磁路的磁力线数目（Wb）；磁压降 F_i——消耗在某段磁路上的磁势（A）；磁导 Λ_i——（某段磁路）单位磁压降产生的磁通（Wb/A=H）；磁阻 R_{mi}——（某段磁路）单位磁通消耗的磁压降（A/Wb=1/H）。

精细描述磁场的量有：磁场强度（磁势的线密度）H——作用在单位磁路长度上的磁势（A/m）；磁通密度（磁通的面密度）B——磁路单位横截面积通过的磁通（Wb/m²=T）；

磁导率 μ——在单位磁场强度作用下产生的磁通密度 [$(Wb/m^2)/(A/m) = H/m$]。

难点 3 对磁化曲线概念的理解。

磁化曲线的概念比较笼统,要结合上下文才能准确理解。某种材料的 B 与 H 之间的函数关系 $B = f(H)$ 称为该材料的磁化曲线。非磁性材料的磁化曲线为线性函数 $B = \mu_0 H$;磁性材料的磁化曲线为非线性函数,有起始磁化曲线、磁滞回线、基本磁化曲线之分。精确计算时要考虑用磁滞回线;工程计算时常采用基本磁化曲线。磁路的磁通 Φ 与磁势 F_m(或电流 i_m)之间的函数关系 $\Phi = f(F_m)$ 或者 $\Phi = f(i_m)$ 称为该磁路的磁化曲线。电机或变压器的磁化曲线一般指其主磁路的磁化曲线。

难点 4 对电机作用原理基础的理解。

电机作用原理基于 2 个定律——电磁感应定律和电磁力定律及其对应的 3 个简单公式 $e = -Nd\phi/dt$(变压器)、$e = Blv$(发电机)和 $f = Bil$(电动机)。之所以可以用简化公式,是因为在电机中,电流 i 沿轴向、磁通密度 B 沿径向、力 f 沿圆周切向,三者是相互垂直的。

1.4 例题精讲

例 1-1 图 1-1 所示的磁路尺寸为 $S = 10 cm^2$,$l_1 = 40 cm$,$l_2 = 0.05 cm$,$N = 500$。铁心材料的相对磁导率 $\mu_r = 6000$。

(1) 求主磁路各段磁阻 R_{m1}、R_{m2} 以及总磁阻 R_m;

(2) 对磁路工作在 $B = 1.0T$ 情况,求磁通 ϕ 和电流 i;

(3) 假设由于边缘效应,使得气隙的有效横截面积增加了 5%,求 $B = 1.0T$ 时的磁通 ϕ 和电流 i。

分析 本例为简单磁路的计算,磁路由铁心段和气隙段"串联"而成。计算时要用到磁阻公式和磁路欧姆定律,还会涉及实际问题中常见的边缘效应。边缘效应的概念读者可查阅相关资料。另外,本例忽略了漏磁通。

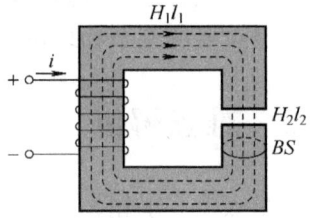

图 1-1 例 1-1 磁路结构图

解:(1) 不考虑边缘效应

铁心磁阻 $R_{m1} = \dfrac{1}{\mu_r \mu_0} \dfrac{l_1}{S} = \dfrac{1}{6000 \times 4\pi \times 10^{-7} Wb/A/m} \dfrac{40 \times 10^{-2} m}{10 \times 10^{-4} m^2} = 5.3052 \times 10^4 A/Wb$

气隙磁阻 $R_{m2} = \dfrac{1}{\mu_0} \dfrac{l_2}{S} = \dfrac{1}{4\pi \times 10^{-7} Wb/A/m} \dfrac{0.05 \times 10^{-2} m}{10 \times 10^{-4} m^2} = 3.9789 \times 10^5 A/Wb$

总磁阻 $R_m = R_{m1} + R_{m2} = 5.3052 \times 10^4 A/Wb + 3.9789 \times 10^5 A/Wb = 4.5094 \times 10^5 A/Wb$

(2) 磁通和磁势

$\phi = BS = 1T \times 10 \times 10^{-4} m^2 = 1.0 \times 10^{-3} Wb$

$F = R_m \phi = 4.5094 \times 10^5 A/Wb \times 1.0 \times 10^{-3} Wb = 450.939 A$

电流 $i = \dfrac{F}{N} = \dfrac{450.939}{500} A = 0.9019 A$

(3) 考虑边缘效应,修正气隙磁通面的面积为 $S_2 = 1.05 S = 10.5 cm^2$

气隙磁阻 $R_{m2} = \dfrac{1}{\mu_0} \dfrac{l_2}{S_2} = \dfrac{1}{4\pi \times 10^{-7} Wb/A/m} \dfrac{0.05 \times 10^{-2} m}{10.5 \times 10^{-4} m^2} = 3.7894 \times 10^5 A/Wb$

总磁阻 $R_m = R_{m1} + R_{m2} = 5.3052 \times 10^4 \text{A/Wb} + 3.7894 \times 10^5 \text{A/Wb} = 4.3199 \times 10^5 \text{A/Wb}$

磁通和磁势
$$\phi = BS_2 = 1\text{T} \times 10.5 \times 10^{-4} \text{m}^2 = 1.05 \times 10^{-3} \text{Wb}$$
$$F = R_m \phi = 4.3199 \times 10^5 \text{A/Wb} \times 1.05 \times 10^{-3} \text{Wb} = 453.5916\text{A}$$

电流
$$i = \frac{F}{N} = \frac{453.5916}{500}\text{A} = 0.9072\text{A}$$

例 1-2 在图 1-2a 所示的磁路中，励磁线圈的匝数为 N，假设铁心材料的相对磁导率 $\mu_r = \infty$，两段气隙磁路的长度分别为 g_1 和 g_2，横截面积分别为 S_1 和 S_2。不考虑边缘效应，试推导线圈电感表达式。

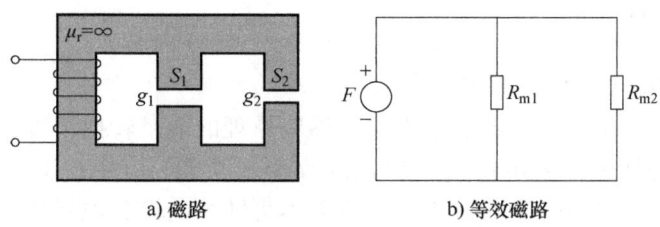

a) 磁路　　　　　　b) 等效磁路

图 1-2　例 1-2 磁路结构图

分析 本例为简单磁路的计算，磁路由两个气隙并联而成。计算时会涉及磁阻计算公式、并联磁阻计算、电感计算式等。

解： 铁心相对磁导率为∞意味着铁心磁阻为 0，总磁阻为两个气隙磁阻的并联磁阻（如图 1-2b 所示）。两个气隙的磁阻分别为

$$R_{m1} = \frac{1}{\mu_0} \frac{g_1}{S_1}, \quad R_{m2} = \frac{1}{\mu_0} \frac{g_2}{S_2}$$

总磁阻为
$$R_m = \frac{R_{m1} R_{m2}}{R_{m1} + R_{m2}} = \frac{1}{\mu_0} \frac{g_1 g_2 / (S_1 S_2)}{g_1/S_1 + g_2/S_2} = \frac{1}{\mu_0} \frac{g_1 g_2}{S_2 g_1 + S_1 g_2}$$

电感为
$$L = \frac{N^2}{R_m} = \frac{\mu_0 N^2 (S_2 g_1 + S_1 g_2)}{g_1 g_2} = \mu_0 N^2 (S_1/g_1 + S_2/g_2)$$

例 1-3 对例 1-1 的磁路及其尺寸数据，不考虑气隙边缘效应和漏磁，试求：

（1）不考虑铁心磁阻时的电感；

（2）假设铁心材料的相对磁导率 $\mu_r = 6000$ 时的电感 L；

（3）假设磁通密度 $\boldsymbol{B} = 1.0\cos 100\pi t\,\text{T}$，求线圈的感应电势 e。

分析 本例为简单串联磁路的计算。计算会涉及磁阻和电感计算式、电磁感应定律等。忽略了漏磁。

解：（1）铁心磁阻 $R_{m1} = \frac{1}{\mu_r \mu_0} \frac{l_1}{S} = \frac{1}{6000 \times 4\pi \times 10^{-7} \text{Wb/A/m}} \frac{40 \times 10^{-2}\text{m}}{10 \times 10^{-4}\text{m}^2} = 5.3052 \times 10^4 \text{A/Wb}$

气隙磁阻 $R_{m2} = \frac{1}{\mu_0} \frac{l_2}{S} = \frac{1}{4\pi \times 10^{-7} \text{Wb/A/m}} \frac{0.05 \times 10^{-2}\text{m}}{10 \times 10^{-4}\text{m}^2} = 3.9789 \times 10^5 \text{A/Wb}$

总磁阻 $R_m = R_{m1} + R_{m2} = (5.3052 \times 10^4 + 3.9789 \times 10^5)\text{A/Wb} = 4.5094 \times 10^5 \text{A/Wb}$

不考虑铁心磁阻时的电感　　$L_0 = \dfrac{N^2}{R_{m2}} = \dfrac{500^2}{3.9789 \times 10^5 \text{A/Wb}} = 0.6283 \text{Wb/A} = 0.6283 \text{H}$

（2）考虑了铁心磁阻后的电感　　$L = \dfrac{N^2}{R_m} = \dfrac{500^2}{4.5094 \times 10^5 \text{A/Wb}} = 0.5544 \text{H}$

（3）电势

$$e = -\dfrac{d\psi}{dt} = -N\dfrac{d\phi}{dt} = -NS\dfrac{d\boldsymbol{B}}{dt} = -NSB_m\dfrac{d(\cos 100\pi t)}{dt}$$

$$= 100\pi \times 500 \times 10 \times 10^{-4} \text{m}^2 \times 1.0\text{T} \sin 100\pi t = 157.08 \sin 100\pi t \text{V}$$

1.5　思考题简答

1-1　什么是电机？简述电机的应用。

答：电机是一类与电能相关的、基于电磁感应原理的能量转换装置，用来实现机械能与电能之间能量形态的转换或者电能自身形式的改变。电机的应用：①电机是电力系统的支柱；②电机是国民经济各行业和人民生活各方面不可缺少的设备或元件。详见教材。

1-2　如何对电机分类？

答：电机可以按各种特征来分类。电机学中主要按功能和电流来分类。按功能可分为电动机、发电机、变压器以及控制电机。按电流可分为直流电机和交流电机。

1-3　什么是电机的可逆性？

答：任何电机的能量转换功能都是可逆的，也就是说电机的输入和输出功能可以互换。例如一台电机既可以作为发电机也可以作为电动机，一台变压器既可以降压也可以升压。

1-4　"电机学"课程有什么特点？

答："电机学"主要讲述变压器和各种旋转电机的基本构造、基本理论、基本性能和基本操作方法，是电类和机电类专业极为重要的专业基础课。

1-5　什么是磁路？什么是主磁路？什么是漏磁路？

答：磁力线经历的闭合回路就是磁路。在机电装置中，以铁磁材料为主体引导和规范绝大多数磁力线沿所设计的路径闭合，这种路径称为主磁路；极少数磁力线沿主磁路周围的空间闭合，相应的路径称为漏磁路。

1-6　为什么要用铁磁材料作为主磁路的主体？

答：铁磁材料具有良好的导磁性能，可以集中或引导磁力线沿人们期望的路径闭合，所以通常用铁磁材料作为主磁路的主体。

1-7　什么是安培全电流定律？

答：安培全电流定律是用来描述电流产生磁场规律的通用定律。具体描述为：磁场强度 $\boldsymbol{H}$ 沿闭合回线 L 的线积分等于该闭合回线所包围的电流 i 的代数和，即 $\oint_L \boldsymbol{H} \cdot d\boldsymbol{l} = \sum i$。

1-8　什么是磁势？什么是磁压降？什么是磁场强度？三者的关系是怎样的？

答：磁势是与某条磁路交链的电流的总和，是磁路的激励源。磁压降是某段磁路消耗的磁势，是总磁势的一部分。磁场强度是磁路单位长度上消耗的磁势。三者可以看成是宏观、局部与微观的关系。

1-9　什么是磁路的基尔霍夫定律？

答：磁路的总磁势等于各个磁路段的磁压降之和。

1-10　什么是磁路的欧姆定律？

答：某段磁路的磁压降等于磁通乘以磁阻或者磁通等于磁压降乘以磁导。

1-11　什么是磁阻？什么是磁导？

答：单位磁通通过某段磁路时所产生的磁压降称为该段磁路的磁阻（A/Wb = 1/H）；单位磁压降施加在某段磁路上所产生的磁通称为该段磁路的磁导（Wb/A = H）。

1-12　什么是磁通？什么是磁通密度？二者的关系是怎样的？

答：通过磁路横截面的磁荷量称为磁通（Wb）。磁路横截面单位面积通过的磁通称为磁通密度（T）。$B = \Phi/S$，二者是宏观与微观、面与点的关系。

1-13　什么是磁导率？如何按照磁导率对材料进行分类？

答：磁导率是描述材料导磁性能的物理量，定义式为 $\mu = B/H$。按照 μ 可将材料分为磁性材料和非磁性材料两大类。非磁性材料分为顺磁和逆磁材料，磁性材料分为硬磁和软磁材料。

1-14　铁磁材料的磁导率为什么远远大于其他材料的磁导率？

答：一般用磁畴模型解释。铁磁材料由许多具有 N、S 极的小磁畴构成，在外施磁场强度 H 的作用下，磁畴趋向于沿 H 的指向排列，大大增强了磁通密度 B，使得其磁导率（$\mu = B/H$）远大于非磁性材料的磁导率。

1-15　什么是材料的磁化曲线？什么是磁路的磁化曲线？

答：给材料施加激励 H，会产生响应 B，函数 $B = f(H)$ 称为材料的磁化曲线。给磁路施加激励 F 或 i，会产生响应 Φ，函数 $\Phi = f(F)$ 或 $\Phi = f(i)$ 称为磁路的磁化曲线。

1-16　什么是初始磁化曲线？什么是基本磁化曲线？

答：给材料施加的激励 H 从 0 开始逐渐单方向增大，会得到逐渐增大的响应 B，$B = f(H)$ 在第一象限的一段称为初始磁化曲线。给材料施加幅值恒定的交变激励 H，可得到一个磁滞回线，改变 H 的幅值，可得到一系列磁滞回线，将这些磁滞回线在第一象限内的顶点连接起来所形成的 B 对 H 的单值函数曲线，称为基本磁化曲线。

1-17　什么是磁滞回线？如何依照磁滞回线形状对材料进行分类？

答：精确测量或分析时，B 对 H 的函数并非单值函数，当 H 按照 $H_m \rightarrow 0 \rightarrow -H_m \rightarrow 0 \rightarrow H_m$ 变化时，B 的变化会滞后于 H 的变化，如 H 变为 0 时，B 仍然有一定的值。这样 B 对 H 的函数曲线为一封闭的回线，称为磁滞回线。按照磁滞回线的形状可将磁性材料分为硬磁（磁滞回线扁胖）和软磁材料（磁滞回线窄细）。

1-18　什么是磁滞损耗？它与哪些因素有关？

答：当铁磁材料处于交变磁场中时，磁畴会反复反转，相互间产生碰擦或粘滞并引起铁心发热，由此产生的功率损失称为磁滞损耗。磁滞损耗与铁心体积、磁场交变频率、磁通密度等因素有关。

1-19　什么是涡流损耗？它与哪些因素有关？

答：铁磁材料处于交变磁场中时，会在铁心中产生围绕磁力线的涡旋状的电流，引起铁心发热，由此产生的功率损失称为涡流损耗。涡流损耗与铁心体积、磁场交变频率、磁通密度和构成铁心的硅钢片厚度等因素有关。

1-20 为什么变压器或电机的铁心通常要用硅钢片叠压？

答：理论和实验表明，用整块铁磁材料作为电机或变压器铁心时，会在铁心中产生巨大的铁耗。如果采用硅钢片叠压而成的铁心，则涡流损耗与硅钢片厚度的二次方成正比，为了减小涡流损耗，变压器或电机的铁心通常要用薄的硅钢片叠压而成。

1-21 什么是法拉第电磁感应定律？什么是楞次定律？

答：法拉第电磁感应定律描述变化的磁通产生感应电势的规律，在电机学中对应2个基本公式，即 $e=-Nd\phi/dt$ 和 $e=Blv$。楞次定律用来描述变化磁通产生的感应电势的方向，即感应电势所产生的电流总是试图阻碍原磁通的变化。

1-22 变压器、发电机和电动机作用原理的基础分别是什么？

答：变压器 $e=-Nd\phi/dt$；发电机 $e=Blv$；电动机 $f=Bil$。

1-23 自感和互感与哪些因素有关？磁路的饱和程度对自感或互感会产生什么影响？

答：自感与线圈匝数和与线圈交链的磁路的磁阻有关。互感与两个线圈的匝数以及两个线圈同时交链的磁路的磁阻有关。磁路越饱和，磁阻越大，自感和互感越小。磁路完全不饱和或者完全饱和后，自感和互感基本不变。

1-24 若穿过 N 匝线圈的磁通 $\phi=\Phi_m\sin\omega t$，试求该磁通在线圈中所产生的感应电势的有效值，并说明感应电势与磁通在相位上的关系。

答：$e=-Nd\phi/dt=N\Phi_m\omega\sin(\omega t-\pi/2)$，$E=N\Phi_m\omega/\sqrt{2}$，感应电势在相位上滞后磁通90°。

1-25 根据图1-3所示的信息，标出图1-3a中感应电势方向和图1-3b中电磁力方向。

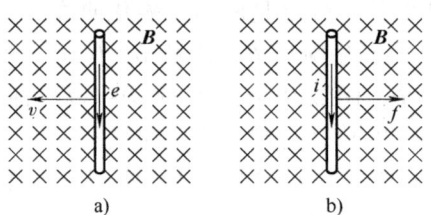

图 1-3 思考题 1-25 图及参考答案

1.6 习题解答

1-1 一个由铁磁材料构成的磁路如图1-4所示。其中三个边的尺寸相同，右侧的立柱稍窄一点。有一个线圈绕在左侧的立柱上。已知 $a=15$cm，$b=40$cm，$c=10$cm，$N=100$ 匝。假定铁心的相对磁导率 $\mu_r=4000$，问当电流 $i=2$A 时，铁心中的磁通 ϕ 为多少？右侧立柱中的磁通密度 B 为多少？

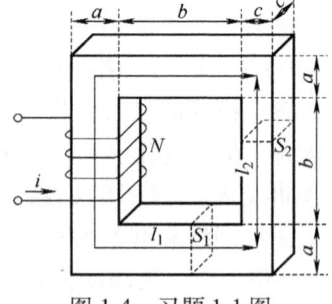

图 1-4 习题 1-1 图

解：$l_1=3b+2a+c=(3\times40+2\times15+10)cm=160$cm，$S_1=ac=15cm\times10cm=150$cm^2

$$R_{m1}=\frac{1}{\mu_r\mu_0}\frac{l_1}{S_1}=\frac{1}{4000\times4\pi\times10^{-7}\text{Wb/A/m}}\frac{160\times10^{-2}\text{m}}{150\times10^{-4}\text{m}^2}=21221\text{A/Wb}$$

$l_2=a+b=(15+40)$cm$=55$cm，$S_2=c^2=10^2$cm$^2=100$cm^2

$$R_{m2}=\frac{1}{\mu_r\mu_0}\frac{l_2}{S_2}=\frac{1}{4000\times4\pi\times10^{-7}\text{Wb/A/m}}\frac{55\times10^{-2}\text{m}}{100\times10^{-4}\text{m}^2}=10942\text{A/Wb}$$

总磁阻　　　　　　$R_m = R_{m1} + R_{m2} = (21221 + 10942)\text{A/Wb} = 32163\text{A/Wb}$

磁势和磁通　$F = Ni = 100 \times 2\text{A} = 200\text{A}$，$\phi = \dfrac{F}{R_m} = \dfrac{200\text{A}}{32163\text{A/Wb}} = 0.0062\text{Wb}$

右侧立柱中的磁通密度　　　$B = \dfrac{\phi}{S_2} = \dfrac{0.0062\text{Wb}}{100 \times 10^{-4}\text{m}^2} = 0.62\text{T}$

1-2　图1-5所示的磁路包含平均长度为 $l = 50\text{cm}$ 的铁心路段和一个 $g = 0.05\text{cm}$ 的气隙。铁心的横截面积为 $S = 16\text{cm}^2$，相对磁导率 $\mu_r = 4000$，铁心上绕有200匝的励磁线圈，要求在气隙中产生0.8T的平均磁通密度。试求：

（1）不考虑气隙磁路的边缘效应时所需的励磁电流、磁链和电感；

（2）假设气隙边缘效应使得气隙横截面积增大了5%，求所需的励磁电流、磁链和电感。

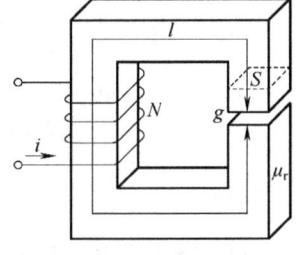

图1-5　习题1-2图

解：（1）不考虑边缘效应时

$$R_{m1} = \dfrac{1}{\mu_r \mu_0} \dfrac{l}{S} = \dfrac{1}{4000 \times 4\pi \times 10^{-7}\text{Wb/A/m}} \dfrac{50 \times 10^{-2}\text{m}}{16 \times 10^{-4}\text{m}^2} = 62170\text{A/Wb}$$

$$R_{m0} = \dfrac{1}{\mu_0} \dfrac{g}{S} = \dfrac{1}{4\pi \times 10^{-7}\text{Wb/A/m}} \dfrac{0.05 \times 10^{-2}\text{m}}{16 \times 10^{-4}\text{m}^2} = 248680\text{A/Wb}$$

$$R_m = R_{m1} + R_{m0} = (62170 + 248680)\text{A/Wb} = 310850\text{A/Wb}$$

$\phi = BS = 0.8\text{T} \times 16 \times 10^{-4}\text{m}^2 = 0.00128\text{Wb}$，$F = R_m\phi = 310850\text{A/Wb} \times 0.00128\text{Wb} = 397.887\text{A}$

电流和磁链　$i = \dfrac{F}{N} = \dfrac{397.887\text{A}}{200} = 1.9894\text{A}$，$\psi = N\phi = 200 \times 0.00128\text{Wb} = 0.256\text{Wb}$

电感　$L = \dfrac{\psi}{i} = \dfrac{0.256\text{Wb}}{1.9894\text{A}} = 0.1287\text{H}$ 或 $L = \dfrac{N^2}{R_m} = \dfrac{200^2}{310850\text{A/Wb}} = 0.1287\text{H}$

（2）考虑边缘效应后

$$R_{m0} = \dfrac{1}{\mu_0} \dfrac{g}{1.05S} = \dfrac{1}{4\pi \times 10^{-7}\text{Wb/A/m}} \dfrac{0.05 \times 10^{-2}\text{m}}{1.05 \times 16 \times 10^{-4}\text{m}^2} = 236840\text{A/Wb}（取一方便计算的数值，全书类似计算同此，后不再述）$$

$$R_m = R_{m1} + R_{m0} = (62170 + 236840)\text{A/Wb} = 299010\text{A/Wb}$$

$$\phi = B \times 1.05S = 0.8\text{T} \times 1.05 \times 16 \times 10^{-4}\text{m}^2 = 0.001344\text{Wb}$$

$$F = R_m\phi = 299010\text{A/Wb} \times 0.001344\text{Wb} = 401.8662\text{A}$$

电流　　　　　　　$i = \dfrac{F}{N} = \dfrac{401.8662}{200}\text{A} = 2.0093\text{A}$

磁链　　　　　　　$\psi = N\phi = 200 \times 0.001344\text{Wb} = 0.2688\text{Wb}$

电感　　　　　　　$L = \dfrac{\psi}{i} = \dfrac{0.2688\text{Wb}}{2.0093\text{A}} = 0.13378\text{H}$

1-3　图1-6所示的磁路，由叠压高度为 h 的环状磁性材料构成。环的内半径为 R_i，外半径为 R_o。假设铁心磁导率 $\mu = \infty$，忽略漏磁及边缘效应。对 $R_i = 3\text{cm}$，$R_o = 4\text{cm}$，$h = 1\text{cm}$，$g = 0.1\text{cm}$，$N = 100$，试计算：

（1）铁心磁阻、气隙磁阻及线圈电感；（2）产生1.2T的气隙磁通密度所需的励磁电流。

解：（1）由于铁心的磁导率为无穷大，所以铁心磁阻为0。

气隙磁路的横截面积 $S = h(R_o - R_i) = 1\text{cm} \times (4\text{cm} - 3\text{cm}) = 1\text{cm}^2$

气隙磁阻 $R_{m0} = \dfrac{1}{\mu_0}\dfrac{g}{S} = \dfrac{1}{4\pi \times 10^{-7}\text{Wb/A/m}} \dfrac{0.1 \times 10^{-2}\text{m}}{1 \times 10^{-4}\text{m}^2} = 7957700\text{A/Wb}$

线圈电感 $L = \dfrac{N^2}{R_{m0}} = \dfrac{100^2}{7957700\text{A/Wb}} = 0.00126\text{H}$

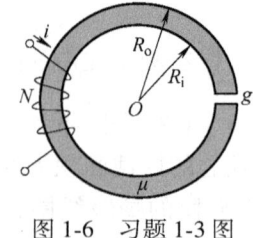

图1-6 习题1-3图

（2） $\phi = BS = 1.2\text{T} \times 1 \times 10^{-4}\text{m}^2 = 1.2 \times 10^{-4}\text{Wb}$

$F = R_{m0}\phi = 7957700\text{A/Wb} \times 1.2 \times 10^{-4}\text{Wb} = 954.930\text{A}$

电流 $i = \dfrac{F}{N} = \dfrac{954.930}{100}\text{A} = 9.549\text{A}$

1-4 图1-7所示的磁路上有三个线圈，匝数分别为N、N、N_1，图中标注了铁心及气隙的数据符号。不考虑漏磁及气隙边缘效应，试求：（1）每个线圈的自感及三个线圈两两之间的互感；（2）当底部两个线圈分别输入时变电流i_A和i_B，在线圈N_1中所产生的感应电势。

解：（1）$R_{mA} = l_A/\mu S$，$R_{m1} = l_1/\mu S$，$R_{m2} = l_2/\mu S$，$R_{m0} = g/\mu_0 S$。

等效磁路如图1-8所示。A部分有电流时，产生的磁势$F_A = Ni_A$，遇到的总磁阻为

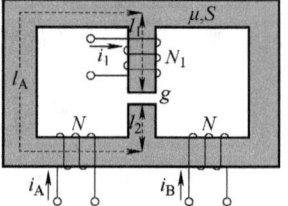

图1-7 习题1-4 磁路结构图

$$R_m = \dfrac{R_{mA}(R_{m1} + R_{m0} + R_{m2})}{R_{mA} + R_{m1} + R_{m0} + R_{m2}} + R_{mA} = \dfrac{l_A}{\mu S}\dfrac{\mu_0(2l_1 + 2l_2 + l_A) + 2\mu g}{\mu_0(l_1 + l_2 + l_A) + \mu g}$$

$$L_{AA} = \dfrac{N^2}{R_m} = N^2\dfrac{\mu S}{l_A}\dfrac{\mu_0(l_1 + l_2 + l_A) + \mu g}{\mu_0(2l_1 + 2l_2 + l_A) + 2\mu g}$$

同理 $L_{BB} = \dfrac{N^2}{R_m} = N^2\dfrac{\mu S}{l_A}\dfrac{\mu_0(l_1 + l_2 + l_A) + \mu g}{\mu_0(2l_1 + 2l_2 + l_A) + 2\mu g}$

A部分的磁势在B部分产生的磁通为

$$\phi_{AB} = -\dfrac{Ni_A}{R_m} = -Ni_A\dfrac{\mu S}{l_A}\dfrac{\mu_0(l_1 + l_2 + l_A) + \mu g}{\mu_0(2l_1 + 2l_2 + l_A) + 2\mu g}\dfrac{R_{m1} + R_{m0} + R_{m2}}{R_{m1} + R_{m0} + R_{m2} + R_{mA}}$$

$$= Ni_A\dfrac{\mu S}{l_A}\dfrac{\mu_0(l_1 + l_2 + l_A) + \mu g}{\mu_0(2l_1 + 2l_2 + l_A) + 2\mu g}\dfrac{\mu S}{\mu_0(l_1 + l_2 + l_A) + \mu g} = -Ni_A\dfrac{\mu S}{l_A}\dfrac{\mu_0(l_1 + l_2) + \mu g}{\mu_0(2l_1 + 2l_2 + l_A) + 2\mu g}$$

$$L_{AB} = \dfrac{N\phi_{AB}}{i_A} = -\dfrac{N^2\mu S}{l_A}\dfrac{\mu_0(l_1 + l_2) + \mu g}{\mu_0(2l_1 + 2l_2 + l_A) + 2\mu g}$$

$$L_{BA} = L_{AB} = -\dfrac{N^2\mu S}{l_A}\dfrac{\mu_0(l_1 + l_2) + \mu g}{\mu_0(2l_1 + 2l_2 + l_A) + 2\mu g}$$

线圈1单独作用时的总磁阻为

$$R_m = R_{mA}/2 + R_{m1} + R_{m2} + R_{m0} = \dfrac{1}{S}\dfrac{\mu_0(l_A + 2l_1 + 2l_2) + 2\mu g}{2\mu\mu_0}$$

其自感为 $$L_{11} = N^2/R_m = \frac{2\mu_0\mu SN^2}{\mu_0(l_A+2l_1+2l_2)+2\mu g}$$

线圈 1 的磁势在 A 部分产生的磁通为 $\phi_{A1} = N_1 i_1/2R_m$。

$$L_{A1} = L_{1A} = \frac{N\phi_{A1}}{i_1} = \frac{NN_1}{2R_m} = \frac{\mu_0\mu SNN_1}{\mu_0(l_A+2l_1+2l_2)+2\mu g}$$

$$L_{B1} = L_{1B} = \frac{\mu_0\mu SNN_1}{\mu_0(l_A+2l_1+2l_2)+2\mu g}$$

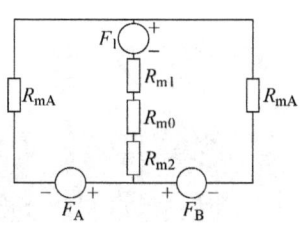

图 1-8　习题 1-4 等效磁路图

（2）A 和 B 通入电流后，线圈 1 中的磁链为 $\psi_1 = L_{1A}i_A + L_{1B}i_B = L_{1A}(i_A+i_B)$。

感应电势为 $$e_1 = -\frac{d\psi_1}{dt} = -L_{1A}\left(\frac{di_A}{dt}+\frac{di_B}{dt}\right) = -\frac{\mu_0\mu SNN_1}{\mu_0(l_A+2l_1+2l_2)+2\mu g}\left(\frac{di_A}{dt}+\frac{di_B}{dt}\right)$$

第 2 章

变 压 器

2.1 教学目标和重点

- 变压器的作用、原理、结构和额定值。掌握变压器在电力系统中的重要地位，变压器的功能、原理、主要构件及其作用，三相变压器的主要额定值及其关系。重点在于分析变压器的变压、变流、变阻抗和功率传递功能。教师可延伸讲述变压器在我国大型工程中的应用，启迪学生的学习热情和报国理想。
- 变压器的基本理论。学会分析变压器稳态运行的相量方法，理解各相量参考方向的约定惯例。掌握变压器电势平衡、磁势平衡、励磁电流、4.44 公式以及电压决定磁通的原理。学会绕组归算、T 形等效电路和简化等效电路。理解阻抗电压、标幺值的概念。重点在于 4.44 公式的理解和应用、等效电路的解算、阻抗电压的计算以及标幺值的应用。
- 三相变压器。掌握三相变压器的磁路结构、绕组结构及其特点；分析联结组别和磁路结构对励磁电流、主磁通、相电势波形的影响；了解三相变压器不对称运行的分析方法。重点在于掌握三相变压器联结组的概念、判断技巧及连线方法。
- 变压器稳态运行分析。掌握外特性曲线及电压调整率的概念、功率和损耗分析、参数测定方法、并联运行的条件和规律。重点在于电压调整率实用公式、效率和最大效率计算公式、并联运行负载分配公式的理解与应用。
- 变压器的暂态过程。了解变压器暂态运行的概念和分析方法。重点在于掌握空载合闸和突然短路暂态过程分析所得的基本结论。
- 自耦变压器、三绕组变压器、互感器。理解自耦、三绕组变压器和互感器的基本结构、原理和优缺点。重点在于分析自耦变压器的容量组成和计算。

2.2 内容概要

变压器属于变电设备，可用来实现电压、电流和阻抗的变换。电力变压器在输配电系统中的地位十分重要。变压器可依据其用途、相数、铁心结构、导电材质、调压方式等特征进行分类。

单相双绕组变压器的结构和原理最为简单。其基本结构是在一个闭合铁心上包绕两个绕组，工作原理基于电磁感应定律 $e = -N\mathrm{d}\phi/\mathrm{d}t$，主磁通 ϕ 将一、二次绕组耦合起来，并在其中感应出与匝数成正比的电势，从而实现一、二次电压等级的改变。定义相绕组的匝数比为

变比 k，理想单相变压器能够按 k 正比例地变换电压、反比例地变换电流、按 k^2 正比例地变换阻抗，并且能无损耗地传递电能。

铁心是变压器的主磁路，为减少涡流损耗，铁心必须用叠片结构。为保证铁心紧凑且主磁路不出现明显的气隙，叠片时常采用交叠方式。铁心结构分为心式与壳式等。绕组是变压器的电路，用铜线或铝线绕制。铁心与绕组构成变压器的主体，合称器身。油浸式电力变压器除器身外，还有油箱、储油柜、气体继电器、安全气道、散热部件、绝缘套管、调压装置等零部件以及其他附件。这些零部件分别承担着散热、绝缘、保护和调压等重要功能。器身安装并浸泡在充满变压器油的油箱内，变压器油兼具加强散热和绝缘的作用。

变压器的主要额定值有 S_N、U_{1N}/U_{2N}、I_{1N}/I_{2N}、$\cos\varphi_N$ 和 f_N 等。三相变压器的额定电压和电流分别指线电压和线电流的额定值。要注意三相变压器的绕组采用 Y 或 D 接法时，线电压与相电压、线电流与相电流之间的关系。

变压器在正弦电压下稳态运行时，电压、电流、电势、磁通、磁势等物理量可用相量表示。在列写相量方程和画相量图时，要注意约定的正方向或参考方向。

假设主磁通 ϕ 为正弦，由 $e=-Nd\phi/dt$ 可求得 ϕ 在一次绕组中感应电势的有效值为

$$E_1 = 4.44 N_1 f \Phi_m \tag{2-1}$$

要注意 Φ_m 是最大值，电势在相位上滞后磁通 90°。由于漏磁路的磁阻和电感为常数，漏磁通产生的电势可表示为漏抗压降，即

$$\dot{E}_{1\sigma} = -j\dot{I}_0 X_{1\sigma} \tag{2-2}$$

依据约定的正方向，一次电势平衡方程为

$$\dot{U}_1 = -\dot{E}_1 + j\dot{I}_0 X_{1\sigma} + \dot{I}_0 R_1 = -\dot{E}_1 + \dot{I}_0 Z_1 \tag{2-3}$$

忽略阻抗压降 $\dot{I}_0 Z_1$ 时，有

$$U_1 \approx E_1 = 4.44 N_1 f \Phi_m \text{ 和 } \Phi_m \approx \frac{U_1}{4.44 N_1 f} \tag{2-4}$$

该式给出了电源电压（大小和频率）决定主磁通的结论。不论变压器负载大小如何，当电压和频率不变时，主磁通基本不变，与主磁通相对应的励磁磁势和励磁电流也基本不变，即

$$\dot{F}_m = \dot{F}_1 + \dot{F}_2 = 常数 \rightarrow N_1 \dot{I}_m = N_1 \dot{I}_1 + N_2 \dot{I}_2 = 常数 \rightarrow \dot{I}_1 = \dot{I}_m + (-\dot{I}_2/k) = \dot{I}_m + \dot{I}_{1L} \tag{2-5}$$

这就是变压器的磁势平衡方程及其推论，表明变压器负载运行时，$\dot{I}_1$ 由励磁分量 $\dot{I}_m$ 和负载分量 $\dot{I}_{1L} = -\dot{I}_2/k$ 构成。$\dot{I}_2$ 的变化会引起 $\dot{I}_{1L}$ 的变化，从而引起 $\dot{I}_1$ 的变化。

变压器的励磁电流 I_m 约为额定电流的 1%~10%。主磁通 ϕ 与励磁电流 i_m 通过磁化曲线 $\phi = f(i_m)$ 关联并相互影响。变压器通常运行在饱和状态，其磁化曲线为非线性的饱和曲线。当 ϕ 为正弦时，i_m 为尖顶波，含 3 次谐波 i_{m3}，但为方便分析仍用等效正弦波和相量来表示。

变压器的励磁电流 i_m 除了励磁功能外，还要提供铁耗 p_{Fe}。所以 $\dot{I}_m$ 包含有功和无功分量，对应的电路元件为励磁阻抗 $Z_m = R_m + jX_m$。铁耗电阻 $R_m = p_{Fe}/I_m^2$ 和励磁电抗 X_m 都随饱和程度的增加而减小。变压器的励磁参数是指额定电压对应的 R_m 和 X_m。电源电压高于额定值或频率低于额定值时，R_m 和 X_m 值会减小。

主磁通 ϕ 在二次绕组中产生二次电势 $\dot{E}_2$，其大小 $E_2 = 4.44 N_2 f \Phi_m$，相位滞后 $\dot{\Phi}$ 90°。空载时 $\dot{E}_2 = \dot{U}_2$；负载时，$\dot{E}_2$ 作用在二次电路上，产生 $\dot{I}_2$、阻抗压降 $\dot{I}_2 Z_2$ 和输出电压 $\dot{U}_2(=\dot{I}_2 Z_L)$，其电势平衡方程为

$$\dot{E}_2 = \dot{I}_2 Z_2 + \dot{U}_2 \tag{2-6}$$

在保持磁势平衡关系不变的前提下，用与一次绕组匝数相等的"假想绕组"代替实际的二次绕组，将原变压器等效成 1∶1 的变压器，称为绕组归算。二次侧归算到一次侧后

$$\dot{E}_2' = k\dot{E}_2 = \dot{E}_1, \quad \dot{U}_2' = k\dot{U}_2, \quad \dot{I}_2' = \dot{I}_2/k = -\dot{I}_{1L}, \quad Z_2' = k^2 Z_2 \tag{2-7}$$

归算不影响功率传递和电势平衡，但归算后的磁势平衡方程简化成了更简洁的电流方程

$$\dot{I}_1 + \dot{I}_2' = \dot{I}_m \tag{2-8}$$

基于归算后的方程式，很容易画出变压器的 T 形等效电路和简化等效电路。简化等效电路适合负载较大的情况。等效电路中的短路参数 $z_k = R_k + jX_k$ 为常数，励磁参数 $z_m = R_m + jX_m$ 随饱和程度的增加而减小。

通过空载试验和稳态短路试验（负载试验）可以测定 T 形等效电路中的 6 个参数和一些重要数据，如励磁电流 I_m、阻抗电压 u_k、额定铜耗 p_{kN}、铁耗 p_{Fe} 等。空载试验通常在低压侧施加额定电压 $U_0 = U_N$，测取空载电流 I_0 和空载损耗 p_0，计算励磁参数，即

$$z_m = \frac{U_0}{I_0}, \quad R_m = \frac{p_0}{I_0^2}, \quad X_m = \sqrt{z_m^2 - R_m^2} \tag{2-9}$$

空载损耗 $p_0 \approx p_{Fe}$。p_{Fe} 取决于 Φ，Φ 取决于 U_1，由于变压器运行时 $U_1 = U_{1N}$ 通常恒定不变，所以铁耗为不变损耗。短路试验在高压侧施加额定电流 $I_k = I_N$，测取短路电压 U_k（约为额定电压的 10%）和短路损耗 p_{kN}，计算短路参数，即

$$z_k = \frac{U_k}{I_k}, \quad R_k = \frac{p_{kN}}{I_k^2}, \quad X_k = \sqrt{z_k^2 - R_k^2} \tag{2-10}$$

短路损耗主要为额定电流对应的铜耗，即额定铜耗。负载变化时 $p_{Cu} \propto I^2 \propto \beta^2$，所以铜耗是可变损耗。短路电压 U_k 与额定电压 U_N 的百分比称为阻抗电压 u_k，是变压器重要性能指标之一。u_k 的选取要考虑变压器效率、二次电压稳定性、短路电流等各种因素。R_k、z_k、u_k 的测量值一般要换算成 75℃ 时的值。

在分析变压器时，采用标幺值更加简洁和直观。电压和电流的基值通常独立选取 $U_b = U_N$，$I_b = I_N$，阻抗和容量基值相应地为 $z_b = U_b/I_b$，$S_b = U_b I_b$。负载时电流的标幺值 $I_1^* \approx I_2^*$ 又称为负载系数 β，额定运行时 $\beta = 1$。采用标幺值可使计算式简化，如 $u_k = z_k^*$，$p_{kN}^* = R_k^*$ 等。

变压器负载运行时，二次电压 U_2 会随着负载的改变而变化。U_2 的变化幅度用电压调整率 ΔU 来描述，其定义式和实用公式分别为

$$\Delta U = \frac{U_{2N} - U_2}{U_{2N}} \times 100\% = (1 - U_2^*) \times 100\% = (1 - U_2'^*) \times 100\%$$

$$\Delta U = \beta(R_k^* \cos\varphi_2 + X_k^* \cos\varphi_2) \times 100\% \tag{2-11}$$

U_2 随着 I_2 变化的关系曲线称为外特性。ΔU 与负载大小、性质及变压器本身的参数有关。分析表明：带感性或纯电阻负载后，U_2 会降低，$\Delta U > 0$；带容性负载后，U_2 通常会升高，$\Delta U < 0$，但 U_2 也可能降低或不变，使得 $\Delta U \geq 0$。

变压器不存在机械损耗，其功耗主要是铁耗 p_{Fe} 和铜耗 p_{Cu}，效率 η 比旋转电机高。p_{Fe} 为不变损耗，且 $p_{Fe} \approx p_0$；p_{Cu} 为可变损耗，且 $p_{Cu} = \beta^2 p_{kN}$。变压器的效率计算式为

$$\eta = \frac{\beta S_N \cos\varphi_2}{\beta S_N \cos\varphi_2 + p_0 + \beta^2 p_{kN}} \times 100\% \tag{2-12}$$

在 $\cos\varphi_2$ 一定的情况下，η 随 β 变化的关系曲线称为效率曲线。当可变损耗等于不变损耗时，即 $\beta^2 p_{kN} = p_0$ 时，η 达到最大值，此时

$$\beta_m = \sqrt{\frac{p_0}{p_{kN}}}, \quad \eta_m = \frac{\beta_m S_N \cos\varphi_2}{\beta_m S_N \cos\varphi_2 + 2p_0} \times 100\% \tag{2-13}$$

电力变压器最常用的是三相变压器，其铁心结构有组式和心式之分，三相绕组有 Y、YN、D 等接法。组式结构各相磁路自成回路，基波磁通 ϕ_1 和三次谐波磁通 ϕ_3 均可在主磁路中流通；心式结构各相磁路互为回路，基波磁通 ϕ_1 因相位错开可以流通，但三次谐波磁通 ϕ_3 因同相而无法在主磁路中流通。Y 接法电路中基波电流 i_1 因相位错开可以流通，但三次谐波电流 i_3 因同相无法流通；YN 和 D 接法电路中 i_1 和 i_3 均可流通。磁路和电路的特点对三相变压器的连线和应用有较大影响。

三相变压器的电路连接通常用联结组别描述，如 Yd3 表示一次绕组为 Y 接，二次绕组为 D 接，二次线电势（如 $\dot{E}_{ab}$）滞后一次对应标记线电势（$\dot{E}_{AB}$）$3 \times 30° = 90°$。通过画电势相量图或简单的推算法就能确定联结组别或完成连线图。

电力变压器通常在额定电压下运行，处于饱和状态，其磁化曲线 $\phi = f(i_m)$ 表现为非线性饱和曲线。要得到正弦的相电势，就要求 ϕ 为正弦，进而要求 i_m 为包含三次谐波 i_{m3} 的尖顶波，因此在确定变压器的联结组别时应确保 i_{m3} 能够流通。

Yy 组式三相变压器无法为 i_{m3} 提供流通路径，只能通过基波 i_{m1}，相应的主磁通 ϕ 为包含 ϕ_3 的平顶波。ϕ_3 能在组式主磁路中流通并在绕组中感应出较大的三次谐波电势 e_3，e_3 与基波电势 e_1 叠加会形成尖顶的相电势 e，这对变压器本身和用电户不利，所以组式三相变压器不允许采用 Yy 接法。Yy 心式三相变压器中，ϕ_3 无法在主磁路中流通，只能走漏磁路，ϕ 仍近似为正弦，相电势 e 也近似为正弦，所以小型的心式三相变压器仍允许采用 Yy 接法。

YNy、Dy 和 Yd 三相变压器能为 i_{m3} 提供流通路径，能够形成包含 i_{m3} 的尖顶波励磁电流 i_m，相应的主磁通 ϕ、相电势 e 均为正弦。组式和心式三相变压器均可采用 YNy、Dy、Yd 接法。

并联运行是电力变压器的主要运行方式。要达到并联运行的理想状态，各变压器应满足条件：①变压比 k 相同；②联结组标号相同；③阻抗角相等；④阻抗电压 u_k 相等。u_k 略有差异的几台变压器并联运行时，负载系数 β_k 与 u_k 成反比，即

$$\beta_1 : \beta_2 : \cdots : \beta_n = \frac{1}{u_{k1}} : \frac{1}{u_{k2}} : \cdots : \frac{1}{u_{kn}} \tag{2-14}$$

据此可计算各变压器分担的负载容量，其中最先达到满载的是 u_k 最小的变压器。

分析不对称运行通常采用对称分量法，即利用数学方法把不对称三相系统分解为 3 个对称的分量系统——正序、负序和零序系统；分别计算各分量系统的响应，叠加（假定为线性电路）得到原系统的响应。正序和负序系统仍按对称三相系统处理，正序和负序阻抗就是变压器的励磁阻抗和短路阻抗，即 $Z_m^+ = Z_m^- = Z_m$，$Z_k^+ = Z_k^- = Z_k$。零序系统由 3 个同相的相量构成，其等效电路和阻抗大小与变压器的联结组和铁心结构关系很大，其分析过程和结论详见教材。分析表明，Yyn 组式变压器除了难以驱动单相负载外，还会造成严重的中点位移现象，所以三相组式变压器不能接成 Yyn 联结组运行。

从一种稳态向另一种稳态过渡的过程称为变压器暂态过程。暂态过程中往往会出现过电流或过电压现象。空载合闸和突然短路是典型的过电流暂态过程。分析表明，若在电压过 0

的瞬间（$\alpha=0$）空载合闸，会出现严重的励磁涌流，暂态电流的峰值会达到额定电流的 4~8 倍；若在电压过峰值的瞬间（$\alpha=\pi/2$）空载合闸，则暂态电流无须经历暂态过程而直接进入稳态。若在电压过 0 瞬间（$\alpha=0$）突然短路，则暂态短路电流峰值会冲高到额定电流的 20~30 倍，严重威胁绕组的安全；若在电压过峰值的瞬间（$\alpha=\pi/2$）突然短路，则短路电流无须经历暂态过程而直接达到稳态短路电流。

自耦变压器的一、二次绕组有共同耦合部分，且一、二次侧电路直接相连。这使得它所传递的容量 S_{aN} 包含两部分，即传导容量和电磁容量，即

$$S_{dc}=S_{aN}(1-1/k_a)，S_{cd}=S_{aN}/k_a \tag{2-15}$$

双绕组变压器的容量 S_N 只有电磁容量，即 $S_{dc}=S_N$，所以在容量相同的情况下，自耦变压器能够节省有效材料。自耦变压器的缺点在于一、二次绕组无隔离、短路阻抗较小，保护装置复杂，成本高。

三绕组变压器的每相有高、中、低压 3 个绕组，套装在同一铁心柱上，实现多个电压等级之间的变换。通过 3 个短路试验可以测取三绕组变压器简化等效电路的参数。但要注意，三绕组变压器的电抗参数不同于双绕组变压器的短路电抗，而是一个结合了绕组自感和绕组间互感的复合参数。

仪用互感器主要有电压互感器和电流互感器，分别用于监测高电压和大电流。电压互感器运行时一次绕组与被测电压并联，二次侧接测量仪表的高阻抗线圈，相当于空载运行的降压变压器。电流互感器运行时一次绕组与被测电流电路串联，二次侧接测量仪表的低阻抗线圈，相当于短路运行的升压变压器。电压互感器不允许二次侧短路，电流互感器不允许二次侧开路。为了保证人身安全，互感器的二次绕组的一端连同铁心必须可靠接地。

2.3 难点解析

难点 1　变压器 4.44 公式的灵活应用。

变压器的 4.44 公式即 $U_1 \approx E_1 = 4.44 N_1 f \Phi_m$ 或者 $\Phi_m \approx U_1/(4.44 N_1 f)$，给出了电源电压、频率、一次匝数与磁通这些量之间的关系，是变压器电势平衡与磁势平衡之间的纽带。用其分析问题的逻辑是：U_1、f、N_1 决定了磁通 Φ，Φ 通过非线性的磁化曲线 $\phi=f(i_m)$ 决定励磁电流 i_m 和励磁磁势 F_m，Φ 还通过饱和程度决定磁阻的大小，并进而决定励磁电抗 X_m。4.44 公式可以用来分析变压器的电流变化、参数变化等许多实际问题。关于 4.44 公式的灵活应用见本章思考题简答。

难点 2　等效电路参数 X_m 和 R_m 与电源电压 U_1 的关系分析。

参数 X_m 和 R_m 与主磁路相对应，随主磁路饱和程度的变化而变化。$X_m=2\pi f N_1^2/R_{mm}$ 是从一次侧观察到的励磁电抗，它与主磁路的磁阻 R_{mm} 成反比。R_{mm} 随着磁路饱和程度变化而变化。当 U_1 在额定值附近增高时，Φ 增大，主磁路饱和程度增高，R_{mm} 增大，所以 X_m 随电源电压的升高而减小，反之则反。铁耗电阻 $R_m=p_{Fe}/I_m^2 \propto B_m^2/I_m^2 \propto (\Phi/I_m)^2$，当 U_1 在额定点附近升高时，Φ 增大，而 Φ 通过磁化曲线 $\phi=f(i_m)$ 非线性地决定了 I_m，通过画磁化曲线可知，Φ 的增大会引起 I_m 更大幅度地增大，所以 $R_m \propto (\Phi/I_m)^2$ 随着 U_1 的升高而减小，反之则反。

难点 3　三相变压器联结组别的判定和连线问题。

由于三相变压器联结组别多，分析方法多，有时答案还不唯一，各种教材中的参考方向

又不完全一致。学生初次接触此类问题时，容易搞错。分析该类问题的关键是要搞清联结组标号（序号）的含义：标号用来反映二次线电势滞后于一次对应线电势的相位差，这个相位差一般是 30°的倍数，所以，联结组标号与钟表盘上的整点位置相对应。通过作相量图或者简单推算就可判断联结组别或者完成给定联结组的连线。这里介绍推算法，推算有一些简单规则要记住：①记住基本联结组 Yy0、Yd11、Yd1；②一次侧不变，二次侧标记右移 1 次，标号加 4；③一次侧不变，二次同名端反置，标号加 6 或减 6；④标号≥12 时减去 12，标号<0 时加上 12；⑤一、二次侧反位，新标号与原标号关于 12 点对称。推算法的具体操作详见本章例题和思考题简答。

难点 4 三相变压器波形问题。

该问题是指不同联结组别、不同铁心结构的三相变压器的励磁电流、磁通、相电势、线电势波形之间联系。讲述或分析此类问题的关键是要讲清各种联结组和铁心结构的特点。可以把联结组分成两类：Yy 联结组比较特殊，自成一类，特点是基波电流可以流通而三次谐波电流无法流通。YNy、Dy 和 Yd 联结组合为一类，特点是基波和三次谐波励磁电流均可流通。简单说就是 Yy 联结组限制了三次谐波电流的通过。三相变压器典型的铁心结构也分为两类：组式三相变压器的特点是主磁路中基波和三次谐波磁通均可流通；心式三相变压器的特点是主磁路中基波可以流通，而三次谐波走不通，只能走漏磁路，所以被大大抑制。简单说就是组式不阻止三次谐波磁通而心式能抑制三次谐波磁通。

基于联结组和铁心结构的特点，可以采用推理的方式讲清楚具体联结组和具体铁心结构的三相变压器的波形问题。例如，分析 Yy 联结组三相组式变压器的励磁电流、主磁通、相电势和线电势的波形。电源电压正弦→磁通欲成为正弦→非线性的磁化曲线要求励磁电流为尖顶波→尖顶波励磁电流中含三次谐波电流，Yy 联结组阻止了三次谐波电流→励磁电流只能是正弦波→非线性的磁化曲线决定了磁通为平顶波→平顶波磁通中含三次谐波磁通，组式铁心不阻止三次谐波磁通流通→磁通最终为平顶波→相电势为尖顶波→线电势为正弦波。

平顶波磁通产生尖顶波相电势的道理可用波形叠加的方法分析。线电势为正弦是由于线电势等于 2 个相电势的相量差，2 个相电势中的三次谐波同相位，在作相量减法时变为 0。按照类似的推理可以推出不同联结组不同铁心结构的三相变压器的各主要量的波形。

2.4 例题精讲

例 2-1 单相变压器的额定容量 $S_N = 2kVA$，额定电压 $U_{1N}/U_{2N} = 220V/110V$，频率 $f_N = 50Hz$。已知参数 $R_1 = R_2' = 0.3\Omega$，$X_{1\sigma} = X_{2\sigma}' = 0.5\Omega$，$R_m = 37\Omega$，$X_m = 266\Omega$。一次侧接额定电压，二次侧接感性负载 $Z_L = 5+j4\Omega$ 运行。

（1）用 T 形等效电路计算输入电流 I_1、励磁电流 I_m、输出电流 I_2 和输出电压 U_2；
（2）用简化等效电路计算输出电流 I_2、输出电压 U_2 和负载系数 β；
（3）计算阻抗电压 u_k。

分析 此例为变压器 T 形等效电路和简化等效电路的解算。涉及归算、励磁电流、负载系数和阻抗电压等概念。难点在于熟练掌握相量运算。

解：（1）变比 $\qquad k = U_{1N}/U_{2N} = 220V/110V = 2$

负载阻抗归算到高压侧 $\qquad Z_L' = k^2 Z_L = 2^2(5+j4) = (20+j16)\Omega$

总阻抗

$$Z = Z_1 + (Z_2' + Z_L') // Z_m = (R_1 + jX_{1\sigma}) + \frac{(R_m + jX_m)(R_2' + jX_{2\sigma}' + R_L' + jX_L')}{(R_m + jX_m) + (R_2' + jX_{2\sigma}' + R_L' + jX_L')}$$

$$= (0.3 + j0.5)\Omega + \frac{(37 + j266)(0.3 + j0.5 + 20 + j16)}{(37 + j266) + (0.3 + j0.5 + 20 + j16)}\Omega = (18.226 + j17.014)\Omega$$

输入电流 $\dot{I}_1 = \frac{\dot{U}_{1N}}{Z} = \frac{220\text{V}}{(18.226 + j17.014)\Omega} = (6.45 - j6.02)\text{A}$

有效值 $I_1 = |\dot{I}_1| = |6.45 - j6.02|\text{A} = 8.824\text{A}$

一次电势 $-\dot{E}_1 = \dot{U}_{1N} - \dot{I}_1 Z_1 = 220\text{V} - (6.45 - j6.02)\text{A} \cdot (0.3 + j0.5)\Omega = (215.05 - j1.42)\text{V}$

输出电流 $-\dot{I}_2' = -\dot{E}_1/(Z_2' + Z_L') = \frac{(215.05 - j1.42)\text{V}}{(0.3 + j0.5 + 20 + j16)\Omega} = (6.35 - j5.23)\text{A}$

励磁电流 $\dot{I}_m = \dot{I}_1 + \dot{I}_2' = (6.45 - j6.02)\text{A} - (6.35 - j5.23)\text{A} = (0.105 - j0.794)\text{A}$

有效值 $I_m = |\dot{I}_m| = |0.105 - j0.794|\text{A} = 0.801\text{A}$

实际输出电流 $I_2 = k|-\dot{I}_2'| = 2|6.35 - j5.23|\text{A} = 16.442\text{A}$

实际输出电压 $U_2 = |Z_L|I_2 = |5 + j4|\Omega \times 16.442\text{A} = 105.28\text{V}$

（2）总阻抗 $Z = Z_1 + Z_2' + Z_L' = (0.3 + j0.5 + 0.3 + j0.5 + 20 + j16)\Omega = (20.6 + j17)\Omega$

输出电流 $-\dot{I}_2' = \dot{U}_{1N}/Z = 220\text{V}/(20.6 + j17)\Omega = (6.353 - j5.243)\text{A}$

实际输出电流 $I_2 = k|-\dot{I}_2'| = 2 \times |6.353 - j5.243|\text{A} = 16.474\text{A}$

实际输出电压 $U_2 = |Z_L|I_2 = |5 + j4|\Omega \times 16.474\text{A} = 105.48\text{V}$

二次额定电流 $I_{2N} = S_N/U_{2N} = 2000\text{VA}/110\text{V} = 18.18\text{A}$

负载系数 $\beta = I_2/I_{2N} = 16.474\text{A}/18.18\text{A} = 0.906$

（3）额定电流 $I_{1N} = S_N/U_{1N} = 2000\text{VA}/220\text{V} = 9.09\text{A}$

短路阻抗 $z_k = |Z_1 + Z_2'| = |0.3 + j0.5 + 0.3 + j0.5|\Omega = 1.166\Omega$

阻抗电压 $u_k = \frac{z_k I_{1N}}{U_{1N}} \times 100\% = \frac{1.166\Omega \times 9.09\text{A}}{220\text{V}} \times 100\% = 4.82\%$

例 2-2 三相变压器的绕组接线、出线端标记及绕组绕向如图 2-1 所示，试确定其联结组别。

解：解法一，通过绘制相量图用定义判断。结果如图 2-2 所示。

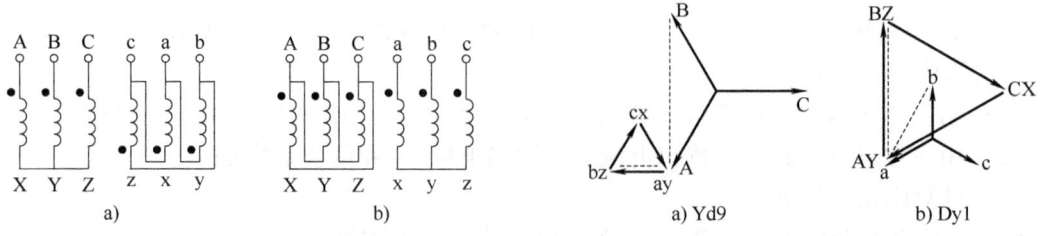

图 2-1 例 2-2 变压器连线图　　　图 2-2 例 2-2 变压器相量图及判断结果

解法二，推算法。图 2-1a 联结组的原型是 Yd11，二次侧标记右移一位标号加 4，同名端反置标号加 6，所以其联结组别为 Yd21，即 Yd9。图 2-1b 联结组的原型也是 Yd11，

一、二次换位,标号与原型标号关于 12 点对称,所以为 Dy1。

例 2-3 一台三相变压器。额定容量 $S_N=6000\text{kVA}$,额定电压 $U_{1N}/U_{2N}=(35/6.3)\text{kV}$,联结组为 Yd11,阻抗电压 $u_k=7.5\%$,额定铜耗 $p_{kN}=43\text{kW}$。试计算:

(1) 额定负载且功率因数 $\cos\varphi_2=0.8$(滞后)时的电压调整率 ΔU;

(2) 额定负载且功率因数 $\cos\varphi_2=0.8$(超前)时的电压调整率 ΔU;

(3) 带纯电阻负载半载运行时的电压调整率 ΔU;

(4) 带什么负载,功率因数为多少时,电压调整率为 0?

分析 此例为变压器电压调整率 ΔU 的计算。涉及标幺值、负载系数、功率因数和阻抗电压的概念。重点在于:①对 ΔU 实用公式的理解和记忆;②标幺值的运算;③准确把握负载功率因数对 ΔU 公式的影响。

解: $z_k^*=u_k=0.075$,$p_{kN}^*=p_{kN}/S_N=43\text{kW}/6000\text{kVA}=0.0072$

$R_k^*=p_{kN}^*/I_{1N}^{*2}=0.0072/1=0.0072$,$X_k^*=\sqrt{z_k^{*2}-R_k^{*2}}=\sqrt{0.075^2-0.0072^2}=0.0747$

(1) $\beta=1$,$\cos\varphi_2=0.8$,$\sin\varphi_2=\sqrt{1-0.8^2}=0.6$

$\Delta U=\beta(R_k^*\cos\varphi_2+X_k^*\sin\varphi_2)\times 100\%=1\times(0.0072\times 0.8+0.0747\times 0.6)\times 100\%=5.05\%$

(2) $\beta=1$,$\cos\varphi_2=0.8$,$\sin\varphi_2=-\sqrt{1-0.8^2}=-0.6$

$\Delta U=\beta(R_k^*\cos\varphi_2+X_k^*\sin\varphi_2)\times 100\%=1\times(0.0072\times 0.8-0.0747\times 0.6)\times 100\%=-3.91\%$

(3) $\beta=0.5$,$\cos\varphi_2=1$,$\sin\varphi_2=0$

$\Delta U=\beta(R_k^*\cos\varphi_2+X_k^*\sin\varphi_2)\times 100\%=0.5\times(0.0072\times 1+0.0747\times 0)\times 100\%=0.36\%$

(4) 带容性负载,即 $\varphi_2<0$ 时,ΔU 可能为 0。令 $\Delta U=\beta(R_k^*\cos\varphi_2+X_k^*\sin\varphi_2)\times 100\%=0$,可得

$$\varphi_2=-\arctan(R_k^*/X_k^*)=-\arctan(0.0072/0.0747)=-5.4833°$$

$$\cos\varphi_2=\cos(-5.4833°)=0.9954(超前)$$

例 2-4 一台三相变压器,额定容量 $S_N=5000\text{kVA}$,额定电压 $U_{1N}/U_{2N}=35\text{kV}/10.5\text{kV}$,额定电压下的空载损耗 $p_0=7.25\text{kW}$,额定铜耗 $p_{kN}=40\text{kW}$。试计算:

(1) 额定负载且功率因数 $\cos\varphi_2=0.8$ 时的效率 η;

(2) 功率因数 $\cos\varphi_2=1$ 时的最高效率 η_m。

分析 此例为变压器效率和最大效率的计算。涉及空载损耗、额定铜耗、最大效率等概念。重点在于:①对效率 η 的计算公式的理解和记忆;②掌握最大效率发生的条件和求解最大效率方法或公式。

解: (1) $\beta=1$,$\cos\varphi_2=0.8$

$$\eta=\frac{\beta S_N\cos\varphi_2}{\beta S_N\cos\varphi_2+p_0+\beta^2 p_{kN}}\times 100\%=\frac{1\times 5000\text{kVA}\times 0.8}{1\times 5000\text{kVA}\times 0.8+7.25\text{kW}+40\text{kW}}\times 100\%=98.83\%$$

(2) $\cos\varphi_2=1$,$\beta_m=\sqrt{p_0/p_{kN}}=\sqrt{7.25\text{kW}/40\text{kW}}=0.4257$

$$\eta_m=\frac{\beta_m S_N\cos\varphi_2}{\beta_m S_N\cos\varphi_2+2p_0}\times 100\%=\frac{0.4257\times 5000\text{kVA}\times 1}{0.4257\times 5000\text{kVA}\times 1+2\times 7.25\text{kW}}\times 100\%=99.32\%$$

例 2-5 两台相同额定电压的单相变压器 A 和 B 的额定容量 $S_{NA}=1800\text{kVA}$,$S_{NB}=2400\text{kVA}$,阻抗电压 $u_{kA}=6.6\%$,$u_{kB}=7.0\%$。现将其并联运行供给共同负载。试求:

(1) 总负载 $S=4000\text{kVA}$ 时,各变压器所分担的负载容量;

（2）在每台变压器都不过载的情况下，两台所能供给的总负载以及并联组总容量的利用率。

分析 此例为变压器并联运行时负载容量分配的计算。涉及额定容量、负载容量、阻抗电压、容量利用率等概念。重点在于：①掌握阻抗电压与容量分配的关系；②掌握通过解方程组或公式计算各变压器的容量。

解：（1）假设 A、B 分担的容量分别为 S_A、S_B，可列出如下方程组

$$\begin{cases} S_A + S_B = S \\ \dfrac{S_A}{S_{NA}} : \dfrac{S_B}{S_{NB}} = \dfrac{1}{u_{kA}} : \dfrac{1}{u_{kB}} \end{cases}$$

解方程组得

$$S_A = \frac{S_{NA}/u_{kA}}{(S_{NA}/u_{kA} + S_{NB}/u_{kB})} S = \frac{1800\text{kVA}/6.6}{(1800\text{kVA}/6.6 + 2400\text{kVA}/7.0)} \times 4000\text{kVA} = 1772.2\text{kVA}$$

$$S_B = \frac{S_{NB}/u_{kB}}{(S_{NA}/u_{kA} + S_{NB}/u_{kB})} S = \frac{2400\text{kVA}/7.0}{(1800\text{kVA}/6.6 + 2400\text{kVA}/7.0)} \times 4000\text{kVA} = 2227.8\text{kVA}$$

（2）并联组中阻抗电压最小的变压器先达到满载，由于 $\min(u_{kA}, u_{kB}) = u_{kA}$，故

$$S_m = u_{kA}(S_{NA} + S_{NB}/u_{kB}) = 6.6 \times (1800/6.6 + 2400/7)\text{kVA} = 4062.9\text{kVA}$$

容量的利用率 $k_L = S_m/(S_{NA} + S_{NB}) \times 100\% = 4062.9\text{kVA}/(1800+2400)\text{kVA} \times 100\% = 96.74\%$

例 2-6 某台三相变压器联结组为 Yd11，额定容量 $S_N = 3150\text{kVA}$，额定电压 $U_{1N}/U_{2N} = 10\text{kV}/6.3\text{kV}$。在低压侧加额定电压做空载试验，测得空载电流标幺值 $I_0^* = 0.9\%$，空载损耗 $p_0 = 4400\text{W}$；在高压侧加额定电流做短路试验，测得阻抗电压 $u_k = 5.5\%$，短路损耗 $p_{kN} = 27000\text{W}$。

（1）若 $R_1 = R_2' = R_k/2$，$X_{1\sigma} = X_{2\sigma}' = X_k/2$，画出归算到高压侧的 T 形等效电路；

（2）若试验时的环境温度 $\theta = 20\text{℃}$，计算归算到 75℃时的短路阻抗和阻抗电压。

分析 此例为变压器参数和运行数据测定的计算。涉及联结组、标幺值、空载试验、短路试验、T 形等效电路和阻抗电压等概念。重点在于：①透彻理解并掌握 T 形等效电路的结构和参数；②仔细归纳并整理试验数据；③熟练掌握通过试验数据求取参数的方法；④掌握或记忆试验电阻值向 75℃换算的公式。

解：（1）$S_{N1} = S_N/3 = 3150\text{kVA}/3 = 1050\text{kVA}$

$U_1 = U_{1N}/\sqrt{3} = 10000\text{V}/\sqrt{3} = 5773.5\text{V}$，$U_2 = U_{2N} = 6300\text{V}$，$k = U_1/U_2 = 5773.5\text{V}/6300\text{V} = 0.9164$

$I_1 = S_{N1}/U_1 = 1050 \times 10^3\text{VA}/5773.5\text{V} = 181.87\text{A}$，$I_2 = S_{N1}/U_2 = 1050 \times 10^3\text{VA}/6300\text{V} = 166.67\text{A}$

$I_0 = I_0^* I_2 = 0.9\% \times 166.67\text{A} = 1.5\text{A}$，$p_{01} = p_0/3 = 4400\text{W}/3 = 1466.7\text{W}$

励磁参数

$z_m' = U_2/I_0 = 6300\text{V}/1.5\text{A} = 4200\Omega$，$R_m' = p_{01}/I_0^2 = 1466.7\text{W}/1.5^2\text{A}^2 = 651.85\Omega$

$$X_m' = \sqrt{z_m'^2 - R_m'^2} = \sqrt{4200^2 - 651.85^2}\ \Omega = 4149.1\Omega$$

$R_m = k^2 R_m' = 0.9164^2 \times 651.85\Omega = 547.4526\Omega$，$X_m = k^2 X_m' = 0.9164^2 \times 4149.1\Omega = 3484.6\Omega$

$U_k = u_k U_1 = 5.5\% \times 5773.5\text{V} = 317.54\text{V}$，$p_{k1} = p_{kN}/3 = 27000\text{W}/3 = 9000\text{W}$

短路参数

$z_k = U_k/I_1 = 317.54\text{V}/181.87\text{A} = 1.746\Omega$，$R_k = p_{k1}/I_1^2 = 9000\text{W}/181.87^2\text{A}^2 = 0.272\Omega$

$$X_k = \sqrt{z_k^2 - R_k^2} = \sqrt{1.746^2 - 0.272^2}\ \Omega = 1.725\Omega$$

$$R_1 = R'_2 = R_k/2 = 0.272\Omega/2 = 0.1361\Omega, \quad X_{1\sigma} = X'_{2\sigma} = X_k/2 = 1.725\Omega/2 = 0.8623\Omega$$

T形等效电路如图2-3所示。

(2) $R_{k75} = R_k \dfrac{234.5+75}{234.5+\theta} = 0.2721\Omega \dfrac{234.5℃+75℃}{234.5℃+20℃} = 0.331\Omega$

$$z_{k75} = \sqrt{R_{k75}^2 + X_k^2} = \sqrt{0.331^2 + 1.725^2}\ \Omega = 1.76\Omega$$

$$u_{k75} = \dfrac{z_{k75}I_1}{U_1} \times 100\% = \dfrac{1.76\Omega \times 181.86\mathrm{A}}{5773.5\mathrm{V}} \times 100\% = 5.53\%$$

例 2-7 某变压器的已知数据有 $I_0^* = 0.016$，$p_0^* = 0.0029$，$u_k = 4\%$，$p_{kN}^* = 0.015$，试计算其 T 形等效电路参数的标幺值。

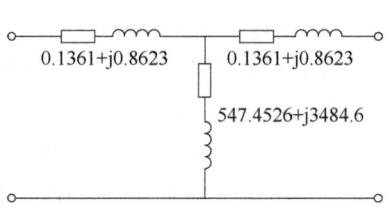

图 2-3 例 2-6 的 T 形等效电路

分析 此例为标幺值的应用。重点在于：①透彻理解标幺值的概念和运算；②掌握一些常见标幺值公式；③对参数标幺值的量值建立起数量级的概念。

解：$U_0^* = 1$，$U_k^* = U_k/U_N = z_k I_N/U_N = u_k = 0.04$，$I_k^* = 1$

$$z_m^* = U_0^*/I_0^* = 1/0.016 = 62.5, \quad R_m^* = p_0^*/I_0^{*2} = 0.0029/0.016^2 = 11.3281$$

$$X_m^* = \sqrt{z_m^{*2} - R_m^{*2}} = \sqrt{62.5^2 - 11.3281^2} = 61.4648, \quad z_k^* = u_k = 0.04$$

$$R_k^* = p_{kN}^*/I_k^{*2} = 0.015/1^2 = 0.015, \quad X_k^* = \sqrt{z_k^{*2} - R_k^{*2}} = \sqrt{0.04^2 - 0.015^2} = 0.0371$$

$$R_1^* \approx R_2^{'*} = R_k^*/2 = 0.015/2 = 0.0075, \quad X_{1\sigma}^* \approx X_{2\sigma}^{'*} = X_k^*/2 = 0.0371/2 = 0.0185$$

例 2-8 某三相变压器额定容量 $S_N = 1000\mathrm{kVA}$，额定电压 $U_{1N}/U_{2N} = 6000\mathrm{V}/400\mathrm{V}$，额定频率 $f = 50\mathrm{Hz}$。额定电压下的空载损耗 $p_0 = 1800\mathrm{W}$，满载铜耗 $p_{kN} = 11600\mathrm{W}$，联结组为 Yyn0。

(1) 将该变压器改接为 6400V/6000V 的自耦变压器，求变比 k_a 和额定容量 S_{aN}、传导容量 S_{cd} 和感应容量 S_{dc}。

(2) 满载、$\cos\varphi_2 = 0.8$ 时的双绕组和自耦变压器的效率分别是多少？

分析 此例为自耦变压器相关的计算。涉及额定容量、传导容量、电磁容量、效率等概念或公式。重点在于：①透彻理解并掌握自耦变压器的绕组结构和电路连接；②透彻理解自耦变压器的容量构成与分配原理或公式；③理解双绕组变压器连接成自耦变压器后绕组及铁心中的损耗并未改变。

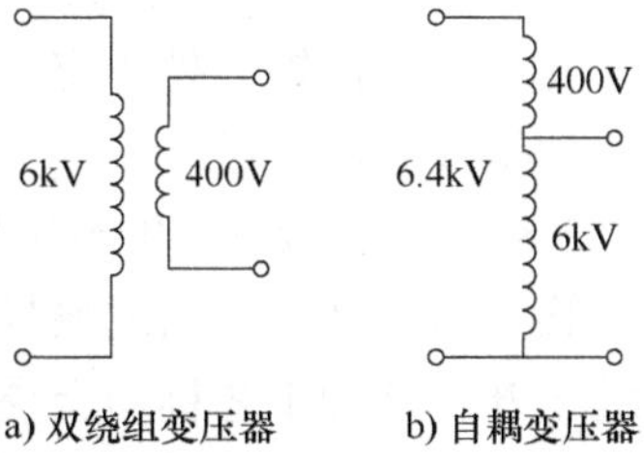

解：(1) 将该双绕组变压器（图2-4a）的高、低压绕组按图2-4b连接，便得到一台 6400V/6000V 的自耦变压器。

图 2-4 例 2-8 图　a) 双绕组变压器　b) 自耦变压器

变比　　　$k_a = 6400\mathrm{V}/6000\mathrm{V} = 1.0667$

额定容量　$S_{aN} = k_a S_N/(k_a - 1) = 1.0667 \times 1000\mathrm{kVA}/(1.0667 - 1) = 16000\mathrm{kVA}$

传导容量　$S_{cd} = S_{aN}/k_a = 16000\mathrm{kVA}/1.0667 = 15000\mathrm{kVA}$

感应容量　$S_{dc} = (1 - 1/k_a)S_{aN} = (1 - 1/1.0667) \times 16000\mathrm{kVA} = 1000\mathrm{kVA}$

(2) 双绕组变压器的效率

$$\eta = \dfrac{\beta S_N \cos\varphi_2}{\beta S_N \cos\varphi_2 + p_0 + \beta^2 p_{kN}} \times 100\% = \dfrac{1 \times 1000\mathrm{kVA} \times 0.8}{1 \times 1000\mathrm{kVA} \times 0.8 + 1.8\mathrm{kW} + 11.6\mathrm{kW}} \times 100\% = 98.35\%$$

自耦变压器的效率

$$\eta_\mathrm{a} = \frac{\beta S_{\mathrm{aN}}\cos\varphi_2}{\beta S_{\mathrm{aN}}\cos\varphi_2 + p_0 + \beta^2 p_{\mathrm{kN}}} \times 100\% = \frac{1\times 16000\mathrm{kVA}\times 0.8}{1\times 16000\mathrm{kVA}\times 0.8 + 1.8\mathrm{kW} + 11.6\mathrm{kW}} \times 100\% = 99.90\%$$

2.5 思考题简答

2-1 简述变压器的基本工作原理。

答：结构和原理最简单的是单相双绕组变压器。其主磁路上绕有一次和二次绕组；一次绕组接交流电源，产生交链两侧绕组的交变主磁通，在两侧绕组中感应出与匝数成正比的电势；忽略绕组的阻抗压降时，两侧电压与相应电势基本相等，所以两侧电压大约与两侧绕组匝数成正比；通过设计匝数比即变比，就可在二次侧获得与一次侧不同的电压。

2-2 变压器能否用来改变直流电压，为什么？

答：不能。因为直流电压在主磁路中产生的磁通是恒定的，不会在绕组中产生感应电势。所以，在二次侧无法产生感应电势和输出电压。

2-3 变压器在电力系统中的作用是什么？

答：变压器在电力系统中主要起升压、降压、联络和能量传递的作用，也有改变电流和阻抗的作用。

2-4 简述油浸式电力变压器的基本结构。

答：分四部分，电磁部分包括绕组、铁心和调压装置；保护部分包括气体继电器、安全气道（或防爆阀）、油箱等；散热部分包括散热器、变压器油等；绝缘部分包括箱内绝缘、油、绝缘套管等。

2-5 变压器油的作用是什么？

答：变压器油的主要作用是加强绝缘和散热。

2-6 变压器按铁心结构如何分类？

答：分为心式、壳式和辐射式等。

2-7 变压器的铁心为什么要用硅钢片叠压而成？

答：变压器铁心处于交变磁场中，会产生较大的涡流损耗。为了减小涡流损耗，必须用薄的硅钢片叠压而成。

2-8 什么是铁心的交叠式装配？

答：为保证主磁路通畅且结构坚固，在叠放硅钢片拼接磁路时，应保证相邻层的硅钢片接缝错开，这种工艺称为交叠式装配。

2-9 什么是变压器的额定值？变压器的二次侧额定电压是如何定义的？

答：制造厂家对变压器在指定工作条件下运行时所规定的主要物理量的量值。一次侧加额定电压、额定频率的电源，二次侧开路时的电压定义为二次额定电压。

2-10 三相变压器的额定容量、额定电压、额定电流之间有怎样的关系？

答：$S_\mathrm{N} = \sqrt{3}\, U_{1\mathrm{N}} I_{1\mathrm{N}} = \sqrt{3}\, U_{2\mathrm{N}} I_{2\mathrm{N}}$。

2-11 试推导变压器的感应电势有效值 E_1 和 E_2 的计算公式。

答：设 $\phi = \Phi_\mathrm{m}\sin\omega t$，则 $e_1 = -N_1 \mathrm{d}\phi/\mathrm{d}t = -\omega N_1 \Phi_\mathrm{m}\cos\omega t = \omega N_1 \Phi_\mathrm{m}\sin(\omega t - \pi/2)$

$E_1 = \omega N_1 \Phi_\mathrm{m}/\sqrt{2} = 2\pi f N_1 \Phi_\mathrm{m}/\sqrt{2} = 4.44 f N_1 \Phi_\mathrm{m}$，同理 $E_2 = 4.44 f N_2 \Phi_\mathrm{m}$。

2-12 某单相变压器一、二次绕组分别标记为 AX 和 ax，A 和 a 为同名端，额定电压为 220V/110V。如果：(1) 将 X 与 a 连接在一起，在 A 与 x 端加 330V 交流电压；(2) 将 X 与 x 连接在一起，在 A 与 a 端加 330V 交流电压。则各会产生什么后果？

答：(1) 电流会减少，不会有什么严重后果。如图 2-5 所示，分析如下：
在 AX 施加 220V 电压时
$$\Phi_1 \approx U_1/(4.44N_1 f) = 220/(4.44N_1 f)，i_1 = F_1/N_1 = f(\Phi_1)/N_1$$
参看图 2-5a，在 Ax 施加 330V 电压时
$$\Phi \approx 330/[4.44(N_1+N_2)f] = 330/[4.44 \times 1.5N_1 f] = 220/(4.44N_1 f) = \Phi_1$$
$$i_0 = F_0/(N_1+N_2) = f(\Phi)/(N_1+N_2) = 2i_1/3$$
可见此种情况下，磁通没有超标，电流反而小了，不会有什么严重后果。

(2) 电流会急剧增大，烧毁绕组。分析如下：
参看图 2-5b，在 Aa 施加 330V 电压时
$$\Phi \approx 330/[4.44(N_1-N_2)f] = 330/[4.44 \times 0.5N_1 f] = 660/(4.44N_1 f) = 3\Phi_1$$
$$i_0 = F_0/(N_1-N_2) = f(3\Phi_1)/0.5N_1 \gg f(\Phi_1)/N_1 = i_1$$
可见此种情况下，磁通严重超标，电流急剧增大，会损坏变压器。

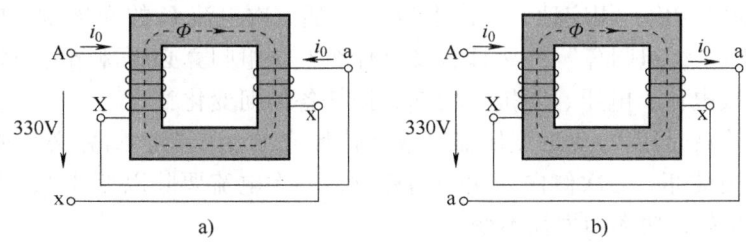

图 2-5 思考题 2-12 图

2-13 变压器绕组误接到直流电源上，会产生什么后果？

答：一次电流会很大，一般会烧毁一次绕组。即便一次侧能承受住大电流，二次侧也无法得到输出电压。

2-14 为什么说在电源电压不变的情况下，变压器的主磁通基本不变？

答：$\Phi_m = E_1/(4.44fN_1) \approx U_1/(4.44fN_1)$，在正常运行过程中，若电源电压和频率不变，则磁通基本不变。

2-15 一台 $f_N = 50Hz$，$U_N = 220V$ 的变压器，能否接到如下电源？(1) $f_N = 25Hz$，$U_N = 220V$；(2) $f_N = 25Hz$，$U_N = 110V$；(3) $f_N = 100Hz$，$U_N = 400V$。

答：(1) 不能（磁通超过额定值很多，电流会急剧增大，烧坏绕组）；(2) 能（电压和磁通都没超过额定值）；(3) 不能（电压超过额定值很多，损坏绝缘）。

2-16 如何确定变压器各相量的参考方向？

答：一次侧按电动机惯例约定电压和电流的正方向，即电流从电压源的正极出来流入变压器，一次感应电势和漏磁势的正方向都与电流正方向相同。主磁通和漏磁通的正方向与电流正方向之间符合右手螺旋法则。二次电流正方向与主磁通正方向符合右手螺旋法则，二次电势与电流正方向相同，电压沿电流正方向为电压降，漏电势与电流同方向，漏磁通与电流符合右手螺旋法则。

2-17 简述变压器的磁势平衡和电势平衡。

答：变压器一次绕组接到电源后，一次绕组中就会产生与电源电压相平衡的主电势、漏电势和电阻压降。忽略漏电势和电阻压降后，$U_1 \approx 4.44 N_1 f \Phi_m$，所以 $\Phi_m \approx U_1/(4.44 N_1 f)$，这就是电源电压决定磁通的原理。电源电压不变时，磁通不变，产生磁通所需的磁势也就不变，也就是说，电源电压保持恒定值不变时，与主磁路交链的所有绕组所产生的总磁势也就不变。对双绕组变压器就有 $\dot{F}_1 + \dot{F}_2 = \dot{F}_m =$ 常相量，这就是磁势平衡原理和方程。

在一次侧，与电源电压平衡的量有 3 个，主电势、漏电势（用漏抗压降表示）和电阻压降，所以一次电势平衡方程为 $\dot{U}_1 = -\dot{E}_1 + j\dot{I}_1 X_{1\sigma} + \dot{I}_1 R_1$。在二次侧，与二次主电势相平衡的量也有 3 个，输出电压、漏电势（用漏抗压降表示）和电阻压降，方程为 $\dot{E}_2 = \dot{U}_2 + j\dot{I}_2 X_{2\sigma} + \dot{I}_2 R_2$。

2-18 变压器空载电流很小，负载时一、二次电流都较大，为什么负载时说一、二次绕组所产生的合成磁势等于空载磁势？

答：电流和磁势都是相量。一、二次磁势相量的有效值相差不大，但相位接近反相，所以合成磁势很小，等于空载磁势。

2-19 变压器一、二次电路没有直接相连，为什么一次电流会随着二次电流的变化而变化？

答：二次电流变化时，二次磁势 $\dot{F}_2$ 会随之变化，根据磁势平衡 $\dot{F}_1 + \dot{F}_2 = \dot{F}_m =$ 常相量，一次磁势 $\dot{F}_1$ 必然随之变化，相应地，一次电流 $\dot{I}_1$ 就随二次电流 $\dot{I}_2$ 的变化而变化。

2-20 变压器"绕组归算"的物理意义是什么？绕组归算必须遵循的原则是什么？向一次侧归算时，二次电流、电压、阻抗、功率、损耗各如何变化？

答：绕组归算就是用 1∶1 的变压器等效替代原来的变压器。归算必须遵循的原则是磁势平衡关系不能被破坏。二次侧向一次侧归算时，二次电流要除以变比 k，电压和电势要乘以 k，阻抗要乘以 k^2，功率和损耗不变。

2-21 T 形等效电路中有哪些参数？电源电压升高或降低对这些参数各有什么影响？

答：6 个参数，绕组电阻 R_1、R_2'，绕组漏抗 $X_{1\sigma}$、$X_{2\sigma}'$，铁耗电阻 R_m 和励磁阻抗 X_m。电源电压在额定值附近升高时，R_m 和 X_m 都减小；电源电压在额定值附近降低时，R_m 和 X_m 都增大。R_1、R_2' 和 $X_{1\sigma}$、$X_{2\sigma}'$ 为常数，不随电源电压的改变而变化。

2-22 画出与 T 形等效电路对应的超前性负载时变压器的相量图。

答：如图 2-6 所示。

2-23 画出与简化等效电路对应的纯电阻负载时变压器的相量图。

答：如图 2-7 所示。

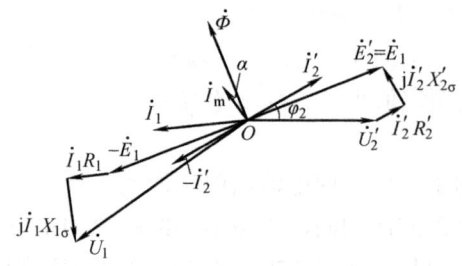

图 2-6 基于 T 形等效电路和
超前性负载的相量图

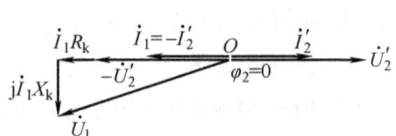

图 2-7 基于简化等效电路和
纯电阻负载的相量图

2-24　说明参数 X_m，$X_{1\sigma}$，$X_{2\sigma}$ 的物理意义。如果将铁心换成非铁磁材料，X_m 如何变化？若将一次匝数 N_1 增加 10% 而其他条件不变，X_m，$X_{1\sigma}$，$X_{2\sigma}$ 将分别如何变化？

答：X_m 是与主磁路对应的一次绕组的主电抗，称为励磁电抗。$X_{1\sigma}$ 是与一次漏磁路对应的一次绕组的漏电抗。$X_{2\sigma}$ 是与二次漏磁路对应的二次绕组的漏电抗。若将铁心换成非磁性材料，则主磁路的磁阻将大增，由于电抗与磁阻成反比，所以 X_m 将大减。若 N_1 增加 10%，由于电抗与匝数二次方成正比，所以 X_m 和 $X_{1\sigma}$ 分别增加 21%，$X_{2\sigma}$ 不变。

2-25　为什么励磁电抗 X_m 非常数而漏电抗 $X_{1\sigma}$、$X_{2\sigma}$ 却为常数？

答：X_m 与主磁路相对应，在饱和的情况下主磁路磁阻非常数，所以 X_m 非常数。$X_{1\sigma}$、$X_{2\sigma}$ 与漏磁路相对应，漏磁路的磁阻为常数，所以 $X_{1\sigma}$、$X_{2\sigma}$ 为常数。

2-26　若铁心截面积增加 10% 而其他条件不变，主磁通 Φ 如何变化？电抗 X_m 如何变化？

答：主磁通取决于电源电压，在电源电压保持额定值的情况下，即便铁心的截面积增加 10%，主磁通 Φ 也基本不变。磁阻与铁心截面积成反比，减少到原来的 1/1.1，X_m 与磁阻成反比，增大到 1.1 倍。当然，铁心截面积增大后，主磁路饱和程度会降低，这会进一步降低磁阻，所以 X_m 会增大到超过原来的 1.1 倍。

2-27　主磁通 ϕ 和励磁电流 i_m 之间有怎样的函数关系？若 ϕ 为正弦波，i_m 应为什么波形？若 i_m 为正弦波，ϕ 会是什么波形？

答：ϕ 与 i_m 之间的函数关系即为主磁路的磁化曲线，是一条饱和曲线。饱和时，对单相变压器来说，若 ϕ 为正弦波，则 i_m 为尖顶波。若 i_m 为正弦波，ϕ 是平顶波。

2-28　为什么励磁电流 i_m 超前于主磁通 ϕ？

答：变压器有铁耗，且变压器为感性设备，所以 i_m 滞后于电源电压一个小于 90°的角度。而电源电压超前于主磁通约 90°，所以 i_m 超前于 ϕ 一个不大的角度，称为铁耗角。

2-29　简化等效电路适合于用来分析变压器什么运行状态？

答：简化等效电路省掉了 T 形等效电路中的励磁支路。所以只有当励磁电流占总电流的份额很小时才能用简化等效电路。一般负载电流不太小时就可用简化等效电路分析。

2-30　什么是标幺值？采用标幺值有什么优点？

答：标幺值是实际值与某一参考值的比值。参考值称为基值，通常选取额定电压和额定电流作为电压和电流的基值，阻抗和功率的基值则可以推导出来。采用标幺值的主要优点是数值直观、公式简单、计算精度高、所呈现的规律通用性强等。

2-31　什么是阻抗电压 u_k？其大小对变压器的性能有什么影响？

答：在额定电流时，变压器短路阻抗上的压降占额定电压的百分数称为阻抗电压，定义式为 $u_k = (z_k I_{1N}/U_{1N}) \times 100\%$。$u_k$ 值越大，则短路电流越小，但输出电压在负载电流变化时波动的幅度就越大，即输出电压的稳定性越差；u_k 值越小，短路电流越大，短路后可能造成的危害越大，但正常运行时输出电压的稳定性越好。在设计变压器时，u_k 值的选择应综合考虑。

2-32　阻抗电压为什么与短路阻抗的标幺值相等？试推导之。

答：$u_k = \dfrac{z_k I_{1N}}{U_{1N}} = \dfrac{z_k}{U_{1N}/I_{1N}} = z_k/z_{1b} = z_k^*$。

2-33　组式三相变压器和心式三相变压器在磁路方面各有什么特点？

答：组式变压器各相磁路独立对称，基波和各次谐波都可以在主磁路中流通。心式变压器三相磁路耦合在一起，基波可以流通，三次谐波无法流通。

2-34　三相变压器高、低压侧对应标记端的线电势之间的相位关系由哪些因素决定？

答：由一、二次绕组的相对绕向、标记以及变压器的连接方法决定。

2-35　基波磁通和三次谐波磁通分别在组式和心式三相变压器中所遇到的磁阻有什么异同？为什么？

答：基波磁通在组式和心式变压器中都可以畅通，所遇到的磁阻为主磁路的磁阻，其值不大。三次谐波磁通在组式变压器主磁路中畅通，所遇到的磁阻亦为主磁路的磁阻，其值不大。三次谐波磁通在心式变压器主磁路中无法流通，只能走漏磁路，所遇到的磁阻为漏磁路的磁阻，数值较大。

2-36　基波电流和三次谐波电流分别在 Y、Y_N 和 △ 接法的三相绕组中的流通情况各是怎样的？

答：基波电流在 3 种联结组的三相绕组中都可以畅通。三次谐波电流在 Y_N 和 △ 接法的三相绕组中畅通，在 Y 接法的三相绕组中无法流通。

2-37　一台 Yd1 的三相变压器，仅改变电源相序，其联结组标号会改变吗？为什么？

答：联结组标号不会改变。因为联结组标号是变压器本身的特征，与电源的相序无关。

2-38　为什么三相变压器常希望有一侧绕组接成 △ 连接？

答：变压器通常运行在饱和状态下。为使磁通成为正弦波，要求励磁电流为含有三次谐波分量的尖顶波。△ 接法能为三次谐波电流提供流通路径，使得励磁电流为尖顶波，所以三相变压器常希望有一侧绕组为 △ 接法。

2-39　组式三相变压器按 Yd 连接，一次侧接三相对称正弦电压，二次侧的 △ 未闭合时，发现开口处有较高的电压，但 △ 闭合后，△ 回路中的电流又很小，为什么？

答：对 Yd 联结组来说，△ 未闭合时，三次谐波电流 i_3 无法流通，所以励磁电流为正弦波，磁通为平顶波，含有较大的三次谐波磁通 ϕ_3，ϕ_3 在组式变压器的主磁路中畅通无阻，能在二次绕组中感应出较高的三次谐波电压 u_3。三相三次谐波电压同相位，在开口 △ 电路中叠加为 $3u_3$，所以开口处有较高的电压。△ 闭合后，ϕ_3 会在 △ 绕组中产生三次谐波电流 i_3，使得总的励磁电流成为含有三次谐波的尖顶波，磁通被调整成接近正弦，二次绕组中的感应电势为接近正弦的三相对称电势，在 △ 闭合回路中叠加为接近 0，所以 △ 回路中只有微小的三次谐波励磁电流。

2-40　当三相对称额定正弦电压加到 Yd 接法的组式三相变压器一次侧时，问一次线电流、二次相电流、二次线电流、一次相电压、一次线电压、二次相电压、二次线电压以及主磁通中有无三次谐波？

答：一次线电流、二次线电流、一次线电压、二次线电压、一次相电压、二次相电压和主磁通中均无三次谐波。二次相电流中有三次谐波。

2-41　当三相对称额定正弦电压加到 Yy 接法的组式三相变压器一次侧时，问一次线电流、二次相电流、二次线电流、一次相电压、一次线电压、二次相电压、二次线电压以及主磁通中有无三次谐波？

答：一次线电流、二次相电流、二次线电流、一次线电压、二次线电压中无三次谐波。一次相电压、二次相电压和主磁通中有三次谐波。

2-42 用三台单相变压器连接而成的组式三相变压器，如果不慎有一台变压器的一次绕组绕反了，但出线端标记及连接仍照旧，会产生什么后果？

答：变压器将处于严重的不对称运行状态。会产生极大的零序磁通，并造成二次侧电压严重不对称，对变压器和用电器造成危害。

2-43 什么是变压器的外特性和电压调整率？负载的功率因数对外特性和电压调整率有何影响？

答：变压器负载运行时，二次电压 U_2 会随着负载的改变而变化。在负载功率因数一定的情况下，U_2 随着 I_2 变化的关系曲线称为外特性。U_2 的变化情况常用电压调整率 ΔU 来描述，其定义式为 $\Delta U=[(U_{2N}-U_2)/U_{2N}]\times100\%$，$\Delta U$ 就是外特性曲线上从空载到负载，二次电压 U_2 变化的幅度。负载功率因数不同，对应的外特性曲线的走向和 ΔU 的正负大小也不同。分析表明：带感性或纯电阻负载后，外特性为下降曲线，$\Delta U>0$；带容性负载后，外特性通常走高，$\Delta U<0$，但外特性也可能降低或不变，使得 $\Delta U\geq0$。

2-44 试推导变压器电压调整率的实用计算公式。

答：变压器电压调整率实用公式是依据简化等效电路对应的相量图推导出来的。可参考图 2-8 理解推导过程。

$$\Delta U=(U_{2N}-U_2)/U_{2N}=1-U_2^*=1-U_2'^{*}=oA-oB\approx oD-oB=BE+ED$$
$$=I_1^*R_k^*\cos\varphi_2+I_1^*X_k^*\sin\varphi_2=\beta(R_k^*\cos\varphi_2+X_k^*\sin\varphi_2)\times100\%$$

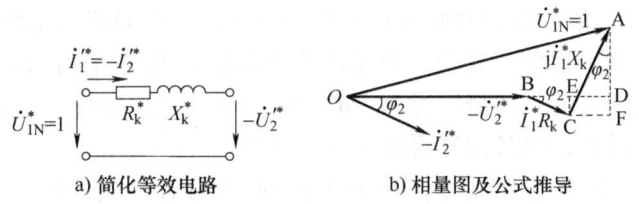

a) 简化等效电路　　　　　b) 相量图及公式推导

图 2-8　思考题 2-44 电压调整率实用公式推导

2-45 变压器二次侧接感性负载或容性负载，对励磁电流和铁耗有什么影响？

答：通过绘制变压器二次侧相量图来分析负载对励磁电流和铁耗的影响。图 2-9a、b 分别是感性和容性负载时二次侧相量图。由图可知，在电压、电流、功率因数相等的情况下，感性负载时电势 E_1 大于容性负载时的电势。由于主磁通 Φ 与 E_1 成正比，励磁电流和 Φ 之间符合磁化曲线，所以容性负载时的励磁电流和铁耗相对较小。

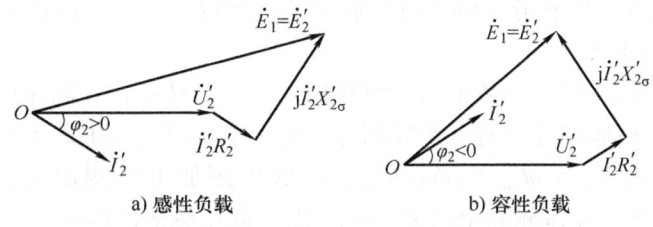

a) 感性负载　　　　　b) 容性负载

图 2-9　思考题 2-45 变压器二次侧相量图

2-46 什么是变压器的负载系数？负载系数和负载功率因数分别对变压器的效率有何

影响？

答：负载系数是定量描述变压器负载程度的系数，定义为变压器的实际输出电流与额定输出电流的比值，即 $\beta = I_2/I_{2N} = I_2^*$，一般分析负载运行时，也认为 $\beta = I_1/I_{1N} = I_1^* = S/S_N = S^*$。当负载的功率因数 $\cos\varphi_2$ 一定时，β 越大或越小，效率 η 都比较低，当 β 在 0.5~1.1 之间时，η 比较高。如果 β 一定，则 $\cos\varphi_2$ 越高，η 就越高。

2-47　什么条件下，变压器有最大效率？

答：当可变损耗等于不变损耗即 $\beta = \sqrt{p_0/p_{kN}}$ 时，变压器有最大效率。

2-48　并联运行组达到什么状态才算理想并联运行？

答：变压器并联运行的理想情况是：①空载时所有二次回路中都无循环电流产生。②负载时各变压器所承担的负载容量与其额定容量成正比。③负载时各变压器的负载电流同相位。

2-49　三相变压器并联运行应满足哪些条件？

答：①各台变压器一、二次额定电压应分别相等。②各台变压器的联结组标号应相同。③各台变压器短路阻抗的阻抗角应相等。④各台变压器的阻抗电压相等。

2-50　变压比不等的变压器并联运行时，二次侧会产生环流，问一次侧也会产生环流吗？为什么？

答：一次侧也会产生环流。因为二次侧的环流会在一次绕组中产生感应电流。

2-51　联结组分别为 Yd11 和 Dy11 的三相变压器，能否在一定条件下并联运行？

答：可以，在变压比相等的情况下可以并联运行。

2-52　Yd1 与 Yd11 能否直接并联运行？要并联运行，应对联结组做怎样的改变？

答：不能直接并联，需要对其中一台变压器重新标记出线端，使得两台变压器的联结组标号相同后才能并联运行。具体做法是将 Yd11 的二次侧标记左移一位，使其标号减 4 后变为 Yd7，再将同名端反置，使其标号再减 6 变为 Yd1。

2-53　变压器短路阻抗角和阻抗电压分别对并联运行有什么影响？

答：短路阻抗角不相等的变压器并联运行时，会导致各变压器的输出电流不同相，使得并联组的容量利用率降低。阻抗电压不相等会导致各变压器负载分配不合理，阻抗电压越小的变压器负载系数越高，这同样会降低总容量的利用率。

2-54　阻抗电压的差异对并联运行的变压器总容量的利用有何影响？

答：并联运行的各变压器的负载系数与其阻抗电压成反比。阻抗电压最小的变压器负载系数最大，为了保证安全，将其负载系数限制为 1，其他的变压器负载系数都小于 1，所以总容量的利用率会大为降低。

2-55　变压器在高压侧和低压侧进行空载试验，所得到的空载损耗是否相同？求出的励磁参数是否相同，为什么？

答：空载损耗相同，励磁参数不同。空载损耗主要是铁耗，在高压侧和低压侧加相应的额定电压试验时，主磁通相等，所以铁耗相等。励磁电抗就是接电源的绕组的主电抗，在高压侧加电压测出的是 $X_{m1} = \omega L_{m1} = \omega N_1^2/R_{mm}$，在低压侧加电压测出的是 $X_{m2} = \omega L_{m2} = \omega N_2^2/R_{mm}$，二者的比值为 k^2。高压侧测出的 $R_{m1} = p_{Fe}/I_{01}^2$，低压侧测出的 $R_{m2} = p_{Fe}/I_{02}^2$，二者的比值也为 k^2。

2-56　变压器在高压侧和低压侧进行短路试验，所得到的负载损耗是否相同？求出的短路参数是否相同？为什么？

答：负载损耗相同，短路参数不同。在高压侧加额定电流测量时，低压侧电流也会达到低压侧额定值；在低压侧加额定电流测量时，高压侧电流也会达到高压侧额定值。所以不论在高压侧还是低压侧测量，各绕组中的电流都是额定值，所以两次测量出的负载损耗相等。在高压侧测出的 $z_{k1}=U_{k1}/I_{k1}$，在低压侧测出的 $z_{k2}=U_{k2}/I_{k2}$，二者的比值为 k^2。

2-57 变压器当电压过零点时空载合闸，为什么暂态电流会达到额定电流的许多倍？

答：分析表明，空载合闸暂态过程中主磁通的表达式为 $\phi=\Phi_m[\cos\alpha e^{-t/T}-\cos(\omega t-\alpha)]$。如果在电压过零即电压初相角 $\alpha=0$ 时空载合闸，则 $\phi=\Phi_m(e^{-t/T}-\cos\omega t)$，最大值接近 $2\Phi_m$，根据饱和磁化曲线，相应的电流会达到额定电流许多倍。

2-58 在最坏的情况下，突然短路暂态电流峰值能达到稳态短路电流的多少倍？能达到额定电流的多少倍？

答：当电压过零时发生突然短路为最坏情况。暂态电流峰值能达到稳态短路电流的 1.2~1.8 倍，达到额定电流的 20 倍左右。

2-59 什么是对称分量法？

答：对称分量法是一种线性变换方法，它将一个不对称的三相系统分解为三个对称的分量系统，即正序、负序和零序系统。分析时，认为各分量系统独立作用，可单独计算出分量系统的响应，叠加后就得到原不对称系统的总响应。

2-60 为什么正序、负序分量系统的等效电路参数与对称系统的参数完全一样？而零序分量系统的等效电路参数却与对称系统的参数不一样？

答：正序和负序系统都是三相对称系统，所以其等效电路参数与对称系统的电路参数一样。零序系统的三相磁通是同相位的，在组式三相变压器的主磁路中可以流通，对应的电抗较大，但在心式三相变压器的主磁路中走不通，对应的电抗具有漏电抗的性质，其值较小。

2-61 什么是自耦变压器？其优缺点各有哪些？

答：一、二侧绕组具有共同耦合部分的变压器称为自耦变压器。自耦变压器最大的优点是可以节省有效材料，缩小重量和体积。缺点是一、二次绕组直接相连，短路阻抗较小，保护线路的成本较高。

2-62 如何理解自耦变压器中传导容量和感应容量的概念？

答：自耦变压器一、二次绕组有电路连接，一部分容量可通过电路连接直接从一次侧传递到二次侧，称为传导容量。另一部分容量通过电磁感应传递，称为感应容量或电磁容量。

2-63 试分析升压自耦变压器中传导容量和感应容量在总容量中所占的比例。

答：参考图 2-10。传递到二次侧的容量 $S_2=U_2I_2=(U_2-U_1)I_2+U_1I_2=S_{dc}+S_{cd}$，其中电压 U_2-U_1 是通过电磁感应产生的，所以电磁容量 $S_{dc}=(U_2-U_1)I_2=(1-k_a)\times U_2I_2=(1-k_a)S_2$。电压 U_1 是由于一、二次电路直接连接产生的，所以传导容量 $S_{cd}=U_1I_2=k_aU_2I_2=k_aS_2$。$k_a=U_1/U_2$ 为变比。

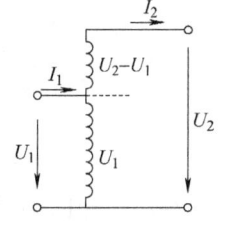

图 2-10 升压自耦变压器分析

2-64 自耦变压器的短路阻抗为什么小于同容量的双绕组变压器的短路阻抗？

答：参考图 2-11。变比为 k_a 的自耦变压器短路时，可等效为一台变比为 k_a-1 的双绕组变压器。所以变比为 k_a 的自耦变压器的短路阻抗相当于变比为 k_a-1 的双绕组变压器的短路阻抗，即 $z_{ka}=Z_1+(k_a-$

$1)^2 Z_2$，显然它小于同容量同变比的双绕组变压器的短路阻抗。

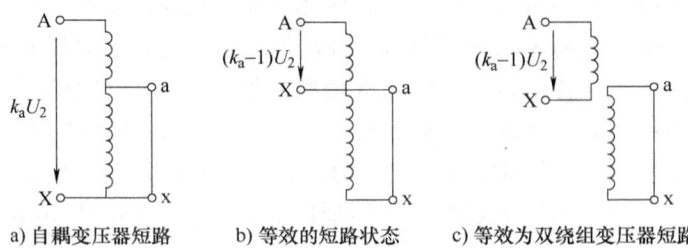

a) 自耦变压器短路　　b) 等效的短路状态　　c) 等效为双绕组变压器短路

图 2-11　自耦变压器短路阻抗分析

2-65　为什么自耦变压器的变比越接近于 1，其制造成本越低？

答：变比越接近 1，其传导容量的占比越大。而传导容量的传递不需要成本。

2-66　在三绕组变压器中，一次绕组容量小于二、三次绕组的总容量，当二、三次绕组满载时，一次电流是否一定会超过额定值？

答：按教材中约定的参考方向，一次电流等于二、三次电流的相量和。由于二、三次电流通常会有相位差，而且二、三次的负载时间也可能错开，不会同时达到满载，所以一次绕组的电流不一定会超过额定值。

2-67　三绕组变压器简化等效电路中的电抗参数与双绕组变压器相应参数的物理意义有何不同？

答：双绕组变压器的漏抗只与单个绕组的自漏磁通对应；而三绕组变压器的等效电抗对应于自漏磁通和互漏磁通，其值有时可能表现为负值，是较为复杂的复合参数。

2-68　如何通过短路试验测定三绕组变压器简化等效电路参数？

答：可通过三个短路试验测定三绕组变压器简化等效电路的参数，详见教材。

2.6　习题解答

2-1　某三相变压器额定容量 $S_N=750\text{kVA}$，额定电压 $U_{1N}/U_{2N}=6.3\text{kV}/0.4\text{kV}$，试求额定电流。

解：$I_{1N}=\dfrac{S_N}{\sqrt{3}\,U_{1N}}=\dfrac{750\times10^3\text{VA}}{\sqrt{3}\times6.3\times10^3\text{V}}=68.73\text{A}$，$I_{2N}=\dfrac{S_N}{\sqrt{3}\,U_{2N}}=\dfrac{750\times10^3\text{VA}}{\sqrt{3}\times0.4\times10^3\text{V}}=1082.50\text{A}$

2-2　三相变压器的额定容量 $S_N=8000\text{kVA}$，额定电压 $U_{1N}/U_{2N}=35\text{kV}/10.5\text{kV}$，一次绕组为 Y 接法，二次绕组为 △ 接法，试求其额定电流、线电流和相电流。

解：$I_{1N}=\dfrac{S_N}{\sqrt{3}\,U_{1N}}=\dfrac{8000\times10^3\text{VA}}{\sqrt{3}\times35\times10^3\text{V}}=131.9658\text{A}$，$I_{2N}=\dfrac{S_N}{\sqrt{3}\,U_{2N}}=\dfrac{8000\times10^3\text{VA}}{\sqrt{3}\times10.5\times10^3\text{V}}=439.8859\text{A}$

$I_{1L}=I_{1N}=131.9658\text{A}$，$I_{2L}=I_{2N}=439.8859\text{A}$

$I_1=I_{1L}=131.9658\text{A}$，$I_2=I_{2L}/\sqrt{3}=439.8859\text{A}/\sqrt{3}=253.9683\text{A}$

2-3　三相变压器的额定电压 $U_{1N}/U_{2N}=10\text{kV}/0.4\text{kV}$，Yy 接法，频率 $f_N=50\text{Hz}$，主磁路铁心的有效截面积 $S=80.2\text{cm}^2$，高压绕组匝数 $N_1=2600$，试确定其主磁通密度的幅值 B_m 和低压绕组的匝数 N_2。

解：主磁通量幅值 $\Phi_\mathrm{m} = \dfrac{U_{1\mathrm{N}}/\sqrt{3}}{4.44N_1 f} = \dfrac{10\times10^3\mathrm{V}/\sqrt{3}}{4.44\times2600\times50\mathrm{Hz}} = 0.01\mathrm{Wb}$

主磁密幅值 $B_\mathrm{m} = \dfrac{\Phi_\mathrm{m}}{S} = \dfrac{0.01\mathrm{Wb}}{80.2\times10^{-4}\mathrm{m}^2} = 1.2472\mathrm{T}$

变比 $k = U_{1\mathrm{N}}/U_{2\mathrm{N}} = 10\mathrm{kV}/0.4\mathrm{kV} = 25$

二次匝数 $N_2 = N_1/k = 2600/25 = 104$

2-4 三相变压器的额定电压 $U_{1\mathrm{N}}/U_{2\mathrm{N}} = 6.0\mathrm{kV}/0.4\mathrm{kV}$，频率 $f_\mathrm{N}=50\mathrm{Hz}$，Yy 接法。已知低压侧匝数为 100，问高压侧匝数为多少？若将电源电压改为 10kV 而仍要维持低压侧电压为 0.4kV，保持低压绕组每相 100 匝不变，需要将高压绕组的每相匝数改为多少？如果保持高压绕组匝数不变，通过减少低压绕组匝数来维持低压侧为 0.4kV，可行吗？为什么？

解：$N_1 = N_2 \dfrac{U_{1\mathrm{N}}/\sqrt{3}}{U_{2\mathrm{N}}/\sqrt{3}} = 100\times\dfrac{6.0\mathrm{kV}/\sqrt{3}}{0.4\mathrm{kV}/\sqrt{3}} = 1500$

一次匝数改为 $N_1 = N_2 \dfrac{U_1/\sqrt{3}}{U_{2\mathrm{N}}/\sqrt{3}} = 100\times\dfrac{10\mathrm{kV}/\sqrt{3}}{0.4\mathrm{kV}/\sqrt{3}} = 2500$

答：不可行。因为高压侧接电源，电源电压升高后，若匝数不变，则磁通量会增加到原来的 10/6 倍，相应的励磁电流会急剧增加，烧毁变压器。

2-5 单相变压器的额定容量 $S_\mathrm{N} = 10\mathrm{kVA}$，额定电压 $U_{1\mathrm{N}}/U_{2\mathrm{N}} = 380\mathrm{V}/220\mathrm{V}$，频率 $f_\mathrm{N}=50\mathrm{Hz}$。已知参数 $R_1 = R_2' = 0.22\Omega$，$X_{1\sigma} = X_{2\sigma}' = 0.18\Omega$，$R_\mathrm{m} = 18\Omega$，$X_\mathrm{m} = 179\Omega$。该变压器在额定电压下接感性负载 $Z_\mathrm{L} = (4+\mathrm{j}3)\Omega$ 运行。

（1）用 T 形等效电路计算输出电压 U_2、输出电流 I_2 和效率；

（2）用简化等效电路计算输出电压 U_2、输出电流 I_2 和效率。

解：（1）用 T 形等效电路计算

变比 $k = U_{1\mathrm{N}}/U_{2\mathrm{N}} = 380\mathrm{V}/220\mathrm{V} = 1.7273$

负载阻抗归算值 $Z_\mathrm{L}' = k^2 Z_\mathrm{L} = 1.7273^2\times(4+\mathrm{j}3)\Omega = (11.9339+\mathrm{j}8.9504)\Omega$

一次漏阻抗 $Z_1 = R_1 + \mathrm{j}X_{1\sigma} = (0.22+\mathrm{j}0.18)\Omega$

二次阻抗归算值 $Z_2' = R_2' + \mathrm{j}X_{2\sigma}' + Z_\mathrm{L}' = (0.22+\mathrm{j}0.18+11.9339+\mathrm{j}8.9504)\Omega$
$= (12.1539+\mathrm{j}9.1304)\Omega$

励磁阻抗 $Z_\mathrm{m} = R_\mathrm{m} + \mathrm{j}X_\mathrm{m} = (18+\mathrm{j}179)\Omega$

总阻抗

$Z = Z_1 + \dfrac{Z_2' Z_\mathrm{m}}{Z_2' + Z_\mathrm{m}} = (0.22+\mathrm{j}0.18)\Omega + \dfrac{(12.1539+\mathrm{j}9.1304)\times(18+\mathrm{j}179)}{12.1539+\mathrm{j}9.1304+18+\mathrm{j}179}\Omega = (11.1703+\mathrm{j}9.4596)\Omega$

一次电流相量 $\dot{I}_1 = \dfrac{\dot{U}_{1\mathrm{N}}}{Z} = \dfrac{380\mathrm{V}}{(11.1703+\mathrm{j}9.4596)\Omega} = (19.8112-\mathrm{j}16.7771)\mathrm{A} = 25.9606\angle-40.2597°\mathrm{A}$

一次电流有效值 $I_1 = 25.9606\mathrm{A}$

一次功率因数 $\cos\varphi_1 = 19.8112/25.9606 = 0.7631$

二次电流相量
$$\dot{I}'_2 = \frac{\dot{U}_{1N} - \dot{I}_1 Z_1}{Z_m} - \dot{I}_1 = \frac{380\text{V} - (19.8112 - \text{j}16.7771)\text{A} \times (0.22 + \text{j}0.18)\Omega}{(18 + \text{j}179)\Omega} - (19.8112 - \text{j}16.7771)\text{A}$$
$$= (-19.6032 + \text{j}14.7163)\text{A} = 24.5124 \angle 143.1041°\text{A}$$

二次电压相量
$$\dot{U}'_2 = Z'_L \dot{I}'_2 = (11.9339 + \text{j}8.9504)\Omega \times (-19.6032 + \text{j}14.7163)\text{A} = (-365.66 + \text{j}0.16603)\text{V}$$
$$= 365.6601 \angle 179.9740°\text{V}$$

输入功率 $\qquad P_1 = U_1 I_1 \cos\varphi_1 = 380\text{V} \times 25.9606\text{A} \times 0.7631 = 7528.2\text{W}$

负载功率因数 $\qquad \cos\varphi_2 = 4/\sqrt{4^2 + 3^3} = 0.8$

输出功率 $\qquad P_2 = U'_2 I'_2 \cos\varphi_2 = 365.66\text{V} \times 24.51\text{A} \times 0.8 = 7170.6\text{W}$

效率 $\qquad \eta = (P_2/P_1) \times 100\% = (7170.6\text{W}/7528.2\text{W}) \times 100\% = 95.25\%$

（2）用简化等效电路计算

总阻抗 $\qquad Z = Z_1 + Z'_L = (0.22 + \text{j}0.18 + 12.1539 + \text{j}9.1304)\Omega = (12.3739 + \text{j}9.3104)\Omega$

一次电流 $\qquad \dot{I}_1 = \dfrac{\dot{U}_{1N}}{Z} = \dfrac{380\text{V}}{(12.37 + \text{j}9.31)\Omega} = (19.61 - \text{j}14.75)\text{A} = 24.54 \angle -36.96°\text{A}$

一次功率因数 $\qquad \cos\varphi_1 = \cos 36.96° = 0.7991$

二次电流 $\qquad \dot{I}'_2 = -\dot{I}_1 = (-19.61 + \text{j}14.75)\text{A} = 24.54 \angle 143.04°\text{A}$

二次电压
$$\dot{U}'_2 = Z'_L \dot{I}'_2 = (11.934 + \text{j}8.95)\Omega \times (-19.61 + \text{j}14.75)\text{A} = (-366.04 + \text{j}0.517)\text{V} = 366.04 \angle 179.91°\text{V}$$

二次功率因数 $\qquad \cos\varphi_2 = 0.8$

输入功率 $\qquad P_1 = U_1 I_1 \cos\varphi_1 = 380\text{V} \times 24.54\text{A} \times 0.7991 = 7451.8\text{W}$

输出功率 $\qquad P_2 = U'_2 I'_2 \cos\varphi_2 = 366.04\text{V} \times 24.54\text{A} \times 0.8 = 7186.1\text{W}$

效率 $\qquad \eta = (P_2/P_1) \times 100\% = (7186.1\text{W}/7451.8\text{W}) \times 100\% = 96.43\%$

2-6 三相变压器联结组为 Yd11，额定容量 $S_N = 2000\text{kVA}$，额定电压 $U_{1N}/U_{2N} = 10\text{kV}/6.3\text{kV}$。在低压侧加额定电压做空载试验，测得空载电流标幺值 $I_0^* = 1.0\%$，空载损耗 $p_0 = 3100\text{W}$；在高压侧加额定电流做短路试验，测得阻抗电压 5.5%，短路损耗 $p_k = 19800\text{W}$。

（1）若 $R_1 = R'_2 = R_k/2$，$X_{1\sigma} = X'_{2\sigma} = X_k/2$，画出归算到高压侧的 T 形等效电路；

（2）若试验时的环境温度 $\theta = 20°\text{C}$，计算换算到 75°C 时的短路阻抗和阻抗电压。

解：（1）用标幺值计算。

空载试验数据：$I_0^* = 0.01$；$U_0^* = 1$；$p_0^* = p_0/S_N = 3100\text{W}/(2000 \times 10^3\text{W}) = 0.00155$

短路试验数据：$I_k^* = 1$；$U_k^* = u_k = 0.055$；$p_k^* = p_k/S_N = 19800\text{W}/(2000 \times 10^3\text{W}) = 0.0099$

励磁阻抗 $\qquad z_m^* = U_0^*/I_0^* = 1/0.01 = 100$

励磁电阻 $\qquad R_m^* = p_0^*/I_0^{*2} = 0.00155/0.01^2 = 15.5$

励磁电抗 $\qquad X_m^* = \sqrt{z_m^{*2} - R_m^{*2}} = \sqrt{100^2 - 15.5^2} = 98.79$

短路阻抗 $\qquad z_k^* = u_k = 0.055$

短路电阻 $\qquad R_k^* = p_k^* = 0.0099$

短路电抗 $\qquad X_k^* = \sqrt{z_k^{*2} - R_k^{*2}} = \sqrt{0.055^2 - 0.0099^2} = 0.054$

T形等效电路标幺值参数为

$$R_1^* = R_2^* = R_k^*/2 = 0.005, \quad X_{1\sigma}^* = X_{2\sigma}^* = X_k^*/2 = 0.027, \quad R_m^* = 15.5, \quad X_m^* = 98.79$$

(2) 换算到75℃时的短路阻抗和阻抗电压。

$$R_{k75}^* = (234.5+75)R_k^*/(234.5+\theta) = (234.5℃+75℃) \times 0.0099/(234.5℃+20℃) = 0.012$$

$$z_{k75}^* = \sqrt{R_{k75}^{*2}+X_k^{*2}} = \sqrt{0.012^2+0.054^2} = 0.0554, \quad u_{k75} = z_{k75}^* \times 100\% = 5.54\%$$

2-7 单相变压器额定容量 $S_N = 50\text{kVA}$，额定电压 $U_{1N}/U_{2N} = 380\text{V}/220\text{V}$。已知阻抗电压 $u_k = 4\%$，满载铜耗 $p_{kN} = 1030\text{W}$。试求：

(1) 额定负载，$\cos\varphi_2 = 0.8$（感性）时的电压调整率；

(2) 额定负载，$\cos\varphi_2 = 0.8$（容性）时的电压调整率；

(3) 在何种负载、功率因数为多少时可使得电压调整率为0？

解：短路阻抗，电阻，电抗 $z_k^* = u_k = 0.04$, $R_k^* = p_{kN}/S_N = 1030\text{W}/(50\times 10^3)\text{VA} = 0.0206$,

$$X_k^* = \sqrt{z_k^{*2}-R_k^{*2}} = \sqrt{0.04^2-0.0206^2} = 0.0343$$

(1) 感性负载 $\beta = 1$, $\cos\varphi = 0.8$, $\sin\varphi = \sqrt{1-\cos^2\varphi} = \sqrt{1-0.8^2} = 0.6$

电压调整率

$$\Delta U = \beta(R_k^* \cos\varphi + X_k^* \sin\varphi) \times 100\% = 1 \times (0.0206 \times 0.8 + 0.0343 \times 0.6) \times 100\% = 3.71\%$$

(2) 容性负载 $\beta = 1$, $\cos\varphi = 0.8$, $\sin\varphi = -\sqrt{1-0.8^2} = -0.6$

电压调整率

$$\Delta U = \beta(R_k^* \cos\varphi + X_k^* \sin\varphi) \times 100\% = 1 \times (0.0206 \times 0.8 - 0.0343 \times 0.6) \times 100\% = -0.41\%$$

(3) 容性负载

$$\varphi = -\arctan\left(\frac{R_k^*}{X_k^*}\right) = -\arctan\left(\frac{0.0206}{0.0343}\right) = -30.9975°, \quad \cos\varphi = \cos(-30.9975°) = 0.8572$$

2-8 单相变压器额定容量 $S_N = 30\text{kVA}$，额定电压 $U_{1N}/U_{2N} = 6000\text{V}/220\text{V}$。已知额定电压时空载损耗 $p_0 = 100\text{W}$，满载铜耗 $p_{kN} = 625\text{W}$。试求：(1) 负载系数为多少时，变压器出现最大效率？(2) $\cos\varphi_2 = 0.8$ 时，最大效率和满载效率各为多少？

解：(1) 出现最大效率时的负载系数 $\beta_m = \sqrt{p_0/p_{kN}} = \sqrt{100\text{W}/625\text{W}} = 0.4$

(2) $\cos\varphi = 0.8$ 时的最大效率和额定效率分别为

$$\eta_m = \frac{\beta_m S_N \cos\varphi}{\beta_m S_N \cos\varphi + 2p_0} \times 100\% = \frac{0.4 \times 30 \times 10^3 \text{VA} \times 0.8}{0.4 \times 30 \times 10^3 \text{VA} \times 0.8 + 2 \times 100\text{W}} \times 100\% = 97.96\%$$

$$\eta_N = \frac{S_N \cos\varphi}{S_N \cos\varphi + p_0 + p_{kN}} \times 100\% = \frac{30 \times 10^3 \text{VA} \times 0.8}{30 \times 10^3 \text{VA} \times 0.8 + 100\text{W} + 625\text{W}} \times 100\% = 97.07\%$$

2-9 试通过电势相量图判断图 2-12 中各三相变压器的联结组别。

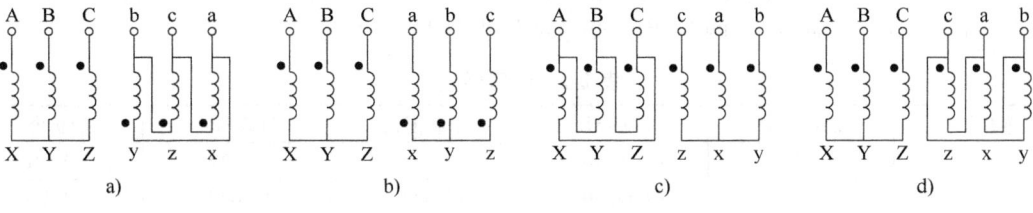

图 2-12 习题 2-9 图

解：电势相量图及结果如图2-13所示。

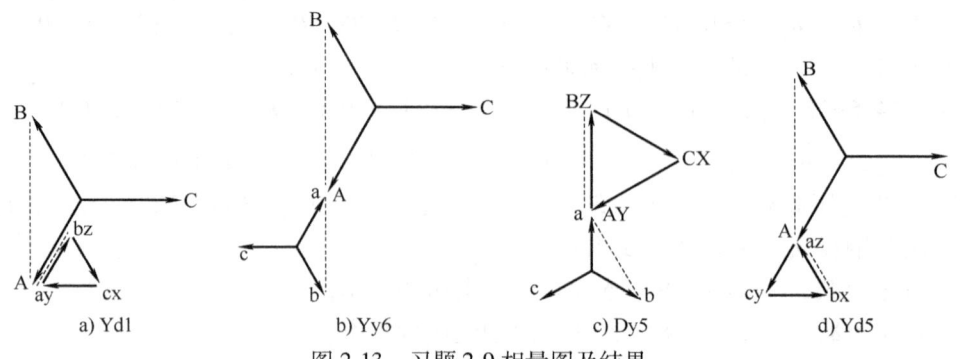

图2-13 习题2-9相量图及结果

2-10 画出Yd3、Dy7三相变压器的连线图。

解：如图2-14所示。

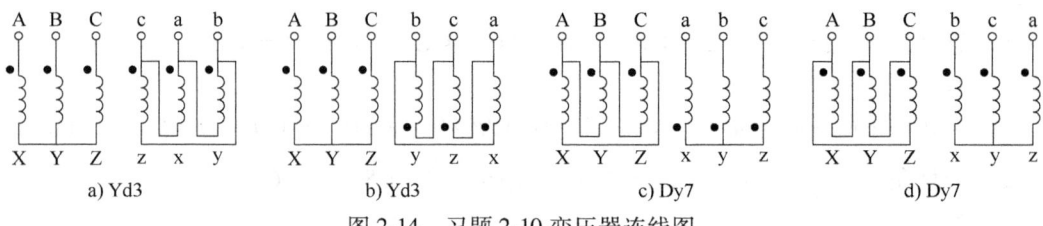

图2-14 习题2-10变压器连线图

2-11 某变电站有两台变压器，数据如下：

第一台：$S_{N1} = 5000\text{kVA}$，$U_{1N}/U_{2N} = 35\text{kV}/6.3\text{kV}$，$u_{k1} = 7\%$；

第二台：$S_{N2} = 6000\text{kVA}$，$U_{1N}/U_{2N} = 35\text{kV}/6.3\text{kV}$，$u_{k2} = 7.5\%$；

两台变压器均按Yd11联结。现将它们并联运行，问：

（1）当输出总负载容量为10000kVA时，每台变压器分担多少容量？

（2）在两台变压器均不过载的情况下，并联组的最大输出容量是多少？

解：用公式计算。

（1）第一台变压器的负载系数

$$\beta_1 = \frac{S}{S_{N1} + u_{k1}/u_{k2}S_{N2}} = \frac{10000\text{kVA}}{5000\text{kVA} + (7/7.5) \times 6000\text{kVA}} = 0.9434$$

第一台变压器负载容量　　　$S_1 = \beta_1 S_{N1} = 0.9434 \times 5000\text{kVA} = 4717\text{kVA}$

第二台变压器负载容量　　　$S_2 = S - S_1 = (10000 - 4717)\text{kVA} = 5283\text{kVA}$

（2）第一台先满载，其负载系数$\beta_1 = 1$，第二台的负载系数$\beta_2 = (7/7.5) \times 1 = 0.9333$

并联组最大输出容量　　　$S_m = S_{N1} + \beta_2 S_{N2} = 5000\text{kVA} + 0.9333 \times 6000\text{kVA} = 10600\text{kVA}$

2-12 两台属于同一联结组别的三相变压器A和B并联运行供给同一负载，负载的功率因数为$\cos\varphi_2 = 0.8$（滞后）。两台变压器的数据见表2-1。

表2-1 变压器数据

变压器	额定容量	额定电压	空载损耗	负载铜耗	阻抗电压
A	1250kVA	6300V/400V	2200W	13822W	3.9%
B	1600kVA	6300V/400V	2650W	16500W	4.1%

现保持负载的功率因数不变,改变负载容量,试计算:

(1) 当 A 变压器达到满载时,B 变压器的效率为多少?

(2) 当 A 变压器达到最大效率时,B 变压器的负载系数为多少?

解:(1) A、B 变压器的负载系数分别为 $\beta_A = 1$,$\beta_B = (u_{kA}/u_{kB})\beta_A = (3.9/4.1) \times 1 = 0.9512$

B 变压器的效率为

$$\eta_B = \frac{\beta_B S_{NB} \cos\varphi}{\beta_B S_{NB} \cos\varphi + \beta_B^2 p_{kB} + p_{0B}} \times 100\%$$

$$= \frac{0.9512 \times 1600 \times 10^3 \text{VA} \times 0.8}{0.9512 \times 1600 \times 10^3 \text{VA} \times 0.8 + 0.9512^2 \times 16500\text{W} + 2650\text{W}} \times 100\% = 98.58\%$$

(2) A、B 变压器的负载系数分别为

$\beta_{Am} = \sqrt{p_{0A}/p_{kA}} = \sqrt{2200\text{W}/13822\text{W}} = 0.399$,$\beta_B = (u_{kA}/u_{kB})\beta_{Am} = (3.9/4.1) \times 0.399 = 0.3795$

2-13 某变电站有 10 台变压器,规格完全一样,每一台的额定容量 $S_N = 630\text{kVA}$,额定电压下的铁耗 $p_{Fe} = 1300\text{W}$,满载时的铜耗 $p_{Cu} = 8100\text{W}$;变电站的总负载容量为 2000kVA。假设负载的功率因数 $\cos\varphi_2 = 0.8$(滞后)保持不变,如果希望变电站的效率最大,问应投入几台变压器并联运行?

解:单台变压器最高效率对应的负载系数 $\beta_m = \sqrt{p_{Fe}/p_{Cu}} = \sqrt{1300\text{W}/8100\text{W}} = 0.4006$

单台变压器在最高效率时的负载容量 $S_p = \beta_m S_N = 0.4006 \times 630\text{kVA} = 252.39\text{kVA}$

理想最高效率时需要投入的变压器台数 $n = S/S_p = 2000\text{kVA}/252.39\text{kVA} = 7.9243$

7 台或者 8 台变压器并联运行时,接近最高效率。

7 台并联时,每台的负载系数为 $\beta_7 = S/7S_N = 2000\text{kVA}/(7 \times 630\text{kVA}) = 0.4535$

效率为

$$\eta_7 = \frac{\beta_7 S_N \cos\varphi_2}{\beta_7 S_N \cos\varphi_2 + p_{Fe} + \beta_7^2 p_{Cu}} \times 100\%$$

$$= \frac{0.4535 \times 630\text{kVA} \times 0.8}{0.4535 \times 630\text{kVA} \times 0.8 + 1.3\text{kW} + 0.4535^2 \times 8.1\text{kW}} \times 100\% = 98.72\%$$

8 台并联时,每台的负载系数为 $\beta_8 = S/8S_N = 2000\text{kVA}/(8 \times 630\text{kVA}) = 0.3968$

效率为

$$\eta_8 = \frac{\beta_8 S_N \cos\varphi_2}{\beta_8 S_N \cos\varphi_2 + p_{Fe} + \beta_8^2 p_{Cu}} \times 100\%$$

$$= \frac{0.3968 \times 630\text{kVA} \times 0.8}{0.3968 \times 630\text{kVA} \times 0.8 + 1.3\text{kW} + 0.3968^2 \times 8.1\text{kW}} \times 100\% = 98.73\%$$

可见,投入 8 台变压器运行时效率最高。

2-14 应用对称分量法将三相不对称电压 $u_A = 380\sin\omega t$、$u_B = 0$、$u_C = 380\sin(\omega t + 120°)$ 分解为对称分量。

解:设旋转因子 $a = e^{j2\pi/3}$,则三相电压相量分别为

$\dot{U}_A = 380/\sqrt{2} = 268.7006$,$\dot{U}_B = 0$,$\dot{U}_C = \dot{U}_A a = 268.7006 \times e^{j2\pi/3} = -134.35 + j232.70$

A 相各相序的电压及其幅值和相位为

$$\dot{U}_{A+} = (\dot{U}_A + a\dot{U}_B + a^2\dot{U}_C)/3 = (268.7006 + a^3 268.7006)/3 = 179.13$$

$$\dot{U}_{A-} = (\dot{U}_A + a^2\dot{U}_B + a\dot{U}_C)/3 = (268.7006 + a^2 268.7006)/3 = 44.7834 - j77.5672$$

$$\dot{U}_{A0} = (\dot{U}_A + \dot{U}_B + \dot{U}_C)/3 = (268.7006 + a 268.7006)/3 = 44.7834 + j77.5672$$

$$U_{\text{Am}+} = \sqrt{2} \times 179.13 = 253.3333\text{V}, U_{\text{Am}-} = \sqrt{2} \times |44.7834 - \text{j}77.5672| = 126.6667$$
$$U_{\text{Am}0} = \sqrt{2} \times |44.7834 + \text{j}77.5672| = 126.6667$$
$$\theta_{\text{A}+} = 0°, \theta_{\text{A}-} = -60°, \theta_{\text{A}0} = 60°$$

三相正序电压分别为

$$u_{\text{A}+} = 253.3333\sin\omega t, u_{\text{B}+} = 253.3333\sin(\omega t - 120°), u_{\text{C}+} = 253.3333\sin(\omega t + 120°)$$

三相负序电压分别为

$$u_{\text{A}-} = 126.6667\sin(\omega t - 60°), u_{\text{B}-} = 126.6667\sin(\omega t + 60°), u_{\text{C}-} = -126.6667\sin(\omega t)$$

三相零序电压为
$$u_{\text{A}0} = u_{\text{B}0} = u_{\text{C}0} = 126.6667\sin(\omega t + 60°)$$

2-15 已知三相不对称电流系统中 A 相电流的对称分量 $\dot{I}_{\text{A}+} = 30$、$\dot{I}_{\text{A}-} = 5 - \text{j}10$、$\dot{I}_{\text{A}0} = \text{j}2$；试求三相不对称电流。

解：根据公式可得

$$\begin{cases} \dot{I}_{\text{A}} = \dot{I}_{\text{A}+} + \dot{I}_{\text{A}-} + \dot{I}_{\text{A}0} = 30 + 5 - \text{j}10 + \text{j}2 = 35 - \text{j}8 \\ \dot{I}_{\text{B}} = a^2\dot{I}_{\text{A}+} + a\dot{I}_{\text{A}-} + \dot{I}_{\text{A}0} = a^2 30 + a(5 - \text{j}10) + \text{j}2 = -8.8397 - \text{j}14.6506 \\ \dot{I}_{\text{C}} = a\dot{I}_{\text{A}+} + a^2\dot{I}_{\text{A}-} + \dot{I}_{\text{A}0} = a30 + a^2(5 - \text{j}10) + \text{j}2 = -26.1603 + \text{j}28.6506 \end{cases}$$

2-16 单相自耦变压器额定电压 $U_{1\text{N}}/U_{2\text{N}} = 50\text{kV}/35\text{kV}$，输出电流 $I_2 = 800\text{A}$。试求：
（1）变压器一次电流和公共部分的电流；
（2）感应容量占输出容量的百分比；
（3）传导容量占输出容量的百分比。

解：（1）$k_a = U_{1\text{N}}/U_{2\text{N}} = 50\text{kV}/35\text{kV} = 1.4286$

$$I_1 = I_2/k_a = 800\text{A}/1.4286 = 560\text{A}, I = I_2 - I_1 = 800 - 560\text{A} = 240\text{A}$$

（2）感应容量占比 $\quad k_1 = 1 - 1/k_a = 1 - 1/1.4286 = 30\%$
（3）传导容量占比 $\quad k_2 = 1/k_a = 1/1.4286 = 70\%$

2-17 三相双绕组变压器额定容量 $S_\text{N} = 315\text{kVA}$，额定电压 $U_{1\text{N}}/U_{2\text{N}} = 10000\text{V}/400\text{V}$，铁耗 $p_{\text{Fe}} = 480\text{W}$，满载铜耗 $p_{\text{Cu}} = 3650\text{W}$。如果改接为 $U_{1\text{N}}/U_{2\text{N}} = 10400\text{V}/10000\text{V}$ 的自耦变压器：
（1）自耦变压器的额定容量、传导容量和感应容量各为多少？
（2）满载、$\cos\varphi_2 = 0.8$ 的条件下运行时，双绕组变压器和自耦变压器的效率各为多少？

解：$k_a = U_1/U_2 = 10400\text{V}/10000\text{V} = 1.04$

（1）自耦变压器额定容量 $\quad S_{\text{AN}} = \dfrac{U_{1\text{N}} + U_{2\text{N}}}{U_{2\text{N}}} S_\text{N} = \dfrac{10000\text{V} + 400\text{V}}{400\text{V}} \times 315\text{kVA} = 8190\text{kVA}$

传导容量 $\quad S_{\text{cd}} = S_{\text{AN}}/k_a = 8190\text{kVA}/1.04 = 7875\text{kVA}$

感应容量 $\quad S_{\text{dc}} = S_{\text{AN}}(1 - 1/k_a) = 8190\text{kVA} \times (1 - 1/1.04) = 315\text{kVA}$

（2）满载时 $\beta = 1$，$\cos\varphi_2 = 0.8$

双绕组变压器效率

$$\eta_1 = \frac{\beta S_\text{N}\cos\varphi_2}{\beta S_\text{N}\cos\varphi_2 + p_{\text{Fe}} + \beta^2 p_{\text{Cu}}} \times 100\% = \frac{1 \times 315 \times 10^3\text{VA} \times 0.8}{1 \times 315 \times 10^3\text{VA} \times 0.8 + 480\text{W} + 1^2 \times 3650\text{W}} \times 100\% = 98.39\%$$

自耦变压器效率

$$\eta_2 = \frac{\beta S_{\text{AN}}\cos\varphi_2}{\beta S_{\text{AN}}\cos\varphi_2 + p_{\text{Fe}} + \beta^2 p_{\text{Cu}}} \times 100\% = \frac{1 \times 8190 \times 10^3\text{VA} \times 0.8}{1 \times 8190 \times 10^3\text{VA} \times 0.8 + 480\text{W} + 1^2 \times 3650\text{W}} \times 100\% = 99.94\%$$

2-18 某单相变压器额定容量 $S_N = 30\text{kVA}$，额定电压 $U_{1N}/U_{2N} = 380\text{V}/220\text{V}$，额定频率 $f = 50\text{Hz}$。额定电压下的空载损耗 $p_0 = 190\text{W}$，额定铜耗 $p_{kN} = 720\text{W}$。

（1）将该变压器改接为 380V/600V 的升压自耦变压器，以 380V 作为低压侧的额定电压，求变比 k_a 和额定容量 S_{AN}。

（2）当该自耦变压器供给额定负载且功率因数为 0.8 时的效率是多少？

解：（1）$k_a = U_1/U_2 = 380\text{V}/600\text{V} = 0.6333$

$$S_{AN} = \frac{U_{1N} + U_{2N}}{U_{2N}} S_N = \frac{(380+220)\text{V}}{220\text{V}} \times 30\text{kVA} = 81.818\text{kVA}$$

（2）满载 $\beta = 1$，$\cos\varphi_2 = 0.8$ 时自耦变压器效率

$$\eta_2 = \frac{\beta S_{AN}\cos\varphi_2}{\beta S_{AN}\cos\varphi_2 + p_0 + \beta^2 p_{kN}} \times 100\% = \frac{1 \times 81818\text{VA} \times 0.8}{1 \times 81818\text{VA} \times 0.8 + 190\text{W} + 1^2 \times 720\text{W}} \times 100\% = 98.63\%$$

2-19 一台三绕组变压器，额定电压为 121kV/38.5kV/10.5kV，联结组为 Y_Ny_nd-12-11，额定容量为 20000kVA/20000kVA/20000kVA，高压绕组对中压绕组的短路试验测得 $p_{k12} = 145\text{kW}$，阻抗电压 $u_{k12} = 18\%$；高压绕组对低压绕组的短路试验测得 $p_{k13} = 158\text{kW}$，阻抗电压 $u_{k13} = 10.5\%$；中压绕组对低压绕组的短路试验测得 $p_{k23} = 117\text{kW}$，阻抗电压 $u_{k23} = 6.5\%$。求出该三绕组变压器简化等效电路的参数值，并画出等效电路图。

解：一次电流　　　　　$I_{k1} = I_{N1} = S_{N1}/\sqrt{3}\,U_{N1} = 20000\text{kVA}/(121\text{kV} \times \sqrt{3}) = 95.4298\text{A}$

二次电流　　　$I_{k2} = I_{N2} = S_{N2}/\sqrt{3}\,U_{N2} = 20000\text{kVA}/(38.5\text{kV} \times \sqrt{3}) = 299.9222\text{A}$

一二次短路电压　　　　　$U_{k12} = u_{k12} U_{N1}/\sqrt{3} = 18\% \times 121 \times 10^3\text{V}/\sqrt{3} = 12575\text{V}$

一三次短路电压　　　　　$U_{k13} = u_{k13} U_{N1}/\sqrt{3} = 10.5\% \times 121 \times 10^3\text{V}/\sqrt{3} = 7335.2\text{V}$

二三次短路电压　　　　　$U_{k23} = u_{k23} U_{N2}/\sqrt{3} = 6.5\% \times 38.5 \times 10^3\text{V}/\sqrt{3} = 1444.8\text{V}$

一二次短路阻抗　　　　　$z_{k12} = U_{k12}/I_{k1} = 12575\text{V}/95.4298\text{A} = 131.7690\Omega$

一三次短路阻抗　　　　　$z_{k13} = U_{k13}/I_{k1} = 7335.2\text{V}/95.4298\text{A} = 76.8653\Omega$

二三次短路阻抗　　　　　$z_{k23} = U_{k23}/I_{k2} = 1444.8\text{V}/299.9222\text{A} = 4.8173\Omega$

一二次短路电阻　　　　　$R_{k12} = p_{k12}/3I_{k1}^2 = 145 \times 10^3\text{W}/(3 \times 95.4298^2\text{A}^2) = 5.3074\Omega$

一三次短路电阻　　　　　$R_{k13} = p_{k13}/3I_{k1}^2 = 158 \times 10^3\text{W}/(3 \times 95.4298^2\text{A}^2) = 5.7832\Omega$

二三次短路电阻　　　　　$R_{k23} = p_{k23}/3I_{k2}^2 = 117 \times 10^3\text{W}/(3 \times 299.9222^2\text{A}^2) = 0.4336\Omega$

一二次短路电抗　　　　　$X_{k12} = \sqrt{z_{k12}^2 - R_{k12}^2} = \sqrt{131.7690^2 - 5.3074^2}\,\Omega = 131.6621\Omega$

一三次短路电抗　　　　　$X_{k13} = \sqrt{z_{k13}^2 - R_{k13}^2} = \sqrt{76.8653^2 - 5.7832^2}\,\Omega = 76.6474\Omega$

二三次短路电抗　　　　　$X_{k23} = \sqrt{z_{k23}^2 - R_{k23}^2} = \sqrt{4.8173^2 - 0.4336^2}\,\Omega = 4.7978\Omega$

一二次变比　　　　　　　$k_{12} = U_{N1}/U_{N2} = 121\text{kV}/38.5\text{kV} = 3.1429$

二三次短路电阻归算到一次侧　　　$R'_{k23} = k_{12}^2 R_{k23} = 3.1429^2 \times 0.4336\Omega = 4.2825\Omega$

二三次短路电抗归算到一次侧　　　$X'_{k23} = k_{12}^2 X_{k23} = 3.1429^2 \times 4.7978\Omega = 47.3901\Omega$

一次电阻　　$R_1 = (R_{k12} + R_{k13} - R'_{k23})/2 = [(5.3074 + 5.7832 - 4.2825)/2]\Omega = 3.4040\Omega$

二次电阻　　$R'_2 = (R_{k12} + R'_{k23} - R_{k13})/2 = [(5.3074 + 4.2825 - 5.7832)/2]\Omega = 1.9033\Omega$

三次电阻　　$R'_3 = (R_{k13} + R'_{k23} - R_{k12})/2 = [(5.7832 + 4.2825 - 5.3074)/2]\Omega = 2.3792\Omega$

一次电抗　　$X_1 = (X_{k12} + X_{k13} - X'_{k23})/2 = [(131.6621 + 76.6474 - 47.3901)/2]\Omega = 80.4597\Omega$

二次电抗　　　$X_2' = (X_{k12}+X_{k23}'-X_{k13})/2 = [(131.6621+47.3901-76.6474)/2]\Omega = 51.2024\Omega$

三次电抗　　　$X_3' = (X_{k13}+X_{k23}'-X_{k12})/2 = [(76.6474+47.3901-131.6621)/2]\Omega = -3.8123\Omega$

其简化等效电路如图 2-15 所示。

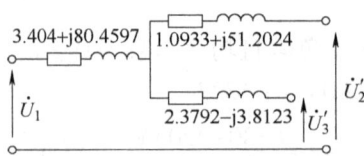

图 2-15　习题 2-19 等效电路图

第 3 章
机电能量转换及旋转电机原理

3.1 教学目标和重点

- 机电能量转换装置及其物理模型。了解机电装置的概念、分类和工作机制,从宏观上认识旋转电机在机电装置中的定位,建立机电装置的理想化物理模型。重点在于透彻理解机电装置的理想化物理模型即无损磁场系统。
- 能量守恒和磁能分析。推导磁场系统能量守恒方程,掌握磁能和磁共能分析法。重点在于分析推导磁场系统的磁能、磁共能及其密度表达式。
- 感应电势和电磁转矩。掌握旋转磁场系统感应电势和电磁转矩的分析与计算。重点在于公式的推导、理解和应用。
- 机电能量转换的条件。推导功率方程和机电能量转换的条件。重点在于对机电能量转换条件的理解。
- 旋转电机工作原理。从机电能量转换的视角认识各种旋转电机的分类和基本结构。重点在于用机电能量转换理论理解各种电机的结构和运行原理。
- 从磁场观点分析电机原理。基于定、转子磁场相互作用分析各种电机的运行原理。重点在于将各种电机原理统一于定、转子磁场的相互作用,建立起电机运行共性的概念,为进一步学习各种旋转电机打下基础。

3.2 内容概要

以磁场为耦合场的机电装置即电磁式机电装置可以抽象成由电端、机械端和无损耦合场构成的理想化模型装置。耦合场是能量转换的场所和媒介。电端为输入端、机械端为输出端的装置包括电磁铁、电动机等;机械端为输入端、电端为输出端的装置包括发电机等。

以电动型旋转装置为例,在微分时间段 dt 内,通过电端输入到耦合场的净电能 dW_e 可分为两部分,一部分转换成耦合场的磁能增量 dW_m,另一部分转换成机械功 Tdθ,从机械端输出。其能量守恒方程为

$$dW_e(输入电能) = dW_m(磁能增量) + Td\theta(机械功) \tag{3-1}$$

无损耦合磁场是保守场,可用状态函数磁能 W_m 或磁共能 W'_m 来分析。W_m 和 W'_m 的值仅与磁场的当前状态有关,与其历史状态以及达到当前状态的途径无关。W_m 和 W'_m 函数有两组状态变量,即电端变量(电流 i 或磁链 ψ)和机械端变量(角位移 θ 或线位移 x)。W_m 在量值上等于 i 对 ψ 的定积分,W'_m 在量值上等于 ψ 对 i 的定积分。对单边激励线动装置,有

$$W_{\mathrm{m}}(\psi,x) = \int_0^{\psi} i \mathrm{d}\psi, \quad W'_{\mathrm{m}}(i,x) = \int_0^i \psi \mathrm{d}i, \quad W_{\mathrm{m}} + W'_{\mathrm{m}} = \psi i \tag{3-2}$$

若装置为线性，则

$$\psi = L(x)i, \quad W_{\mathrm{m}} = W'_{\mathrm{m}} = \frac{1}{2}Li^2 \tag{3-3}$$

对双边激励旋转装置，有

$$\begin{cases} W_{\mathrm{m}}(\psi_1,\psi_2,\theta) = \int_0^{\psi_1} i_1(\psi_1,0,\theta)\mathrm{d}\psi_1 + \int_0^{\psi_2} i_2(\psi_1,\psi_2,\theta)\mathrm{d}\psi_2 \\ W'_{\mathrm{m}}(i_1,i_2,\theta) = \int_0^{i_1} \psi_1(i_1,0,\theta)\mathrm{d}i_1 + \int_0^{i_2} \psi_2(i_1,i_2,\theta)\mathrm{d}i_2 \\ W_{\mathrm{m}} + W'_{\mathrm{m}} = i_1\psi_1 + i_2\psi_2 \end{cases} \tag{3-4}$$

若装置为线性，则

$$\begin{cases} \psi_1 = L_{11}(\theta)i_1 + L_{12}(\theta)i_2 \\ \psi_2 = L_{21}(\theta)i_1 + L_{22}(\theta)i_2 \\ W_{\mathrm{m}} = W'_{\mathrm{m}} = \frac{1}{2}L_{11}i_1^2 + L_{12}i_1 i_2 + \frac{1}{2}L_{22}i_2^2 \end{cases} \tag{3-5}$$

W_{m} 和 W'_{m} 还可以有其他的表示形式，如对线性系统有

$$W_{\mathrm{m}} = W'_{\mathrm{m}} = \frac{1}{2}R_{\mathrm{m}}\phi^2 = \frac{F^2}{2R_{\mathrm{m}}} \tag{3-6}$$

进一步分析表明，线性磁场系统的磁能密度和磁共能密度为

$$w_{\mathrm{m}} = w'_{\mathrm{m}} = \frac{1}{2}BH = \frac{B^2}{2\mu} \tag{3-7}$$

正确理解和掌握磁能和磁共能的计算是学习机电能量转换理论的关键。

在 B 一定时，μ 越小，磁能密度 w_{m} 就越大。气隙的 w_{m} 远大于铁心的，在机电装置中，气隙是能量的"聚集地"和"中转站"。

在机电能量转换过程中，往往伴随着感应电势和电磁转矩（电磁力）的产生，二者是机电能量转换过程中最重要的耦合量。

线圈磁链 ψ 变化时，就会在线圈中感应出抵抗 ψ 变化的电势 e。ψ 通常是电流 i 和角位移 θ 的函数。由 i 变化引发 ψ 变化时会形成变压器电势 e_{T}，由相对运动即 θ 变化引发 ψ 变化时会形成运动电势 e_{Ω}，分别为

$$e_{\mathrm{T}} = -\frac{\partial \psi}{\partial i}\frac{\mathrm{d}i}{\mathrm{d}t}, \quad e_{\Omega} = -\frac{\partial \psi}{\partial \theta}\frac{\mathrm{d}\theta}{\mathrm{d}t} \tag{3-8}$$

是否产生运动电势 e_{Ω} 是静止装置与运动装置的主要差别之一。

当位移 θ 或 x 变化（实际变化或虚拟变化）引发 W_{m} 或 W'_{m} 变化时，将产生电磁转矩 T 或电磁力 f；T 或 f 的大小等于 W_{m} 或 W'_{m} 对 θ 或 x 的偏导数；当保持磁链 ψ 或 i 不变时，T 或 f 的作用方向为使 W_{m} 减小或使 W'_{m} 增大的方向。即

$$T = -\frac{\partial W_{\mathrm{m}}}{\partial \theta} = \frac{\partial W'_{\mathrm{m}}}{\partial \theta}, \quad f = -\frac{\partial W_{\mathrm{m}}}{\partial x} = \frac{\partial W'_{\mathrm{m}}}{\partial x} \tag{3-9}$$

具体到双边激励线性旋转装置，有

$$T = \frac{1}{2}i_1^2 \frac{\partial L_{11}}{\partial \theta} + i_1 i_2 \frac{\partial L_{12}}{\partial \theta} + \frac{1}{2}i_2^2 \frac{\partial L_{22}}{\partial \theta} = T' + T'' \tag{3-10}$$

由定、转子互感 L_{12} 随 θ 变化产生的电磁转矩称为主电磁转矩或基本电磁转矩 T'，是 T 的主要部分。由定、转子自感 L_{11}、L_{22} 随 θ 变化产生的电磁转矩称为附加电磁转矩或者磁阻转矩 T''，磁阻电机正是基于磁阻转矩 T'' 而工作的。

多边激励线性旋转系统的电压方程可表示成矩阵形式

$$u = Ri - e_T - e_\Omega = Ri + L\frac{di}{dt} + \left(\omega \frac{\partial L}{\partial \theta}\right) i \tag{3-11}$$

功率方程可表示为

$$(i_t u - i_t Ri) = i_t L \frac{di}{dt} + i_t \left(\omega \frac{\partial L}{\partial \theta}\right) i = -i_t e_T - i_t e_\Omega \tag{3-12}$$

功率方程表明：输入到磁场系统的净电功率 ($i_t u - i_t Ri$) 分别被变压器电势和运动电势所吸收。磁能 $W_m = \frac{1}{2} i_t L i$ 的变化率 $\frac{dW_m}{dt} = i_t L \frac{di}{dt} + \frac{1}{2} i_t \omega \frac{\partial L}{\partial \theta} i = -i_t e_T - \frac{1}{2} i_t e_\Omega$，所以

$$(i_t u - i_t Ri) = \left(-i_t e_T - \frac{1}{2} i_t e_\Omega\right) - \frac{1}{2} i_t e_\Omega = \frac{dW_m}{dt} - \frac{1}{2} i_t e_\Omega \tag{3-13}$$

此式表明输入到磁场系统的净电功率中，一部分（变压器电势吸收功率的全部和运动电势吸收功率的一半）转换为磁能变化率，另一部分（运动电势吸收功率的另一半）转换为机械功率，称为转换功率（习惯称为电磁功率）。

由于 W_m 是状态函数，其变化率 dW_m/dt 在一个周期的平均值为 0，而转换功率 $-i_t e_\Omega / 2$ 在一个周期的平均值不能为 0（否则无法实现机电能量转换），所以

$$\left(\frac{dW_m}{dt}\right)_{\text{平均}} = \left[i_t L \frac{di}{dt} + \left(-\frac{1}{2} i_t e_\Omega\right)_{\text{平均} \neq 0}\right]_{\text{平均}} = 0 \tag{3-14}$$

所以 $di/dt \neq 0$，也就是说，要连续地进行机电能量转换，绕组内的电流必须为交流，或者部分为交流，而不能全部为直流。

本质上讲，旋转电机为双边激励的机电装置。同步电机由一组（三相）交流电端、一个直流电端和一个旋转机械端构成；感应电机则由两组交流电端（定子三相、转子多相）和一个机械端构成；直流电机是由一个直流电端（励磁端）、一个交流电端（电枢端）和一个旋转机械端构成，电枢端还要连接换向器，实现内部交流电与外部直流电之间的转换。直流电机通常为凸极式，且定子侧为凸极；感应电机通常为隐极式；而同步电机既有隐极式，也有凸极式，大多数凸极同步电机的转子侧为凸极。在旋转电机中有一些基本概念，如极对数 p、电角度、极距 τ、每极磁通 Φ 等需要认真理解。

旋转电机的电磁转矩可用耦合电路模型进行推导。推导过程中要注意各线圈自感、互感与转子角位移是否有关，通过求偏导求取电磁转矩时要注意必须对"机械角位移"求偏导。

从磁场观点分析旋转电机定、转子磁场之间的相互作用，能够更为深入地理解旋转电机的工作原理。

旋转电机的绕组有交流绕组和直流绕组之分。三相交流绕组接三相交流电源，产生幅值恒定的旋转磁势，磁势转速由电源频率 f 和绕组极对数 p 决定。直流绕组接直流电源，产生相对于绕组不动的恒定磁势。简化分析时，可以只考虑磁势的基波。

各种旋转电机正常运行时，均有定、转子两个磁势，依靠这两个磁势之间的相互作用力或者说轴线对齐的趋势形成主电磁转矩。当两个磁势轴线之间的夹角有固定值时，主电磁转矩才是恒定的；如果夹角随时间变化，则平均转矩将为0，无法连续地进行机电能量转换。分析表明，正常稳定运行时，同步电机、感应电机和直流电机定、转子磁势之间的夹角均为固定值，均能产生恒定的主电磁转矩。

3.3 难点解析

难点1 线性系统电磁转矩通用公式的应用。

在已知各种电感对角位移表达式的情况下，应用式（3-10）可以方便地分析各种不同形式旋转电机的电磁转矩和运行状态。分析时，要理清楚各个线圈本身的自感和各线圈之间的互感对角位移的函数式以及线圈中电流的表达式。如果无法写出各个电感的表达式，则考虑写出磁能 W_m 或磁共能 W'_m 的表达式，通过 W_m 或 W'_m 对机械角位移 θ_m 求偏导数的方法求出电磁转矩。详见例3-2、例3-3和相关习题的解答。

难点2 从磁场观点理解旋转电机的工作机理。

旋转电机属于典型的双边激励机电装置。根据主磁路特征可分为隐极、凸极和双边凸极结构。直流电机和凸极同步电机属于凸极电机，感应电机和隐极同步电机属于隐极电机。

直流电机的凸极在定子上，用直流电流激励产生恒定的分布磁势，取基波时为恒定的正弦分布磁势 $\dot{F}_s$，其轴线位于磁极中心线即直轴上。电枢绕组在转子上，流过直流电流，产生恒定的电流分布（电刷是电流方向的分界线），产生恒定分布磁势，取基波时为恒定的正弦分布磁势 $\dot{F}_r$，其轴线在电流方向的分界线即交轴上。$\dot{F}_r$ 有向 $\dot{F}_s$ 对齐的趋势，这一趋势产生了驱动（电动机）或阻碍（发电机）转子旋转的电磁转矩。电动运行时，$\dot{F}_r$ 滞后 $\dot{F}_s$ 90°，电磁转矩为动力转矩，方向为 $\dot{F}_r \to \dot{F}_s$，试图拉上 $\dot{F}_r$ 追赶 $\dot{F}_s$，如图3-1所示。发电运行时，$\dot{F}_r$ 超前 $\dot{F}_s$ 90°，电磁转矩为阻力转矩，方向为 $\dot{F}_r \to \dot{F}_s$，试图拉住 $\dot{F}_r$ 等候 $\dot{F}_s$，如图3-2所示。

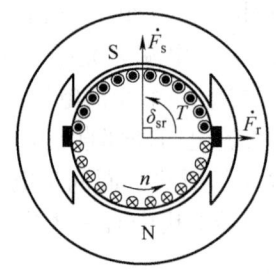 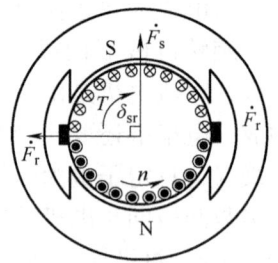

图3-1 直流电动机原理图　　　图3-2 直流发电机原理图

同步电机转子上有凸极或隐极，用直流电流激励产生恒定的分布磁势，取基波时为恒定的正弦分布磁势 $\dot{F}_r$，其轴线位于磁极中心线即直轴上，正常运行时，$\dot{F}_r$ 随转子以同步角速度 ω_1 旋转；定子上的三相绕组中有三相对称电流流过，产生的基波磁势 $\dot{F}_s$ 也以 ω_1 与转子同方向旋转。$\dot{F}_r$ 与 $\dot{F}_s$ 同向同速旋转而相对静止。$\dot{F}_r$ 有向 $\dot{F}_s$ 对齐的趋势，由此产生了驱动（电动机）或阻碍（发电机）转子旋转的电磁转矩。$\dot{F}_s$ 的转向、转速被电源锁定而不变。电动运行时，$\dot{F}_\mathrm{r}$ 滞后 $\dot{F}_\mathrm{s}$ 一个角度 δ_sr，电磁转矩为动力转矩，方向为 $\dot{F}_\mathrm{r}\to\dot{F}_\mathrm{s}$，试图拉上 $\dot{F}_\mathrm{r}$ 追赶 $\dot{F}_\mathrm{s}$，如图 3-3 所示。发电运行时，$\dot{F}_\mathrm{r}$ 超前 $\dot{F}_\mathrm{s}$ 一个角度 δ_sr，电磁转矩为阻力转矩，方向为 $\dot{F}_\mathrm{r}\to\dot{F}_\mathrm{s}$，试图拉住 $\dot{F}_\mathrm{r}$ 等候 $\dot{F}_\mathrm{s}$，如图 3-4 所示（注意 δ_sr 在 0~180° 之间，为方便绘制画成了 90°）。

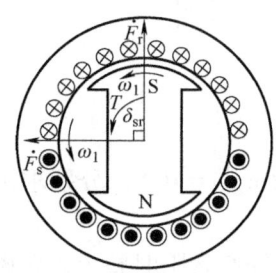

图 3-3 同步电动机原理图

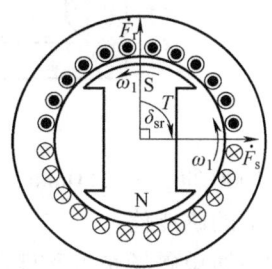

图 3-4 同步发电机原理图

感应电机定、转子上都是多相交流绕组，用交流电流激励时分别产生旋转磁势 $\dot{F}_\mathrm{s}$ 和 $\dot{F}_\mathrm{r}$。分析表明，$\dot{F}_\mathrm{r}$ 与 $\dot{F}_\mathrm{s}$ 同向同速旋转而相对静止。$\dot{F}_\mathrm{r}$ 有向 $\dot{F}_\mathrm{s}$ 对齐的趋势，由此产生了驱动（电动机）或阻碍（发电机）转子旋转的电磁转矩。$\dot{F}_\mathrm{s}$ 的转向、转速被电源锁定而不变。电动运行时 $\dot{F}_\mathrm{r}$ 滞后 $\dot{F}_\mathrm{s}$ 一个角度 δ_sr，电磁转矩为动力转矩，方向为 $\dot{F}_\mathrm{r}\to\dot{F}_\mathrm{s}$，试图拉上 $\dot{F}_\mathrm{r}$ 追赶 $\dot{F}_\mathrm{s}$，如图 3-5 所示；发电运行时，$\dot{F}_\mathrm{r}$ 超前 $\dot{F}_\mathrm{s}$ 一个角度 δ_sr，电磁转矩为阻力转矩，方向为 $\dot{F}_\mathrm{r}\to\dot{F}_\mathrm{s}$，试图拉住 $\dot{F}_\mathrm{r}$ 等候 $\dot{F}_\mathrm{s}$，如图 3-6 所示（注意，δ_sr 一般在 0~90° 之间，为方便绘制画成了 90°）。

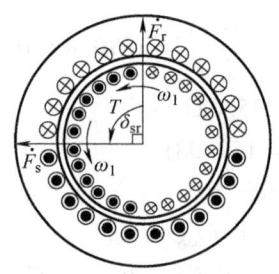

图 3-5 感应电动机原理图

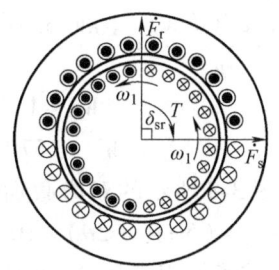

图 3-6 感应发电机原理图

可见，各种旋转电机中都存在定、转子两个相对静止的旋转磁势，转子磁势有向定子磁势对齐的趋势（类似于两块条形磁铁之间的作用），正是这种对齐趋势，产生了驱动（电动机）或阻碍（发电机）转子旋转的电磁转矩。

3.4 例题精讲

例 3-1 图 3-7 所示是一个继电器，其固定铁心和可动铁心（活塞）磁导率均为 ∞，活塞的高度远大于气隙长度（即 $h \gg g$），各尺寸符号如图 3-7 所示。

(1) 试写出磁能 W_m 对活塞位移 x 的函数表达式；

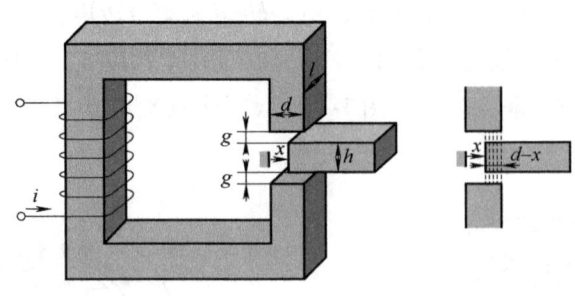

图 3-7 例题 3-1 图

（2）若 $N=1000$ 匝，$g=2.0\text{mm}$，$d=0.15\text{m}$，$l=0.1\text{m}$，$i=10\text{A}$，分别求出当 $x=0$ 和 $x=0.05\text{m}$ 两种状态下的磁能值。

分析 本例为简单磁场系统磁能的计算。涉及不计铁心磁阻时整个磁路磁阻即气隙磁阻的计算、几种磁能计算式的灵活应用等。计算时要注意所有量都采用国际单位制。

解：（1）由于铁心磁导率为 ∞，使得磁路为线性且磁阻全部为气隙磁阻，磁通全部垂直通过活塞铁心（不存在边缘效应）。

整个装置的磁能为
$$W_\text{m} = \frac{1}{2}\frac{F^2}{R_\text{m}} = \frac{1}{2}\frac{N^2 i^2}{R_\text{m}}$$

其中气隙磁阻
$$R_\text{m} = \frac{1}{\mu_0}\frac{2g}{l(d-x)}$$

所以
$$W_\text{m} = \frac{1}{2}\frac{N^2 i^2}{R_\text{m}} = \frac{N^2 i^2 \mu_0 l(d-x)}{4g}$$

（2）代入已知数据，可得
$$W_\text{m} = \frac{N^2 i^2 \mu_0 l(d-x)}{4g} = \frac{1000^2 \times 10^2 \times 4\pi \times 10^{-7} \times 0.1(0.15-x)}{4 \times 0.002}\text{J} = 1570.8 \times (0.15-x)\text{J}$$

当 $x=0$ 时，　　　　　　　$W_\text{m} = 1570.8 \times (0.15-0) = 235.62\text{J}$

当 $x=0.05$ 时，　　　　　　$W_\text{m} = 1570.8 \times (0.15-0.05) = 157.08\text{J}$

例 3-2 在图 3-8 所示的双边激励机电装置中，已知数据：定子绕组自感 $L_{11}=(5+2\cos 2\theta)\times 10^{-3}\text{H}$，定、转子绕组互感 $L_{12}=0.6\cos\theta\text{H}$；转子绕组自感 $L_{22}=(20+10\cos 2\theta)\text{H}$，定子电流 $i_1=1.5\text{A}$，转子电流 $i_2=0.02\text{A}$。试求：

（1）电磁转矩对角位移的函数 $T=f(\theta)$；

（2）当定、转子磁极轴线对齐（即 $\theta=0°$）时的电磁转矩值；

（3）当转子角位移 θ 为多少度时，电磁转矩具有最大值？求出最大值。

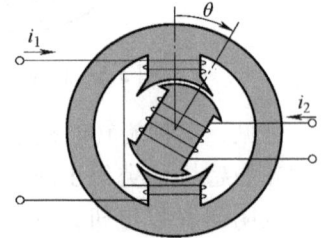

图 3-8 例 3-2 图

分析 本例为简单双边激励旋转装置电磁转矩的计算问题。在已知各绕组自感和互感的情况下，可直接套用线性磁场系统电磁转矩的计算式。计算最大转矩相当于对转矩函数求极值，可用数学方法解决。

解：（1）函数 $T=f(\theta)$ 可以根据式（3-10）来求：

$$T = \frac{i_1^2}{2}\frac{\partial L_{11}}{\partial \theta} + \frac{i_2^2}{2}\frac{\partial L_{22}}{\partial \theta} + i_1 i_2 \frac{\partial L_{12}}{\partial \theta}$$

$$= \left[\frac{1.5^2}{2}(-4\times 10^{-3}\sin 2\theta) + \frac{0.02^2}{2}(-20\sin 2\theta) + 1.5\times 0.02\times(-0.6\sin\theta)\right]\text{N}\cdot\text{m}$$

$$= (-0.018\sin\theta - 0.0085\sin 2\theta)\text{N}\cdot\text{m}$$

（2）定、转子磁极轴线对齐时 $\theta=0°$，代入 $T=f(\theta)$ 可得 $T=f(0)=0$。

（3）令 $dT/d\theta = -0.018\cos\theta - 0.017\cos 2\theta = 0$，解得最大电磁转矩对应 $\theta_m = 60.64°$，最大电磁转矩为 $T_m = f(\theta_m) = [-0.018\sin(60.64°) - 0.0085\sin(2\times 60.64°)]\text{N}\cdot\text{m} = -0.023\text{N}\cdot\text{m}$

例 3-3 图 3-9 是一台两相凸极同步电机截面图，其定子叠片铁心中嵌放着两个结构一样的绕组 ax 和 by，转子凸极上绕有励磁绕组 f。由于气隙不均匀，定子绕组的自感和互感均是转子角位移 θ 的函数：$L_{aa}=L_0+L_2\cos 2\theta$、$L_{bb}=L_0-L_2\cos 2\theta$、$L_{ab}=L_2\sin 2\theta$，式中 L_0 和 L_2 为正的常数。定、转子绕组之间的互感为：$L_{af}=M\cos\theta$、$L_{bf}=M\sin\theta$，式中 M 为正的常数。励磁绕组的自感 L_{ff} 为常数，与 θ 无关。考虑如下运行条件：励磁绕组用直流电流 I_f 励磁，定子绕组连接到角频率为 ω_1 的对称两相电压源。转子以角速度 ω 旋转，其角位移由式 $\theta=\omega t$ 给出。在上述运行条件时，定子电流具有如下形式：

$$i_a = \sqrt{2}I_a\cos(\omega_1 t+\delta), \quad i_b = \sqrt{2}I_a\sin(\omega_1 t+\delta)$$

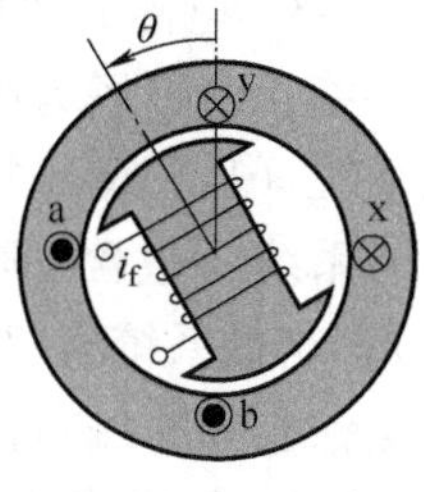

（1）推导作用于转子的电磁转矩的表达式。

图 3-9 例 3-3 图

（2）该电机能作为电动机和（或）发电机运行吗？试解释原因。

（3）当励磁电流 I_f 减小到 0 时，该电机还能提供连续转矩吗？如能，写出转矩表达式。

分析 本例为双边激励旋转装置电磁转矩的计算，实质上是两相凸极同步电机电磁转矩的计算。在已知各绕组自感和互感的情况下，可直接套用线性磁场系统电磁转矩的计算式。注意本例中 δ 是 $t=0$，即 $\theta=0$ 是定子电流的相位角，本质上是同步稳定运行时定子两相合成旋转磁势超前于转子磁势的空间相位角（这一点在学习同步电机的功角概念后将会有所理解）。

解：（1）电磁转矩表达式为

$$T = \frac{1}{2}\frac{\partial L_{aa}}{\partial \theta}i_a^2 + \frac{1}{2}\frac{\partial L_{bb}}{\partial \theta}i_b^2 + \frac{1}{2}\frac{\partial L_{ff}}{\partial \theta}i_f^2 + \frac{\partial L_{ab}}{\partial \theta}i_a i_b + \frac{\partial L_{af}}{\partial \theta}i_a i_f + \frac{\partial L_{bf}}{\partial \theta}i_b i_f$$

$$= -i_a^2 L_2\sin 2\theta + i_b^2 L_2\sin 2\theta + 2i_a i_b L_2\cos 2\theta - i_a i_f M\sin\theta + i_b i_f M\cos\theta$$

$$= -2I_a^2 L_2\cos^2\omega_1\theta\sin 2\theta + 2I_a^2 L_2\sin^2\omega_1\theta\sin 2\theta + 4I_a^2 L_2\cos\omega_1\theta\sin\omega_1\theta\cos 2\theta - \sqrt{2}I_a I_f M\cos\omega_1\theta\sin\theta + \sqrt{2}I_a I_f M\sin\omega_1\theta\cos\theta$$

$$= -2I_a^2 L_2\cos 2\omega_1\theta\sin 2\theta + 2I_a^2 L_2\sin 2\omega_1\theta\cos 2\theta - \sqrt{2}I_a I_f M\cos\omega_1\theta\sin\theta + \sqrt{2}I_a I_f M\sin\omega_1\theta\cos\theta$$

$$= 2I_a^2 L_2\sin[2(\theta_1-\theta)] + \sqrt{2}I_a I_f M\sin(\theta_1-\theta)$$

$$= 2I_a^2 L_2\sin[2(\omega_1-\omega)t+2\delta] + \sqrt{2}I_a I_f M\sin[(\omega_1-\omega)t+\delta]$$

式中，$\theta_1=\omega_1 t+\delta$。当转子角速度 ω 与电流角频率 ω_1 同步时，$T = 2I_a^2 L_2\sin 2\delta + \sqrt{2}I_a I_f M\sin\delta$。

（2）该电机既可以作为电动机运行也可以作为发电机运行。在稳定运行的范围内，若 $\delta<0$，$T<0$，电磁转矩为阻力转矩，电机作为发电机运行；若 $\delta>0$，$T>0$，电磁转矩为动力转矩，电机作为电动机运行。

（3）当励磁电流减小到 0 时，能提供连续转矩。此时，$T = 2I_a^2 L_2\sin 2\delta$。

3.5 思考题简答

3-1 什么是机电能量转换装置？实现机电能量转换的机制分为哪几种？

答：能实现电能与机械能相互转换的设备或元件称为机电能量转换装置。实现机电能量转换的机制大致可以分为 4 种：①电致伸缩与压电效应；②磁致伸缩；③电场力；④电磁力。

3-2 机电装置按用途如何分类？

答：①机电信号变换器：实现机械信号与电信号相互转换的装置；②动铁装置：通过电流励磁从而产生电磁力，使得动铁产生一定位移的装置；③连续能量转换装置：包括发电机和电动机等。

3-3 电磁式机电装置由哪几部分组成？各部分会产生哪些损耗？

答：以磁场为耦合场的机电装置称为电磁式机电装置。一般由 3 部分组成：承载电流的电系统（1 个或多个线圈）、可以活动的机械系统（一般做直线运动或旋转运动）以及磁场储能系统（包含气隙的主磁路）。电系统中有电能损耗（主要是电流通过电阻时产生的损耗）；机械系统有机械损耗（主要是摩擦损耗和通风损耗）；耦合磁场内部有介质损耗（主要是铁心中的磁滞损耗和涡流损耗，统称为铁耗）。

3-4 怎样将机电装置抽象成无损系统？

答：将线圈电阻转移到电端；将机械损耗转移到机械端，将磁场自身产生的铁耗忽略不计或用某种算法予以校正。

3-5 怎样理解电磁式机电装置中的能量守恒？

答：输入到无损耦合场的净电能分为两部分：一部分引起磁场储能的改变，即转换成了磁能的增量（可正可负）；另一部分转换成了机械能，实现机械功输出。或者说：无损耦合场磁能的增量等于输入净电能减去输出机械功。

3-6 状态函数有什么特点？无损磁场系统的磁能由哪些状态变量决定？

答：状态函数的数值仅与所描述的系统的当前状态有关，而与系统的历史状态以及达到当前状态的途径无关。无损磁场系统的磁能函数就是典型的状态函数，其值由两组状态变量决定，一组是电端的变量即磁链或电流，另一组是机械端变量即线位移或角位移。

3-7 什么是机电装置的磁化曲线？

答：磁链 ψ 与电流 i 之间的函数关系 ψ-i 曲线称为磁化曲线。磁化曲线可能为一条或一簇。当机械端的线位移 x 或角位移 θ 取不同值时，通常对应不同 ψ-i 曲线。

3-8 怎样通过 ψ-i 曲线来确定机电装置的磁能和磁共能？

答：以线动磁场系统为例。作出位移 x_0 对应的 ψ-i 曲线，如图 3-10 所示，i 对 ψ 在 $0 \to \psi_0$ 区间的定积分就是位移为 x_0 且磁链达到 ψ_0 时的磁能 $W_m(\psi_0, x_0)$。ψ 对 i 在 $0 \to i_0$ 区间的定积分就是位移为 x_0 且电流达到 i_0 时的磁共能 $W'_m(i_0, x_0)$。图中面积 S_{oab} 等于 $W_m(\psi_0, x_0)$，面积 S_{ocb} 等于 $W'_m(i_0, x_0)$。

3-9 在线性磁场系统中，为什么磁能和磁共能在数值上是相等的？

答：以线动磁场系统为例。如图 3-11 所示，在线性系统中，i 对 ψ 在 $0 \to \psi_0$ 区间的定积分等于 ψ 对 i 在 $0 \to i_0$ 区间的定积分，所以 $W_m(\psi_0, x_0) = W'_m(i_0, x_0)$。

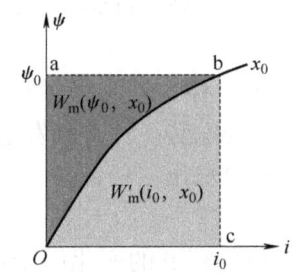 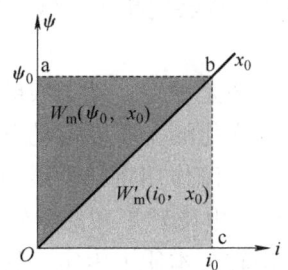

图 3-10　利用磁化曲线求磁能和磁共能　　图 3-11　线性系统磁能等于磁共能

3-10　怎样确定磁场系统某段磁路中所储存的磁能大小？为什么说磁场系统的磁能绝大部分存储于气隙中？

答：设某段磁路的磁压降为 F_i，磁阻为 R_m，则该段磁路的磁能 $W_m = F_i^2/(2R_m)$。因为磁路的磁势绝大部分施加在气隙两端，所以气隙路段的 W_m 最大，占总磁能的绝大部分。

3-11　磁场系统磁路各部分的磁能密度与哪些因素有关？

答：根据磁能密度公式 $w_m = B^2/(2\mu)$，磁路某处的磁能密度与磁通密度和介质磁导率有关。由于气隙的磁导率远小于铁磁材料的磁导率，所以气隙中的磁能密度最高。

3-12　什么是变压器电势？什么是运动电势？

答：机电装置运行时会产生变压器电势和运动电势。变压器电势是由电流随时间变化引起的；运动电势是由定、转子的相对运动引起的，也就是转子角位移随时间变化引起的。

3-13　怎样用磁能或磁共能来计算机电装置的电磁转矩？

答：电磁转矩 T 的大小等于磁能 W_m 对角位移 θ 的偏导数；当磁链保持不变时，电磁转矩的作用方向为使磁能减小的方向。或者，T 的大小为磁共能 W'_m 对 θ 的偏导数；当电流保持不变时，T 的作用方向为使 W'_m 增加的方向。

3-14　在线性系统中，$W_m = W'_m$，能否将公式 $T = -\partial W_m/\partial \theta$ 中的负号去掉？为什么？

答：负号表示了电磁转矩的作用方向。如果 $\partial W_m/\partial \theta |_{\psi=常数} > 0$，则 $T < 0$，表示电磁转矩作用在使 θ 减小的方向上。如果 $\partial W'_m/\partial \theta |_{i=常数} > 0$，则 $T > 0$，表示电磁转矩作用在使 θ 增大的方向上。这里要注意的是，对线性系统，尽管 $W_m = W'_m$，但 $\partial W_m/\partial \theta |_{\psi=常数} \neq \partial W'_m/\partial \theta |_{i=常数}$。

3-15　转矩计算公式 $T = -\partial W_m/\partial \theta$ 中的 θ 是电角位移还是机械角位移？

答：机械角位移。

3-16　什么是主电磁转矩？什么是磁阻转矩？在隐极电机中为什么不存在磁阻转矩？

答：由定子自感 $L_{11}(\theta)$ 和转子自感 $L_{22}(\theta)$ 随角位移 θ 变化所引起的电磁转矩称为附加电磁转矩或者磁阻转矩。由定、转子互感 $L_{12}(\theta)$ 随角位移 θ 变化所引起的电磁转矩称为主电磁转矩或基本电磁转矩。在隐极电机中 $L_{11}(\theta)$ 和 $L_{22}(\theta)$ 为常数，所以不产生磁阻转矩。

3-17　什么是隐极电机？什么是凸极电机？

答：定、转子两侧均为隐极即气隙均匀的电机称为隐极电机。定、转子有一侧为凸极的电机称为凸极电机。

3-18　在旋转电机中，通过什么方式可以产生运动电势？

答：通过各线圈的自感、互感随转子角位移 θ 的变化而变化产生运动电势。要产生运动电势，定、转子自感和互感中至少有一个必须随 θ 的变化而变化。

3-19　为什么旋转电机电枢线圈中的运动电势一定是交变电势？直流发电机如何产生直流电？

答：运动电势是由定、转子线圈自感或者互感随转子角位移 θ 的变化而变化所产生的。由于 θ 是周期性变化的，所以运动电势一般也是周期性的交变电势。在直流发电机中，通过换向器和电刷的整流作用将转子线圈产生的交流电变成直流电输出。

3-20　产生主电磁转矩和磁阻转矩的本质是什么？

答：主电磁转矩本质上由定、转子绕组的互感随转子角位移 θ 的变化而变化所引起的。磁阻转矩本质上由定、转子绕组各自的自感随转子角位移 θ 的变化而变化所引起的。主电磁转矩和磁阻转矩的作用方向都试图使相应的互感或自感最大化。

3-21　同步电机和感应电机在结构上的异同点有哪些？

答：二者的定子结构理论上一样，其绕组都是三相对称交流绕组。不同之处在于转子，感应电机的转子本身是短路绕组，通过电磁感应产生转子电流和转子磁势。同步电机的转子上有磁极和励磁绕组，外接直流电源，产生转子磁势。

3-22　同步发电机励磁电势的频率与哪些因素有关？

答：$f=pn/60$，与极对数、转速成正比。

3-23　怎样用耦合电路模型推导三相同步电机的电磁转矩公式？

答：以隐极同步电机为例。推导要点如下：

① 整理各绕组自感及互感。除定、转子绕组间互感 $L_{Af}=M\cos\theta$、$L_{Bf}=M\cos(\theta-120°)$、$L_{Cf}=M\cos(\theta+120°)$ 随角位移变化外，其余自、互感都是常数。

② 整理各绕组电流 $i_A=I_m\cos(\omega_1 t+\delta)$、$i_B=I_m\cos(\omega_1 t+\delta-120°)$、$i_A=I_m(\cos\omega_1 t+\delta+120°)$、$i_f=I_f$。

③ 套用电磁转矩公式推导。

$$T=i_A i_f \frac{\partial L_{Af}}{\partial \theta_m}+i_B i_f \frac{\partial L_{Bf}}{\partial \theta_m}+i_C i_f \frac{\partial L_{Cf}}{\partial \theta_m}$$

$$=-pI_f I_m M[\cos(\omega_1 t+\delta)\sin\theta+\cos(\omega_1 t+\delta-120°)\sin(\theta-120°)+\cos(\omega_1 t+\delta+120°)\sin(\theta+120°)]$$

$$=-\frac{3pI_f I_m M}{2}\sin(\omega_1 t-\theta+\delta)=-\frac{3pI_f I_m M}{2}\sin[(\omega_1-\omega)t+\delta]$$

④ 讨论只有当转子角速度 ω 等于电流角频率 ω_1，电磁转矩的平均值才不为零。当 $\omega=\omega_1$ 时，$T=-3pI_f I_m M/2\sin\delta$ 为常数。T 为负值时，试图阻止 θ 的增大，即阻碍转子旋转，同步电机运行在发电状态。T 为正值时，试图使 θ 增大，即驱动转子旋转，同步电机运行在电动状态。

3-24　怎样用耦合电路模型推导三相感应电机的电磁转矩公式？

答：① 整理随 θ 变化的自感和互感 $L_{Aa}=M\cos\theta$、$L_{Ba}=M\cos(\theta-120°)$、$L_{Ca}=M\cos(\theta+120°)$、$L_{Ab}=M\cos(\theta+120°)$、$L_{Bb}=M\cos\theta$、$L_{Cb}=M\cos(\theta-120°)$、$L_{Ac}=M\cos(\theta-120°)$、$L_{Bc}=M\cos(\theta+120°)$、$L_{Cc}=M\cos\theta$。

② 整理各绕组电流 $i_A=I_{1m}\cos(\omega_1 t+\delta)$、$i_B=I_{1m}\cos(\omega_1 t+\delta-120°)$、$i_C=I_{1m}\cos(\omega_1 t+\delta+120°)$、$i_a=I_{2m}\cos[(\omega_1-\omega)t+\alpha]$、$i_b=I_{2m}\cos[(\omega_1-\omega)t-120°+\alpha]$、$i_b=I_{2m}\cos[(\omega_1-\omega)t+120°+\alpha]$

③ 套用电磁转矩公式推导。转子 A 相电流产生的转矩

$$T_a = i_A i_a \frac{\partial L_{Aa}}{\partial \theta_m} + i_B i_a \frac{\partial L_{Ba}}{\partial \theta_m} + i_C i_a \frac{\partial L_{Ca}}{\partial \theta_m}$$

$$= -pMI_{1m}I_{2m}\cos[(\omega_1-\omega)t+\alpha][\cos(\omega_1 t+\delta)\sin\theta + \cos(\omega_1 t+\delta-120°)\sin(\theta-120°) + \cos(\omega_1 t+\delta+120°)\sin(\theta+120°)]$$

$$= -\frac{3}{2}pMI_{1m}I_{2m}\cos[(\omega-\omega_1)t-\alpha]\sin[(\omega-\omega_1)t-\delta] = -\frac{3}{4}pMI_{1m}I_{2m}\{\cos[2(\omega-\omega_1)t-\alpha-\delta]+\sin(\alpha-\delta)\}$$

同理

$$T_b = -\frac{3}{4}pMI_{1m}I_{2m}\{\cos[2(\omega-\omega_1)t-\alpha-\delta-240°]+\sin(\alpha-\delta)\}$$

$$T_c = -\frac{3}{4}pMI_{1m}I_{2m}\{\cos[2(\omega-\omega_1)t-\alpha-\delta+240°]+\sin(\alpha-\delta)\}$$

总转矩 $$T = T_a+T_b+T_c = -\frac{9}{4}pMI_{1m}I_{2m}\sin(\alpha-\delta)$$

④ 感应电机不要求转子角速度 ω 等于电流角频率 ω_1。当 $\alpha>\delta$ 即转子电流超前定子电流时，T 为负值，运行在发电状态。当 $\alpha<\delta$ 即定子电流超前转子电流时，T 为正值，运行在电动状态。

3-25 换向器在直流发电机和直流电动机中各起什么作用？

答：在直流发电机中起整流作用，在直流电动机中起逆变作用。

3-26 怎样推导直流电机的励磁电势公式和电磁转矩公式？

答：① 整理随 θ 变化的自感及互感：$L_a = L_{a0}+L_{a2}\cos2\theta$、$L_{af} = L_{afm}\cos\theta$

② 整理各绕组电流 $i_a = I_a/(2a)$、$i_f = I_f$

③ 套用电势公式和转矩公式推导。一个单匝线圈的磁链

$$\psi_a = L_a i_a + L_{af} i_f = (L_{a0}+L_{a2}\cos2\theta)i_a + L_{afm}i_f\cos\theta = (L_{a0}+L_{a2}\cos2\theta)i_a + \Phi_f\cos\theta$$

$$e_a = -\frac{d\psi_a}{dt} = \omega L_{a2} i_a \sin2\theta + \omega\Phi_f\sin\theta, \quad \overline{e_a} = \frac{1}{\pi}\int_0^\pi (\omega L_{a2} i_a\sin2\theta + \omega\Phi_f\sin\theta)d\theta = \frac{2\omega\Phi_f}{\pi}$$

将 $\omega = 2\pi f = 2\pi pn/60$ 代入得 $\overline{e_a} = \frac{4\pi\Phi_f}{\pi}\frac{pn}{60} = \frac{4p}{60}\Phi_f n$

每条支路的匝数为 $\frac{N}{2}\frac{1}{2a}$，支路电势 $E_a = \frac{N}{2\times 2a}\frac{4p}{60}\Phi_f n = \frac{pN}{60a}\Phi_f n = C_e\Phi_f n$

一个单匝线圈的转矩

$$T_a = \frac{i_a^2}{2}\frac{\partial L_a}{\partial \theta_m} + i_a i_f \frac{\partial L_{af}}{\partial \theta_m} = -pi_a(i_a L_{a2}\sin2\theta + i_f L_{afm}\sin\theta) = -pi_a(i_a L_{a2}\sin2\theta + \Phi_f\sin\theta), \quad \overline{T_a} = \frac{2pi_a}{\pi}\Phi_f$$

总转矩 $T = \frac{2p}{\pi}\frac{I_a N/2}{2a}\Phi_f = \frac{pN}{2a\pi}\Phi_f I_a = C_T\Phi_f I_a$

3-27 为什么三相绕组通过三相对称电流时，会产生一个幅值恒定的旋转磁势？

答：三相绕组在空间互相错开120°电角度，三相电流在相位上错开120°。A相电流 $i_a = I_m\cos\omega t$ 流过 A 相绕组时产生的磁势为 $f_a = F_m\cos\omega t\cos x$，同样 B、C 相磁势分别为 $f_b = F_m\cos(\omega t-120°)\cos(x-120°)$ 和 $f_c = F_m\cos(\omega t+120°)\cos(x+120°)$。三相合成磁势为

$$f = f_a+f_b+f_c = F_m[\cos\omega t\cos x + \cos(\omega t-120°)\cos(x-120°) + \cos(\omega t+120°)\cos(x+120°)]$$

$$= 3F_m\cos(x-\omega t)/2$$

3-28 为什么在旋转电机中定、转子磁势波必须是相对静止的？

答：分析表明，旋转电机的电磁转矩 $T=-pF_sF_r\sin\delta_{sr}/R_m$，如果 $\dot{F}_s$ 和 $\dot{F}_r$ 之间有相对运动，则夹角 δ_{sr} 不恒定，T 对时间的平均值不稳定或者为 0，电机无法正常运行。

3-29 为什么说同步电机、直流电机和感应电机产生电磁转矩的机理是一样的？

答：三种电机都是双边激励旋转机电装置。都是依靠定、转子磁势轴线试图对齐的趋势产生电磁转矩的，其机理是一样的。

3-30 磁场系统的功率关系是怎样的？什么是转换功率？

答：在磁场系统中，变压器电势所吸收功率的全部和运动电势所吸收功率的一半，转换成了耦合场的磁能变化率；运动电势吸收功率的另外一半就是转换功率，即为电功率通过耦合场转换成的机械功率。

3-31 为什么连续能量转换装置中绕组电流不能全部为直流？直流电机满足这个要求吗？

答：变压器电势吸收的功率和运动电势吸收功率的一半合成了磁能变化率，磁能在一个周期的变化量为 0。所以变压器电势吸收功率与运动电势吸收功率的一半之和在一个周期内的平均值为 0。而运动电势吸收功率的一半也就是转换功率，系统要连续地实现机电能量转换，转换功率不能为零，所以变压器电势吸收功率就不能为 0，而变压器电势吸收的功率为 i_1Ldi/dt，所以 di/dt 不能为 0，也就是绕组电流不能全部为直流。

直流电机的端口处的电流虽然全部为直流，但电枢绕组内部的电流实际上是交流，所以能满足这个要求。

3-32 隐极电机和凸极电机应满足怎样的频率约束？感应电机能满足这种约束吗？

答：转子磁场的角频率等于定子磁场的角频率即 $\omega=\omega_1$。感应电机能满足这种约束。

3.6 习题解答

3-1 如图 3-12 所示，在磁密为 $B_0=1T$ 匀强磁场中有两个正交的转子单匝线圈 AX 和 BY，线圈边处半径为 $R=0.1m$，线圈边的轴向长度为 $l=0.3m$，AX 通过电流 i_1，BY 通过电流 i_2。试求：在下列各种情况下，电磁转矩 T 对转子位置角 θ 的函数关系式。

(1) $i_1=0$, $i_2=10A$；(2) $i_1=10A$, $i_2=0$；(3) $i_1=10A$, $i_2=10A$；
(4) $i_1=10\sin\theta A$, $i_2=10\cos\theta A$。

解：解法 1——用电磁力公式推导。

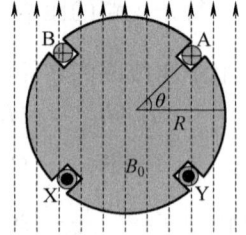

图 3-12 习题 3-1 图

A 导体受到的水平方向的作用力 $\quad f_A=B_0li_1$
分解到转子圆周的切线方向的力为 $\quad f_{A1}=B_0li_1\sin\theta$（顺时针）
产生的转矩为 $\quad T_A=RB_0li_1\sin\theta$
同理导体 X 产生的转矩为 $\quad T_X=RB_0li_1\sin\theta$
线圈 AX 产生的转矩为 $\quad T_{AX}=2RB_0li_1\sin\theta$
线圈 BY 产生的转矩为 $\quad T_{BY}=2RB_0li_2\sin(90°+\theta)=2RB_0li_2\cos\theta$
总的作用转矩为 $\quad T=2RB_0l(i_1\sin\theta+i_2\cos\theta)$

解法 2——用磁共能法推导。

线圈 AX 的磁链为 $\psi_1 = 2RlB_0\cos\theta$

线圈 BY 的磁链为 $\psi_2 = -2RlB_0\sin\theta$

该系统的磁共能为

$$W'_m = \int_0^{i_1}\psi_1 di_1 + \int_0^{i_2}\psi_2 di_2 = \psi_1 i_1 + \psi_2 i_2 = 2RlB_0(i_1\cos\theta - i_2\sin\theta)$$

电磁转矩对角位移的函数

$$T = \frac{\partial W'_m}{\partial \theta} = 2RlB_0(-i_1\sin\theta - i_2\cos\theta) = -0.06(i_1\sin\theta + i_2\cos\theta)\text{N}\cdot\text{m}$$

（1）$T = -0.06\times(0\times\sin\theta + 10\times\cos\theta)\text{N}\cdot\text{m} = -0.6\cos\theta\text{N}\cdot\text{m}$

（2）$T = -0.06\times(10\times\sin\theta + 0\times\cos\theta)\text{N}\cdot\text{m} = -0.6\sin\theta\text{N}\cdot\text{m}$

（3）$T = -0.06\times(10\sin\theta + 10\cos\theta)\text{N}\cdot\text{m} = -0.6(\sin\theta + \cos\theta)\text{N}\cdot\text{m}$

（4）$T = -0.06\times(10\sin^2\theta + 10\cos^2\theta)\text{N}\cdot\text{m} = -0.6\text{N}\cdot\text{m}$

负值转矩表示电磁转矩的作用在试图使角位移缩小的方向即顺时针方向。

3-2 已知某继电器的电感具有如下表达式：$L = 2L_0/(1+x/x_0)$，式中 $L_0 = 100$mH，$x_0 = 1.0$mm，x 是运动部件的位移。（1）若保持位移 $x = 1.2$mm 为常数，电流从 0 增加到 5.0A，求继电器中最终的磁场储能。（2）若保持电流 $i = 5.0$A 为常数，位移从 $x = 1.2$mm 增加到 $x = 2.0$mm，求对应的磁场储能的变化量。

解：继电器的磁共能即磁场储能为 $W_m(i,x) = W'_m(i,x) = \int_0^i Li\,di = \int_0^i \frac{2L_0}{1+x/x_0}i\,di = \frac{x_0}{x_0+x}L_0 i^2$

（1）$W_m(5,1.2) = [1.0/(1+1.2)]\times 100\times 10^{-3}\times 5^2\text{J} = 1.1364\text{J}$

（2）$W_m(5,2.0) = [1.0/(1+2.0)]\times 100\times 10^{-3}\times 5^2\text{J} = 0.8333\text{J}$

磁场储能的变化量为 $\Delta W_m = W_m(5,2.0) - W_m(5,1.2) = (0.8333 - 1.1364)\text{J} = -0.3030\text{J}$

在该题目中，当位移 x 从 1.2mm 增加到 2.0mm 时，磁场储能减少了。

3-3 测得三相凸极电动机的某相绕组自感值具有形式：$L(\theta) = L_0 + L_2\cos(2\theta)$，式中 θ 是转子角位移。假定其他绕组的电流为 0，只给该相绕组输入恒定电流 I_0 进行励磁，求作用在转子上的电磁转矩表达式 $T(\theta)$。

解：磁共能 $W'_m = \frac{1}{2}L(\theta)i^2 = \frac{1}{2}[L_0 + L_2\cos(2\theta)]I_0^2 = \frac{1}{2}L_0 I_0^2 + \frac{1}{2}L_2 I_0^2\cos(2\theta)$

电磁转矩 $T = \frac{\partial W'_m}{\partial \theta} = -L_2 I_0^2\sin(2\theta)$

3-4 某磁场系统包括一个线圈和一个转子，线圈电感随转子角位移 θ 变化的函数关系式：$L(\theta) = L_0 + L_6\cos(6\theta)$，线圈由电源供电，该电源利用反馈控制可使得所提供的电流维持在恒定值 I_0。（1）求作用在转子上的电磁转矩对转子角位移的函数式 $T(\theta)$；（2）如果转子被驱动并运行在固定的角速度而使得 $\theta = \omega t$，求电源所提供的瞬时功率 $p(t)$ 的表达式。

解：（1）$W'_m = \frac{1}{2}L(\theta)i^2 = \frac{1}{2}[L_0 + L_6\cos(6\theta)]I_0^2$，$T = \partial W'_m/\partial\theta = -3L_6 I_0^2\sin(6\theta)$

（2）$p(t) = -T\omega = 3\omega L_2 I_0^2\sin(6\omega t)$

3-5 如图 3-13 所示的电磁铁，铁心截面积 $S = 2\times 10^{-3}\text{m}^2$，气隙长度 $g_0 = 0.3\times 10^{-3}$m，线

圈匝数 $N=100$，铁心磁导率 $\mu_{Fe}=\infty$，要产生600N的向上提升力，电流 i_0 应该为多少 A？

解：设电流为 i_0，则磁势为 $F=Ni_0$。气隙为 x 时，磁阻 $R_m=2x/(\mu_0 S)$。

磁场储能为
$$W_m = \frac{1}{2}\frac{F^2}{R_m} = \frac{(Ni_0)^2}{4x/(\mu_0 S)} = \frac{\mu_0 S(Ni_0)^2}{4x}$$

电磁力 $\quad f = -\frac{\partial W_m}{\partial x} = -\frac{\mu_0 S N^2 i_0^2}{4x^2} = -600\text{N}$（负号表示力的作用在使 x 减小的方向上）

电流 $\quad i_0 = \sqrt{\frac{4g_0^2 \times 600}{\mu_0 S N^2}} = \sqrt{\frac{4\times(0.3\times 10^{-3})^2\times 600}{4\pi\times 10^{-7}\times 2\times 10^{-3}\times 100^2}}\text{A} = 2.9316\text{A}$

3-6 图3-14所示的圆柱铁壳螺线管传动装置被用作断路器、操作阀等。活塞可以在上下一定的范围内运动，线圈匝数为 N，铁心磁导率为无穷大。

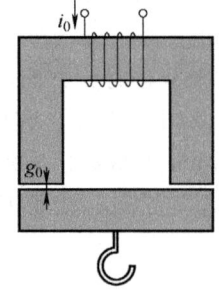 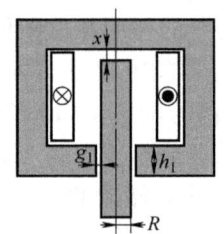

图3-13 习题3-5图　　　　图3-14 习题3-6图

（1）推导气隙磁密 B 对活塞位移 x 和线圈电流 i 的函数关系式。
（2）分别推导磁链 ψ 和电感 L 对活塞位移 x 和线圈电流 i 的函数关系式。
（3）推导磁能 W_m 对活塞位移 x 和线圈电流 i 的函数关系式。
（4）推导作用于活塞的力 f 对活塞位移 x 和线圈电流 i 的函数关系式。如果电流 i 保持为常数，该力的作用是增大气隙还是减小气隙？

解：（1）磁阻 $\quad R_m = x/(\mu_0 \pi R^2) + g_1/(2\mu_0 \pi R h_1)$

气隙磁密 $\quad B = \frac{Ni}{R_m \pi R^2} = \frac{Ni}{[x/(\mu_0 \pi R^2)+g_1/(2\mu_0 \pi R h_1)]\pi R^2} = \frac{\mu_0 Ni}{x+Rg_1/(2h_1)}$

（2）磁链 $\quad \psi = N\phi = N\frac{Ni}{R_m} = \frac{\pi R^2 \mu_0 N^2 i}{x+Rg_1/(2h_1)}$，电感 $\quad L = \frac{\psi}{i} = \frac{\pi R^2 \mu_0 N^2}{x+Rg_1/(2h_1)}$

（3）磁共能 $\quad W'_m = \frac{1}{2}Li^2 = \frac{1}{2}\frac{\pi R^2 \mu_0 N^2}{x+Rg_1/(2h_1)}i^2$

（4）作用于活塞的力 $\quad f = \frac{\partial W'_m}{\partial x} = -\frac{1}{2}\frac{\pi R^2 \mu_0 N^2 i^2}{[x+Rg_1/(2h_1)]^2}$

如果保持电流为常数，该力的作用在磁共能增大的方向上，气隙越小，磁共能越大，所以，该力的作用使得气隙 x 减小。

3-7 图3-15中的电抗器由两个C形铁心构成，铁心的横截面积为 S_c，等效长度为 l_c。有两个长度均为 g 的气隙，以及两个匝数均为 N 的串联连接的线圈。假设铁心的磁导率为无穷大，并且不计气隙的边缘效应。已知 $S_c = 9.7\text{cm}^2$，$l_c = 15\text{cm}$，$g = 5\text{mm}$，$N = 200$ 匝。

(1) 计算该电抗器的电感 L；

(2) 保持两边的气隙均为 $g = 5\text{mm}$，当线圈中的电流为 $I = 15\text{A}$ 时，计算气隙中的磁通密度 B_g 以及作用在每个气隙层上的力 f。

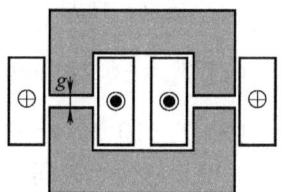

图 3-15 习题 3-7 图

解：(1) $R_m = \dfrac{1}{\mu_0}\dfrac{g}{S_c}$

$$L = 2\dfrac{N^2}{R_m} = 2\dfrac{\mu_0 S_c N^2}{g} = 2\times\dfrac{4\pi\times 10^{-7}\times 9.7\times 10^{-4}\times 200^2}{5\times 10^{-3}}\text{H} = 0.0195\text{H}$$

(2) $B_g = \dfrac{\Phi}{S_c} = 2\dfrac{Ni}{2R_m S_c} = \dfrac{\mu_0 Ni}{g} = \dfrac{4\pi\times 10^{-7}\times 200\times 15}{5\times 10^{-3}}\text{T} = 0.7540\text{T}$

$$W'_m(i,x) = \dfrac{1}{2}L(x)i^2 = \dfrac{\mu_0 S_c N^2 i^2}{x}$$

$$f = \dfrac{\partial W'}{\partial x} = -\dfrac{2\mu_0 S_c N^2 i^2}{x^2} = -\dfrac{2\times 4\pi\times 10^{-7}\times 9.7\times 10^{-4}\times 200^2\times 15^2}{(5\times 10^{-3})^2}\text{N} = -438.8177\text{N}$$

负号表示力的作用方向为使得气隙减小。

3-8 图 3-16 所示是一个双边激励磁场系统，一个线圈绕在固定磁轭上，另一个绕在可动部件上。可动部件被约束使得两边气隙均保持为 g_0，铁心磁路的截面积为 S_c，设铁心磁导率为无穷大。

(1) 用铁心尺寸和线圈匝数分别表示线圈 1 和线圈 2 的自感表达式；

(2) 求出两个线圈之间的互感表达式；

(3) 计算磁共能 $W'_m(i_1,i_2)$；

(4) 求出作用在可动部件上的力对线圈电流的函数关系式。

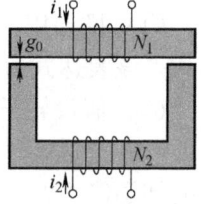

图 3-16 习题 3-8 图

解：(1) $L_1 = \dfrac{N_1^2}{R_m} = \dfrac{\mu_0 S_c N_1^2}{2g_0}$，$L_2 = \dfrac{N_2^2}{R_m} = \dfrac{\mu_0 S_c N_2^2}{2g_0}$

(2) $L_{12} = L_{21} = \dfrac{N_1 N_2}{R_m} = \dfrac{\mu_0 S_c N_1 N_2}{2g_0}$

(3) $W'_m(i_1,i_2) = \dfrac{1}{2}(L_1 i_1^2 + L_2 i_2^2) + L_{12}i_1 i_2 = \dfrac{\mu_0 S_c}{4g_0}(N_1 i_1 + N_2 i_2)^2$

(4) $f = \dfrac{\partial W'_m(i_1,i_2,x)}{\partial x} = -\dfrac{\mu_0 S_c}{4x^2}(N_1 i_1 + N_2 i_2)^2 = -\dfrac{\mu_0 S_c}{4g_0^2}(N_1 i_1 + N_2 i_2)^2$

3-9 两个线圈，一个嵌在定子上，另一个嵌在转子上，其自感和互感值为 $L_{11} = 5.3\text{mH}$，$L_{22} = 2.7\text{mH}$，$L_{12} = 3.1\cos\theta\text{mH}$，式中 θ 为两个线圈轴线之间的夹角，且被约束在 $0<\theta<90°$ 的范围内。两个线圈串联且通过的电流为 $i = \sqrt{2}I\sin\omega t$。

(1) 推导作用在转子上的瞬时转矩 T 对转子角位移 θ 的函数关系式；

(2) 求时间平均转矩 T_{av} 对 θ 的函数关系式；

(3) 当 $I = 10\text{A}$，$\theta = 30°$ 时，计算平均转矩值 T_{av}。

解：(1) $W'_m = \dfrac{1}{2}L_{11}i_1^2 + \dfrac{1}{2}L_{22}i_2^2 + L_{12}i_1 i_2$

$$T = \frac{\partial W'_m}{\partial \theta} = i_1 i_2 \frac{\partial L_{12}}{\partial \theta} = -3.1\sin\theta(\sqrt{2}I\sin\omega t)^2 = -6.2I^2\sin\theta\sin^2(\omega t)\,\text{mN}\cdot\text{m}$$

(2) $T_{av} = -6.2I^2\sin\theta \frac{1}{\pi}\int_0^\pi \sin^2 x\,dx = -3.1I^2\sin\theta \frac{1}{\pi}\int_0^\pi (1-\cos 2x)\,dx = -3.1I^2\sin\theta\,\text{mN}\cdot\text{m}$

(3) $T_{av}(10, 30°) = -3.1\times10^2\sin 30°\,\text{mN}\cdot\text{m} = -0.155\text{N}\cdot\text{m}$

3-10 一台 6 极同步发电机以机械转速 1000r/min 旋转。

（1）用 rad/s 表示该机械角速度；

（2）励磁电势 E_0 的频率是多少 Hz？折合成角频率为多少 rad/s？

（3）要产生 60Hz 的感应电势，机械转速应为多少 r/min？

解：（1）$\omega_m = 2n\pi/60 = (2\times1000\pi/60)\,\text{rad/s} = 104.7198\,\text{rad/s}$

（2）$f = pn/60 = (3\times1000/60)\,\text{Hz} = 50\text{Hz}$，$\omega = 2\pi f = 2\pi\times50\,\text{rad/s} = 314.1593\,\text{rad/s}$

（3）$n = 60f/p = (60\times60/3)\,\text{r/min} = 1200\text{r/min}$

3-11 三相电动机用来驱动泵。当连接到 50Hz 的电源空载运行时，测得转速为 995r/min，而当泵负载后，电动机的转速会下降到 945r/min。

（1）这是一个同步电动机还是感应电动机？

（2）该电动机有多少极？

解：（1）这是一台感应电动机。（2）极数 $2p=6$。

3-12 某电机具有一个转子绕组 f 和两个定子绕组 ax 和 by，ax 与 by 结构一样而轴线正交，图 3-17 表示出了该电机的横截面图。每个定子绕组的自感为 L_{aa}，转子绕组的自感为 L_{ff}。气隙均匀，每个定子绕组与转子绕组之间的互感取决于转子的角位移 θ，已知 $L_{af}=M\cos\theta$，$L_{bf}=M\sin\theta$，这里 M 为互感的最大值，每个定子绕组的电阻为 R_a。

（1）推导用转子角位移 θ、电感参数以及瞬时电流 i_a、i_b 及 i_f 表示的电磁转矩 T 通用表达式。该表达式适用于停止状态吗？

（2）假设转子静止，按图 3-17 中所示方向给绕组通入恒定的直流电流 $i_a=I_0$、$i_b=I_0$ 以及 $i_f=2I_0$。如果转子允许转动，转子是连续转动还是趋于停止？如果是趋于停止，则 θ 为多少时转子停止？

（3）现在，转子用直流电流 $i_f=I_a$ 激励，定子绕组通入对称两相交流电流

$$i_a = \sqrt{2}I_a\cos\omega_1 t \quad i_b = \sqrt{2}I_a\sin\omega_1 t$$

转子以角速度 ω 旋转，瞬时角位移可以表示为 $\theta = \omega t + \delta$，其中 δ 为 $t=0$ 时的转子角位移。推导在该情况下电磁转矩的表达式。并说明产生稳定电磁转矩的条件。

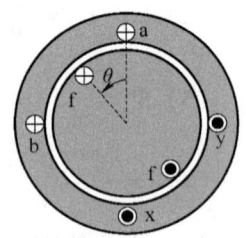

图 3-17 习题 3-12 图

解：由于 a、b 两相正交，所以 $L_{ab}=0$

（1）电磁转矩表达式

$$T = \frac{1}{2}\frac{\partial L_{aa}}{\partial\theta}i_a^2 + \frac{1}{2}\frac{\partial L_{bb}}{\partial\theta}i_b^2 + \frac{1}{2}\frac{\partial L_{ff}}{\partial\theta}i_f^2 + \frac{\partial L_{ab}}{\partial\theta}i_a i_b + \frac{\partial L_{af}}{\partial\theta}i_a i_f + \frac{\partial L_{bf}}{\partial\theta}i_b i_f$$

$$= i_a i_f \frac{\partial(M\cos\theta)}{\partial\theta} + i_b i_f \frac{\partial(M\sin\theta)}{\partial\theta} = -Mi_a i_f\sin\theta + Mi_b i_f\cos\theta = Mi_f(i_b\cos\theta - i_a\sin\theta)$$

该式既适合于运动状态，也适合于停止状态。

（2）此种情况下电磁转矩为

$$T = 2MI_0(I_0\cos\theta - I_0\sin\theta) = 2MI_0^2(\cos\theta - \sin\theta) = 2MI_0^2\sqrt{2}(\cos\theta\cos45° - \sin\theta\sin45°)$$
$$= 2\sqrt{2}MI_0^2\cos(\theta + 45°)$$

当 $\theta = 45°$ 时，$T = 2\sqrt{2}MI_0^2\cos(45° + 45°) = 0$；

当 $\theta < 45°$ 时，$T = 2\sqrt{2}MI_0^2\cos(\theta + 45°) > 0$，电磁转矩的作用在使 θ 增大的方向上；

当 $\theta > 45°$ 时，$T = 2\sqrt{2}MI_0^2\cos(\theta + 45°) < 0$，电磁转矩的作用在使 θ 减小的方向上；

所以，转子趋向于停止，停止位置为 $\theta = 45°$。

（3）此种情况下电磁转矩为

$$T = \sqrt{2}MI_aI_a(\sin\omega_1 t\cos\theta - \cos\omega_1 t\sin\theta) = \sqrt{2}MI_a^2\sin(\omega_1 t - \theta) = \sqrt{2}MI_a^2\sin[(\omega_1 - \omega)t - \delta]$$

当 $\omega = \omega_1$，即转子角速度与电流角频率同步时，$T = -\sqrt{2}MI_a^2\sin\delta$ 具有稳定值。所以产生稳定电磁转矩的条件是 $\omega = \omega_1$。

第 4 章 直流电机

4.1 教学目标和重点

- 直流电机的结构与励磁方式。了解直流电机的功能、可逆性及优缺点,建立起对直流电机的宏观认识。了解直流电机的大致结构及各主要组成部分的作用。掌握电枢绕组的基本结构、各种励磁方式的特点。掌握直流电机的主要额定值及其关系。重点在于认识电枢绕组的重要作用,对电枢绕组的电路结构、电刷正常位置以及一些基本术语有清晰的理解。能画出单叠绕组和单波绕组的等效电路。
- 直流电机的气隙磁场和电枢反应。掌握直流电机主磁密、电枢磁势和电枢磁密波形以及电枢反应的概念和分析。会分析电刷偏离正常位置所产生的电枢反应对直流电机的影响。重点在于认识饱和对气隙磁场的影响,理解电枢反应的概念、分析方法、电枢反应的结果以及克服电枢反应的措施。
- 直流电机的电势、功率和转矩公式。推导电枢电势公式、绘制等效电路、列写电势平衡方程。推导电磁转矩公式,列写转矩平衡方程。分析损耗和功率流向,绘制功率流程图。重点在于理解电势和转矩公式,学会转速、转矩、功率和效率的计算方法。
- 直流发电机。掌握直流发电机按励磁方式的分类、工作特性、电压调整率。理解并励直流发电机的自励条件和过程。重点在于分析他励和并励发电机外特性曲线的不同以及分析不同情况下并励发电机能否自励。
- 直流电动机。掌握起动方法、起动性能和起动过程。掌握工作特性和机械特性,推导机械特性公式,比较他励与串励机械特性的区别,分析复励电动机机械特性的特点。推导转速公式,掌握主要调速方法的特点,学会调速计算。掌握几种主要的电气制动方法。分析能耗制动、反接制动过程,学会制动计算。掌握几种典型负载的机械特性,学会用微扰法判断工作点的稳定性。重点在于掌握直流电动机起动、调速和制动过程的分析及相关计算。
- 直流电机的换向。该节为选学内容,重点在于了解换向的概念、过程和改善换向的方法。

4.2 内容概要

直流电机可作为发电机或电动机运行。发电机将机械能转换成电能并以直流形式输出,能产生高质量的直流电源;电动机将直流电能转换成机械能输出,具有优良的起动、调速和制动性能。传统直流电机的缺点是有换向器和电刷,结构复杂、体积大、成本高。

直流电机的基本结构包括定子、转子和气隙。定子上安装激励磁场的主磁极;转子上安装产生感应电势和电磁转矩的电枢绕组;气隙除了隔离定、转子之外,还是能量转换的场所。定子上还有端盖、机座、换向极、电刷装置、轴承等;转子上还有转轴、风扇、电枢铁心、换向器等。为减小涡流损耗,电枢铁心必须用薄的硅钢片叠压而成。

直流电机的电枢绕组是由嵌入电枢槽中的多个电枢元件(线圈)按一定规律连接成的闭合绕组。电枢绕组通过换向器与电刷之间的滑动接触与外电路接通。电枢绕组通常采用双层叠绕组或波绕组。描述和确定电枢绕组的主要数据有极距 $\tau = Z/(2p)$、第 1 节距 $y_1 \approx \tau$、第 2 节距 y_2、合成节距 y 和换向片节距 y_c 等。电刷与连接几何中性线处线圈的换向片相接触时,才能在电刷间获得最大电枢电势,该位置称为电刷正常位置。电枢电路由 $2a$ 条支路并联,单叠绕组 $2a=2p$ 或 $a=p$,单波绕组 $2a=2$ 或 $a=1$。

直流电机的额定值主要有额定功率 P_N、额定电压 U_N、额定电流 I_N、额定转速 n_N 等。P_N 是指电机额定运行时的输出功率,与 U_N 和 I_N 的关系为

$$P_N = U_N I_N (\text{发电机}), \quad P_N = U_N I_N \eta_N (\text{电动机}) \tag{4-1}$$

励磁绕组通过励磁电流 I_f 产生励磁磁势 F_f。空载时气隙磁场 $B_0(x)$ 由 F_f 单独激励,称为主磁场,$B_0(x)$ 在一个极域的分布是较规则的礼帽形平顶波。负载后,电枢绕组通过电枢电流 I_a 产生电枢磁势 F_a。F_a 在一对极域的分布是轴线位于几何中性线的三角波。F_a 激励电枢磁场 $B_a(x)$,$B_a(x)$ 在一个极域的分布是轴线位于几何中性线的马鞍形分布波。负载时电枢磁场 $B_a(x)$ 对励磁磁场 $B_0(x)$ 的影响称为电枢反应。分析表明:电枢反应会导致极面下的磁密分布发生畸变并使气隙磁密的零点偏离几何中性线;磁路不饱和时,每极总磁通保持不变;磁路饱和时,每极总磁通减少,称为电枢反应的去磁作用。电枢反应会使电机性能变差。大型直流电机通常安装补偿绕组以削弱电枢磁势的影响。补偿绕组安装在主磁极极靴表面的槽中,与电枢绕组串联,产生的补偿磁势始终与电枢磁势在空间相互削弱。

当电刷处于正常位置时,只有轴线为交轴 q(几何中性线)、起交磁作用的交轴电枢磁势 F_{aq}。当电刷偏离正常位置一个小角度时,还会产生轴线位于直轴 d(磁极中线)、起增磁或去磁作用的直轴电枢磁势 F_{ad}。电刷顺着发电机或逆着电动机转向偏移一个小角度时,F_{ad} 有直轴去磁作用;电刷逆着发电机或顺着电动机转向偏移一个小角度时,F_{ad} 有直轴增磁作用。

电枢绕组切割气隙磁场会产生感应电势。电刷两端的直流电枢电势公式为

$$E_a = C_e \Phi n \tag{4-2}$$

发电运行时 E_a 是电枢电路的源电势或电动势;电动运行时 E_a 则为反电势。直流发电机和电动机电枢电路的电势方程分别为

$$E_a = U + I_a R_a + 2\Delta u_s, \quad U = E_a + I_a R_a + 2\Delta u_s \tag{4-3}$$

忽略接触压降 $2\Delta u_s$ 或通过修正 R_a 来考虑 $2\Delta u_s$ 时,方程式中就不出现 $2\Delta u_s$。

复励直流发电机的主要功率方程有

$$\begin{cases} P_1 = P_2 + (p_m + p_{Fe} + p_\Delta + p_f + p_s + p_a + p_b) = P_2 + \sum p \\ P_M = P_1 - (p_{Fe} + p_m + p_\Delta) = P_2 + (p_a + p_b + p_f + p_s) \end{cases} \tag{4-4}$$

复励直流电动机的主要功率方程有

$$\begin{cases} P_1 = P_2 + (p_{Fe} + p_m + p_\Delta + p_a + p_b + p_f + p_s) = P_2 + \sum p \\ P_M = P_1 - (p_a + p_b + p_f + p_s) = P_2 + (p_m + p_{Fe} + p_\Delta) \end{cases} \qquad (4\text{-}5)$$

他励、并励和串励电机可看成复励电机的特例，其功率方程和功率流程图可在复励电机的基础上通过排除法得到。

电枢电流在气隙磁场受力会产生电磁转矩。直流电机的电磁转矩公式为

$$T = C_T \Phi I_a \qquad (4\text{-}6)$$

在发电机中 T 为阻力转矩，在电动机中 T 为动力转矩。转矩平衡方程为

$$\text{发电机} \quad T_1 = T + T_0 \qquad (4\text{-}7)$$

$$\text{电动机} \quad T = T_1 + T_0 \qquad (4\text{-}8)$$

直流发电机的空载特性 $U_0 = f(I_f)$ 本质上就是电机的磁化曲线 $\Phi = f(F_f)$，是一条非线性的饱和曲线。他励、并励、串励和复励发电机具有相同的空载特性。

直流发电机负载运行时，端电压随负载的变化情况可用外特性 $U = f(I)$ 曲线或电压调整率来描述。他励发电机外特性曲线略微下降，原因有二：①$I \uparrow \to R_a I \uparrow \to U = (E_a - R_a I_a) \downarrow$；②$I \uparrow \to \Phi \downarrow$（电枢反应的去磁作用）$\to E_a \downarrow \to U \downarrow$。电压调整率的定义式为

$$\Delta U = \frac{U_0 - U_N}{U_N} \times 100\% \qquad (4\text{-}9)$$

相比于他励，从空载到满载，并励发电机的外特性曲线下降程度更大。原因在于随着 U 的下降，并励发电机的 I_f 会减小，从而引起 Φ 和 E_a 的减小，导致 U 进一步下降。

并励发电机自励建压必须满足一定的条件：①定子铁心中有剩磁；②励磁电流产生的磁通与剩磁磁通方向一致；③励磁回路的电阻小于建压临界电阻。复励发电机有串励和并励两套励磁绕组。若两套励磁绕组的磁势相互加强则称为积复励，反之称为差复励。对积复励来说，负载电流增加时，串励磁势也增加，能对端电压的下降起到补偿作用。根据补偿作用强弱的不同，积复励发电机可以有3种不同的外特性，分别称为过复励、平复励和欠复励。

直流电动机最初起动瞬间的电磁转矩称为起动转矩 T_{st}，最初起动瞬间电源供给的电流称为起动电流 I_{st}，通常要求 T_{st} 足够大，且将 I_{st} 限制在允许范围内。他励电动机加额定电压 U_N 直接起动时 $I_{st} = U_N / R_a \gg I_N$，这可能损坏电动机并危及电源和其他设备安全。有两种起动方法可以限制 I_{st}：①电枢串电阻；②降低电枢电压。电枢串电阻起动前，要将电枢电路的变阻器 R_{st} 置成阻值最大以限制起动电流；要将励磁电路的变阻器 R_f 置成阻值最小以限制起动后的转速 $n \approx U_N / (C_e \Phi)$。

他励直流电动机的工作特性包括效率特性 $\eta = f(P_2)$、转速特性 $n = f(P_2)$ 和转矩特性 $T = f(P_2)$。$\eta = f(P_2)$ 的形状类似于变压器的效率曲线。直流电动机的转速 n 计算式为

$$n = \frac{U_N - I_a R_a}{C_e \Phi}, \quad n_0 = \frac{U_N}{C_e \Phi} \text{（理想空载转速）} \qquad (4\text{-}10)$$

当 P_2 增大时，I_a 和 $I_a R_a$ 也随之增大，使 n 有下降趋势；但电枢反应的去磁作用的增强会使 Φ 减小，使 n 有上升趋势。对他励和并励直流电动机，下降趋势较强，所以转速特性是略微下降的。转矩特性的表达式为

$$T = P_2 / \Omega + T_0 \qquad (4\text{-}11)$$

他励和并励电动机的 Ω 随着 P_2 的增加而略微下降，所以 $T = f(P_2)$ 是略微上翘的曲线。

直流电动机的机械特性是指 n 与 T 之间的关系，即曲线 $n = f(T)$。在 $U = U_N$，$\Phi = \Phi_N$，

电枢电路不串电阻条件下的曲线称为固有机械特性,其表达式为

$$n=\frac{U_\mathrm{N}}{C_\mathrm{e}\Phi_\mathrm{N}}-\frac{R_\mathrm{a}T}{C_\mathrm{e}C_\mathrm{T}\Phi_\mathrm{N}^2}=n_0-\beta T \tag{4-12}$$

不计电枢反应时,他励或并励电动机的固有机械特性是略微下降的,俗称硬特性。

串励电动机的励磁电流 $I_\mathrm{s}=I_\mathrm{a}$,轻载时电机不饱和,$\Phi=kI_\mathrm{a}$,$T=C_\mathrm{T}kI_\mathrm{a}^2$,据此可推导出轻载时的机械特性为

$$n=\sqrt{\frac{C_\mathrm{T}}{k}}\frac{U}{C_\mathrm{e}\sqrt{T}}-\frac{R_\mathrm{a}}{C_\mathrm{e}k} \tag{4-13}$$

转速 n 与 $\sqrt{T}$ 成反比。T 增加时,n 迅速下降,俗称软特性。负载较大时 I_s 也大,当电机饱和时,Φ 的增大趋缓,n 的下降趋缓,机械特性趋硬。串励电动机有一个固有缺点:绝对不允许空载和轻载起动和运行。因为,当 T 很小时,n 会达到危险的高值。

复励电动机有并励和串励两套励磁绕组。积复励的机械特性介于并励和串励之间:并励绕组使它在空载时仍具有足够的磁通以限制空载转速,克服了串励电动机的缺点;串励绕组使它具有比并励电动机更大的起动转矩。另外,当电枢反应的去磁作用过强时,串励磁势可以补偿电枢反应的去磁作用,使积复励的机械特性始终呈下降趋势,保证了运行稳定性。

直流电动机有3种调速方法:①电枢串电阻;②减小磁通;③降低电枢电压。他励电动机驱动恒转矩负载运行时,若采用①或③调速,因 Φ 不变,由 $T=C_\mathrm{T}\Phi I_\mathrm{a}=$ 常数可知调速前后的 I_a 不变,这称为恒转矩调速。他励电动机驱动恒功率负载运行时,若采用②调速,由 $P_2\approx UI_\mathrm{a}=$ **常数**可知调速前后的 I_a 不变,则称为恒功率调速。恒转矩调速适合驱动恒转矩负载,恒功率调速适合驱动恒功率负载。

直流电动机的电气制动方法包括能耗、反接和回馈制动等。能耗制动的原理和操作是:断开电源,同时给电枢电路串入制动电阻 R。$I_\mathrm{a}'=-E_\mathrm{a}/(R_\mathrm{a}+R)$ 变负使得 $T=C_\mathrm{T}\Phi I_\mathrm{a}'$ 也变负而成为制动转矩。$(R_\mathrm{a}+R)$ 上消耗由电机转动而产生的电能,故称能耗制动。R 越小,I_a' 和制动转矩越大,制动所用的时间越短。反接制动的原理和操作是:通过电路切换使 $U=-U_\mathrm{N}$,同时给电枢电路串入制动电阻 R。$I_\mathrm{a}'=(-U_\mathrm{N}-E_\mathrm{a})/(R_\mathrm{a}+R)$ 变负使得 $T=C_\mathrm{T}\Phi I_\mathrm{a}'$ 也变负而成为制动转矩。回馈制动常用来限速。如串励电动机驱动的电力机车下坡时,由于重力作用,速度可能达到危险的高速,这时可将电机改接为他励,$I_\mathrm{a}'=(U_\mathrm{N}-C_\mathrm{e}\Phi n)/R_\mathrm{a}$ 变负使得 $T=C_\mathrm{T}\Phi I_\mathrm{a}'$ 也变负而成为制动转矩来限速并向电源馈电。采用降压调速时,若电源电压 $U<E_\mathrm{a}$,则 $I_\mathrm{a}'=(U-E_\mathrm{a})/R_\mathrm{a}$ 也会变负而使电机进入到回馈制动状态。

电力拖动系统稳定运行的一般条件是:电动机与负载的机械特性有交点且在交点处 $\mathrm{d}T/\mathrm{d}n<\mathrm{d}T_\mathrm{L}/\mathrm{d}n$。对于大部分负载来说,当电动机具有下降的机械特性时,系统能够稳定运行。通常用微扰法判断系统具体工作点的稳定性。

4.3 难点解析

难点1 理解直流电机电枢电路的动态性。

从宏观上看,直流电机的电枢电路为 $2a$ 条支路的并联;而从微观上看,每个具体的电枢元件不断地在各条支路间穿梭着。尽管支路电势方向不变,大小也基本恒定,但每个具体

元件的电势和电流方向不断改变着。以 4 极 16 槽单叠绕组为例,可以画出电枢绕组电路图如图 4-1 所示。图中有 4 条支路并联,每条支路有 4 个元件串联(其中 1 个被短路),1 号元件在某一时刻处于某条支路中(图 4-1a),另一时刻则处于另一条支路中(图 4-1b),每条支路所包含的元件数基本不变,但包含哪几个元件却一直在变。所以,从宏观上看,直流电机的电枢电路是稳定的,电刷端是直流电;但从微观上看,每个具体元件是动态的,其电势和电流为交流电。认清直流电机电枢电路的动态性,将有助于理解直流电机换向的概念;也有助于分析某个元件断线或者某个电刷脱离后直流电机的运行状态。

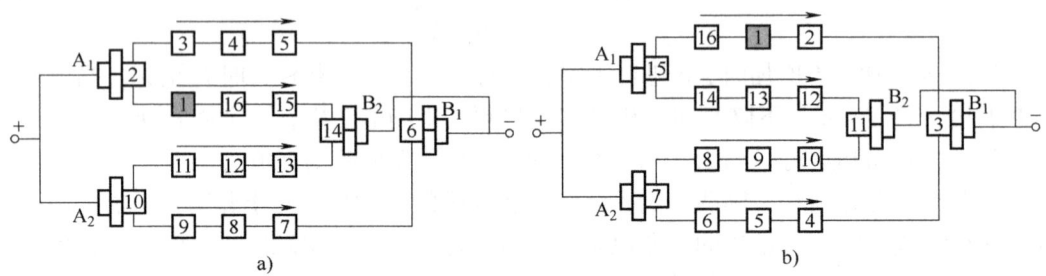

图 4-1 4 极直流电机电枢电路图

难点 2 电刷偏离正常位置时的电枢反应。

以 2 极直流电机为例来分析。直流电机的电刷位于正常位置时,转子磁势与励磁磁势(定子磁势)的基波 $\dot{F}_r$、$\dot{F}_s$ 正交,即 $\dot{F}_r$ 与 $\dot{F}_s$ 之间的夹角 θ_{sr} 为 90°(电角度),且 $\dot{F}_r$ 有向 $\dot{F}_s$ 对齐的趋势,如图 4-2a 和图 4-3a 所示,此种情况下的电枢反应只有交磁作用。

直流电机电动运行时,$\dot{F}_r$ 滞后于 $\dot{F}_s$ 90°,对齐趋势使得转子向着试图使 θ_{sr} 缩小(实际 θ_{sr} 不变)的方向旋转。当电刷顺着电动机转向偏离正常位置一个小角度 β 时,θ_{sr} 将小于 90°,电枢反应为直轴增磁兼交磁作用,如图 4-2b 所示;当电刷逆着电动机转向偏离正常位置一个小角度 β 时,θ_{sr} 将大于 90°,电枢反应为直轴去磁兼交磁作用,如图 4-2c 所示。

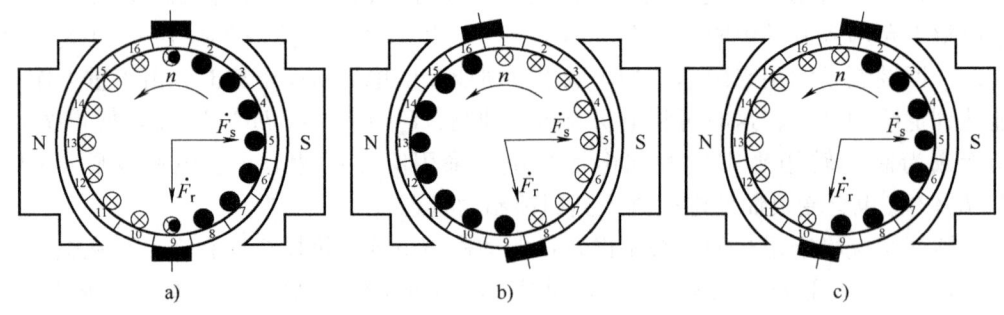

图 4-2 直流电动机电枢反应分析

直流电机发电运行时,原动机必须驱动转子不断地克服 $\dot{F}_r$ 向 $\dot{F}_s$ 对齐的趋势,使得 $\dot{F}_r$ 超前于 $\dot{F}_s$ 90°,转子向着试图使 θ_{sr} 增大(实际 θ_{sr} 不变)的方向旋转。当电刷顺着发电机转向偏离正常位置一个小角度 β 时,θ_{sr} 将大于 90°,电枢反应为直轴去磁兼交磁作用,如图 4-3b 所示;当电刷逆着发电机转向偏离正常位置一个小角度 β 时,θ_{sr} 将小于 90°,电枢反应为直轴增磁兼交磁作用,如图 4-3c 所示。

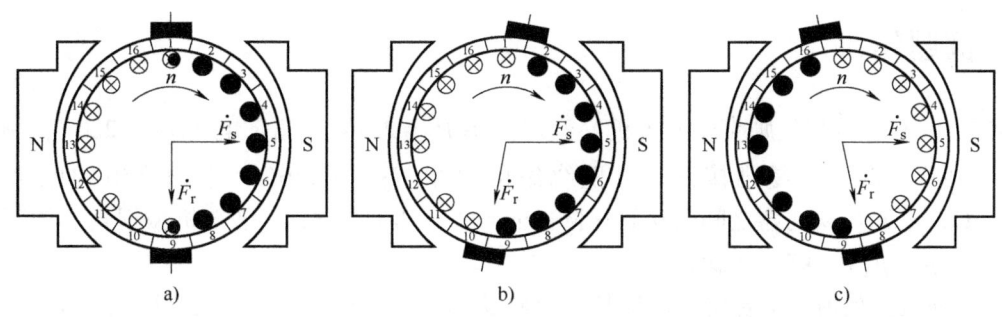

图 4-3 直流发电机电枢反应分析

难点 3 直流电机的功率流程分析。

直流电机励磁方式多样，损耗种类多，又有电动机与发电机之分，对其功率流程的分析要考虑各种情况。教师可以从损耗种类最全的复励直流电机的功率流程讲起，再用"排除法"推导出并励、他励和复励电机的功率流程。图 4-4 为直流发电机功率流程分析。

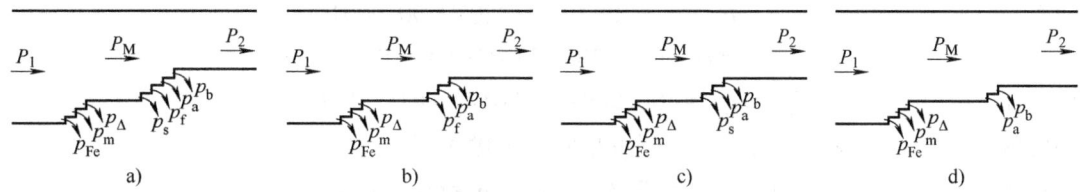

图 4-4 直流发电机功率流程分析

在复励直流发电机中（图 4-4a），输入机械功率 P_1 扣除铁耗 p_{Fe}、机械损耗和杂散损耗 $p_m + p_\Delta$ 后，转换为电功率即电磁功率 P_M，从 P_M 中扣除并励损耗 p_f 以及电枢回路的串励损耗 p_s、电阻损耗 p_a 和刷降损耗 p_b，便是输出电功率 P_2。为了记忆方便，可将 P_M 看作转换功率，将 $p_{Fe} + p_m + p_\Delta$ 看成转换前损耗，将 $p_s + p_f + p_a + p_b$ 看成转换后损耗。

图 4-4b 为排除掉 p_s 后得到的并励发电机功率流程图；图 4-4c 为排除掉 p_f 后得到的串励发电机功率流程图；图 4-4d 则为排除掉 p_s 和 p_f 后得到的他励发电机功率流程图。

在复励直流电动机中（图 4-5a），输入电功率 P_1 扣除 $p_s + p_f + p_a + p_b$ 后，转换为机械功率 P_M（仍称电磁功率），从 P_M 中扣除 $p_{Fe} + p_m + p_\Delta$ 后便是输出机械功率 P_2。要注意与发电机的区别，在电动机中，$p_s + p_f + p_a + p_b$ 为转换前损耗，$p_{Fe} + p_m + p_\Delta$ 为转换后损耗。

图 4-5b 为排除掉 p_s 后得到的并励电动机功率流程图；图 4-5c 为排除掉 p_f 后得到的串励电动机功率流程图；图 4-5d 则为排除掉 p_s 和 p_f 后得到的他励电动机功率流程图。

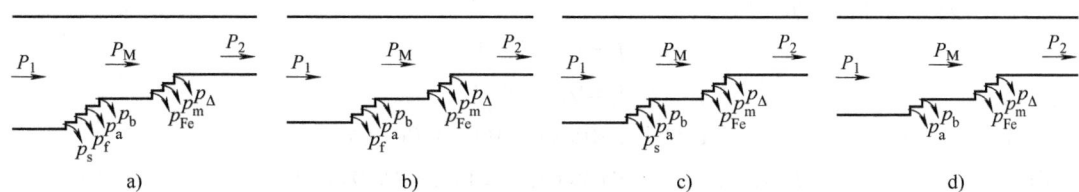

图 4-5 直流电动机功率流程分析

4.4 例题精讲

例 4-1 有一台积复励直流发电机，额定功率 $P_N = 20\text{kW}$，额定电压 $U_N = 220\text{V}$，额定转速 $n_N = 1000\text{r/min}$。长复励接法，电枢绕组的电阻 $R_a = 0.156\Omega$，串励绕组的电阻 $R_s = 0.00714\Omega$，电刷与换向器之间的接触压降 $\Delta u_s = 1\text{V}$，$R_f = 73.3\Omega$。已知机械损耗、铁耗和杂散损耗 $p_m + p_{Fe} + p_\Delta$ 共 1kW。试求：

（1）额定负载情况下各绕组的铜耗、电磁功率、电磁转矩、输入功率以及效率；

（2）若将该电机接在 $U = 220\text{V}$ 的电源上作为电动机运行，且使得电动机的电枢电流与（1）中的电枢电流相等，并假定 $p_m + p_{Fe} + p_\Delta = 1\text{kW}$ 保持不变。求此时电机的输入功率、电磁转矩、电磁功率和效率。

分析 该例为巩固直流电机基本理论的综合性题目，涉及直流电机几乎所有的概念和公式，但只要掌握了直流电机的基本分析方法，该例也算不上难题。

解：（1）发电机额定运行时

额定电流　　　　　　　　　$I_N = P_N / U_N = 20 \times 10^3 \text{W} / 220 \text{V} = 90.9091\text{A}$

并励电流　　　　　　　　　$I_f = U_N / R_f = 220\text{V} / 73.3\Omega = 3.0014\text{A}$

电枢电流　　　　　　　　　$I_a = I_N + I_f = (90.9091 + 3.0014)\text{A} = 93.9105\text{A}$

串励电流　　　　　　　　　$I_s = I_a = 93.9105\text{A}$

并励铜耗　　　　　　　　　$p_f = R_f I_f^2 = 73.3 \times 3.0014^2 \text{W} = 660.3001\text{W}$

电枢铜耗　　　　　　　　　$p_a = R_a I_a^2 = 0.156 \times 93.9105^2 \text{W} = 1375.8\text{W}$

电刷接触铜耗　　　　　　　$p_b = 2\Delta u_s I_a = 2\text{V} \times 93.9105\text{A} = 187.8209\text{W}$

串励铜耗　　　　　　　　　$p_s = R_s I_s^2 = 0.00714 \times 93.9105^2 \text{W} = 62.9689\text{W}$

电枢电势　　$E_a = U_N + (R_a + R_s)I_a + 2\Delta u_s = 220\text{V} + (0.156 + 0.00714)\Omega \times 93.9105\text{A} + 2\text{V} = 237.3206\text{V}$

电磁功率　　　　　　　　　$P_M = E_a I_a = 237.3206\text{V} \times 93.9105\text{A} = 22287\text{W}$

或者　$P_M = P_N + p_a + p_b + p_s + p_f = (20000 + 1375.8 + 187.8209 + 62.9689 + 660.3001)\text{W} = 22287\text{W}$

角速度　　　　　　　　　$\Omega = \dfrac{2\pi n_N}{60} = \dfrac{2\pi \times 1000 \text{rad}}{60 \text{s}} = 104.7198 \text{rad/s}$

电磁转矩　　　　　　　　　$T = \dfrac{P_M}{\Omega} = \dfrac{22287\text{W}}{104.7198 \text{rad/s}} = 212.8240 \text{N}\cdot\text{m}$

输入功率　　　　　　　　　$P_1 = p_m + p_{Fe} + p_\Delta + P_M = (1000 + 22287)\text{W} = 23287\text{W}$

发电机效率　　　　　　　　$\eta = P_N / P_1 \times 100\% = 20000\text{W} / 23287\text{W} \times 100\% = 85.89\%$

（2）作为电动机运行时

电压　　　　　　　　　　　$U = U_N = 220\text{V}$

电枢电流　　　　　　　　　$I_a = 93.9105\text{A}$

并励电流　　　　　　　　　$I_f = U / R_f = 220\text{V} / 73.3\Omega = 3.0014\text{A}$

输入电流　　　　　　　　　$I_1 = I_a + I_f = (93.9105 + 3.0014)\text{A} = 96.9118\text{A}$

输入功率　　　　　　　　　$P_1 = UI_1 = 220\text{V} \times 96.9118\text{A} = 21321\text{W}$

串励电流　　　　　　　　　$I_s = I_a = 93.9105\text{A}$

电枢铜耗 $p_a = R_a I_a^2 = 0.156 \times 93.9105^2 \text{W} = 1375.8\text{W}$

电刷铜耗 $p_b = 2\Delta u_s I_a = 2 \times 93.9105\text{W} = 187.8209\text{W}$

串励铜耗 $p_s = R_s I_s^2 = 0.00714 \times 93.9105^2 \text{W} = 62.9689\text{W}$

并励铜耗 $p_f = R_f I_f^2 = 73.3 \times 3.0014^2 \text{W} = 660.3001\text{W}$

电枢电势 $E_{a1} = U - (R_a + R_s)I_a - 2\Delta u_s = 220\text{V} - (0.156 + 0.00714)\Omega \times 93.9105\text{A} - 2\text{V} = 202.6794\text{V}$

转速 $n = \dfrac{E_{a1}}{E_a} n_N = \dfrac{202.6794\text{V}}{237.3206\text{V}} \times 1000\text{r/min} = 854.0324\text{r/min}$

角速度 $\Omega = \dfrac{2\pi n}{60} = \dfrac{2\pi \times 854.0324\text{rad}}{60\text{s}} = 89.4341\text{rad/s}$

电磁功率 $P_M = E_{a1} I_a = 202.6794\text{V} \times 93.9105\text{A} = 19034\text{W}$

或者 $P_M = P_1 - (p_a + p_b + p_s + p_f) = 21321\text{W} - (1375.8 + 187.8209 + 62.9689 + 660.3001)\text{W} = 19034\text{W}$

电磁转矩 $T = P_M / \Omega = (19034/89.4341)\text{N·m} = 212.8240\text{N·m}$

输出功率 $P_2 = P_M - (p_{Fe} + p_m + p_\Delta) = (19034 - 1000)\text{W} = 18034\text{W}$

效率 $\eta = P_2/P_1 \times 100\% = 18034/21321 \times 100\% = 84.58\%$

例 4-2 一台并励直流发电机，额定电枢电流 $I_{aN} = 51.5\text{A}$，额定电压 $U_N = 230\text{V}$，电枢回路电阻 $R_a = 0.22\Omega$，电刷接触压降 $2\Delta u_s = 2\text{V}$。在额定转速 $n_N = 1000\text{r/min}$ 测得开路特性见表 4-1。

表 4-1 开路特性

I_f/A	0	0.326	0.456	0.703	1.05	1.40	1.74	2.33
U_0/V	5	70	100	150	200	230	250	280

(1) 满载电压为 230V 时，问励磁回路的电阻是多少？

(2) 保持 (1) 中励磁回路电阻不变，而将转速升高到 1200r/min，问空载电压为多少？

分析 该例为直流并励发电机建压的分析与计算。涉及直流并励发电机的建压过程、电路解算、空载特性等概念或方法。另外还要用到工程上常用的插值法。

解： (1) 满载建立 230V 端电压需要的电枢电势即空载电压为

$$U_0 = E_a = U_N + I_{aN}R_a + 2\Delta u_s = 230\text{V} + 51.5\text{A} \times 0.22\Omega + 2\text{V} = 243.33\text{V}$$

查空载特性曲线（图 4-6 中曲线 1）可得所需的励磁电流为

$$I_f = 1.6266\text{A}$$

励磁回路的电阻 $R_f = U_N/I_f = 230\text{V}/1.6266\text{A} = 141.3984\Omega$

(2) 由于空载电压与转速成正比，可以计算出 $n = 1200\text{r/min}$ 时的空载特性即 $1.2U_0 = f(I_f)$，如图 4-6 中曲线 2 所示；再绘制励磁回路电压电阻线 $U_f = R_f I_f = 141.3984 I_f$，两条线交点纵坐标即为空载电压。用插值法求得 $I_f = 2.4114\text{A}$，$U = 340.9658\text{V}$。建立的空载端电压为 341V。

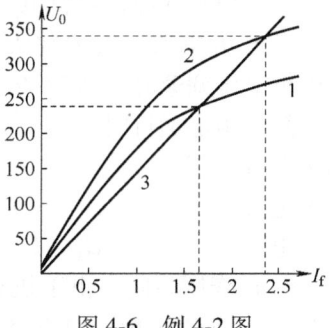

图 4-6 例 4-2 图

例 4-3 一台并励直流电动机，额定功率 $P_N = 10\text{kW}$，额定电压 $U_N = 220\text{V}$，额定电流 $I_N = 54.8\text{A}$，额定转速 $n_N = 1000\text{r/min}$，电枢回路总电阻（包括电刷接触电阻）$R_a = 0.393\Omega$，励磁回路电阻 $R_f = 137.5\Omega$。电动机驱动恒转矩负载在额定状态时，给电枢回路串入一个 $R_p = 1.5\Omega$ 的电阻进行调速。

（1）串入电阻的瞬间，电动机的电枢电流和转速；
（2）调速稳定后，电动机的电枢电流和转速。

分析 该例为直流并励电动机电枢串电阻调速的分析与计算。涉及直流并励电动机的电路解算、电枢串电阻人为机械特性、恒转矩负载等概念或方法。另外还注意到串电阻的最初瞬间，由于机械惯性，使得拖动系统的转速未变；稳定后，由于转矩重新平衡，使得电动机的电磁转矩未变。依据公式 $E_a = C_e \Phi n$ 按照比例法求转速的方法具有通用性。

解： 额定运行时

励磁电流 $\qquad I_f = U_N/R_f = 220\text{V}/137.5\Omega = 1.6\text{A}$

电枢电流 $\qquad I_{aN} = I_N - I_f = 54.8\text{A} - 1.6\text{A} = 53.2\text{A}$

电枢电势 $\qquad E_{aN} = U_N - R_a I_{aN} = 220\text{V} - 0.393\Omega \times 53.2\text{A} = 199.0924\text{V}$

（1）串电阻的瞬间，由于机械惯性，转速未变，仍为 $n = 1000\text{r/min}$。励磁电流 I_f 和转速 n 均未变，所以电枢电势 $E_a = C_e \Phi n = E_{aN}$ 也未变。

电枢电流 $\qquad I_{ap} = \dfrac{U_N - E_{aN}}{R_a + R_p} = \dfrac{(220 - 199.0924)\text{V}}{(0.393 + 1.5)\Omega} = 11.0447\text{A}$

（2）调速稳定后，由于转矩重新平衡，$T = C_T \Phi I_a$ 未变，电枢电流恢复到原值，即

$$I_{a1} = I_{aN} = 53.2\text{A}$$

电枢电势 $\qquad E_{a1} = U_N - (R_a + R_p)I_{aN} = 220\text{V} - (0.393 + 1.5)\Omega \times 53.2\text{A} = 119.2924\text{V}$

转速 $\qquad n = \dfrac{E_{a1}}{E_{aN}} n_N = \dfrac{119.2924}{199.0924} \times 1000\text{r/min} = 599.1811\text{r/min}$

例 4-4 一台并励直流电动机，额定功率 $P_N = 7.5\text{kW}$，额定电压 $U_N = 220\text{V}$，额定电流 $I_N = 40\text{A}$，额定转速 $n_N = 1000\text{r/min}$，电枢回路的总电阻 $R_a = 0.5\Omega$（包括电刷接触电阻），励磁回路的总电阻 $R_f = 183\Omega$。电动机拖动恒转矩负载运行在额定状态，若电源电压降到 200V，试求：（1）电源电压下降瞬间的电枢电流和转速各为多少？（2）调速稳定后的电枢电流和转速各为多少？

分析 该例为直流并励电动机降低电枢电压调速的分析与计算。涉及直流并励电动机的电路解算、降低电枢电压的人为机械特性、恒转矩负载等概念或方法。另外还注意到降低电枢电压的最初瞬间，由于机械惯性，使得拖动系统的转速未变；稳定后，由于转矩重新平衡，使得电动机的电磁转矩未变。仍然依据公式 $E_a = C_e \Phi n$ 按照比例法求转速。但要特别注意并励电动机在降低电枢电压的同时，磁通 Φ 也会降低，在使用公式 $E_a = C_e \Phi n$ 和 $T = C_T \Phi I_a$ 时要考虑 Φ 的改变（通常认为 Φ 与 U 成正比）。如果是他励电动机，则在电枢串电阻或降低电枢电压调速时，认为 Φ 不变。

解： 额定运行时

励磁电流 $\qquad I_f = U_N/R_f = 220\text{V}/183\Omega = 1.2022\text{A}$

电枢电流 $\qquad I_{aN} = I_N - I_f = (40 - 1.2022)\text{A} = 38.7978\text{A}$

电枢电势 $\qquad E_{aN} = U_N - R_a I_{aN} = 220\text{V} - 0.5\Omega \times 38.7978\text{A} = 200.6011\text{V}$

（1）降压瞬间，由于机械惯性，转速未变，仍为 $n = 1000\text{r/min}$，但 Φ 会降为原来的 200/220，所以电枢电势也降为原值的 200/220。

电枢电流 $\qquad I_{ap} = \dfrac{U - \dfrac{U}{U_N}E_{aN}}{R_a} = \dfrac{\left(200 - \dfrac{200}{220} \times 200.6011\right)\text{V}}{0.5\Omega} = 35.2707\text{A}$

（2）调速稳定后，由于电磁转矩恢复到与负载转矩重新平衡，由于 Φ 为原值的 200/220，所以

电枢电流 $\qquad I_{a1} = I_{aN} \times 220/200 = 38.7978\text{A} \times 220\text{V}/200\text{V} = 42.6776\text{A}$

电枢电势 $\qquad E_a = U - R_a I_{a1} = 200\text{V} - 0.5\Omega \times 42.6776\text{A} = 178.6612\text{V}$

转速 $\qquad n = \dfrac{E_a}{E_{aN}} \dfrac{\Phi_N}{\Phi} n_N = \dfrac{178.6612}{200.6011} \times \dfrac{220}{200} \times 1000\text{r/min} = 979.6921\text{r/min}$

例 4-5 一台用在起重设备上的并励直流电动机，已知额定电压 $U_N = 220\text{V}$，电枢回路总电阻 $R_a = 0.032\Omega$（包括电刷接触电阻），励磁回路总电阻 $R_f = 275\Omega$。当提升重物时，$U = U_N$，$I_a = 350\text{A}$，$n_1 = 795\text{r/min}$。而将同一重物以 300r/min 的转速下放时，若电压及励磁电流不变，问电枢回路应串入多大的电阻？（计算时不计起重设备自身的阻力转矩及电机的空载转矩。）

分析 该例为直流并励电动机串较大电阻限速（也称电势反接制动）的分析与计算。涉及直流并励电动机的电路解算、串电阻的人为机械特性、恒转矩负载等概念或方法。另外还注意到串电阻的最初瞬间，由于机械惯性，使得拖动系统的转速未变；稳定后，由于转矩重新平衡，使得电动机的电磁转矩未变。在已知最终转速时，依据公式 $E_a = C_e \Phi n$ 按照比例法可求得电枢电势，特别注意转速和电势都为负值。

解：提升重物时

电枢电势 $\qquad E_a = U_N - R_a I_a = 220\text{V} - 0.032\Omega \times 350\text{A} = 208.8\text{V}$

稳定地下放重物时，励磁电流未变，Φ 亦未变；负载转矩未变，I_a 亦未变。

转速变为 $n_2 = -300\text{r/min}$，依据公式 $E_a = C_e \Phi n$，电枢电势变为

$$E_{ap} = \dfrac{n_2}{n_1} E_a = \dfrac{795}{-300} \times 208.8\text{V} = -78.7925\text{V}$$

应串入的电阻 $\qquad R_p = \dfrac{U_N - E_{ap}}{I_a} - R_a = \dfrac{[220-(-78.7925)]\text{V}}{350\text{A}} - 0.032\Omega = 0.8217\Omega$

4.5 思考题简答

4-1 直流电机的原理模型由哪几部分构成？各部分的作用是什么？

答：定子部分包括一对主磁极、一对电刷；转子部分包括一个电枢线圈、一对换向片。主磁极产生主磁场，电刷实现电枢绕组与外电路的连接，电枢线圈切割主磁场，实现机电能量转换，换向片和电刷一起实现外部直流电和内部交流电之间的转变。

4-2 正常运行时，直流电机的电枢导体中的感应电势和电流是直流还是交流？电刷引出的电势和电流是交流还是直流？

答：电枢导体中的感应电势和电流是交流；电刷端的电势和电流为直流。

4-3 简述电刷和换向器在直流发电机和直流电动机中所起的作用。

答：电刷和换向器在直流发电机中起整流作用，在电动机中起逆变作用。

4-4 为什么直流电机的电刷必须与位于几何中性线处的导体相接触？

答：为了使电枢电路每条支路的电势最大，即在正负电刷间获得最大电势，要求电刷必须与位于几何中性线处的导体（与该导体连接的换向片）相接触。

4-5　直流电机的电枢电路是由电枢线圈按一定规律连接而成的闭合回路，各线圈在磁场中运动时都要产生感应电势，为什么电枢闭合回路中没有环流产生？

答：N、S极在电枢闭合回路中产生的电势大小相等、方向相反而抵消，所以电枢闭合回路中无环流产生。

4-6　简述直流电机的主要构成部件及其功用。

答：定子上主要有机座、端盖、轴承、主磁极（包括铁心和励磁绕组）、换向极（铁心及绕组）、补偿绕组、电刷装置等。机座、轴承、端盖起导磁、支撑和保护作用；主磁极产生主磁场；换向极改善换向条件；补偿绕组克服电枢反应的影响；电刷装置将电枢电路分成并联支路并作为引出连线。转子上主要有轴、电枢铁心和绕组、换向器、风扇等。轴起机械支撑作用，电枢绕组切割磁力线完成机电能量转换，换向器完成交直流转换，风扇起通风降温作用。

4-7　直流电机的主磁路由哪几段构成？哪些磁路段消耗的磁势大？哪些磁路段产生的铁耗大？为什么？

答：磁力线从N极出发，穿过气隙，经过相邻的S极，再回到N极，就构成了直流电机的一条主磁路。一条主磁路包括：N极极身、极靴、气隙、电枢齿部、电枢轭部、电枢齿部、气隙、S极极靴、极身、定子轭部。其中气隙路段消耗的磁势最大，电枢齿部次之，因为气隙段的磁阻最大，电枢齿部的横截面积小，磁阻也较大。转子齿部和转子轭部的铁耗最大，因为转子铁心在磁场中旋转，相当于处于交变磁场中，会产生较大的磁滞和涡流损耗。

4-8　为什么直流电机的电枢铁心必须采用硅钢片，而磁极铁心却可以用普通钢片？

答：电枢铁心在N、S交替的主磁场中运动，相当于处于交变磁场中，会产生铁耗，为了抑制涡流损耗，电枢铁心必须用薄的硅钢片叠压制成。磁极铁心相对于主磁场静止，不考虑齿槽效应时，磁极铁心理论上不产生铁耗，所以可用普通钢片。

4-9　为什么近现代直流电机都采用鼓形电枢绕组而不采用环形电枢绕组？

答：环形绕组由于电枢腔内的导体不切割磁力线而得不到有效利用，所以材料利用率低。鼓形绕组所有导体都处于磁场中，都参与机电能量转换，材料利用率高。

4-10　单叠绕组、双叠绕组、单波绕组、双波绕组的支路数分别如何确定？

答：单叠绕组支路数等于极数；双叠绕组支路数等于极数的2倍；单波绕组支路数等于2；双波绕组支路数等于4。

4-11　一台6极的直流电机，电枢分别采用单叠绕组和单波绕组时，电枢电路的电阻有何不同？

答：假设所有电枢元件串联后的总电阻为R。6极电机采用单叠绕组时，支路数为6，并联电枢电路的电阻为$R_{单叠}=R/36$。采用单波绕组时支路数为2，并联电枢电路的电阻$R_{单波}=R/4$，单波绕组电枢电阻为单叠绕组的9倍。注意，这里忽略了被电刷短路的元件的影响。

4-12　一台单叠绕组的4极直流发电机，若运行过程中一个磁极失去励磁，会发生什么后果？

答：会导致各个极下的磁通不相等，各支路电势不相等，并联时会在支路间形成环流，严重损坏电机。详细分析如下：

如图4-7所示，若一个磁极失磁，该极下的磁通将减少为原来的一半，与该极相邻的两个磁极的磁通将变为原来的3/4，只剩下与该极相对的磁极的磁通仍然正常。支路电势与极下的磁通成正比，所以4条支路的电势严重不相等，并联时会在支路间造成严重的环流而损坏电机。

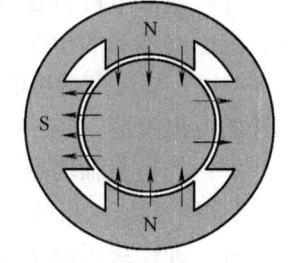

图4-7 思考题4-12，一个磁极失磁

4-13 一台单叠绕组的6极直流发电机，如果故意去掉一对正负电刷，则端电压有何变化？其带负载能力如何变化？

答：参考图4-8来分析。去掉了电刷B1和A2，A1经B1和A2到B2变成一条支路，支路数由原来的6条减为4条，3条短支路与一条长支路并联，长支路的电阻是短支路电阻的3倍，假设短支路的电流为1，则长支路的电流为1/3，4条支路总电流为10/3，原来6条短支路的总电流为6，支路电势仍然不变，所以带负载能力降为原来的5/9。

4-14 一台单叠绕组的4极直流发电机，如果故意去掉一个电刷，则端电压如何变化？其带负载的能力如何变化？

答：参考图4-9来分析。去掉了电刷B1，A1经B1到A2的电势为0，变成了一个点，支路数减为2，在支路电流不超过安全值的情况下，带负载能力减为原来的1/2。

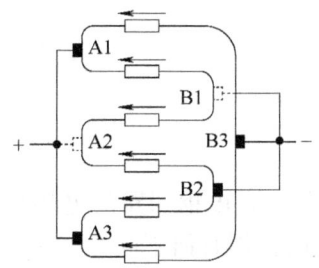

图4-8 6极电机去掉一对正负电刷

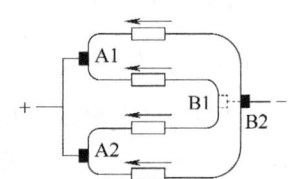

图4-9 4极电机去掉一个电刷

4-15 直流电机的电枢回路是闭合的，若有一处断线，对其电枢电路有什么影响？对电机的运行有什么影响？

答：当断点转到某一条支路时，该支路电流为0，相当于电机少了一条支路，使得带负载能力下降。当断点转到电刷下且被电刷短路时，理论上又恢复正常，但由于断点通过电刷的时间极短，结果是带负载能力下降。若负载转矩不变，则支路电流会大于安全值，长时间运行会烧坏绕组。

4-16 直流电机空载时，气隙中的磁通密度按怎样的波形分布？负载后，气隙中的磁通密度分布波形会发生怎样的变化？

答：空载时，气隙磁密由磁极单独产生，每极对应的磁密分布为礼帽形平顶波；负载后，由于电枢反应的影响，半极磁密增强，半极磁密减弱，磁密波形会发生畸变，零点发生偏移。

4-17 直流电机负载运行时，电枢磁势沿气隙圆周呈怎样的分布波形？电枢磁势产生的电枢磁场呈怎样的分布波形？

答：电枢磁势呈三角形分布，两极之间达正负最大值。电枢磁场呈马鞍形分布，两极之间有凹陷，极面下基本按直线变化。

4-18　什么是直流电机的电枢反应？电刷处于正常位置时的电枢反应对气隙磁场的分布波形和每极磁通的大小有什么影响？

答：直流电机负载运行时，电枢磁场对主磁场的影响称为电枢反应。电刷处于正常位置，在磁路饱和的情况下，每极总磁通有所减少，气隙磁场波形会发生畸变。

4-19　直流电动机的电刷顺着转子转向偏离正常位置一个小角度，负载运行时会产生什么样的电枢反应？

答：产生直轴增磁兼交磁电枢反应。详见本章难点解析。

4-20　直流电机的补偿绕组起什么作用？它与电枢绕组怎样连接？

答：补偿绕组用来抑制电枢反应的不良影响。它与电枢绕组串联，所产生的磁势与电枢磁势反向。

4-21　直流电机的电枢感应电势大小与哪些因素有关？试推导其计算公式。

答：电枢感应电势与每极磁通成正比，与转速成正比。计算式推导见教材。

4-22　直流电机的电磁转矩大小与哪些因素有关？试推导其计算公式。

答：电磁转矩与每极磁通成正比，与电枢电流成正比。计算式推导见教材。

4-23　直流电机的电势常数和转矩常数之间有什么关系？试推导之。

答：$C_e = \dfrac{pN}{60a}$，$C_T = \dfrac{pN}{2\pi a} \rightarrow C_T = \dfrac{60}{2\pi} C_e = 9.55 C_e$。

4-24　试证明等式 $E_a I_a = T\Omega$。

答：$E_a I_a = C_e \Phi n I_a = \dfrac{2\pi}{60} C_T \Phi n I_a = \dfrac{2\pi n}{60} C_T \Phi I_a = T\Omega$。

4-25　直流电机作为发电机运行与作为电动机运行时，电枢回路的电势平衡方程有何不同？在这两种不同的运行方式中，电枢感应电势所起的作用有何不同？

答：发电机，$E_a = U + R_a I_a + 2\Delta U_s$，$E_a$ 为源电势。电动机，$U = E_a + R_a I_a + 2\Delta U_s$，$E_a$ 为反电势。

4-26　直流电机作为发电机运行和作为电动机运行时，其转矩平衡方程有何不同？在这两种不同的运行方式中，电磁转矩所起的作用有何不同？

答：发电机，$T_1 = T + T_0$，T 为阻力转矩。电动机，$T = T_2 + T_0$，T 为动力转矩。

4-27　直流电机空载运行时有哪些损耗？什么情况下空载损耗可以认为基本不变？

答：空载损耗主要有铁耗、机械损耗、杂散损耗、励磁损耗。转速和每极磁通不变时可以认为空载损耗基本不变。

4-28　直流电机的负载损耗包括哪些？有什么特点？

答：负载损耗包括电枢回路电阻上的损耗、电刷与换向器接触电阻上的损耗，这些损耗都与电枢电流的二次方成正比，是随负载电流变化的可变损耗。

4-29　直流发电机和直流电动机的功率流程有什么不同？

答：详见本章难点分析一节。

4-30　什么是电磁功率？对直流电动机和直流发电机来说，电磁功率的性质有何不同？

答：电磁功率是通过电磁感应而转换的功率。电动机将电功率转换成机械功率，所以电磁功率为机械功率。发电机将机械功率转换成电功率，所以电磁功率为电功率。

4-31　并励直流发电机建立稳定端电压的条件有哪些？

答：发电机转子铁心中有剩磁；励磁绕组与电枢绕组的相对极性要连接正确，使得励磁绕组产生的磁通与剩磁通方向一致而增强；励磁回路总电阻值要小于建压临界电阻值。

4-32 原动机的转向对并励直流发电机的自励建压有何影响？

答：原来能自励的发电机改变转向后将不能自励；原来符合自励条件但不能自励的发电机，改变转向后将能够自励。

4-33 原动机的转速对并励直流发电机的自励建压有何影响？

答：原来由于励磁回路电阻过大而不能自励的发电机提高转速后可能变得能够自励；原来能自励的发电机提高转速后，所建立的端电压会上升。反之则反。

4-34 采取什么方法可使得下述发电机电刷间的正负极性互换？

（1）他励发电机；（2）并励发电机；（3）积复励发电机。

答：（1）对调励磁绕组接头；（2）对调励磁绕组接头并改变转向；（3）对调并励接头、对调串励接头并改变转向。

4-35 直流发电机的电势既然与转速成正比，为什么不把发电机的转速尽可能提高，以增加其感应电势？

答：考虑到换向条件，直流电机的转速不能太高。

4-36 若把直流发电机的转速升高20%，问下述哪一种运行方式下空载电压升高较多？

（1）他励运行方式；（2）并励运行方式。

答：（2）并励运行方式。

4-37 如果并励直流发电机在正转时能够自励建压，反转时，还能自励建压吗？为什么？

答：不能。因为剩磁方向不变时，反转后励磁电压和励磁电流都反向，励磁磁通与剩磁通相互削弱。

4-38 直流发电机负载运行时，为什么端电压会随着负载的增加而下降？

答：电枢回路的电阻压降随着负载增加而增大，电枢反应的去磁效应随着负载增加而加强，这两个因素会导致他励发电机的端电压随负载增大而下降。并励发电机端电压下降时，还会引起励磁电流的下降，进一步导致端电压下降。

4-39 为什么并励直流发电机外特性曲线下降的斜率大于他励直流电动机？

答：外特性曲线下降的斜率体现了端电压随负载电流增大而下降的幅度。由于思考题4-38所述的原因，并励发电机外特性曲线下降的斜率要大于他励的。

4-40 为什么直流电机的开路特性曲线与其磁化曲线的形状相似？

答：开路特性指的是空载端电压即电枢电势与励磁电流的函数关系，即 $E_0=f(I_f)$；磁化曲线指的是主磁通与励磁磁势的函数关系，即 $\varPhi=f(F_f)$。由于 $E_a \propto \varPhi$，$I_f \propto F_f$，所以开路特性曲线与磁化曲线相似。

4-41 他励、并励和复励发电机的外特性曲线有何区别？为什么？

答：他励、并励和复励发电机外特性曲线的区别在于其随负载增大而变化的情况。他励和并励曲线是下降的，并励下降的幅度要大一些。复励发电机的外特性曲线可以通过串励磁势的强弱来调整。串励磁势相对较强时，会使得曲线上升，并形成所谓过复励；串励磁势相对较弱时，曲线仍然下降形成所谓欠复励。

4-42 原动机转速的变化对他励直流发电机的端电压影响大，还是对并励直流发电机的端电压影响大？为什么？

答：对并励发电机的端电压影响大，因为并励发电机的励磁电压随端电压而变。

4-43 一台积复励直流发电机，如果要求它改变转向后，仍能按照积复励直流发电机运行，应如何改接电路连线？为什么？

答：将并励绕组端头对调，将串励绕组端头对调。

4-44 直流电动机的起动电流取决于什么？起动瞬间，空载起动和满载起动电流是否不同？为什么？

答：起动电流取决于电枢电压和电枢回路的总电阻。空载起动和满载起动电流相等。

4-45 直流电机正常负载运行时的工作电流又取决于什么？

答：主要取决于负载。也与励磁、转速、电动机的电枢电压等因素有关。

4-46 为什么要限制直流电动机的起动电流，如何限制？

答：直流电动机的起动电流一般很大，如果不限制，会损坏电机。限制起动电流的措施主要是降压和给电枢串电阻。

4-47 图 4-10a、b 分别给出了起动直流电动机的两种不同接线，哪一种接法正确？为什么？

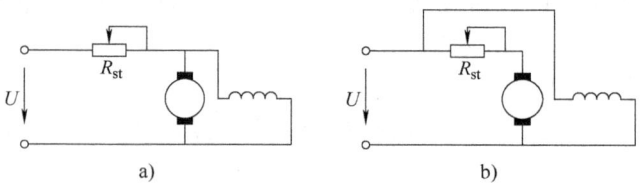

图 4-10 思考题 4-47 图

答：图 4-10b 接法正确。R_{st} 的作用是限制电枢电流。图 4-10a 的 R_{st} 在限制电枢电流的同时也限制了励磁电流，这容易造成飞车事故。

4-48 起动直流电动机之前，电枢回路的电阻器和励磁回路的电阻器应分别置于怎样的阻值位置？为什么？

答：电枢回路的电阻器置于阻值最大的位置，以限制起动电流；励磁回路的电阻器置于阻值最小位置，以保证满磁通起动，防止飞车或大电流事故。

4-49 并励直流电动机（或他励电动机）在起动或运行过程中，励磁回路突然断线，会发生什么现象？为什么？如果是串励电动机，又会怎样？

答：并励或他励电动机励磁断线，会造成飞车事故。因为磁通将极小，根据 $n \approx U/(C_e \Phi)$，转速将极高。串励电动机励磁断线意味着电枢电流等于 0，根据 $T = C_T \Phi I_a$，动力转矩 $T = 0$，将导致停机。

4-50 在起动直流电动机后，如果把起动电阻的一部分仍留置在电枢回路中，对电动机的运行和起动电阻器本身有什么影响？

答：起动电阻的一部分留置在电枢电路中，会限制转速并产生较大的损耗而降低效率；一般起动电阻不允许长时间通过大电流，滞留在电枢电路中长时间运行时，会烧毁甚至发生火灾。

4-51 什么是电动机的机械特性？如何改变他励直流电动机的机械特性？

答：机械特性是指电动机的转速和电磁转矩之间的函数关系，即 $n=f(T)$ 函数。可以通过电枢串电阻、改变电枢电压、改变磁通来改变他励直流电动机的机械特性。

4-52 串励电动机和并励电动机的机械特性有何不同？为什么并励电动机能够空载运行而串励电动机不允许空载和轻载运行？

答：串励电动机的机械特性对负载变化更敏感，属于软特性。并励电动机机械特性随负载变化的幅度较小，属于硬特性。并励电动机的磁通基本不受负载影响，所以空载时的转速 $n_0 \approx U/(C_e \Phi)$ 不会太高，可以空载。串励电动机的磁通与负载电流正相关，空载或轻载时，磁通很小，转速 $n_0 \approx U/(C_e \Phi)$ 极高，所以不允许空载或轻载。

4-53 什么是负载的机械特性？负载按其机械特性如何分类？

答：负载机械特性也称转矩特性，是指机械负载的转速与转矩之间的函数关系。按负载机械特性可将机械负载分为恒转矩、恒功率和泵类负载等。

4-54 如何根据机械特性图判断电动机运行点的稳定性？

答：可以通过干扰法判断电动机运行点的稳定性。详见教材。

4-55 他励直流电动机有几种调速方法？简述各种调速方法的优缺点。

答：他励直流电动机主要调速方法有电枢串电阻、调压、改变磁通等方法。各种方法的优缺点比较详见教材。

4-56 他励直流电动机负载运行时，发现电枢电流超过了额定电流，能否通过给电枢回路串电阻的方法限制电枢电流？为什么？

答：不能。稳定运行中的电动机的电枢电流取决于负载。电枢串电阻能在瞬间降低电枢电流，如果不降低负载转矩，则稳定后电枢电流会回升到原来的值。

4-57 一台并励直流电动机在拆装时不小心动了电刷位置，之后在运行过程中增加负载时，电动机的转速越来越高，不能稳定运行。试分析这是什么原因引起的。

答：大概率是电刷逆着电动机转向偏离了一个小角度，出现了直轴去磁电枢反应。负载增大时，去磁作用增强，磁通减小，转速升高。而且其机械特性表现为上翘，出现了不稳定情况。

4.6 习题解答

4-1 一台直流发电机的额定值如下：$P_N = 300\text{kW}$，$U_N = 330\text{V}$，$n_N = 1000\text{r/min}$，$\eta_N = 90\%$。求额定电流 I_N 和输入功率 P_1。

解：$I_N = P_N/U_N = 300 \times 10^3 \text{W}/330\text{V} = 909.0909\text{A}$；$P_1 = P_N/\eta_N = 300\text{kW}/0.9 = 333.33\text{kW}$

4-2 一台直流电动机的额定值如下：$P_N = 150\text{kW}$，$U_N = 220\text{V}$，$n_N = 1200\text{r/min}$，$\eta_N = 90\%$。求额定电流 I_N、输入功率 P_1 及额定输出转矩 T_{2N}。

解：$I_N = \dfrac{P_N}{\eta_N U_N} = \dfrac{150 \times 10^3 \text{W}}{0.9 \times 220 \text{V}} = 757.5758\text{A}$；$P_1 = \dfrac{P_N}{\eta_N} = \dfrac{150\text{kW}}{0.9} = 167.67\text{kW}$

$\Omega_N = \dfrac{2n_N\pi}{60} = \dfrac{2 \times 1200 \times \pi}{60} \text{rad/s} = 125.6637 \text{rad/s}$；$T_{2N} = \dfrac{P_N}{\Omega_N} = \dfrac{150 \times 10^3 \text{W}}{125.6637 \text{rad/s}} = 1193.7 \text{N} \cdot \text{m}$

4-3 一台直流电机，电枢绕组为单叠绕组，极数 $2p=4$，电枢槽数 $Z=24$。

（1）画出电枢绕组展开图，并标明电刷和磁极的位置；

（2）自设一个电枢旋转方向和磁通方向，然后标出导体电势方向和电刷的极性；
（3）电枢电路的支路数为多少？

解：（1）（2）如图4-11所示。假设N极磁通指向纸面之外。（3）支路数 $2a = 2p = 4$。

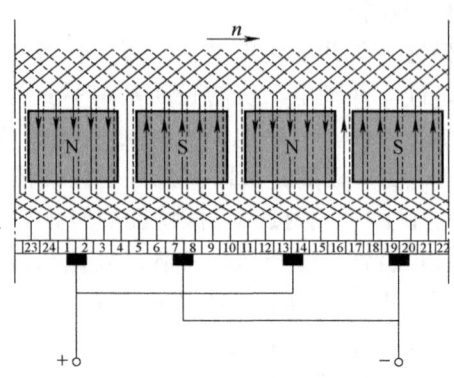

图 4-11 习题 4-3 绕组展开图

4-4 一台单叠绕组的直流发电机，槽数 $Z = 70$，每槽导体数 $N_c = 10$，极数 $2p = 4$，电枢直径 $D = 0.2\text{m}$，轴向长度 $l = 0.4\text{m}$，每极气隙平均磁通密度 $B = 0.4\text{T}$，当转速为 1000r/min 时，空载端电压为多少？

解：$N = ZN_c = 70 \times 10 = 700$；$2a = 2p = 4$

$$\tau = \frac{\pi D}{2p} = \frac{\pi \times 0.2\text{m}}{4} = 0.1571\text{m}\ ；\ \Phi = B\tau l = 0.4\text{T} \times 0.1571\text{m} \times 0.4\text{m} = 0.0251\text{Wb}$$

$$U_0 = E_a = \frac{N}{a}\frac{pn}{60}\Phi = \frac{700}{2} \times \frac{2 \times 1000\text{r/min}}{60} \times 0.0251\text{Wb} = 293.2153\text{V}$$

4-5 一台单波绕组的直流电动机，极数 $2p = 4$，电枢绕组总导体数 $N = 700$，每极气隙磁通 $\Phi = 6 \times 10^{-3}\text{Wb}$，试求：

（1）电枢电流 $I_a = 40\text{A}$ 时的电磁转矩；
（2）电动机输出机械功率为 7.5kW，转速为 1440r/min 时，输出转矩为多少？

解：（1）$a = 1$；$T = \frac{pN}{2\pi a}\Phi I_a = \frac{2 \times 700}{2\pi \times 1} \times 6 \times 10^{-3}\text{Wb} \times 40\text{A} = 53.4761\text{N}\cdot\text{m}$

（2）$T_2 = \frac{P_2}{2\pi n/60} = \frac{7.5 \times 10^3\text{W}}{2\pi \times 1440/60\text{rad/s}} = 49.7359\text{N}\cdot\text{m}$

4-6 一台直流并励发电机，额定功率 $P_N = 45\text{kW}$，额定电压 $U_N = 440\text{V}$，额定转速 $n_N = 1500\text{r/min}$，电枢回路总电阻（包括电刷接触电阻） $R_a = 0.22\Omega$，励磁回路总电阻 $R_f = 126\Omega$，试求额定运行时的电磁功率和电磁转矩。

解：$I_N = P_N/U_N = 45 \times 10^3\text{W}/440\text{V} = 102.2727\text{A}$；$I_f = U_N/R_f = 440\text{V}/126\Omega = 3.4921\text{A}$

$$I_a = I_N + I_f = (102.2727 + 3.4921)\text{A} = 105.7648\text{A}$$

$$E_a = U_N + R_a I_a = 440\text{V} + 0.22\Omega \times 105.7648\text{A} = 463.2683\text{V}$$

$$P_M = E_a I_a = 463.2683\text{V} \times 105.7648\text{A} = 48.997\text{kW}；\ \Omega = \frac{2\pi n_N}{60} = \frac{2\pi \times 1500\text{rad}}{60\text{s}} = 157.0796\text{rad/s}$$

$$T = \frac{P_M}{\Omega} = \frac{48.997 \times 10^3\text{W}}{157.0796\text{rad/s}} = 311.9276\text{N}\cdot\text{m}$$

4-7 一台并励直流电动机，额定功率 $P_N=5.9$kW，额定电压 $U_N=220$V，额定电流 $I_N=32$A，电枢回路总电阻（包括电刷接触电阻）$R_a=0.328\Omega$，励磁回路总电阻 $R_f=147\Omega$，额定转速 $n_N=1250$r/min。不计电枢反应的去磁作用。试计算：（1）理想空载转速；（2）额定电磁转矩；（3）保持励磁电流不变，若总负载转矩降为（2）中的一半，稳定后的转速为多少？

解：（1）$I_f=U_N/R_f=220\text{V}/147\Omega=1.4966$A；$I_{aN}=I_N-I_f=(32-1.4966)A=30.5034$A

$$E_{aN}=U_N-R_aI_{aN}=220\text{V}-0.328\Omega\times30.5034\text{A}=209.9949\text{V}$$

$$n_0=\frac{U_N}{E_{aN}}n_N=\frac{220\text{V}}{209.9949\text{V}}\times1250\text{r/min}=1309.6\text{r/min}$$

（2）$P_M=E_aI_{aN}=209.9949\text{V}\times30.5034\text{A}=6405.6\text{W}$；$\Omega=\dfrac{2n_N\pi}{60}=\dfrac{2\times1250\pi\text{ rad}}{60\text{s}}=130.8997\text{rad/s}$

$$T_N=\frac{P_M}{\Omega}=\frac{6405.6\text{W}}{130.8997\text{rad/s}}=48.9349\text{N}\cdot\text{m}$$

（3）$I_a=\dfrac{I_{aN}}{2}=\dfrac{30.5034\text{A}}{2}=15.2517$A；$E_a=U_N-R_aI_a=220\text{V}-0.328\Omega\times15.2517\text{A}=214.9974\text{V}$

$$n=\frac{E_a}{U_N}n_0=\frac{214.9974\text{V}}{220\text{V}}\times1309.6\text{r/min}=1279.8\text{r/min}$$

4-8 一台直流并励电机，接在220V 直流电源上运行，已知并联支路对数 $a=1$，极对数 $p=2$，总导体数 $N=322$，转速 $n=1500$r/min，每极磁通 $\Phi=0.0125$Wb，电枢回路总电阻（包括电刷接触电阻）$R_a=0.21\Omega$，铁耗 $p_{Fe}=360$W，机械损耗 $p_m=200$W。忽略电枢反应，求：

（1）该电机是电动机还是发电机？（2）电磁转矩为多少？（3）输出功率为多少？

解：（1）$E_a=\dfrac{N}{a}\dfrac{pn}{60}\Phi=\dfrac{322}{1}\times\dfrac{2\times1500}{60}\text{Hz}\times0.0125\text{Wb}=201.25\text{V}$

由于 $E_a=201.25\text{V}<U_N=220$V，所以该电机作为电动机运行。

（2）$I_a=\dfrac{U_N-E_a}{R_a}=\dfrac{(220-201.25)\text{V}}{0.21\Omega}=89.2857$A

$$P_M=E_aI_a=201.25\text{V}\times89.2857\text{A}=17968.75\text{W}；\Omega=\frac{2\pi n}{60}=\frac{2\pi\times1500\text{rad}}{60\text{s}}=157.0796\text{rad/s}$$

电磁转矩 $\qquad T=\dfrac{P_M}{\Omega}=\dfrac{17968.75\text{W}}{157.0796\text{rad/s}}=114.3926\text{N}\cdot\text{m}$

（3）输出功率 $P_2=P_M-p_{Fe}-p_m=(17968.75-360-200)\text{W}=17408.75\text{W}$

4-9 一台并励直流发电机，额定功率 $P_N=27$kW，额定电压 $U_N=115$V，额定转速 $n_N=1460$r/min，额定运行时电枢回路的电损耗 $p_a+p_b=0.6$kW，励磁回路的电损耗 $p_f=0.3$kW。试求：额定运行时的励磁电流 I_f，输出电流 I_N，电枢电流 I_a，电枢回路的总电阻 R_a，励磁回路的总电阻 R_f，电磁功率 P_M 以及电磁转矩 T。

解：励磁电流 $\qquad I_f=p_f/U_N=300\text{W}/115\Omega=2.6087$A

输出电流 $\qquad I_N=P_N/U_N=27\times10^3\text{W}/115\text{V}=234.7826$A

电枢电流 $\qquad I_a=I_N+I_f=(234.7826+2.6087)\text{A}=237.3913$A

电枢回路总电阻	$R_\mathrm{a} = \dfrac{p_\mathrm{a}+p_\mathrm{b}}{I_\mathrm{a}^2} = \dfrac{600\mathrm{W}}{237.3913^2\mathrm{A}^2} = 0.0106\Omega$
励磁回路总电阻	$R_\mathrm{f} = \dfrac{p_\mathrm{f}}{I_\mathrm{f}^2} = \dfrac{300\mathrm{W}}{2.6087^2\mathrm{A}^2} = 44.0833\Omega$
电枢电势	$E_\mathrm{a} = U_\mathrm{N} + R_\mathrm{a}I_\mathrm{a} = 115\mathrm{V} + 0.0106\Omega \times 237.3913\mathrm{A} = 117.5275\mathrm{V}$
电磁功率	$P_\mathrm{M} = E_\mathrm{a}I_\mathrm{a} = 117.5275\mathrm{V} \times 237.3913\mathrm{A} = 27900\mathrm{W}$
角速度	$\Omega = \dfrac{2\pi n_\mathrm{N}}{60} = \dfrac{2\pi \times 1460\,\mathrm{rad}}{60\,\mathrm{s}} = 152.8908\,\mathrm{rad/s}$
电磁转矩	$T = \dfrac{P_\mathrm{M}}{\Omega} = \dfrac{27900\mathrm{W}}{152.8908\,\mathrm{rad/s}} = 182.4831\,\mathrm{N\cdot m}$

4-10 一台并励直流发电机,额定功率 $P_\mathrm{N} = 27\mathrm{kW}$,额定电压 $U_\mathrm{N} = 115\mathrm{V}$,额定转速 $n_\mathrm{N} = 1450\mathrm{r/min}$,额定效率 $\eta_\mathrm{N} = 86\%$,电枢回路的总电阻 $R_\mathrm{a} = 0.02\Omega$(包括电刷接触电阻),励磁回路的总电阻 $R_\mathrm{f} = 23\Omega$。今将此发电机作为电动机运行,接在120V电源上运行,且保持电机的饱和程度、效率不变,若输出功率为25kW,问电动机的转速为多少?

解:发电机额定运行时

输出电流	$I_2 = P_\mathrm{N}/U_\mathrm{N} = 27\times 10^3\mathrm{W}/115\mathrm{V} = 234.7826\mathrm{A}$
励磁电流	$I_\mathrm{f} = U_\mathrm{N}/R_\mathrm{f} = 115\mathrm{V}/23\Omega = 5\mathrm{A}$
电枢电流	$I_\mathrm{a} = I_2 + I_\mathrm{f} = (234.7826+5)\mathrm{A} = 239.7826\mathrm{A}$
电枢电势	$E_\mathrm{a} = U_\mathrm{N} + R_\mathrm{a}I_\mathrm{a} = 115\mathrm{V} + 0.02\Omega \times 239.7826\mathrm{A} = 119.7957\mathrm{V}$

作为电动机运行时

输入功率	$P_1 = P_2/\eta_\mathrm{N} = 25\mathrm{kW}/0.86 = 29.07\mathrm{kW}$
输入电流	$I_1 = P_1/U_1 = 29.07\times 10^3\mathrm{W}/120\mathrm{V} = 242.2481\mathrm{A}$
电枢电流	$I_\mathrm{a} = I_1 - I_\mathrm{f} = (242.2481-5)\mathrm{A} = 237.2481\mathrm{A}$
电枢电势	$E'_\mathrm{a} = U_1 - R_\mathrm{a}I_\mathrm{a} = 120\mathrm{V} - 0.02\Omega \times 237.2481\mathrm{A} = 115.255\mathrm{V}$
电动机的转速	$n = \dfrac{E'_\mathrm{a}}{E_\mathrm{a}}n_\mathrm{N} = \dfrac{115.255\mathrm{V}}{119.7957\mathrm{V}} \times 1450\mathrm{r/min} = 1395\mathrm{r/min}$

4-11 一台并励直流电动机,额定功率 $P_\mathrm{N} = 9.5\mathrm{kW}$,额定电压 $U_\mathrm{N} = 220\mathrm{V}$,额定电流 $I_\mathrm{N} = 49.7\mathrm{A}$,额定转速 $n_\mathrm{N} = 850\mathrm{r/min}$,额定效率 $\eta_\mathrm{N} = 86\%$。电枢回路的总电阻 $R_\mathrm{a} = 0.226\Omega$(包括电刷接触电阻),励磁回路的总电阻 $R_\mathrm{f} = 110\Omega$。今将此电动机作为并励发电机运行,转速为1000r/min,负载电阻为 $R_\mathrm{L} = 5\Omega$,且保持电机的饱和程度不变,问发电机的输出电压为多少?

解:电动机额定运行时

输入功率	$P_1 = P_\mathrm{N}/\eta_\mathrm{N} = 9.5\mathrm{kW}/0.86 = 11.047\mathrm{kW}$
输入电流	$I_\mathrm{N} = \dfrac{P_\mathrm{N}}{\eta_\mathrm{N}U_\mathrm{N}} = \dfrac{9.5\times 10^3\mathrm{W}}{0.86\times 220\mathrm{V}} = 50.2114\mathrm{A}$
励磁电流	$I_\mathrm{f} = U_\mathrm{N}/R_\mathrm{f} = 220\mathrm{V}/110\Omega = 2\mathrm{A}$
电枢电流	$I_\mathrm{a} = I_\mathrm{N} - I_\mathrm{f} = (50.2114-2)\mathrm{A} = 48.2114\mathrm{A}$
电枢电势	$E_\mathrm{a} = U_\mathrm{N} - R_\mathrm{a}I_\mathrm{a} = 220\mathrm{V} - 0.226\Omega \times 48.2114\mathrm{A} = 209.1042\mathrm{V}$

作为发电机运行时

电枢电势 $\qquad E'_a = \dfrac{n}{n_N} E_a = \dfrac{1000\text{r/min}}{850\text{r/min}} \times 209.1042\text{V} = 246.005\text{V}$

电枢电路总电阻 $\qquad R = R_a + \dfrac{R_L R_f}{R_L + R_f} = 0.226\Omega + \dfrac{5 \times 110}{5 + 110}\Omega = 5.0086\Omega$

电枢电流 $\qquad I_a = E'_a/R = 246.005\text{V}/5.0086\Omega = 49.1164\text{A}$

输出电流 $\qquad I_2 = I_a - I_f = (49.1164 - 2)\text{A} = 47.1164\text{A}$

输出电压 $\qquad U = R_L I_2 = 5\Omega \times 47.1164\text{A} = 235.5821\text{V}$

4-12 一台直流发电机,额定电压 $U_N = 115\text{V}$。额定转速下空载特性见表 4-2。

(1) 在额定转速下他励空载运行,建立 110V 的端电压,励磁电流应为多少安?

(2) 在额定转速下并励空载运行,建立 115V 的端电压,励磁回路的总电阻应为多少欧姆?

(3) 将(2)中励磁总电阻减少 10%,并励空载运行能建立多少伏的端电压?

表 4-2 空载特性

I_f/A	4.6	30	73	94	105	115	120	127
U_0/V	0	0.53	1.05	1.57	2.09	2.61	3.14	3.66

解:(1) 如图 4-12 所示,根据额定转速时的空载特性曲线,他励运行时,建立空载端电压 110V 需要的励磁电流为 $I_f = 2.35\text{A}$。

(2) 建立端电压 115V 需要的励磁电流为 $I_f = 2.61\text{A}$,并励运行时,励磁电路两端的电压即为 115V,所以励磁回路的总电阻为 $R_{fN} = U_{fN}/I_f = 115\text{V}/2.61\text{A} = 44.06\Omega$

(3) 励磁回路的总电阻减少 10% 后, $R_f = 0.9 R_{fN} = 0.9 \times 44.06\Omega = 39.66\Omega$

设此时的空载端电压为 U,励磁电流为 I_f,并励运行时有 $U = R_f I_f = 39.66 I_f$, $U = f(I_f)$

两个方程分别为励磁回路的伏安特性和电机的空载特性。用作图法可以解得 $U = 119\text{V}$, $I_f = 2.99\text{A}$。

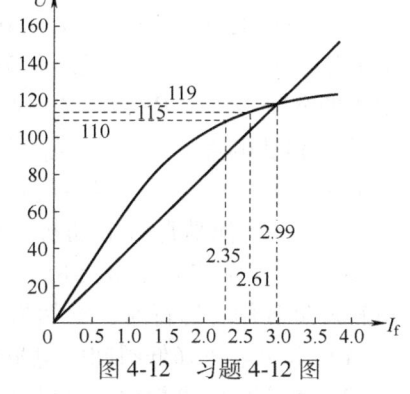

图 4-12 习题 4-12 图

4-13 一台并励直流发电机,额定功率 $P_N = 300\text{kW}$,额定电压 $U_N = 330\text{V}$,并励绕组的匝数为 470。设发电机的转速保持额定值不变,空载运行建立额定端电压需要将励磁电流调节到 20A,满载建立额定端电压需要将励磁电流调节到 28A。今欲通过增装串励绕组将此发电机改造成平复励发电机(长复励接法),使得不调节励磁电流的情况下,满载端电压等于空载端电压。试求串联绕组每极的匝数应为多少?

解:满载运行时串励绕组通过的电流
$$I_c = I_a = I_N + I_{f0} = P_N/U_N + I_{f0} = 300 \times 10^3\text{W}/330\text{V} + 20\text{A} = 929.09\text{A}$$

满载时串励绕组需要补偿的励磁磁势 $\qquad F_c = N_b(I_{fN} - I_{f0}) = 470 \times (28 - 20)\text{A} = 3760\text{A}$

串励绕组的匝数应为 $\qquad N_c = F_c/I_c = 3760\text{A}/929.09\text{A} = 4$

4-14 一台并励直流发电机的外特性数据见表 4-3。如果负载电阻为 5Ω,问负载电流和端电压各为多少?

表 4-3　外特性

端电压/V	300	285	270	253	238	230
负载电流/A	0	200	400	600	800	900

解：如图 4-13 所示。由图可知，电流在 100~200A 之间。将外特性曲线上（0,300）和（200,285）两点之间的曲线线性化为直线，可得方程组

$$\begin{cases}(300-U)/(0-I)=(285-300)/200\\U=5I\end{cases}$$

解得　$I=59.1133\text{A}$，$U=295.5665\text{V}$

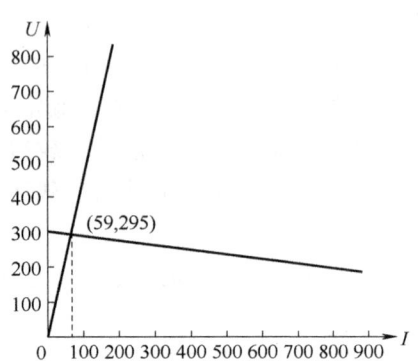

图 4-13　习题 4-14 图

4-15　一直流他励电动机，额定功率 $P_N=7.5\text{kW}$，额定电压 $U_N=220\text{V}$，额定效率 $\eta_N=85\%$，电枢回路固有总电阻（包括电刷接触电阻）$R_a=0.5\Omega$。试求：

（1）直接全压起动时的起动电流；

（2）采用电枢串电阻起动，将起动电流限制为 $I_{st}=2.5I_N$，应串入的电阻值为多少？

（3）采用降低电枢电压起动，将起动电流限制为 $I_{st}=3.0I_N$，电枢电压应降为多少？

解：（1）全压起动的起动电流　$I_{st}=U_N/R_a=220\text{V}/0.5\Omega=440\text{A}$

（2）额定电流　$I_N=P_N/(\eta_N U_N)=7.5\times10^3\text{W}/(0.85\times220\text{V})=40.107\text{A}$

起动电流　　　　　　　　$I_{st}=2.5I_N=2.5\times40.107\text{A}=100.2674\text{A}$

应串入的电阻　　　　　　$R_{st}=U_N/I_{st}-R_a=220\text{V}/100.2674\text{A}-0.5\Omega=1.6941\Omega$

（3）起动电流　　　　　　$I_{st}=3I_N=3\times40.107\text{A}=120.3209\text{A}$

电枢电压　　　　　　　　$U=I_{st}R_a=120.3209\text{A}\times0.5\Omega=60.1604\text{V}$

4-16　一台他励直流电动机，额定功率 $P_N=22.5\text{kW}$，额定电压 $U_N=240\text{V}$，额定转速 $n_N=900\text{r/min}$，额定效率 $\eta_N=88\%$，电枢回路总电阻（包括电刷接触电阻）$R_a=0.087\Omega$。驱动恒转矩负载额定运行时，突然将电枢电压降低为 200V。试求：

（1）电源电压降低瞬间的电枢电流和转速；

（2）稳定后的电枢电流和转速。

解：（1）电枢电压降低瞬间，电动机的转速未来得及改变，所以

转速　　　　　　　　　　$n=n_N=900\text{r/min}$

额定电流　　　　　　　　$I_N=P_N/(\eta_N U_N)=22.5\times10^3\text{W}/(0.88\times240\text{V})=106.534\text{A}$

额定运行时的电枢电势　　$E_{aN}=U_N-R_a I_N=240\text{V}-0.087\Omega\times106.534\text{A}=230.732\text{V}$

降压瞬间的电枢电势　　　$E_a=E_{aN}=230.732\text{V}$

降压瞬间的电枢电流　　　$I_a=(U-E_a)/R_a=(200-230.732)\text{V}/0.087\Omega=-353.236\text{A}$

（2）稳定后的电枢电流将恢复到额定电流，即电枢电流　$I_a=106.534\text{A}$

电枢电势　　　　　　　　$E_a=U-R_a I_a=200\text{V}-0.087\Omega\times106.534\text{A}=190.732\text{V}$

转速　　　　　　　　　　$n=\dfrac{E_a}{E_{aN}}n_N=\dfrac{190.732\text{V}}{230.732\text{V}}\times900\text{r/min}=743.975\text{r/min}$

4-17　一台并励直流电动机，额定功率 $P_N=82\text{kW}$，额定电压 $U_N=230\text{V}$，额定转速 $n_N=$

970r/min，额定效率 $\eta_N = 89\%$。电枢回路总电阻 $R_a = 0.032\Omega$（包括电刷接触电阻），励磁回路总电阻 $R_f = 30\Omega$。驱动恒转矩负载额定运行时，欲通过降低电枢电压将转速降低为 $n = 900\text{r/min}$，求电枢电压应降为多少伏？

解：额定运行时

额定电流 $\quad I_N = P_N/(\eta_N U_N) = 82 \times 10^3\text{W}/(0.89 \times 230\text{V}) = 400.5862\text{A}$

励磁电流 $\quad I_f = U_N/R_f = 230\text{V}/30\Omega = 7.6667\text{A}$

电枢电流 $\quad I_a = I_N - I_f = (400.5862 - 7.6667)\text{A} = 392.9196\text{A}$

电枢电势 $\quad E_{aN} = U_N - R_a I_a = 230\text{V} - 0.032\Omega \times 392.9196\text{A} = 217.4266\text{V}$

设降低后的电压与额定电压的比值为 k，并假定磁通与电压成正比。由于负载为恒转矩负载，所以电枢电流
$$I_a = \frac{I_{aN}}{\Phi/\Phi_N} = \frac{I_{aN}}{k}$$

感应电势 $\quad E_a = kU_N - R_a I_{aN}/k$，$E_{aN} = C_e \Phi_N n_N$

以上两式相比可得 $\quad (kU_N - R_a I_{aN}/k)/E_{aN} = kn/n_N$ 即 $k^2(U_N/E_{aN}) - n/n_N = R_a I_{aN}/E_{aN}$

所以 $\quad k = \sqrt{\dfrac{R_a I_a/E_{aN}}{U_N/E_{aN} - n/n_N}} = \sqrt{\dfrac{0.032 \times 392.9196/217.4266}{230/217.4266 - 900/970}} = 0.667$

电枢电压应调节到 $\quad U = kU_N = 0.667 \times 230\text{V} = 153.4044\text{V}$

4-18 一台并励直流电动机，额定功率 $P_N = 7.5\text{kW}$，额定电压 $U_N = 220\text{V}$，额定转速 $n_N = 1000\text{r/min}$，额定电流 $I_N = 40\text{A}$，电枢回路总电阻（包括电刷接触电阻）$R_a = 0.5\Omega$，励磁回路总电阻 $R_f = 183\Omega$。忽略电枢反应，试求：

（1）额定运行时的输出转矩、电磁转矩和效率；

（2）保持电磁转矩和励磁电流为额定值不变，欲通过给电枢串电阻的方法将转速调低到 750r/min，问应串入的电阻 R_p 为多少？稳定运行后的效率变为多少？

解：（1）额定运行时

励磁电流 $\quad I_f = U_N/R_f = 220\text{V}/183\Omega = 1.2022\text{A}$

电枢电流 $\quad I_{aN} = I_N - I_f = (40 - 1.2022)\text{A} = 38.7978\text{A}$

电枢电势 $\quad E_{aN} = U_N - R_a I_{aN} = 220\text{V} - 0.5\Omega \times 38.7978\text{A} = 200.6011\text{V}$

电磁功率 $\quad P_M = E_{aN} I_{aN} = 200.6011\text{V} \times 38.7978\text{A} = 7782.9\text{W}$

角速度 $\quad \Omega = \dfrac{2n_N \pi}{60} = \dfrac{2\pi \times 1000\text{rad/s}}{60} = 104.7198\text{rad/s}$

输出转矩 $\quad T_{2N} = \dfrac{P_N}{\Omega} = \dfrac{7.5 \times 10^3\text{W}}{104.7198\text{rad/s}} = 71.6197\text{N}\cdot\text{m}$

电磁转矩 $\quad T_N = \dfrac{P_M}{\Omega} = \dfrac{7782.9\text{W}}{104.7198\text{rad/s}} = 74.3211\text{N}\cdot\text{m}$

效率 $\quad \eta_N = \dfrac{P_N}{P_1} \times 100\% = \dfrac{7.5 \times 10^3\text{W}}{220\text{V} \times 40\text{A}} = 85.23\%$

（2）电枢串入电阻且稳定后

电枢电流 $\quad I_a = I_{aN} = 38.7978\text{A}$

电枢电势 $\quad E_a = \dfrac{n}{n_N} \times E_{aN} = \dfrac{750\text{r/min}}{1000\text{r/min}} \times 200.6011\text{V} = 150.4508\text{V}$

应串入的电阻　　　$R_p = (U_N - E_a)/I_a - R_a = (220 - 150.4508)\text{V}/38.7978\text{A} - 0.5\Omega = 1.2926\Omega$

输出功率　　　$P_2 = \dfrac{n}{n_N} P_N = \dfrac{750\text{r/min}}{1000\text{r/min}} \times 7.5 \times 10^3 \text{W} = 5625\text{W}$

效率　　　$\eta = \dfrac{P_2}{P_1} \times 100\% = \dfrac{5625\text{W}}{220\text{V} \times 40\text{A}} \times 100\% = 63.92\%$

4-19 一台并励直流电动机，额定功率 $P_N = 10\text{kW}$，额定电压 $U_N = 220\text{V}$，额定电流 $I_N = 54.8\text{A}$，额定转速 $n_N = 1000\text{r/min}$，电枢回路总电阻（包括电刷接触电阻）$R_a = 0.393\Omega$，励磁回路电阻 $R_f = 137.5\Omega$。电动机驱动恒转矩负载运行。

(1) 求电枢电流 $I_a = 40\text{A}$ 时的转速；

(2) 在（1）的运行状态时，调节励磁电流使主磁通降低20%，求稳定后的电枢电流和转速。

解：额定运行时

励磁电流　　　$I_f = U_N / R_f = 220\text{V}/137.5\Omega = 1.6\text{A}$

电枢电流　　　$I_{aN} = I_N - I_f = (54.8 - 1.6)\text{A} = 53.2\text{A}$

电枢电势　　　$E_{aN} = U_N - R_a I_{aN} = 220\text{V} - 0.393\Omega \times 53.2\text{A} = 199.0924\text{V}$

(1) 电枢电流为 40A 时

电枢电势　　　$E_a = U_N - R_a I_a = 220\text{V} - 0.393\Omega \times 40\text{A} = 204.28\text{V}$

转速　　　$n = \dfrac{E_a}{E_{aN}} n_N = \dfrac{204.28\text{V}}{199.0924\text{V}} \times 1000\text{r/min} = 1026.1\text{r/min}$

(2) 降低磁通且稳定后

电枢电流　　　$I_{ap} = \dfrac{I_a}{1 - 20\%} = \dfrac{40\text{A}}{0.8} = 50\text{A}$

电枢电势　　　$E_{ap} = U_N - R_a I_{ap} = 220\text{V} - 0.393\Omega \times 50\text{A} = 200.35\text{V}$

转速　　　$n_p = \dfrac{E_{ap}}{E_a} \dfrac{\Phi}{\Phi_p} n = \dfrac{200.35\text{V}}{204.28\text{V}} \times \dfrac{1}{1 - 20\%} \times 1026.1\text{r/min} = 1257.9\text{r/min}$

4-20 一台串励电动机，额定功率 $P_N = 4.4\text{kW}$，额定电压 $U_N = 220\text{V}$，额定电流 $I_N = 24\text{A}$，额定转速 $n_N = 1380\text{r/min}$，串励绕组与电枢绕组电阻之和为 0.72Ω，假定电动机的磁路不饱和。

(1) 当 $I_a = 0.8 I_N$ 时，转速为多少？

(2) 如果电磁转矩为额定值不变，当 $U = 0.8 U_N$ 时，转速为多少？

解：(1) 额定运行时的电枢电势　　　$E_{aN} = U_N - R_a I_N = 220\text{V} - 0.72\Omega \times 24\text{A} = 202.72\text{V}$

$I_a = 0.8 I_N$ 时的电枢电势　　　$E_a = U_N - R_a I_a = 220\text{V} - 0.72\Omega \times (0.8 \times 24\text{A}) = 206.176\text{V}$

由 $E_a = C_e \Phi n = C_e k I_a n$ 可得　　　$\dfrac{E_a}{E_{aN}} = \dfrac{C_e k (0.8 I_N) n}{C_e k I_N n_N} = \dfrac{0.8 n}{n_N}$

转速　　　$n = \dfrac{E_a}{E_{aN}} \dfrac{n_N}{0.8} = \dfrac{206.176\text{V}}{202.72\text{V}} \times \dfrac{1380\text{r/min}}{0.8} = 1754.4\text{r/min}$

(2) 降低电枢电压后

电枢电势　　　$E_{ap} = 0.8 U_N - R_a I_a = 0.8 \times 220\text{V} - 0.72\Omega \times 0.8 \times 24\text{A} = 162.176\text{V}$

转速 $$n_p = \frac{E_{ap}}{E_a}n = \frac{162.176\text{V}}{206.176\text{V}} \times 1754.4\text{r/min} = 1403.5\text{r/min}$$

4-21 一台他励直流电动机，额定功率 $P_N = 11\text{kW}$，额定电压 $U_N = 440\text{V}$，额定电流 $I_{aN} = 29.5\text{A}$，额定转速 $n_N = 730\text{r/min}$，电枢回路总电阻 $R_a = 1.05\Omega$。用此电机驱动起重机吊放某重物，已知起重机构连同重物对电机的负载转矩为额定输出转矩的80%。试求：（计算时假设空载转矩不变）

（1）额定电磁转矩、额定输出转矩和空载转矩。
（2）要求以150r/min的速度提升该重物，问电枢回路应串入多大电阻？
（3）采用倒拉反转以-300r/min的速度下放重物，问电枢回路总电阻应串入多大电阻？
（4）采用能耗制动以-300r/min的速度下放重物，问电枢回路总电阻应串入多大电阻？

解：（1）额定运行时

电枢电流 $$I_{aN} = I_N = 29.5\text{A}$$

电枢电势 $$E_{aN} = U_N - R_a I_{aN} = 440\text{V} - 1.05\Omega \times 29.5\text{A} = 409.025\text{V}$$

角速度 $$\Omega = \frac{2\pi n_N}{60} = \frac{2\pi \times 730}{60}\text{rad/s} = 76.4454\text{rad/s}$$

电磁转矩 $$T_N = \frac{E_{aN}I_{aN}}{\Omega} = \frac{409.025\text{V} \times 29.5\text{A}}{76.4454\text{rad/s}} = 157.8412\text{N}\cdot\text{m}$$

输出转矩 $$T_{2N} = \frac{P_N}{\Omega} = \frac{11 \times 10^3\text{W}}{76.4454\text{rad/s}} = 143.8935\text{N}\cdot\text{m}$$

空载转矩 $$T_0 = T_N - T_{2N} = (157.8412 - 143.8935)\text{N}\cdot\text{m} = 13.9477\text{N}\cdot\text{m}$$

（2）提升重物时

电磁转矩 $$T = T_0 + 0.8T_{2N} = (13.9477 + 0.8 \times 143.8935)\text{N}\cdot\text{m} = 129.0625\text{N}\cdot\text{m}$$

电枢电流 $$I_a = \frac{T}{T_N}I_{aN} = \frac{129.0625}{157.8412} \times 29.5\text{A} = 24.1214\text{A}$$

电枢电势 $$E_a = \frac{n}{n_N}E_{aN} = \frac{150}{730} \times 409.025\text{V} = 84.0462\text{V}$$

应串入电阻 $$R_p = \frac{U_N - E_a}{I_a} - R_a = \frac{(440 - 84.0462)\text{V}}{24.1214\text{A}} - 1.05\Omega = 13.7068\Omega$$

（3）采用倒拉反转制动下放重物时

电磁转矩 $$T = 0.8T_{2N} - T_0 = (0.8 \times 143.8935 - 13.9477)\text{N}\cdot\text{m} = 101.1671\text{N}\cdot\text{m}$$

电枢电流 $$I_a = \frac{T}{T_N}I_{aN} = \frac{101.1671}{157.8412} \times 29.5\text{A} = 18.9078\text{A}$$

电枢电势 $$E_a = \frac{n_p}{n_N}E_{aN} = \frac{-300}{730} \times 409.025\text{V} = -168.0925\text{V}$$

应串入电阻 $$R_p = \frac{U_N - E_a}{I_a} - R_a = \frac{[440 - (-168.0925)]\text{V}}{18.9078\text{A}} - 1.05\Omega = 31.1109\Omega$$

（4）采用能耗制动下放重物时

应串入电阻 $$R_p = \frac{0 - E_a}{I_a} - R_a = \frac{[0 - (-168.0925)]\text{V}}{18.9078\text{A}} - 1.05\Omega = 7.8401\Omega$$

4-22 两台串励电动机 A 和 B 的数据见表 4-4。

表 4-4 电动机主要数据

电动机	额定电压/V	额定电流/A	电枢电阻/Ω	电刷接触压降/V	额定转速/(r/min)
A	220V	40	0.5	2	1000
B	220V	50	0.4	2	900

今将两台电动机的转轴固定连接，将电路串联接到 330V 电源上。问：

(1) 电枢电流为 40A 时，机组的转速为多少？

(2) 此时两台电动机上所加的电压各为多少？

(3) 机组所产生的总电磁转矩为多少？

解：额定运行时

A 的电枢电势　　　　$E_A = U_A - R_A I_A - 2 = 220\text{V} - 0.5\Omega \times 40\text{A} - 2\text{V} = 198\text{V}$

根据电势公式　　$E_A = C_e \Phi n_A = C_e k I_A n_A = K_A I_A n_A$ 可得

系数　　　　　　$K_A = E_A/(I_A n_A) = 198/(40 \times 1000) = 0.00495$

B 的电枢电势　　　　$E_B = U_B - R_B I_B - 2 = 220\text{V} - 0.4\Omega \times 50\text{A} - 2\text{V} = 198\text{V}$

根据电势公式　　$E_B = C_e \Phi n_B = C_e k I_B n_B = K_B I_B n_B$ 可得

系数　　　　　　$K_B = E_B/(I_B n_B) = 198/(50 \times 900) = 0.0044$

转轴耦合串联运行时

电势平衡方程　　　$U = E_A + E_B + R_A I + R_B I + 4 = K_A I n + K_B I n + R_A I + R_B I + 4$

(1) 机组转速　　$n = \dfrac{U - (R_A I + R_B I + 4)}{(K_A + K_B)I} = \dfrac{330 - (0.5 \times 40 + 0.4 \times 40 + 4)}{(0.00495 + 0.0044) \times 40}\text{r/min} = 775.4011\text{r/min}$

(2) A 所加的电压

$U_A = E_A + R_A I + 2 = K_A I n + R_A I + 2 = 0.00495 \times 40 \times 775.4011\text{V} + 0.5\Omega \times 40\text{A} + 2\text{V} = 175.5294\text{V}$

B 所加的电压

$U_B = E_B + R_B I + 2 = K_B I n + R_B I + 2 = 0.0044 \times 40 \times 775.4011\text{V} + 0.4\Omega \times 40\text{A} + 2\text{V} = 154.4706\text{V}$

(3) A 电枢电势　　$E_{A1} = K_A I n = 0.00495 \times 40 \times 775.4011\text{V} = 153.5294\text{V}$

B 电枢电势　　　　$E_{B1} = K_B I n = 0.0044 \times 40 \times 775.4011\text{V} = 136.4706\text{V}$

电磁功率　　　　$P_M = (E_{A1} + E_{B1})I = (153.5294 + 136.4706)\text{V} \times 40\text{A} = 11600\text{W}$

角速度　　　　　$\Omega = \dfrac{2\pi n}{60} = \dfrac{2\pi \times 775.4011\text{rad}}{60\text{s}} = 81.1998\text{rad/s}$

电磁转矩　　　　$T = \dfrac{P_M}{\Omega} = \dfrac{11600\text{W}}{81.1998\text{rad/s}} = 142.8575\text{N}\cdot\text{m}$

第 5 章

交流旋转电机的共同问题

5.1 教学目标和重点

- 交流绕组。了解交流旋转电机的共同特征,掌握分析交流绕组的相关概念,了解交流绕组常用的连接方式,把握交流绕组的结构特点,比较单、双层绕组的优缺点。重点在于理解由导体→线圈→线圈组→相绕组→三相绕组的递进关系,分析交流绕组的电路特征,透彻理解并联支路数、每相串联匝数等重要概念。
- 交流绕组的感应电势。分析旋转磁场扫过交流绕组时所产生的感应电势的频率、波形和有效值。重点在于掌握短距系数、分布系数和绕组系数的概念和计算,递进推导导体→线圈→线圈组→相绕组→三相绕组的感应电势计算式,了解削弱高次谐波电势的原理。
- 交流绕组的磁势。分析交流绕组通过交流电流时所产生的磁势的分布、大小和变化情况,掌握脉振磁势、旋转磁势等概念。重点在于分析单相脉振磁势幅值,三相合成旋转磁势的幅值、转速及转向的确定方法,掌握一些重要公式和结论,为学习具体的交流旋转电机打下基础。

5.2 内容概要

交流电机用来实现机械能与交流电能之间的转换,其基本类别是同步电机和感应电机,二者的定子部分基本相同。定子绕组的结构、感应电势分析计算、磁势分析计算等内容合称为交流电机的共同问题。

嵌放在定子槽中的交流绕组通常是三相对称的,即三相在定子圆周上错开120°电角度分布,每相都有各自的出线端,属于开启式分布绕组,可按 Y 接或 D 接连成三相电路。

在交流电机中,将一对相邻的 NS 极对应的圆周空间角度定义为360°电角度,同一扇区对应的电角度与机械角度之间的关系为电角度=p×机械角度。交流电机圆周空间通常用电角度来度量,如 p 对极整个定子圆周为 $p \times 360°$,相邻两槽中线之间的夹角即槽距角 $\alpha = p \times 360°/Z_1$。在排列交流绕组时,若将 1 个极对应的 180°平均分配到三相,则每相占 60°,相应的绕组称为60°相带绕组;若将 1 对极对应的 360°平均分配到三相,则每相占 120°,相应的绕组称为120°相带绕组。将定子 Z_1 个槽平均分配到每个极域,再将每个极域的槽平均分配给 m 相,则每个极域每相分得的槽数称为每极每相槽数 $q = Z_1/(2pm)$。

对于单层绕组来说,一对极域有 Z_1/p 个导体。当气隙旋转磁场扫过一对极域时,相邻槽中导体电势的相位差为 α,绘制 Z_1/p 个导体的电势相量图得到的是辐射状的星形图,称为导体电势星形图。借助星形图可将 Z_1 根导体平均地分配到三相，并能保证三相中对应导体的空间位置相差 120° 而做到三相对称。

绕制单层绕组时，首先要根据 q 将 Z_1 根导体分配到三相；再将属于 A 相的全部 $Z_1/3$ 根导体中的每两个按电势相加原则配对并连接成线圈，每对极可得到 q 个线圈；然后将 q 个线圈按电势相加原则串联成一个线圈组，A 相共有 p 个线圈组；最后将这 p 个线圈组串并联成支路数为 a 的 A 相绕组。B、C 相可按对称原则参考 A 相绕制。p 对极的单层绕组每相有 p 个线圈组，每支路有 p/a 个线圈组，每个线圈组由 q 个线圈串联。单层绕组常用的连接方式有同心式、等元件式和交叉链式等，各种连接方式在本质上都属于整距绕组。

双层绕组也可以借助电势星形图将导体分配到三相。但星形图中一个圆周的 Z_1/p 个电势相量代表一对极域上层导体的电势相量。与某个上层导体配对构成线圈的下层导体需根据线圈节距 y 确定。根据线圈的连接方式，双层绕组通常有叠绕组和波绕组之分。

叠绕组将一个极域属于 A 相的 q 根相邻的上层导体所在的 q 个相邻线圈串联成一个线圈组，同组中相邻线圈依次叠压，每相共 $2p$ 组，连成 a 条支路时，每支路共 $2p/a$ 组。B、C 相可按对称原则参考 A 相绕制。波绕组将属于 A 相且上层边位于 N 极的所有线圈串联组成一个线圈组，再将属于 A 相且上层边位于 S 极的所有线圈串联组成另一个线圈组，无论电机的极对数 p 是多少，波绕组每相只有两个线圈组。

单层绕组的优点是槽利用率高，适合于小容量交流电机；双层绕组的优点是可选择有利的节距 y 以削弱高次谐波电势。

旋转的气隙磁场扫过定子绕组时，会在其中感应出交流电势。频率、波形和有效值并称交流电势的三要素。p 对极、转速为 n_1 的交流电机中，定子绕组感应电势的频率为

$$f = \frac{pn_1}{60} \tag{5-1}$$

由 $e = Blv$ 可知，电势 $e(t)$ 的波形类似于气隙磁密沿圆周的分布波形 $B(x)$。将 $B(x)$ 看作正弦或只考虑基波时，$e(t)$ 为正弦波。

通常按照导体电势→线圈电势→线圈组电势→相电势的次序分析推导交流绕组感应电势有效值的计算式。导体电势的幅值为 $E_m = B_m lv = \pi f \Phi$，有效值为 $E_d = 2.22 f \Phi$。整距线圈由两个边距为 180° 的导体构成，线圈电势 $\dot{E}_{y=\tau} = \dot{E}_{d1} - \dot{E}_{d2} = 2\dot{E}_{d1}$，有效值为 $E_{y=\tau} = 4.44 f \Phi$。短距线圈的两个边相距小于 180°，存在所谓的短距角，其计算式为

$$\beta = (\tau - y)/\tau \times 180° \tag{5-2}$$

通过作相量图可求得匝数为 N_y 的多匝短距线圈电势的有效值为

$$E_y = 4.44 f N_y \Phi k_y \tag{5-3}$$

其中，$k_y = \cos(\beta/2) < 1$，为短距系数。

线圈组由 q 个线圈串联而成，相邻线圈在空间依次相距 α 电角度。气隙基波磁场扫过线圈组时，线圈组中 q 个线圈的感应电势在相位上依次相差 α 度，线圈组电势等于这 q 个线圈电势的相量和。作相量图并借助几何关系可求得线圈组电势的有效值为

$$E_q = 4.44 f(qN_y) \Phi k_y k_q = 4.44 f(qN_y) \Phi k_w \tag{5-4}$$

其中，$k_q = \dfrac{\sin(q\alpha/2)}{q\sin\alpha/2} < 1$，为分布系数；$k_w = k_y k_q < 1$，为绕组系数。

支路数为 a 的单层绕组的每条支路有 p/a 个线圈组，支路电势即相电势为 pE_q/a；支路

数为 a 的双层叠绕组的每条支路有 $2p/a$ 个线圈组，相电势为 $2pE_q/a$。单层绕组每条支路的匝数即每相串联匝数 $N=pqN_y/a$；双层叠绕组每相串联匝数 $N=2pqN_y/a$。单、双层交流绕组相电势的统一表达式为

$$E_p = 4.44fN\Phi k_w \tag{5-5}$$

气隙磁场并非纯粹正弦分布，除基波外，还存在一系列高次空间谐波。当谐波磁场扫过交流绕组时，会在其中感应出谐波电势。ν 次谐波磁场的极距 $\tau_\nu=\tau/\nu$、极对数 $p_\nu=\nu p$、转速 $n_\nu=n_1$，据此可求得 ν 次谐波电势频率 $f_\nu=\nu f_1$、有效值 $E_\nu=4.44f_\nu N\Phi_\nu k_{y\nu}k_{q\nu}$。计算 ν 次谐波磁场对应的短距系数 $k_{y\nu}$ 和分布系数 $k_{q\nu}$ 时，要注意 $\beta_\nu=\nu\beta$，$\alpha_\nu=\nu\alpha$。谐波电势通常是有害的，应尽可能地削弱之，主要是设法削弱 5 次和 7 次谐波。削弱谐波电势的措施：①使气隙磁场更接近正弦。②利用线圈的短距。若线圈的短距角取 $\beta=\pi/\nu$，则能清除 ν 次谐波电势。一般取 $\beta\approx\pi/6$ 以削弱 5 次和 7 次谐波电势。③利用分布线圈组削弱谐波电势。

当三相对称交流绕组通过三相对称正弦电流时会产生圆形旋转磁势。可以按整距线圈磁势→整距分布线圈组磁势→单相单层绕组磁势→单相双层短距绕组磁势→三相绕组合成磁势的递进次序分析推导交流绕组磁势的表达式和幅值公式。

一个匝数为 N_y 的整距线圈通过正弦电流 $i_y=\sqrt{2}I_y\cos\omega t$ 时，会在电机内激励一个 2 极磁场。忽略铁心磁阻后，线圈磁势 $N_y i_y$ 全部加在两个气隙上，气隙圆周各点处承受的磁势均为 $f_y=N_y i_y/2=F_y\cos\omega t$，其中 $F_y=\sqrt{2}I_y/2$ 为磁势幅值。线圈磁势是一个矩形分布的脉振磁势，脉振频率同电流频率。矩形脉振磁势的基波磁势为正弦脉振磁势，在气隙圆周空间正弦分布，磁势幅值位置（称为轴线）不变，磁势幅值大小随时间正弦变化，其表达式和幅值分别为

$$f_{y1}(x,t) = F_{y1}\cos\omega t\cos x, \quad F_{y1} \approx 0.9 I_y N_y \tag{5-6}$$

整距线圈组由 q 个线圈串联构成，相邻线圈产生的基波磁势在空间错开 α 电角度。线圈组的基波磁势为 q 个线圈基波磁势的空间相量和，仍然为正弦脉振磁势，即

$$f_{q1}(x,t) = F_{q1}\cos\omega t\cos x, \quad F_{q1}=qF_{y1}k_q=0.9I_y(qN_y)k_q \tag{5-7}$$

其中，$k_q=\sin(q\alpha/2)/(q\sin\alpha/2)<1$，为线圈组的分布系数。

单相单层绕组由 p 个线圈组构成，相邻线圈组在空间错开 360° 电角度，所产生的基波磁势在空间相位上也相差 360°。p 个线圈组的磁势在空间形成 p 个周期的基波磁势。所以单相单层绕组的基波磁势仍为正弦脉振磁势，幅值等于单个线圈组磁势的幅值，即

$$f_{p1}(x,t) = F_{p1}\cos\omega t\cos x, \quad F_{p1}=F_{q1}=0.9I_y(qN_y)k_q \tag{5-8}$$

单相双层短距绕组可以等效地看成由上、下两个单相单层整距绕组构成。上、下两个等效单层绕组在空间错开一个短距角 β，所产生的基波磁势的空间相位差也是 β。双层短距绕组的基波磁势等于两个等效单层绕组基波磁势的空间相量和，仍为正弦脉振磁势。幅值为

$$F_{p1}=0.9I_y(2qN_y)k_q k_y=0.9I_y(2qN_y)k_w \tag{5-9}$$

其中，$k_y=\cos\beta/2$，为短距系数；$k_w=k_q k_y$，为绕组系数。

引入每相串联匝数 N、并联支路数 a、相电流 $I=aI_y$ 和绕组系数 $k_w=k_q k_y$ 等概念，就可以写出单相单层整距绕组和单相双层短距绕组基波磁势的统一表达式，仍然是单相正弦脉振磁势，即

$$f_{p1}(x,t)=F_{p1}\cos\omega t\cos x, \quad F_{p1}=0.9\frac{NI}{p}k_w \tag{5-10}$$

单相脉振磁势可分解成 2 个旋转磁势，即

$$f_{p1} = F_{p1}\cos x\cos\omega t = \frac{F_{p1}}{2}\cos(x-\omega t) + \frac{F_{p1}}{2}\cos(x+\omega t) \tag{5-11}$$

两个旋转磁势转向相反、幅值相等且恒定（称圆形旋转磁势），磁势幅值为原脉振磁势幅值的一半。

三相对称绕组通过三相对称电流时，可产生 3 对转向相反的 6 个旋转磁势，其中正向旋转的 3 个磁势同向同速同相位，相互叠加成一个圆形旋转磁势；反向旋转的 3 个磁势同向同速但相位互差 120°，叠加为 0。基于此分析可得出一些重要结论：

① 三相对称绕组流过三相对称电流时，产生的基波合成磁势是一个圆形旋转磁势，合成磁势的幅值为每相脉振磁势幅值的 3/2 倍，即

$$f_1 = F_1\cos(x-\omega t), \quad F_1 = 1.35\frac{NI}{p}k_w \tag{5-12}$$

② 三相绕组基波合成磁势的转速为同步转速，即

$$n_1 = \frac{60f}{p} \tag{5-13}$$

③ 当某相电流达到最大值时，三相基波合成磁势轴线与该相绕组轴线重合。

④ 三相基波合成磁势的旋转方向为从具有超前电流的相转向具有滞后电流的相。

⑤ 在一个 $m(m \geq 2)$ 相对称绕组中接入 m 相对称电流时，产生的基波合成磁势也是一个圆形旋转磁势，合成磁势的幅值为每相脉振磁势幅值的 $m/2$ 倍。

5.3 难点解析

难点 1 对脉振磁势的理解和幅值公式推导。

通过整距线圈→整距线圈组→单层相绕组→双层相绕组，递进讲解绕组脉振磁势的概念、表达式和幅值公式。图 5-1a 给出一个整距线圈在均匀气隙电机中所产生的磁场简图，图 5-1b 是其展开图。线圈通过电流时产生磁势，磁势消耗在闭合的主磁路上。忽略铁心消耗的磁势，认为磁势全部消耗在气隙上。每条磁力线包围电流 i，通过两次气隙，每个气隙上消耗磁势 $i/2$，气隙各点消耗的磁势相等，均为 $i/2$。在 $-\pi/2 < x < \pi/2$ 区间，气隙磁势 $f(x)$ 从转子指向定子，设为正；在 $\pi/2 < x < 3\pi/2$ 区间，$f(x)$ 从定子指向转子，则为负。该线圈产生的 $f = i/2 \cdot \text{sign}(\cos x)$ 为周期性矩形波，定性分析时，只考虑基波即 $f_1 = i/2 \cdot \cos x$，如图 5-1b 所示。若 i 为直流，则 f 和 f_1 幅值恒定；若 i 为交流即 $i = \sqrt{2}I\cos\omega t$，则 $f = \sqrt{2}/2 \cdot I\cos\omega t\,\text{sign}(\cos x)$ 和 $f_1 = 4/\pi \cdot \sqrt{2}I/2 \cdot \cos\omega t\cos x = 0.9I\cos\omega t\cos x$ 既为空间函数，也为时间函数，是一个周期的正弦脉振磁势。再考虑到线圈匝数 N_y，则 $f_1 = 0.9N_y I\cos\omega t\cos x$。

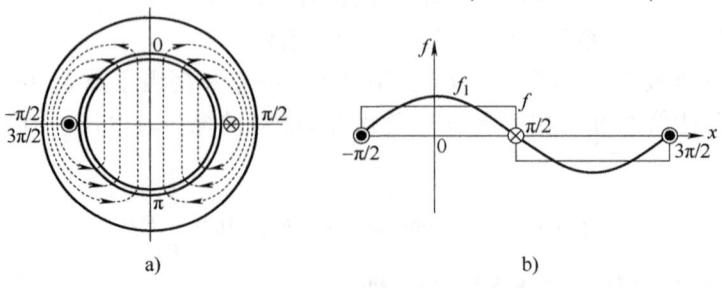

图 5-1 单个整距线圈产生的脉振磁势

第 5 章 交流旋转电机的共同问题

将单个整距线圈改为一个整距线圈组,如图 5-2a、b 所示。可见,整距线圈组产生的磁势为周期性阶梯波,其基波 $f_1 = 0.9qN_yIk_q\cos\omega t\cos x$ 仍为一个周期的正弦脉振磁势。

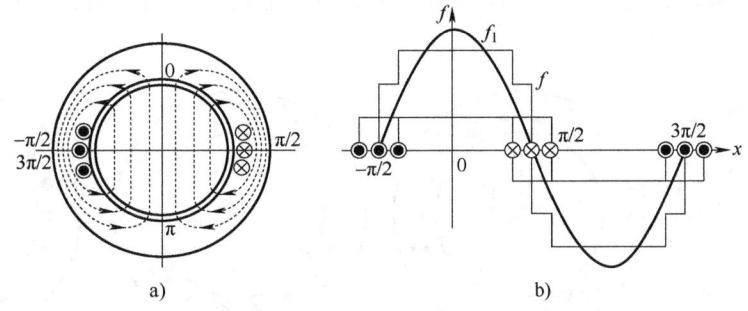

图 5-2 一个整距线圈组产生的脉振磁势

若是由 p 个线圈组构成的一相单层绕组,由于相邻线圈组在空间相差 360°电角度,各线圈组的磁势在空间无重叠,共同形成 p 个周期的正弦脉振磁势,基波磁势幅值仍是 $F_p = 0.9qN_yIk_q$,如图 5-3 所示。若是双层短距绕组,则将其等效为在空间错开 β 角的两个单层整距绕组,其基波磁势叠加后幅值为 $F_p = 0.9 \cdot 2qN_yIk_qk_y$,如图 5-4 所示。引入每相串联匝数 N 和每相电流 I_1 后,幅值公式可以统一为 $F_p = 0.9NI_1k_w/p$。脉振磁势的动图和详细分析见二维码。

单相绕组产生的
脉振磁势

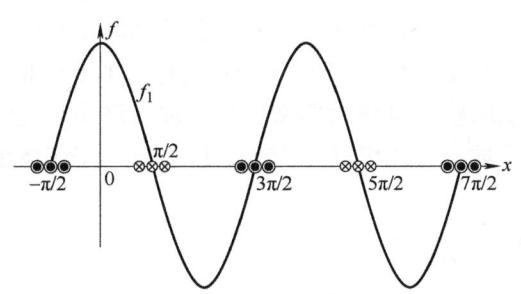

图 5-3 单层绕组的一相脉振磁势

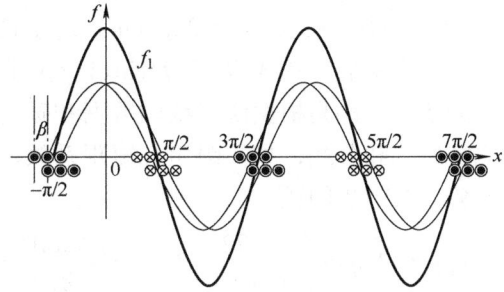

图 5-4 双层短距绕组的一相脉振磁势

难点 2 对三相电流通过三相绕组时产生旋转磁势本质的理解。

很容易通过数学方法证明三相对称电流流过三相对称绕组时产生圆形旋转磁势,但由于数学方法的抽象性,仅凭推导,学生很难理解电气旋转磁势的本质。

电气旋转磁势产生的本质逻辑是:三相电流有规律地变化造成电流分布沿电机圆周定向移动的表象,也就是磁势旋转的表象。参看图 5-5,以 2 极绕组产生旋转磁势为例用图解法加以说明。图 5-5a 为 $t=0$,$\omega t=0°$ 的瞬间,A 相电流为 I_m(X 进 A 出),B 相电流为 $-I_m/2$(B 进 Y 出),C 相电流为 $-I_m/2$(C 进 Z 出),电流分布显示,磁势 $\dot F_1$ 竖直向上。图 5-5b 为 $t=(2\pi/3)/\omega$,$\omega t=120°$ 的瞬间,A 相电流为 $-I_m/2$(A 进 X 出),B 相电流为 I_m(Y 进 B 出),C 相电流为 $-I_m/2$(C 进 Z 出),电流分布显示,磁势 $\dot F_1$ 顺时针转过了 $t=120°$。图 5-5c 为 $t=(4\pi/3)/\omega$,$\omega t=240°$ 的瞬间,A 相电流为 $-I_m/2$(A 进 X 出),B 相电流为 $-I_m/2$(B 进

Y出），C相电流为I_m（Z进C出），电流分布显示，磁势$\dot{F}_1$顺时针转过了$t=240°$。图5-5d为$t=2\pi/\omega$，$\omega t=360°$的瞬间，A相电流为I_m，B相和C相电流为$-I_m/2$，电流分布与图5-5a相同，磁势$\dot{F}_1$顺时针转过了一圈。图解分析能帮助理解电气旋转磁势的转速、转向、幅值、位置等。

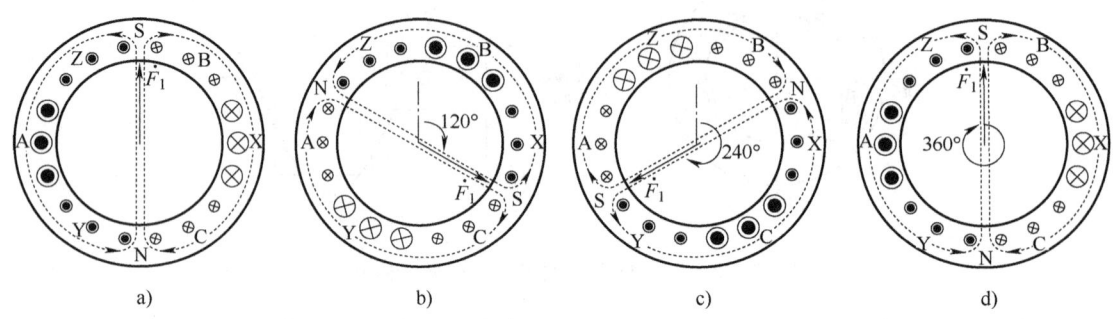

图5-5 电气旋转磁势图解

关于电气旋转磁势的详细分析，可扫描二维码。

5.4 例题精讲

三相绕组产生的旋转磁势

例5-1 一台三相交流电机，定子绕组为三相对称双层交流绕组。已知定子槽数 $Z_1=72$，极数 $2p=8$，线圈节距 $y=8$ 槽，每个线圈匝数 $N_y=11$，每相并联支路数 $a=2$，定子铁心长度 $l=22.5$ cm，定子铁心内径 $D=28.61$ cm。接于频率 $f=50$ Hz 上运行时，气隙磁密的表达式 $B=0.71\sin x$ T。试求：(1) 绕组系数；(2) 每相感应电势的有效值。

分析：本例是根据绕组结构数据和磁通数据求取感应电势的典型题目。涉及许多与绕组相关的概念和公式，如短距角、短距系数、分布系数、每相串联匝数等，最终要用交流绕组的电势公式解决问题。

解：(1) $q=\dfrac{Z_1}{2pm}=\dfrac{72}{8\times 3}=3$，$\alpha=\dfrac{p\times 360°}{Z_1}=\dfrac{4\times 360°}{72}=20°$

$$k_q=\dfrac{\sin(q\alpha/2)}{q\sin(\alpha/2)}=\dfrac{\sin(3\times 20°/2)}{3\times \sin(20°/2)}=0.9598,\quad \tau=\dfrac{Z_1}{2p}=\dfrac{72}{8}=9$$

$$\beta=\dfrac{\tau-y}{\tau}180°=\dfrac{9-8}{9}\times 180°=20°;\quad k_y=\cos\dfrac{\beta}{2}=\cos\dfrac{20°}{2}=0.9848$$

$$k_w=k_q k_y=0.9598\times 0.9848=0.9452$$

(2) $B_p=\dfrac{2}{\pi}B_m=\dfrac{2}{\pi}\times 0.71\text{T}=0.4520\text{T}$；$\tau=\dfrac{\pi D}{2p}=\dfrac{\pi\times 28.61\times 10^{-2}\text{m}}{8}=0.1124\text{m}$

$S=\tau l=0.1124\times 22.5\times 10^{-2}\text{m}^2=0.0253\text{m}^2$；$\Phi=SB_p=0.0253\text{m}^2\times 0.4520\text{T}=0.0114\text{Wb}$

$$N=\dfrac{2pqN_y}{a}=\dfrac{8\times 3\times 11}{2}=132$$

$$E_p=4.44Nf\Phi k_w=4.44\times 132\times 50\text{Hz}\times 0.0114\text{Wb}\times 0.9452=316.4868\text{V}$$

例5-2 有一台三相同步发电机，额定功率 $P_N=6000$ kW，额定电压 $U_N=6.3$ kV，额定功

率因数 $\cos\varphi_N = 0.8$，极数 $2p = 2$，定子绕组为 Y 接法，每相串联匝数 $N = 72$，每极每相槽数 $q = 6$，节距 $y = 15$ 槽，频率 $f = 50$Hz，三相对称电流的有效值 $I = I_N$。试求：

(1) 一相绕组所产生的磁势幅值；
(2) 三相绕组所产生的合成磁势的基波幅值及其转速。

分析 本例是根据绕组结构计算磁势幅值和转速的典型题目，关键是理解并记住磁势幅值和转速的计算公式。

解：(1) $I = \dfrac{P_N}{\sqrt{3} U_N \cos\varphi_N} = \dfrac{6000 \times 10^3 \text{W}}{\sqrt{3} \times 6.3 \times 10^3 \text{V} \times 0.8} = 687.3217\text{A}$

$$\alpha = \frac{180°}{3q} = \frac{180°}{3 \times 6} = 10°; \quad \tau = 3q = 3 \times 6 = 18$$

$$\beta = \frac{\tau - y}{\tau} 180° = \frac{18 - 15}{18} \times 180° = 30°$$

$$k_q = \frac{\sin(q\alpha/2)}{q\sin(\alpha/2)} = \frac{\sin(6 \times 10°/2)}{6 \times \sin(10°/2)} = 0.9561$$

$k_y = \cos(\beta/2) = \cos(30°/2) = 0.9659; \quad k_w = k_y k_q = 0.9659 \times 0.9561 = 0.9236$

$$F_p = 0.9 \frac{NI}{p} k_w = 0.9 \times \frac{72 \times 687.3217\text{A}}{1} \times 0.9236 = 41134\text{A}$$

(2) $F_1 = \dfrac{3}{2} F_p = \dfrac{3}{2} \times 41134\text{A} = 61701\text{A}, \quad n_1 = \dfrac{60f}{p} = \dfrac{60 \times 50}{1}\text{r/min} = 3000\text{r/min}$

例 5-3 有一台三相交流电机，定子绕组为单层绕组，Y 连接，极数 $2p = 2$，槽数 $Z = 48$，每相串联匝数 $N = 48$，并联支路 $a = 1$。今将一相绕组开路，而将另外两相接通如下电流，求合成基波磁势的幅值。

(1) $i = 10\sqrt{2} \sin\omega t$A；　　(2) $i = 10$A 直流电。

分析 这是电流通过绕组产生磁势的计算题，需要熟练掌握单相绕组产生的磁势幅值的计算过程和技巧，掌握磁势相量的合成方法。

解： $q = \dfrac{Z}{2pm} = \dfrac{48}{2 \times 3} = 8; \quad \alpha = \dfrac{p \times 360°}{Z} = \dfrac{1 \times 360°}{48} = 7.5°$

$$k_q = \frac{\sin(q\alpha/2)}{q\sin(\alpha/2)} = \frac{\sin(8 \times 7.5°/2)}{8 \times \sin(7.5°/2)} = 0.9556$$

(1) 通入的是正弦交流电（设每个线圈中的电流幅值为 I_{ym}）

A 相每个线圈的脉振磁势　　　　$f_A = \dfrac{N_y i_y}{2} = \dfrac{N_y I_{ym}}{2} \sin\omega t$

A 相每个线圈的基波脉振磁势　　$f_{Ay1} = \dfrac{2}{\pi} N_y I_{ym} \sin\omega t \cos x$

A 相绕组的基波脉振磁势

$$f_{A1} = \frac{2}{\pi} N_y I_{ym} q k_q \sin\omega t \cos x = \frac{2}{\pi} \frac{pqN_y}{p} \frac{I_m}{a} k_q \sin\omega t \cos x = \frac{2}{\pi} \frac{NI_m}{p} k_q \sin\omega t \cos x$$

基波脉振磁势幅值　　　　$F_{p1} = \dfrac{2}{\pi} \dfrac{NI_m}{p} k_q = \dfrac{2}{\pi} \times \dfrac{48 \times \sqrt{2} \times 10\text{A}}{1} \times 0.9556 = 412.9694\text{A}$

A 相基波脉振磁势 $\quad f_A = F_{p1}\sin\omega t\cos x$

B 相基波脉振磁势 $\quad f_B = -F_{p1}\sin\omega t\cos(x-120°)$

$$f = f_A + f_B = F_{p1}\sin\omega t[\cos x - \cos(x-120°)] = \sqrt{3}F_{p1}\sin\omega t\cos(x+30°)$$

这是一个正弦脉振磁势，其幅值位置在超前 A 相轴线 30°电角度处。

合成基波磁势幅值 $\quad F_p = \sqrt{3}F_{p1} = \sqrt{3} \times 412.9694\text{A} = 715.2839\text{A}$

（2）通入直流电时（设每个线圈的直流电为 I_y）

A 相每个线圈的稳定磁势幅值 $\quad f_A = \dfrac{N_y I_y}{2}$

A 相每个线圈基波稳定磁势 $\quad F_{Ay1} = \dfrac{2}{\pi}N_y I_y \cos x$

A 相绕组基波稳定磁势

$$f_{A1} = \dfrac{2}{\pi}N_y I_y q k_q \cos x = \dfrac{2}{\pi}\dfrac{pqN_y}{p}\dfrac{I}{a}k_q t\cos x = \dfrac{2}{\pi}\dfrac{NI}{p}k_q \cos x$$

基波脉振磁势幅值 $\quad F_{p1} = \dfrac{2}{\pi}\dfrac{NI}{p}k_q = \dfrac{2}{\pi} \times \dfrac{48 \times 10\text{A}}{1} \times 0.9556 = 292.0134\text{A}$

B 相基波稳定磁势 $\quad f_B = -F_{p1}\cos(x-120°)$

合成基波稳定磁势 $\quad f = f_A + f_B = F_{p1}[\cos x - \cos(x-120°)] = \sqrt{3}F_{p1}\cos(x+30°)$

这是一个正弦稳定磁势，其幅值位置在超前 A 相轴线 30°电角度处。

合成基波磁势幅值 $\quad F_p = \sqrt{3}F_{p1} = \sqrt{3} \times 292.0134\text{A} = 505.7821\text{A}$

5.5 思考题简答

5-1 简述同步发电机产生三相对称交流电势的原理。

答：原动机驱动转子磁场旋转扫过定子上的三相对称绕组，每相绕组中都会产生周期性的交变电势。由于三相绕组对称分布，所以三相绕组中的感应电势在相位上也对称，为三相对称交流电势。

5-2 相对于直流电机的电枢绕组和励磁绕组，交流绕组有什么特点？

答：直流电机的电枢绕组为一个封闭的分布绕组，没有出线端，通过电刷与换向器的滑动接触与外电路连接。而交流绕组的每一相都有两个出线端，是开启的分布绕组。

5-3 什么是电角度？6 极交流电机中，自然 30°对应的电角度数是多少？

答：在电机中，一对相邻的 N、S 极产生一个完整周期的磁场分布。为了分析方便和公式简化，通常将一对相邻磁极所占据的圆弧区域定义为 360°电角度，以此标准度量电机的圆弧区域即得其电角度数。在 6 极电机中，自然 30°对应的电角度数为 90°。

5-4 线圈如何按照节距进行分类？

答：长距线圈（$y>\tau$）、整距线圈（$y=\tau$）和短距线圈（$y<\tau$）。

5-5 什么是交流绕组的相带？60°相带和 120°分别如何给三相分配槽？

答：通常将一个极或一对相邻极对应的电枢圆弧平均分配给三相，每相占据连续的 60°或 120°电角度，称为 60°和 120°相带。

5-6 构成交流绕组的基本原则是什么？

答：基本原则有均匀、对称和电势相加。

5-7 什么是导体电势星形图？如何根据导体电势星形图对槽及槽中的导体或线圈进行分相？

答：当旋转磁场扫过交流绕组时，相邻槽内的导体的感应电势差开一个槽距角 α，画出一对相邻极域的槽导体的电势相量，可得到占据一个圆周的放射状的相量图，称为电势星形图。如果有 p 对磁极，完整的电势星形图就重复 p 次。

基于电势星形图，以每极每相槽数 q 为单位可以方便地将槽及槽内导体或线圈分配到三相。先任意将 q 个连续槽分配 A 相带，将滞后 A 相带 120°的 q 个连续槽分配 B 相带，将滞后 B 相带 120°的 q 个连续槽分配 C 相带。再将与 A、B、C 相带相对的 q 个连续槽分配给 X、Y、Z 相带。

5-8 单层绕组和双层绕组相比较，各有什么优缺点？

答：单层绕组无层间绝缘，槽利用率高，适合于小功率电机。双层绕组端部排列整齐，易整形，适合中大型电机。单层绕组无法制成短距以削弱高次谐波电势，双层绕组可以选择有利的节距以削弱有害的高次谐波。

5-9 单层绕组和双层绕组分别有哪些构造方法？为什么单层绕组从电磁效果上看都属于整距绕组？

答：单层绕组主要的构造方法有同心式、等元件式叠绕组和交叉链式等。双层绕组的构造方法有叠绕组和波绕组等。单层绕组的每相等效电路本质是对属于同一相的电枢导体进行串并联，各种构造方法都与等元件式整距叠绕组等效，所以单层绕组从电磁效果上看都属于整距绕组。

5-10 什么是线圈组？每个线圈组由几个线圈构成？单层和双层绕组每相的线圈组数目有何不同？

答：将属于同一对极（单层）或同一极（双层）的 q 个线圈串联起来构成线圈组（也称极相组）。每个线圈组由 q 个线圈构成。单层绕组每相有 p 个线圈组，双层绕组每相有 $2p$ 个线圈组。

5-11 构成线圈组的各个线圈为什么必须是串联的？

答：分布线圈组中的 q 个线圈的电势之间有相位差，不能并联只能串联，将分布线圈组中 q 个线圈串联还可以削弱高次谐波电势。

5-12 交流绕组所产生的感应电势的频率如何计算？一个 8 极、同步转速为 750r/min 的同步发电机定子绕组感应电势的频率为多少？

答：$f=pn/60$；50Hz。

5-13 导体、整距线圈、短距线圈、线圈组、一相绕组的感应电势有效值分别如何计算？

答：$E_d = 2.22f\Phi_1$，$E_y = 4.44N_y f\Phi_1$，$E_y = 4.44N_y f\Phi_1 k_y$，$E_q = 4.44(qN_y)f\Phi_1 k_y k_q$，$E_p = 4.44Nf\Phi_1 k_w$

5-14 交流绕组相电势的计算公式 $E_1 = 4.44Nf\Phi_1 k_w$ 中 N 指的是什么？对于单层和双层绕组来说 N 的计算式有何不同？

答：N 指的是每相串联匝数（每条支路的匝数）。单层 $N=pqN_y/a$，双层 $N=2pqN_y/a$。

5-15 为什么直流电机的电枢绕组的支路数必定为偶数而交流绕组每相的支路数却可以为单数?

答:直流电机是将一个极下的线圈串联起来作为一个线圈组,属于 N 极的线圈组不能与属于 S 极的线圈组串联,所有极下的线圈组串并联后至少有 2 条支路,最多 $2p$ 条支路且支路数必定为偶数。交流绕组属于同一相的线圈组可以串联,也可以并联,全部串联时为一条支路,若每相线圈组的数目能被单数整除,则可以并联成单数条支路。

5-16 什么是短距角?什么是短距系数?短距系数与短距角之间是什么关系?

答:线圈节距小于极距的电角度数为短距角。短距线圈电势与整距线圈电势的比值为短距系数。$k_y = \cos(\beta/2)$。

5-17 为什么有的单层绕组的线圈组中包含短距线圈,但绕组的短距系数却等于1?

答:单层绕组的一个线圈组从整体上看都是整距线圈组,所以单个线圈的短距系数可以小于1,但整个绕组的短距系数为1。

5-18 什么是分布系数?其计算式是如何推导的?

答:分布线圈组的电势与集中线圈组的电势之比称为分布系数。

假设某个线圈组中有 q 个相邻的线圈,各线圈的位置依次为 α, 2α, $\cdots$, $q\alpha$,线圈组的轴线位置为 $(q+1)\alpha/2$。分布线圈组的总电势为

$$E_{q分布} = E_y [\cos\alpha + \cos2\alpha + \cdots + \cos q\alpha] = \frac{\cos\frac{(q+1)\alpha}{2}\sin\frac{q\alpha}{2}}{\sin\frac{\alpha}{2}}$$

如果 q 个线圈围绕轴线集中绕制,则其电势为 $E_{q集中} = qE_y\cos[(q+1)\alpha/2]$,所以分布系数

$$k_q = \frac{E_{q分布}}{E_{q集中}} = \frac{\cos\frac{(q+1)\alpha}{2}\sin\frac{q\alpha}{2}}{\sin\frac{\alpha}{2}} \Big/ \left[q\cos\frac{(q+1)\alpha}{2}\right] = \frac{\sin\frac{q\alpha}{2}}{q\sin\frac{\alpha}{2}}$$

也可以用几何方法推导,详见教材。

5-19 为什么一相绕组的分布系数和一个线圈组的分布系数是相等的?

答:一相绕组由几个线圈组串并联而成,线圈组的电势之间的相位差为 180° 或 360°,通过正反串后都是相差 360°,所以相绕组的电势为线圈组电势的整数倍,分布系数是一样的。

5-20 整距集中组所产生的感应电势或磁势的幅值要大于相应的短距分布绕组,为什么交流绕组通常还要采用短距分布绕组?

答:因为短距分布绕组能有效地削弱高次谐波电势。

5-21 写出交流绕组分布系数的计算公式,并指明公式中各个物理量的含义。

答:$k_q = \frac{\sin(q\alpha/2)}{q\sin(\alpha/2)}$。$q$ 为每极每相槽数,α 为槽距角。

5-22 试证明:槽数相等时,三相 60° 相带的分布系数 k_{q60} 与 120° 相带的分布系数 k_{q120} 存在如下关系:$k_{q60} = 1.16 k_{q120}$。

答:

$$k_{q60} = \frac{\sin(q\alpha/2)}{q\sin(\alpha/2)} = \frac{\sin 30°}{q\sin(\alpha/2)}, \quad k_{q120} = \frac{\sin(q_1\alpha/2)}{q_1\sin(\alpha/2)} = \frac{\sin 60°}{q_1\sin(\alpha/2)}, \quad \frac{k_{q60}}{k_{q120}} = \frac{\sin 30°}{\sin 60°} \times \frac{q_1}{q} = 2/\sqrt{3} \approx 1.16$$

第5章 交流旋转电机的共同问题

5-23 由磁场非正弦所产生的 ν 次谐波磁势的转速、极对数各为多少？ν 次谐波磁势在绕组中所产生的 ν 次谐波电势的频率、幅值如何计算？

答：$n_\nu = n_1$，$p_\nu = \nu p$；$f_\nu = p_\nu n_\nu / 60 = \nu f_1$，$E_\nu = 4.44 N f_\nu \Phi_\nu k_{y\nu} k_{q\nu}$。

5-24 如何计算 ν 次谐波的短距系数？为什么采用短距绕组能够消灭或者削弱感应电势中的高次谐波？

答：$k_{y\nu} = \cos(\beta_\nu/2)$。取 $\beta_\nu/2 = \nu\beta/2 = \pi/2$ 即 $\beta = \pi/\nu$，就可使得 $k_{y\nu} = \cos(\pi/2) = 0$，从而消灭 ν 次谐波电势，并削弱其他高次谐波电势。

5-25 要采用短距绕组消灭 5 次或 7 次谐波，短距线圈的短距角应为多少电角度？线圈的节距应比极距短多少？要同时削弱 5 次和 7 次谐波，又该如何选择节距？

答：取 $\beta = 180°/5 = 36°$ 电角度，可消灭 5 次谐波电势；取 $\beta = 180°/7 = 26.7°$ 电角度，可消灭 7 次谐波电势；要同时削弱 5、7 次谐波，一般取 $\beta = 30°$ 电角度。

5-26 如何计算 ν 次谐波的分布系数？为什么采用分布绕组能够消灭或者削弱感应电势中的高次谐波？

答：$k_{q\nu} = \dfrac{\sin(q\alpha_\nu/2)}{q\sin(\alpha_\nu/2)} = \dfrac{\sin(q\nu\alpha/2)}{q\sin(\nu\alpha/2)}$。令 $q\nu\alpha/2 = \pi$ 即可消除 ν 次谐波。一般情况下 $q\alpha = \pi/3$，$\pi/q\alpha = 6$，所以分布绕组可以大大削弱 5、7 次谐波。

5-27 单个整距线圈分别通入直流电流和交流电流时，在电机的气隙圆周空间所产生的磁势波有何不同？

答：直流电产生恒定的矩形波磁势；交流电产生矩形脉振磁势。

5-28 分布线圈组通入交流电流所产生的磁势波与单个线圈所产生的有何不同？线圈组磁势波中的谐波含量与单个线圈磁势波中的谐波含量相比较哪个大，为什么？

答：单个线圈产生的是矩形波，线圈组产生的磁势是 q 个线圈磁势的错位叠加，一般为阶梯波。线圈组产生的磁势中的谐波含量较小，因为分布线圈组可以削弱高次谐波。

5-29 分布线圈组的磁势幅值如何计算？为什么单层绕组每相的磁势幅值就等于一个线圈组的磁势幅值？

答：$F_q = 0.9 \dfrac{NI}{p} k_q$。因为单层绕组的每个线圈组在空间产生一个周期的磁势分布，且相互间依次错开 360° 电角度，叠加后幅值不变，周期数增多。

5-30 计算磁势时，为什么一个双层短距绕组可以等效为在空间位置上错开一个短距角的两个单层整距绕组？

答：磁势与电流在空间的分布有关，与承载这些电流的导体之间的连接次序无关。双层叠绕组 A 相的一个线圈组由一个极下属于 A 的 q 个上层边和相邻极下属于 A 相的 q 个下层边构成，短距角为 β。p 对极的双层绕组共有 $2p$ 个线圈组。单独观察上层导体，会看出有 $2pq$ 个导体属于 A 相，这与 p 对极的单层绕组的 A 相导体分布完全一样，可以等效为一个单层绕组的 A 相。同样下层属于 A 相的 $2pq$ 个导体也可以等效为一个单层绕组的 A 相。上下两个单层绕组的 A 相之间错开一个短距角 β。在计算磁势时，可以先算出两个单层绕组的磁势，再按相量加法求出总磁势。

5-31 双层绕组磁势幅值的计算与单层绕组有何不同？

答：可以用统一公式 $F_p = 1.35 \dfrac{NI}{p} k_w$ 计算。双层绕组 $N = \dfrac{2pqN_y}{a}$，$k_w = k_q k_y$；单层绕组 $N = \dfrac{pqN_y}{a}$，$k_w = k_q$。

5-32　写出单相交流绕组所产生的磁势幅值的计算式，说明式中各物理量的含义。

答：$F_p = 1.35 \dfrac{NI}{p} k_w$。$N$ 为每相串联匝数，I 为相电流，k_w 为绕组系数，p 为极对数。

5-33　为什么说交流绕组的磁势既是时间函数又是空间函数？

答：交流绕组为分布绕组，所产生的磁势沿电枢圆周分布，所以是空间函数；交流电流随时间变化，所产生的磁势幅值也随时间变化，所以又是时间函数。

5-34　什么是正弦脉振磁势？它的幅值大小和位置如何变化？

答：在空间按正弦分布，幅值按正弦变化的磁势称为正弦脉振磁势。其幅值大小正弦变化，幅值位置固定。

5-35　什么是圆形旋转磁势？它的幅值大小和位置如何变化？

答：在圆周空间，幅值固定，相位角沿一定方向增大的磁势称为圆形旋转磁势。其幅值大小恒定，幅值位置随时间在圆周上单向移动。

5-36　如何将正弦脉振磁势分解成两个圆形旋转磁势？旋转磁势的幅值大小和转速如何计算？

答：$f = F_p \cos\omega t \cos x = F_p \cos(x-\omega t)/2 + F_p \cos(x+\omega t)/2$；$F_+ = F_- = F_p/2$；$n = 60f/p$

5-37　三相对称绕组通入三相对称正弦电流时，为什么能产生一个圆形旋转磁势？其幅值大小及位置、转速、转向分别如何确定？

答：

$$f = f_a + f_b + f_c = F_p \cos\omega t \cos x + F_p \cos(\omega t - 120°)\cos(x - 120°) + F_p \cos(\omega t + 120°)\cos(x + 120°)$$

$$= \dfrac{3}{2} F_p \cos(x - \omega t)$$

旋转磁势的幅值 $F_1 = 3F_p/2$，幅值位置与电流达到最大值的一相的绕组轴线重合，转速 $n = 60f/p$，转向为由超前电流相转向滞后电流相。

5-38　如果给三相对称绕组同时通入同样的正弦电流，能产生什么样的磁势？为什么？

答：产生的磁势幅值为 0。因为三相磁势时间相位相同，空间相位对称，合成磁势为 0。数学推导如下：

$$f = f_a + f_b + f_c = F_p \cos\omega t \cos x + F_p \cos\omega t \cos(x - 120°) + F_p \cos\omega t \cos(x + 120°)$$

$$= F_p \cos\omega t [\cos x + \cos(x - 120°) + \cos(x + 120°)] = 0$$

5-39　如果给集中放置的 3 个相同绕组通入三相对称正弦电流，能产生什么样的磁势？为什么？

答：产生的磁势幅值为 0。因为三相磁势空间相位相同，时间相位对称，合成为 0。数学推导如下：

$$f = f_a + f_b + f_c = F_p \cos\omega t \cos x + F_p \cos(\omega t - 120°)\cos x + F_p \cos(\omega t + 120°)\cos x$$

$$= F_p \cos x [\cos\omega t + \cos(\omega t - 120°) + \cos(\omega t + 120°)] = 0$$

5-40　如何改变三相交流绕组所产生的旋转磁势的转向？

答：改变三相电流的相序。

5-41 两相绕组通入两相正弦电流产生什么样的合成磁势？试推导其表达式。

答：产生圆形旋转磁势。数学推导如下：
$$f=f_a+f_b=F_p\cos x\cos\omega t+F_p\sin x\sin\omega t=F_p\cos(x-\omega t)$$

5-42 三相丫接法的绕组接在三相电源上，如果有一相断路，则合成磁势具有怎样的性质？

答：若是一相电源线或者绕组断开，则三相绕组变为两相串联后接在单相电源上，相当于单相绕组接单相电源，产生的是脉振磁势。

5-43 三相△接法的绕组接在三相电源上，如果一相绕组断线，则合成磁势具有怎样的性质？如果是一相电源线断线，情况又会怎样？

答：若是一相绕组断线，则相当于两相不对称绕组接两相不对称电源，产生的是椭圆形旋转磁势。若是一相电源线断线，则相当于两相串联后与另一相并联接在单相电源上，仍属于单相绕组接单相电源，产生的是脉振磁势。

5-44 在图5-6中，上图的线圈组全由整距线圈构成，下图的线圈组则包含短距线圈和长距线圈，试利用分布系数和短距系数的概念，计算其绕组系数，并比较其数值上的差别。

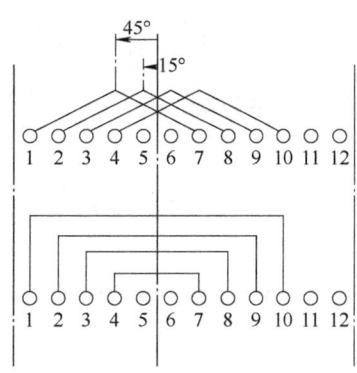

图5-6 思考题5-44图

答：上图短距系数 $k_y=1$。分布系数和绕组系数
$$k_q=|[(\dot E_1-\dot E_7)+(\dot E_2-\dot E_8)+(\dot E_3-\dot E_9)+(\dot E_4-\dot E_{10})]|/8E_d$$
$$=|\dot E_1+\dot E_2+\dot E_3+\dot E_4-\dot E_7-\dot E_8-\dot E_9-\dot E_{10}|/8E_d$$
$$=2|\dot E_1+\dot E_2+\dot E_3+\dot E_4|/8E_d=(\cos45°+\cos15°+\cos15°+\cos45°)/4=0.8365$$

下图短距系数为：
$$\beta_1=180°-(10-1)\times30°=-90°,\ k_{y1}=\cos(\beta_1/2)=\cos(-45°)=0.707$$
$$\beta_2=180°-(9-2)\times30°=-30°,\ k_{y2}=\cos(\beta_2/2)=\cos(-15°)=0.9659$$
$$\beta_3=180°-(8-3)\times30°=30°,\ k_{y3}=\cos(\beta_3/2)=\cos15°=0.9659$$
$$\beta_4=180°-(7-4)\times30°=90°,\ k_{y4}=\cos(\beta_4/2)=\cos45°=0.707$$

分布系数和绕组系数
$$k_q=(k_{y1}+k_{y2}+k_{y3}+k_{y4})/4=0.8365$$

5-45 单相绕组通入单相正弦电流时，所产生的脉振磁势中是否含有3次谐波分量？三相对称绕组通入三相对称电流时，所产生的合成磁势中是否含有3次谐波分量？

答：①有；②无。

5-46 三相对称绕组通入三相对称电流时，所产生的5次谐波磁势为什么与基波转向相反？7次谐波磁势为什么与基波转向相同？若基波旋转磁势的转速为1500r/min，则5、7次谐波磁势的转速分别为多少？

答：5次谐波
$$f_{5a}=F_{p5}\cos5x\cos\omega t=\frac{F_{p5}}{2}[\cos(5x-\omega t)+\cos(5x+\omega t)]$$

$$f_{5b} = F_{p5}\cos 5(x-2\pi/3)\cos(\omega t-2\pi/3) = \frac{F_{p5}}{2}[\cos(5x-\omega t-8\pi/3)+\cos(5x+\omega t-12\pi/3)]$$

$$= \frac{F_{p5}}{2}[\cos(5x-\omega t-2\pi/3)+\cos(5x+\omega t)]$$

$$f_{5c} = F_{p5}\cos 5(x+2\pi/3)\cos(\omega t+2\pi/3) = \frac{F_{p5}}{2}[\cos(5x-\omega t+8\pi/3)+\cos(5x+\omega t+12\pi/3)]$$

$$= \frac{F_{p5}}{2}[\cos(5x-\omega t+2\pi/3)+\cos(5x+\omega t)]$$

$$f_5 = f_{5a}+f_{5b}+f_{5c} = \frac{3}{2}F_{p5}\cos(5x+\omega t)$$

其转向与基波转向相反，转速为基波转速的 $1/5$。$n_1 = 1500\text{r/min}$ 时，$n_5 = -300\text{r/min}$。

答：7 次谐波

$$f_{7a} = F_{p7}\cos 7x\cos\omega t = \frac{F_{p7}}{2}[\cos(7x-\omega t)+\cos(7x+\omega t)]$$

$$f_{7a} = F_{p7}\cos 7(x-2\pi/3)\cos(\omega t-2\pi/3) = \frac{F_{p7}}{2}[\cos(7x-\omega t-12\pi/3)+\cos(7x+\omega t-16\pi/3)]$$

$$= \frac{F_{p7}}{2}[\cos(7x-\omega t)+\cos(7x+\omega t-2\pi/3)]$$

$$f_{7c} = F_{p7}\cos 7(x+2\pi/3)\cos(\omega t+2\pi/3) = \frac{F_{p7}}{2}[\cos(7x-\omega t+12\pi/3)+\cos(7x+\omega t+16\pi/3)]$$

$$= \frac{F_{p7}}{2}[\cos(7x-\omega t)+\cos(7x+\omega t+2\pi/3)]$$

$$f_7 = f_{7a}+f_{7b}+f_{7c} = \frac{3}{2}F_{p7}\cos(7x-\omega t)$$

其转向与基波转向相同，转速为基波转速的 $1/7$。$n_1 = 1500\text{r/min}$ 时，$n_7 = 214.3\text{r/min}$。

5.6 习题解答

5-1 有一单层三相绕组，定子槽数 $Z_1 = 36$，极数 $2p = 4$，试求：

（1）槽距角 α；（2）画出导体电势星形图；（3）画出 A 相等元件式整距叠绕组展开图。

解：（1）$\alpha = p\times 360°/Z_1 = 2\times 360°/36 = 20°$

（2）导体电势星形图如图 5-7 所示。（3）A 相等元件式整距叠绕组展开图如图 5-8 所示。

5-2 有一单层三相绕组，定子槽数 $Z_1 = 24$，极数 $2p = 4$，试求：（1）槽距角 α；（2）画出支路数 $a = 2$ 的 A 相同心式绕组展开图。

解：（1）$\alpha = \dfrac{p\times 360°}{Z_1} = \dfrac{2\times 360°}{24} = 30°$

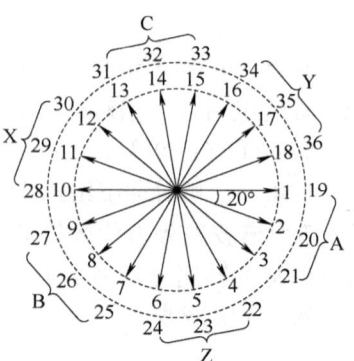

图 5-7 习题 5-1 导体电势星形图

（2）$a=2$ 的 A 相同心式绕组展开图如图 5-9 所示。

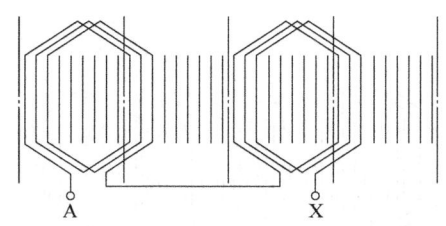

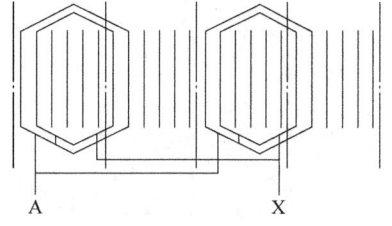

图 5-8 习题 5-1 A 相等元件式整距叠绕组展开图

图 5-9 习题 5-2 A 相同心式绕组展开图

5-3 有一单层三相绕组，定子槽数 $Z_1=18$，极数 $2p=2$，试求：（1）槽距角 α；（2）画出 A 相交叉链式绕组展开图。

解：（1）$\alpha=\dfrac{p\times 360°}{Z_1}=\dfrac{1\times 360°}{18}=20°$。（2）A 相交叉链式绕组展开图如图 5-10 所示。

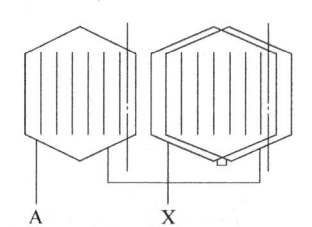

5-4 有一双层三相绕组，定子槽数 $Z_1=36$，极数 $2p=2$，线圈节距 $y=14$，画出支路数 $a=1$ 的 A 相叠绕组展开图。

图 5-10 习题 5-3 A 相交叉链式绕组展开图

解：如图 5-11 所示。

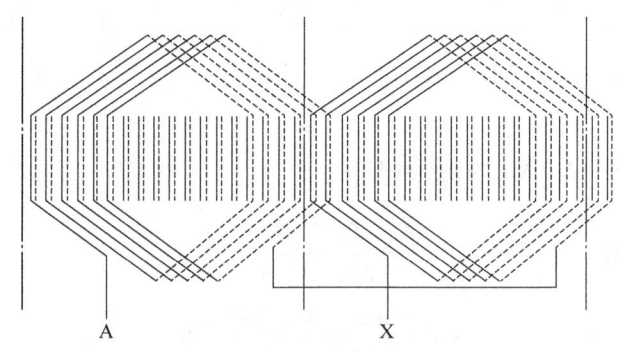

图 5-11 习题 5-4 A 相叠绕组展开图

5-5 有一双层三相绕组，定子槽数 $Z_1=24$，极数 $2p=4$，线圈节距 $y=5\tau/6$，试求：（1）画出上层边导体电势星形图并对线圈按 60° 相带进行分相；（2）画出支路数 $a=2$ 的 A 相叠绕组展开图。

解：（1）上层导体电势星形图和线圈分相情况如图 5-12 所示。（2）A 相叠绕组展开图如图 5-13 所示。

5-6 有一双层三相绕组，$Z_1=36$，极数 $2p=6$，节距 $y=5\tau/6$，并联支路数 $a=1$。试求：（1）画出 A 相波绕组展开图；（2）画出上层边导体电势星形图。

解：（1）如图 5-14 所示。（2）如图 5-15 所示。

5-7 有一台交流电机，定子绕组为三相双层短距叠绕组，△接法，定子槽数 $Z_1=48$，极数 $2p=8$，每个线圈的匝数 $N_y=30$，线圈节距 $y=5$，每相并联支路数 $a=1$。定子接在三相对称电源上运行时，测得每相感应电势的有效值 $E_p=350\text{V}$，频率 $f=50\text{Hz}$，求每极磁通量 Φ。

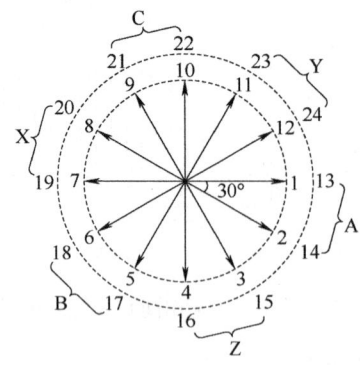
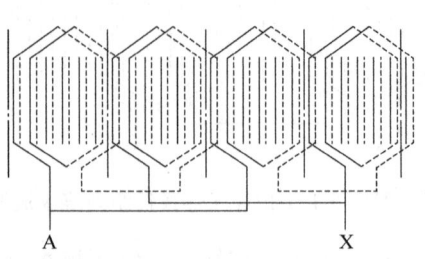

图 5-12 习题 5-5 上层导体电势星形图　　图 5-13 习题 5-5 A 相叠绕组展开图

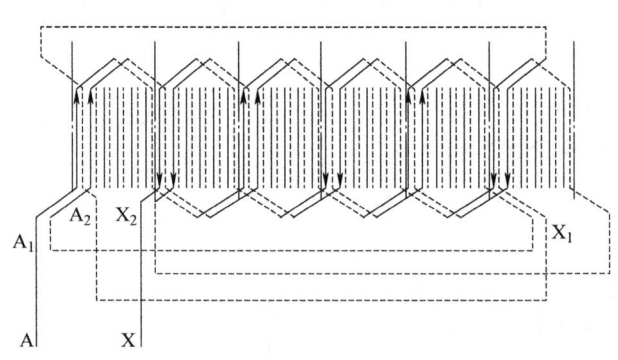
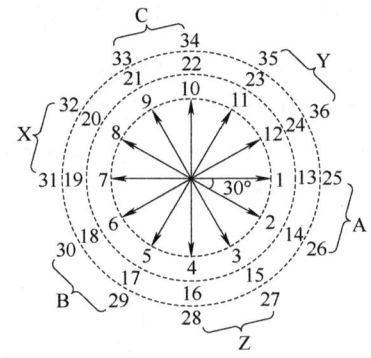

图 5-14 习题 5-6 A 相波绕组展开图　　图 5-15 习题 5-6 上层导体电势星形图

解：每极每相槽数

$$q = \frac{Z_1}{2pm} = \frac{48}{8 \times 3} = 2$$

槽距角

$$\alpha = \frac{p \times 360°}{Z_1} = \frac{4 \times 360°}{48} = 30°$$

分布系数

$$k_q = \frac{\sin(q\alpha/2)}{q\sin(\alpha/2)} = \frac{\sin(2 \times 30°/2)}{2 \times \sin(30°/2)} = 0.9659$$

极距

$$\tau = Z_1/(2p) = 48/8 = 6$$

短距角

$$\beta = \frac{\tau - y}{\tau}180° = \frac{6-5}{6}180° = 30°$$

短距系数

$$k_y = \cos(\beta/2) = \cos(30°/2) = 0.9659$$

分布系数

$$k_w = k_q k_y = 0.9659 \times 0.9659 = 0.9330$$

每相串联匝数

$$N = \frac{2pqN_y}{a} = \frac{8 \times 2 \times 30}{1} = 480$$

每极磁通

$$\Phi = \frac{E_p}{4.44Nfk_w} = \frac{350\text{V}}{4.44 \times 480 \times 50\text{Hz} \times 0.9330} = 0.0035\text{Wb}$$

5-8　见例题 5-1。

5-9　见例题 5-2。

5-10 有一台三相交流电机，定子绕组为双层叠绕组，极数 $2p=4$，槽数 $Z=36$，节距 $y=7\tau/9$，每相串联匝数 $N=96$，今在绕组中通入频率为 50Hz、有效值为 35A 的对称三相电流，计算合成基波磁势的幅值。

解：每极每相槽数 $\qquad q=\dfrac{Z}{2pm}=\dfrac{36}{2\times 2\times 3}=3$

极距 $\qquad\qquad\qquad\qquad \tau=Z/(2p)=36/4=9$

节距 $\qquad\qquad\qquad\qquad y=7\tau/9=7\times 9/9=7$

槽距角 $\qquad\qquad\qquad\quad \alpha=\dfrac{p\times 360°}{Z}=\dfrac{2\times 360°}{36}=20°$

短距角 $\qquad\qquad\qquad\quad \beta=\dfrac{\tau-y}{\tau}180°=\dfrac{9-7}{9}\times 180°=40°$

分布系数 $\qquad\qquad\qquad k_q=\dfrac{\sin(q\alpha/2)}{q\sin(\alpha/2)}=\dfrac{\sin(3\times 20°/2)}{3\times\sin(20°/2)}=0.9598$

短距系数 $\qquad\qquad\qquad k_y=\cos(\beta/2)=\cos(40°/2)=0.9397$

绕组系数 $\qquad\qquad\qquad k_w=k_y k_q=0.9598\times 0.9397=0.9019$

三相合成磁势幅值 $\qquad F_1=1.35\dfrac{NI}{p}k_w=1.35\times\dfrac{96\times 35\text{A}}{2}\times 0.9019=2045.5\text{A}$

5-11 有一台三相交流电机，定子绕组为双层绕组，极数 $2p=6$，槽数 $Z=54$，节距 $y=7$，Y 接法，每一个线圈的匝数是 10，并联支路数 $a=1$。今在绕组中通入频率为 50Hz、有效值为 10A 的对称三相电流。试计算：(1) 基波旋转磁势的幅值；(2) 基波旋转磁势的转速。

解：(1) 每极每相槽数 $\qquad q=\dfrac{Z}{2pm}=\dfrac{54}{2\times 3\times 3}=3$

极距 $\qquad\qquad\qquad\qquad \tau=Z/(2p)=54/6=9$

槽距角 $\qquad\qquad\qquad\quad \alpha=\dfrac{p\times 360°}{Z}=\dfrac{3\times 360°}{54}=20°$

短距角 $\qquad\qquad\qquad\quad \beta=\dfrac{\tau-y}{\tau}\times 180°=\dfrac{9-7}{9}\times 180°=40°$

分布系数 $\qquad\qquad\qquad k_q=\dfrac{\sin(q\alpha/2)}{q\sin(\alpha/2)}=\dfrac{\sin(3\times 20°/2)}{3\times\sin(20°/2)}=0.9598$

短距系数 $\qquad\qquad\qquad k_y=\cos(\beta/2)=\cos(40°/2)=0.9397$

绕组系数 $\qquad\qquad\qquad k_w=k_y k_q=0.9598\times 0.9397=0.9019$

每相串联匝数 $\qquad\qquad N=\dfrac{2pqN_y}{a}=\dfrac{6\times 3\times 10}{1}=180$

三相合成磁势幅值 $\qquad F_1=1.35\dfrac{NI}{p}k_w=1.35\times\dfrac{180\times 10\text{A}}{3}\times 0.9019=730.539\text{A}$

(2) 磁势转速 $\qquad\qquad\quad n_1=\dfrac{60f}{p}=\dfrac{60\times 50}{3}\text{r/min}=1000\text{r/min}$

5-12 有一个空间相隔 $90°$ 电角度的两相绕组，每相串联匝数均为 N，绕组系数为 k_w，极对数为 p，通入的电流为 $i_A=I_m\cos\omega t$，$i_B=I_m\cos(\omega t-90°)$。试计算两相绕组合成磁势的幅值、转速，并指明磁势的旋转方向。

解：A 相磁势 $f_A = F_p \cos x \cos \omega t = \dfrac{F_p}{2}[\cos(x-\omega t) + \cos(x+\omega t)]$

B 相磁势 $f_B = F_p \cos(x-90°)\cos(\omega t - 90°) = \dfrac{F_p}{2}[\cos(x-\omega t) - \cos(x+\omega t)]$

合成磁势 $f = f_A + f_B = F_p \cos(x-\omega t)$

合成磁势幅值 $F_p = 0.9 \dfrac{NI}{p} k_w = \dfrac{2}{\pi} \dfrac{NI_m}{p} k_w$

合成磁势转速 $n = \dfrac{60f}{p} = \dfrac{60\omega}{2p\pi}$

转向：由 A 相转向 B 相，因为 A 相电流超前于 B 相电流 90°电角度。

5-13 以下两式是对称交流绕组通入三相对称交流电流时产生的两种合成磁势的表达式：$f_\alpha = F_{5\alpha}\cos(x+5\omega t)$；$f_\beta = F_{5\beta}\cos(5x-\omega t)$。试问：

（1）这两种磁势的极数、极距、空间转速各为多少？转向如何？

（2）这两种磁势是否可能同时存在于一台电机的气隙里？为什么？

解：设三相电流中含有基波和 5 次谐波，即 $i_A = i_1 + i_5$，则 i_1、i_5 产生的基波磁势分别为

$$f_{11} = \dfrac{3F_{p1}}{2}\cos(x-\omega t), \quad f_{51} = \dfrac{3F_{p5}}{2}\cos(x+5\omega t) = F_{5\alpha}\cos(x+5\omega t)$$

i_1 产生的 5 次谐波磁势为 $f_{15} = \dfrac{3F_{p5}}{2}\cos(5x+\omega t) = F_{5\beta}\cos(5x+\omega t)$。可见：

（1）f_α 是由角频率为 $5\omega = 5 \times 2\pi f$ 的正弦电流（5 次谐波电流）产生的基波磁势。其极数等于基波极数，极距等于基波极距，电流频率为基波频率的 5 倍，所产生旋转磁势空间转速为基波磁势转速的 5 倍，即

$$n_5 = 60 \times 5\omega / (2p\pi) = (60 \times 5 \times 2\pi f)/(2p\pi) = 5 \times 60f/p = 5n_1$$

f_β 是由角频率为 $\omega = 2\pi f$ 的正弦电流（基波电流）产生的 5 次谐波磁势。其极数为基波极数的 5 倍，极距等于基波极距的 1/5，空间转速为基波转速的 1/5，即

$$n_5 = 60 \times \omega / [2 \times 5p\pi] = 60 \times 2\pi f / (5 \times 2p\pi) = n_1/5$$

这两种磁势的转向都与相应的基波的转向相反。

（2）这两种磁势不可能同时存在于一台电机的气隙里。

因为在同一台三相电机的气隙里，同一时刻，同一三相电流产生的这两种 5 次谐波磁势 f_α 和 f_β 的转向应该相同。而题目给出 f_α 和 f_β 的转向不同，所以不可能同时存在于同一台电机的气隙里。

5-14 见例题 5-3。

5-15 一台两极电机的定子上有两个绕组 a 和 b，其有效匝数分别为 N_a 和 N_b，b 绕组在空间滞后 a 绕组 θ 电角度。现给两绕组分别通入电流 $i_a = I_{am}\cos\omega t$ 和 $i_b = I_{bm}\cos(\omega t - \beta)$。

（1）分析推导合成基波磁势的表达式；

（2）设 $N_a I_{am} = N_b I_{bm}$，$\theta = 90°$，$\beta = 60°$，求当 $t = 0$ 时，基波合成磁势的轴线位置。

解：(1) a 相绕组磁势 $$f_a = \frac{N_a i_a}{2} = \frac{N_a}{2} I_{am} \cos\omega t$$

a 相基波磁势 $$f_{a1} = \frac{2}{\pi} N_a I_{am} \cos\omega t \cos x = F_a \cos\omega t \cos x$$

同理，b 相基波磁势 $f_{b1} = F_b \cos(\omega t - \beta)\cos(x - \theta)$，式中 $F_a = \frac{2}{\pi} N_a I_{am}$，$F_b = \frac{2}{\pi} N_b I_{bm}$

合成基波磁势
$$\begin{aligned}
f_1 &= f_{a1} + f_{b1} = F_a \cos\omega t \cos x + F_b \cos(\omega t - \beta)\cos(x - \theta)\\
&= F_a[\cos(x - \omega t) + \cos(x + \omega t)]/2 + F_b\{\cos[(x - \omega t) + (\beta - \theta)] + \cos[(x + \omega t) - (\beta + \theta)]\}/2\\
&= F_a \cos(x - \omega t)/2 + F_b \cos[(x - \omega t) + (\beta - \theta)]/2 + F_a \cos(x + \omega t)/2 + F_b \cos[(x + \omega t) - (\beta + \theta)]/2\\
&= f_+ + f_-
\end{aligned}$$

$$\begin{aligned}
f_+ &= \frac{F_a}{2}\cos(x - \omega t) + \frac{F_b}{2}\cos[x - \omega t + (\beta - \theta)]\\
&= \frac{F_a}{2}\cos(x - \omega t) + \frac{F_b}{2}[\cos(x - \omega t)\cos(\beta - \theta) - \sin(x - \omega t)\sin(\beta - \theta)]\\
&= \left[\frac{F_a}{2} + \frac{F_b}{2}\cos(\beta - \theta)\right]\cos(x - \omega t) - \frac{F_b}{2}\sin(\beta - \theta)\sin(x - \omega t)\\
&= A\cos(x - \omega t) + B\sin(x - \omega t)
\end{aligned}$$

式中 $A = [F_a + F_b \cos(\beta - \theta)]/2$，$B = -F_b \sin(\beta - \theta)/2$

令 $\tan\delta = B/A$，则
$$\begin{aligned}
f_+ &= A\cos(x - \omega t) + B\sin(x - \omega t) = \sqrt{A^2 + B^2}[\cos\delta \cos(x - \omega t) + \sin\delta \sin(x - \omega t)]\\
&= \sqrt{A^2 + B^2}\cos(x - \omega t - \delta)
\end{aligned}$$

$$\begin{aligned}
f_- &= F_a \cos(x + \omega t)/2 + F_b \cos[x + \omega t - (\beta + \theta)]/2\\
&= \{F_a \cos(x + \omega t) + F_b[\cos(x + \omega t)\cos(\beta + \theta) + \sin(x + \omega t)\sin(\beta + \theta)]\}/2\\
&= \{[F_a + F_b \cos(\beta + \theta)]\cos(x + \omega t) + F_b \sin(\beta + \theta)\sin(x + \omega t)\}/2 = C\cos(x + \omega t) + D\sin(x + \omega t)
\end{aligned}$$

式中 $C = [F_a + F_b \cos(\beta + \theta)]/2$，$D = F_b \sin(\beta + \theta)/2$

令 $\tan\lambda = D/C$，则
$$\begin{aligned}
f_- &= C\cos(x + \omega t) + D\sin(x + \omega t) = \sqrt{C^2 + D^2}[\cos\lambda \cos(x + \omega t) + \sin\lambda \sin(x + \omega t)]\\
&= \sqrt{C^2 + D^2}\cos(x + \omega t - \lambda)
\end{aligned}$$

合成磁势
$$f = f_+ + f_- = \sqrt{A^2 + B^2}\cos(x - \omega t - \delta) + \sqrt{C^2 + D^2}\cos(x + \omega t - \lambda)$$

(2) 当 $N_a I_{am} = N_b I_{bm}$，$\theta = 90°$，$\beta = 60°$，$t = 0$ 时

$$A = [F_a + F_b \cos(\beta - \theta)]/2 = F_a[1 + \cos(60° - 90°)]/2 = 0.933 F_a$$

$$B = -F_a \sin(60° - 90°)/2 = 0.25 F_a$$

$\delta = \arctan(B/A) = \arctan(0.25/0.933) = 15°$，$F_+ = \sqrt{A^2 + B^2} = F_a\sqrt{0.9330^2 + 0.25^2} = 0.9659 F_a$

$$C = [F_a + F_b \cos(\beta + \theta)]/2 = F_a[1 + \cos(60° + 90°)]/2 = 0.067 F_a$$

$D = F_b \sin(\beta + \theta)/2 = F_a \sin(60° + 90°)/2 = 0.25 F_a$，$\lambda = \arctan(D/C) = \arctan(0.25/0.067) = 75°$

$$F_- = \sqrt{C^2+D^2} = F_a\sqrt{0.067^2+0.25^2} = 0.2588F_a$$

$$\begin{aligned}f_1 &= f_+ + f_- = F_+\cos(x-\delta) + F_-\cos(x-\lambda) = F_+[\cos x\cos\delta+\sin x\sin\delta] + F_-(\cos x\cos\lambda+\sin x\sin\lambda)\\ &= [F_+\cos\delta+F_-\cos\lambda]\cos x + [F_+\sin\delta+F_-\sin\lambda]\sin x\\ &= \sqrt{(F_+\cos\delta+F_-\cos\lambda)^2+(F_+\sin\delta+F_-\sin\lambda)^2}\cos(x-\rho)\end{aligned}$$

$$\rho = \arctan\left(\frac{F_+\sin\delta+F_-\sin\lambda}{F_+\cos\delta+F_-\sin\lambda}\right) = \arctan\left(\frac{0.9659\sin15°+0.2588\sin75°}{0.9659\cos15°+0.2588\sin75°}\right) = 26.5651°$$

即：基波合成磁势轴线滞后于 A 相绕组轴线 26.5651°。

第 6 章

感应电机

6.1 教学目标和重点

- 感应电机的工作原理和基本结构。了解感应电机的特点、用途、基本结构和重要额定数据，掌握三相感应电机的运行方式和作用原理。重点在于掌握 3 种运行方式、2 种基本转子结构以及主要额定值之间的关系。
- 感应电机的基本理论。掌握感应电机磁势平衡和电势平衡，理解频率归算和绕组归算，建立感应电动机的 T 形和 Γ 形等效电路。重点在于理解磁势平衡原理、频率和绕组归算方法，学会解算等效电路。
- 感应电动机的损耗及功率平衡。分析感应电动机的功率和损耗，绘制功率流程图。重点在于掌握功率平衡方程，学会与功率和效率相关的计算。
- 感应电机的电磁转矩及机械特性。掌握感应电机电磁转矩的各种表达式和机械特性的概念。重点在于深入分析感应电机 T-s 曲线的特点，理解并计算起动转矩、最大转矩、临界转差率等。
- 感应电动机的工作特性。掌握工作特性的概念以及 5 种主要工作特性的曲线形状。重点在于理解各个曲线形状背后的物理解释。
- 感应电动机的起动。分析感应电动机起动性能特点，计算起动电流和起动转矩，掌握笼型感应电动机的降压起动法、绕线型感应电动机转子串电阻起动法，了解深槽和双笼型感应电动机改善起动性能的机理。重点在于掌握各种降压起动对起动电流和起动转矩的影响、转子串电阻起动的优点及其相关计算。
- 感应电动机的调速。掌握感应电动机的变极、变频和调压调速的原理和特点，分析绕线感应电动机转子串电阻调速的原理和优点。重点在于分析各种调速方法的特点和控制方式、掌握转子串电阻调速的特点及相关计算。
- 三相感应发电机。了解笼型感应电机并网发电和自励发电的特点，以及以绕线转子感应电机为本体的双馈感应发电系统的特点。本节为选学内容，重点在于分析感应电机发电运行的原理、特点和应用。
- 单相感应电动机。掌握单相感应电动机的结构、原理和分类。重点在于分析掌握单相感应电动机的运行原理和特点。

6.2 内容概要

三相感应电机是交流电机的一个大类，属于双边激励隐极式旋转机电装置。定子上有三相对称交流绕组，接三相电源；转子上有多相对称绕组，可做成直接短路的笼型转子或有三相引出线的绕线转子。笼型转子电机结构简单、成本低、运行可靠，应用最为广泛；绕线转子电机可以通过给转子电路串入电阻或电势以改善其起动和调速性能，用在对起动和调速要求较高的场合。感应电动机的主要额定值有 P_N、U_N、I_N、n_N、η_N、$\cos\varphi_N$、T_N 等。

感应电机定子绕组接频率为 f_1 的三相电源，产生同步转速 $n_1=60f_1/p$ 的旋转磁势 $\dot{F}_1$；转子绕组短路。电动运行时，轴上空载或接机械负载，$\dot{F}_1$ 扫过转子绕组并感应出转子电势和电流 $\dot{I}_2$，载流的转子导体在气隙磁场中受力并形成电磁转矩 T，驱动转子以转速 $n(<n_1)$ 跟随 $\dot{F}_1$ 同向旋转，此时 T、n 同向即 T 为动力转矩。发电运行时，轴上接机械源并驱动转子以转速 $n(>n_1)$ 领先 $\dot{F}_1$ 同向旋转，$\dot{F}_1$ 扫过转子绕组并感应出电势和转子电流 $\dot{I}_2$，载流的转子导体在气隙磁场中受力并形成电磁转矩 T，此时 T、n 反向即 T 为阻力转矩。制动运行时，改变电源相序，使 n_1 与 n 反向，$\dot{F}_1$ 以 $|n_1|+|n|$ 的相对转速扫过转子绕组并感应出电势和转子电流 $\dot{I}_2$，载流的转子导体在气隙磁场中受力并形成电磁转矩 T，此时 T、n 反向即 T 为阻力转矩。

感应电机最基本的变量是转差率，即

$$s=(n_1-n)/n_1 \tag{6-1}$$

根据 s 可以计算 n 并推断感应电机的运行状态。当 $0<s<1$ 时，为电动机状态；当 $s<0$ 时，为发电机状态；当 $s>1$ 时为制动状态。感应电机正常运行时，转子边一些量的值与 s 成正比，如 $f_2=sf_1$、$X_{2\sigma s}=sX_{2\sigma}$、$E_{2s}=sE_2$ 等。

感应电动机正常运行时，气隙中有两个相对静止的旋转磁势即定子磁势 $\dot{F}_1$（转速为 n_1）和转子磁势 $\dot{F}_2$（相对于转子的转速为 $\Delta n=n_1-n=sn_1$，绝对转速为 n_1），合成磁势即 $\dot{F}_m=\dot{F}_1+\dot{F}_2$ 称为励磁磁势。当电源电压 U_1 和频率 f_1 不变时，气隙磁通 $\Phi_1 \approx U_1/(4.44fN_1k_{w1})$ 基本不变，所以产生 Φ_1 的 F_m 及励磁电流 I_m 也基本不变，称为磁势平衡。感应电机的磁势平衡方程为

$$\dot{F}_m=\dot{F}_1+\dot{F}_2=常相量 \quad 或者 \quad \dot{I}_m=\dot{I}_1+(-\dot{I}_2/k_i)=常相量 \tag{6-2}$$

由磁势平衡可得 $\dot{I}_1=\dot{I}_m+(-\dot{I}_2/k_i)$，说明输入电流 $\dot{I}_1$ 由励磁分量 $\dot{I}_m$ 和负载分量 $\dot{I}_{1L}=-\dot{I}_2/k_i$ 构成，随着负载电流 $\dot{I}_2$ 的变化而变化。

$\dot{F}_m$ 产生穿过气隙、同时交链定转子绕组的主磁通 $\dot{\Phi}_1$，并在定转子绕组中分别感应出主电势 $\dot{E}_1(E_1=4.44f_1\Phi_1N_1k_w)$ 和 $\dot{E}_{2s}(E_{2s}=4.44sf_1\Phi_1N_2k_{w2})$；$\dot{F}_1$ 还产生不穿过气隙、只交链定子绕组的定子漏磁通 $\dot{\Phi}_{1\sigma}$ 并感应出定子漏电势 $\dot{E}_{1\sigma}=-j\dot{I}_1X_{1\sigma}$；$\dot{F}_2$ 还产生不穿过气隙、只交链转子绕组的转子漏磁通 $\dot{\Phi}_{2\sigma}$ 并感应出转子漏电势 $\dot{E}_{2\sigma s}=-j\dot{I}_2X_{2\sigma s}$。再考虑到定、转子电阻压降，则定、转子电路的电势平衡方程为

$$\dot{U}_1=-\dot{E}_1+j\dot{I}_1X_{1\sigma}+\dot{I}_1R_1, \dot{E}_{2s}=j\dot{I}_2X_{2\sigma s}+\dot{I}_2R_2 \tag{6-3}$$

为建立感应电机的等效电路，通常要在保持磁势不变的原则下对转子进行频率归算和绕组归算。频率归算就是将实际旋转转子用不动的等效转子来代替，方法是给转子电路串联一个阻值为 $(1-s)R_2/s$ 的附加电阻，使转子总电阻变为 R_2/s。频率归算不改变转子电流和转子绕组的结构参数（m_2,N_2k_{w2},p），所以不影响磁势平衡和功率关系。附加电阻上消耗的电功率等于实际旋转转子所产生的总机械功率。经频率归算后，原来旋转的感应电动机变成

了一个等效的静止感应电动机，其 $s=1$，$f_2=sf_1=f_1$。

绕组归算是用一个与定子绕组参数（m_1,N_1k_{w1},p）相同的绕组代替实际的转子绕组（m_2,N_2k_{w2},p），归算前后各物理量的关系为

$$\dot{I}'_2=\dot{I}_2/k_i,\quad \dot{U}'_2=k_e\dot{U}_2,\quad \dot{E}'_2=k_e\dot{E}_2,\quad Z'_2=k_ik_eZ_2=k_zZ_2 \tag{6-4}$$

注意电流变比 $k_i=m_1N_1k_{w1}/(m_2N_2k_{w2})$，电势变比 $k_e=N_1k_{w1}/(N_2k_{w2})$，阻抗变比 $k_z=k_ik_e$。频率归算和绕组归算完成后，感应电动机就相当于主磁路上有气隙的1:1变压器，其主要方程式有

$$\dot{U}_1=-\dot{E}_1+j\dot{I}_1X_{1\sigma}+\dot{I}_1R_1,\quad \dot{E}'_2=j\dot{I}'_2X'_{2\sigma}+\dot{I}'_2R'_2/s,\quad \dot{E}_1=\dot{E}'_2=-\dot{I}_m(R_m+jX_m),\quad \dot{I}_1+\dot{I}'_2=\dot{I}_m \tag{6-5}$$

基于方程式可画出T形等效电路。与变压器比较，由于感应电机主磁路上有气隙，使得励磁电抗 X_m 相对较小而励磁电流 I_m（即空载电流 I_0）相对较大。T形电路可简化成Γ形等效电路。电路参数可通过空载和堵转试验测定。

感应电动机的功耗主要有铁耗 p_{Fe}、铜耗 $p_{Cu1}+p_{Cu2}$、机械损耗和附加损耗 p_m+p_Δ。p_{Fe} 主要发生在定子铁心中，大小由 Φ_1 决定，$\Phi_1\propto(U_1/f_1)$，正常运行时 U_1 和 f_1 均为恒定的额定值，所以 p_{Fe} 基本不变。p_m 受 n 影响较大，正常运行时 n 变化范围很小，所以 p_m 也基本不变。一般认为 $p_{Fe}+p_m+p_\Delta$ 为不变损耗。铜耗包括 p_{Cu1} 和 p_{Cu2}，随负载变化而变，与电流二次方成正比，为可变损耗。

从电源输入的电功率 P_1 中扣除 p_{Cu1} 和 p_{Fe} 后，其余功率 $P_1-p_{Cu1}-p_{Fe}$ 通过电磁感应传递到转子侧，称为电磁功率 P_M。P_M 的一部分作为铜耗 $p_{Cu2}=sP_M$ 消耗了，另一部分转换成了机械功率 $P_\Omega=(1-s)P_M$。P_Ω 的一部分作为 p_m+p_Δ 消耗了，另一部分作为输出功率 $P_2=P_\Omega-(p_m+p_\Delta)$ 驱动机械负载做功。转子侧的总功率为 $P_M=m_1I_2'^2R'_2/s$，被分成两部分 $p_{Cu2}=m_1I_2'^2R'_2$ 和 $P_\Omega=m_1I_2'^2R'_2(1-s)/s$，三者的比例为 $1:s:(1-s)$，这一比例式在分析感应电动机时特别有用。

感应电动机的电磁转矩 T 的定义式、物理表达式和参数表达式分别为

$$T=\frac{P_\Omega}{\Omega}=\frac{P_M}{\Omega_1},\quad T=C_T\Phi_1I'_2\cos\varphi_2,\quad T=\frac{m_1U_1^2}{\Omega_1}\frac{R'_2/s}{(R_1+R'_2/s)^2+(X_{1\sigma}+X'_{2\sigma})^2} \tag{6-6}$$

感应电动机的机械特性是指 $n=f(T)$ 曲线或 T-s 曲线。分析 T-s 曲线可以求得起动转矩、最大转矩、临界转差率等重要数据。

$$\begin{cases}T_{st}=\dfrac{m_1U_1^2}{\Omega_1}\dfrac{m_1U_1^2R'_2}{(R_1+R'_2)^2+(X_{1\sigma}+X'_{2\sigma})^2}\\[2mm] T_{max}=\dfrac{m_1U_1^2}{\Omega_1}\dfrac{1}{2[R_1+\sqrt{R_1^2+(X_{1\sigma}+X'_{2\sigma})^2}]}\\[2mm] s_m=\dfrac{R'_2}{\sqrt{R_1^2+(X_{1\sigma}+X'_{2\sigma})^2}}\end{cases} \tag{6-7}$$

通过分析 T-s 曲线还可以确定感应电动机稳定运行的区间为 $0<s<s_m$。另外，观察 T_{max} 和 s_m 的表达式可以看出，T_{max} 的值与转子电阻 R'_2 无关，但相应的 s_m 与 R'_2 成正比。据此可以得到使起动转矩达到最大值的方法：即增大 R'_2 直到 $s_m=1$。也就是给转子每相串入

$$R'_p=\sqrt{R_1^2+(X_{1\sigma}+X'_{2\sigma})^2}-R'_2 \tag{6-8}$$

的电阻。另外，$T\propto U_1^2$，这为调压调速和能否采用降压起动提供了依据；电磁转矩 T 受漏电

抗（$X_{1\sigma}+X'_{2\sigma}$）的影响较大。

感应电动机的工作特性是指：在额定频率的额定电压下，转差率 s（转速 n）、输出转矩 T_2、定子电流 I_1、效率 η 和功率因数 $\cos\varphi_1$ 等随输出功率 P_2 变化的关系曲线。$s=f(P_2)$ 是一条微微上升的曲线，一般感应电动机正常运行时 s 都很小，$s_N=0.015\sim0.06$。$T_2=f(P_2)$ 是一条微微上翘的曲线。效率特性 $\eta=f(P_2)$ 曲线形状类似于变压器，当可变损耗等于不变损耗时，出现最高效率 η_m，η_m 一般在 $(0.7\sim1.1)P_N$ 范围内出现。$I_1=f(P_2)$ 在 $P_2=0$ 即空载时 $I_1\approx I_m\approx 25\%I_N$，随着 P_2 的增加，I_1 逐渐增大。$\cos\varphi_1=f(P_2)$ 呈现出先升后降的变化规律，满载附近 $\cos\varphi_1$ 较高，轻载和重载时 $\cos\varphi_1$ 很低。

感应电动机的起动电流 I_{st} 是指起动最初瞬间由电网供给电动机定子的线电流，起动转矩 T_{st} 是指起动最初瞬间的电磁转矩。感应电动机的 I_{st} 较大而 T_{st} 并不大。笼型电动机可采用直接起动（全压起动）、降压起动和变频起动等。绕线电动机常采用转子串电阻起动。

直接起动简单易行但 I_{st} 很大。如果电源容量不够大，则必须采用降压起动。降低定子电压能降低 I_{st} 但也会降低 T_{st}，只适合于空载或轻载起动。假设直接起动的起动电流为 I_{stN}，起动转矩为 T_{stN}。主要降压起动方法有：①采用串电抗或电阻器降压（$U_{1N}/U'_1=k$）起动，$I_{st}=I_{stN}/k$，$T_{st}=T_{stN}/k^2$；②采用丫-△换接降压起动，$I_{st}=I_{stN}/3$，$T_{st}=T_{stN}/3$；③采用自耦变压器降压起动，若抽头变比为 k_a，$I_{st}=I_{stN}/k_a^2$，$T_{st}=T_{stN}/k_a^2$；④采用电力电子技术控制电压按一定规律变化，即所谓软起动；⑤采用变频电源实现低频低压、升频升压的大转矩带载起动，即所谓的变频起动。

绕线型电动机一般采用转子串电阻起动。适当增大转子电阻 R'_2，既能限制起动电流，又能提高转子功率因数，从而增大有功电流和起动转矩。分析不同 R'_2 对应的 T-s 曲线可知，随着 R'_2 的增加，最大转矩点 (s_m,T_{max}) 会向起动点 $(1,T_{st})$ 的方向移动且 T_{st} 同时增大。若希望 $T_{st}=T_{max}$，只要在转子电路中串入起动电阻 R_{st} 使 $s_m=1$ 即可，R_{st} 的归算值 R'_{st} 为

$$R'_{st}=\sqrt{R_1^2+(X_{1\sigma}+X'_{1\sigma})^2}-R'_2 \tag{6-9}$$

R_{st} 可采用普通金属丝变阻器，也可采用频敏变阻器。为了使起动过程中保持较大的 T_{st}，R_{st} 应随着 n 的升高而逐步切除。频敏变阻器相当于没有二次绕组的三相变压器，依靠铁耗电阻在起动过程中的自动变化而实现平稳起动。

深槽和双笼感应电动机通过对转子槽型的改进，利用集肤效应实现了起动过程中转子电阻从大到小的显著变化，从而提高了起动性能。这类感应电动机在起动时转子电阻较大，就如同绕线式电动机转子串入电阻起动一样。正常工作时，转子电阻又变得很小，转子铜耗不大，故不致对电机效率产生显著影响。

由转速公式 $n=(1-s)60f_1/p$ 可知感应电动机的调速方法有：①变极调速；②变频调速以及通过改变转差率 s 调速；③调压调速；④转子串电阻调速；⑤双馈调速。其中④⑤只适用于绕线型电动机。

变极调速（单绕组）通过将定子绕组一半线圈组反接而使得极数翻倍或减半。极数翻倍或减半会引起三相绕组的空间相序反转，为保持转向不变，变极的同时要改变电源相序。

变频调速时要控制每极磁通 Φ_1 不超过额定值。在基频以下调速时，要协调控制使 $E_1/f_1=$ **常数**，以保证恒磁通运行，称为恒磁通控制。当频率较高时，可协调控制使 $U_1/f_1=$ **常数**，称为恒压频比控制。但在频率很低时，要将 U_1 抬高一点，以补偿定子漏阻抗压降。在基频以

上调速时，通常保持$U_1=U_{1N}$，此时f_1升高时，Φ_1会反比例降低，称为恒电压控制或弱磁控制。在基频以下采用恒磁通控制时，转矩恒定，属于恒转矩调速；在基频以上采用弱磁控制时，转速升高而转矩降低，属于恒功率调速。

调压调速时，T-s曲线各点的T值（包括T_{max}和T_{st}）都按U_1^2正比变化，但s_m不变。通过调压改变T-s曲线与负载机械特性的交点而实现调速。调压调速用于转子电阻大的电机及泵类负载时效果较好。

绕线电动机转子串电阻后，最大转矩点(s_m, T_{max})向起动点$(1, T_{st})$移动，系统工作点也随之移动，从而实现调速。所串接的电阻值越大，稳定后的转速n越低。外串电阻消耗较大的功率，这种调速不经济。驱动恒转矩负载时，转子串电阻R'_p前后A、B两个稳态点有

$$\frac{R'_2+R'_p}{s_B}=\frac{R'_2}{s_A} \tag{6-10}$$

此式用来分析绕线电动机驱动恒转矩负载运行问题非常方便。

在绕线电动机转子电路中接入与转子频率$f_2=sf_1$相同的三相可调附加电势$\dot{E}_{ad}$取代电阻，通过改变$\dot{E}_{ad}$的大小和相位来改变转速，称为串级调速。调速稳定后系统可能处于亚同步$n<n_1$、同步$n=n_1$和超同步$n>n_1$三种模式。因为电网通过定子和转子双通道与电动机交换功率，所以又称为双馈调速。

感应电机也可作为发电机并网发电或自励发电。感应发电机没有独立的励磁电源，自身无法提供产生旋转磁场所需的感性无功［约为$(20\%\sim30\%)S_N$］，并网发电时要由电网额外提供，导致功率因数滞后。感应发电机并网运行时无励磁电路，投入电网时无须整步，定子电压和频率与转子转速无关，是风力发电、余热回收利用等场合的首选。如果用电容提供感应发电机和负载所需要的无功功率，则感应发电机也能脱离电网而独立发电，这种运行方式称为自励发电，所用的电容称为励磁电容。感应发电机自励建压类似于并励直流发电机，需满足一定的条件：①转子铁心中要有剩磁；②励磁电容要足够大。空载时建立额定端电压所需的电容称为主电容，负载时增加的电容称为辅助电容。自励感应发电机在负载变化时，电压和频率不稳定，加上电容昂贵，使其应用受到局限。以绕线转子感应电机为本体，可以构建双馈感应发电系统。其定子直接与电网连接，转子通过变流器与电网连接。变流器可以向转子提供频率、相位、大小均可调的励磁电流，可以使系统运行在亚同步、同步或超同步状态，实现定子和转子双通道与电网交换能量。

单相感应电动机能在单相电源下运行。其定子绕组分裂成主、副两个绕组，起动时，主副绕组共同作用，运行时主绕组单独作用或与副绕组共同作用。单相感应电动机起动的关键在于分相，即设法使主副绕组流过不同相位的电流。可以采用电阻或电容分相，构成所谓的单相电阻分相起动、电容分相起动、电容运转、电容起动与运转感应电动机，也可以采用罩极的方法分相，构成所谓的单相罩极电动机。

6.3 难点解析

难点1 对感应电机三种运行状态的理解。

可以从定、转子磁势相互作用的角度理解感应电机的三种运行状态。定子绕组接通三相

对称电源后即产生转向固定（设为正向）、转速固定（同步转速 n_1）的旋转磁势 $\dot{F}_s$。$\dot{F}_s$ 扫过转子绕组会产生转子电流和转子磁势 $\dot{F}_r$，$\dot{F}_r$ 有向 $\dot{F}_s$ 对齐的趋势，正是这一对齐趋势产生了电磁转矩 T。

电动运行时，$\dot{F}_s$ 领跑 $\dot{F}_r$，$\dot{F}_r$ 向 $\dot{F}_s$ 对齐的趋势产生正向的电磁转矩 T，即 $\dot{F}_s$ 牵引着 $\dot{F}_r$ 旋转，此时转子在 T 的作用下跟随着 $\dot{F}_s$ 即正向旋转，由于机械负载对转子来说是阻力，转子转速 n 不可能大于 n_1，所以电动运行时 $T>0$，$0<n<n_1$，$0<s<1$，如图 6-1 所示。

发电运行时，原动机的作用使得转子转速 n 大于 n_1，$\dot{F}_r$ 领跑 $\dot{F}_s$，$\dot{F}_r$ 向 $\dot{F}_s$ 对齐的趋势产生反向的 T，所以发电运行时 $T<0$，$n>n_1$，$s<0$，如图 6-2 所示。

需要制动时，改变电源相序，使得 $\dot{F}_s$ 相对于电动运行的转向反转（图 6-3 的逆时针转向，其转向仍设为正），此时在惯性作用下转子仍为顺时针转向即 $n<0$，$\dot{F}_r$ 向 $\dot{F}_s$ 对齐的趋势产生逆时针的 T，阻止转子旋转。所以制动运行时，$T>0$，$n<0$（相对于 $\dot{F}_s$ 的转向），$s>1$。

在图 6-1～图 6-3 中，$\dot{F}_r$ 与 $\dot{F}_s$ 之间的空间夹角受多种因素制约，这里不做详细讨论。

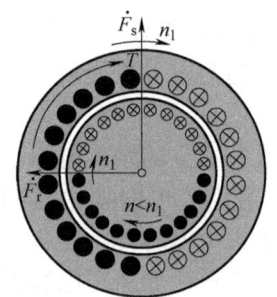
图 6-1 感应电机电动运行

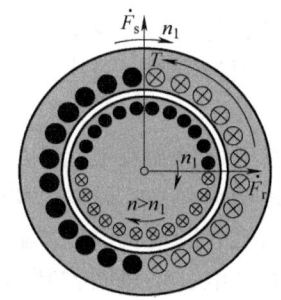
图 6-2 感应电机发电运行

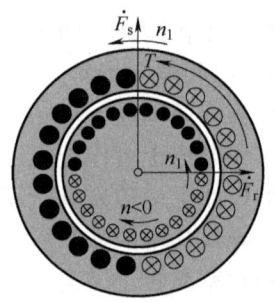
图 6-3 感应电机制动运行

难点 2 笼型感应电动机转子绕组归算问题。

绕线型转子绕组向定子绕组归算时，m_2、N_2、k_{w2} 按绕组实际结构确定。笼型转子绕组向定子绕组归算时，可按两种方法确定转子绕组的 m_2、N_2、k_{w2}。常用方法是认为笼型转子的每根导条自成一相，所以 $m_2=Z_2$，每根导条相当于半匝线圈，所以每相串联匝数 $N_2=0.5$，绕组系数 $k_{w2}=1$。这种情况下每相并联支路数 $a=1$，转子每相电阻为导条电阻与相应端环部分电阻的串联，设为 R_2。另一种方法是，如果 $Z_2/p=$ 整数，则相邻两对 NS 极域的对应位置的两根导条在空间错开 $360°$ 电角度，即同相位，整个圆周就有 p 根导条同相位，所产生的感应电势和电流也同相位，属于同一相，所以每相就有 p 根导条并联即 $a=p$，Z_2 根导条自然被分成了 Z_2/p 相即 $m_2=Z_2/p$。这里要特别注意的是，此时转子每相电阻为 R_2/p，电抗也类似。图 6-4 给出的是 4 极 36 槽笼型绕组展开图，图中 2 号导条与 20 号导条在空间错开 $360°$ 电角度而同相位，属于同一相，由端环将其并联成 $a=2$ 条支路，该绕组可以看成 $m_2=Z_2/p=18$，$N_2=0.5$，$k_{w2}=1$，$a=2$。当然也可看成 $m_2=36$，$N_2=0.5$，$k_{w2}=1$，$a=1$。注意两种算法的 a 不同，对应的相电阻、相电抗也就不同。

还要注意的是，笼型绕组本身没有固定的极对数，定子磁场在笼型绕组感应出不同的电流分布，就会形成不同的极对数，所以笼型绕组的极对数总是等于定子绕组的极对数。

难点 3 对绕线感应电动机驱动恒转矩负载、转子串电阻调速的分析。

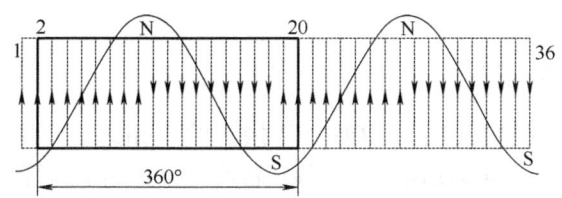

图 6-4　笼型转子绕组的相数和极数分析

感应电动机驱动恒转矩负载，转子绕组串电阻调速时，在各个稳态，转子总电阻与相应的转差率成正比。这一结论用来分析转子串电阻调速及其对电机性能的影响时非常有用。根据 $T\text{-}s$ 公式可知 $T=f(R_2'/s)$，如果负载转矩不变，则 T 也不变，复合自变量 R_2'/s 就不变，这就得出了式（6-10），它清楚地显示了转子总电阻与相应的转差率之间的比例关系，用来解决绕线型感应电动机转子串电阻调速问题非常方便。

进一步看，转子串电阻且恒转矩驱动系统稳定后，等效电路（如图 6-5 所示）转子侧的总电阻 R_2'/s 不变，其他参数也未改变，所以串电阻前后两个稳态的等效电路未发生任何改变。感应电动机一些重要数据如输入功率、定子电流、功率因数、电磁功率、转子电流、励磁电流、转子功率因数等都保持不变。虽然转子电路的总电阻 R_2'/s 不变，但总电阻是由实际电阻 R_2'（包括串入的电阻）和附加电阻 $R_2'(1-s)/s$ 两部分组成，若 R_2' 增加，则 $R_2'(1-s)/s$ 必然减小，使得转子铜耗增大而机械功率小，当然输出功率和效率下降了。说明该法不节能。

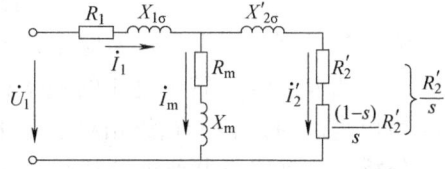

图 6-5　感应电动机 T 形等效电路

难点 4　对单相罩极感应电动机原理的理解。

罩极电动机结构简单，定子用凸极或隐极，转子用笼型转子。凸极定子有两套绕组——主绕组和副绕组，主绕组集中绕在主极上，主极一侧约 1/3 处开一个小槽，槽内放短路铜环把部分磁极罩住，称为罩极线圈，用来充当副绕组，如图 6-6a 所示。

罩极电动机的原理可用相量图分析，如图 6-6b 所示。主绕组通过单相交流电流时，产生的交变磁通 $\dot{\Phi}$ 被一分为二，即不穿过短路环的 $\dot{\Phi}_1$ 和穿过短路环的 $\dot{\Phi}_2$。短路环会产生一个抵抗 $\dot{\Phi}_2$ 变化的磁通 $\dot{\Phi}_a$，使得穿过短路环的总磁通 $\dot{\Phi}_2'=\dot{\Phi}_2+\dot{\Phi}_a$ 滞后于 $\dot{\Phi}_1$。与 $\dot{\Phi}_2'$ 和 $\dot{\Phi}_1$ 相对应，相当于在空间有错开一定角位移的 2 个正弦脉振磁势 $\dot{F}_2'$ 和 $\dot{F}_1$，合成磁势 $\dot{F}=\dot{F}_1+\dot{F}_2'$ 为一个椭圆形旋转磁势，旋转方向为由主磁极的未罩部分转向被罩部分，是固定的。

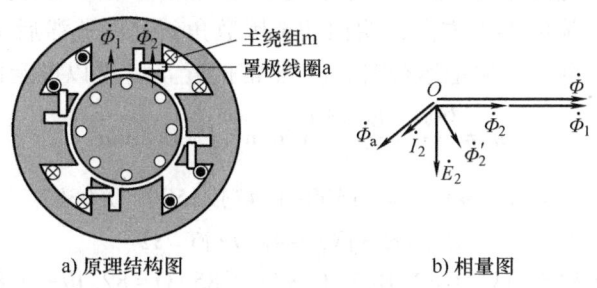

a) 原理结构图　　　　　　b) 相量图

图 6-6　罩极电动机原理分析

6.4 例题精讲

例 6-1 一台 380V、10kW、4 极、50Hz、Y 接法的三相感应电动机，额定负载运行时有 0.015 的转差率。试求：(1) 同步转速；(2) 额定转速；(3) 额定运行时的转子频率；(4) 额定转矩。

分析 这是感应电动机最基本的计算题。

解：(1) 电动机同步转速为
$$n_1 = \frac{60 f_1}{p} = \frac{60 \times 50}{2} \text{r/min} = 1500 \text{r/min}$$

(2) 额定转速为
$$n_N = (1-s) n_1 = (1-0.015) \times 1500 \text{r/min} = 1477.5 \text{r/min}$$

(3) 额定运行时的转子侧频率为
$$f_2 = s f_1 = 0.015 \times 50 \text{Hz} = 0.75 \text{Hz}$$

或者
$$f_2 = \frac{p \Delta n}{60} = \frac{2 \times (1500 - 1477.5)}{60} \text{Hz} = 0.75 \text{Hz}$$

(4) 额定转矩为
$$T_N = \frac{P_N}{\Omega_N} = \frac{P_N}{2\pi n_N / 60} = \frac{10 \times 10^3 \text{W}}{2\pi \times 1477.5/60 \text{rad/s}} = 64.63 \text{N} \cdot \text{m}$$

例 6-2 一台三相 4 极感应电动机，接到频率为 50Hz 的电源上运行，若转差率 $s = 0.0387$，试求：(1) 转子电流的频率；(2) 转子磁势相对于转子的转速；(3) 转子磁势在空间的转速；(4) 转子磁势相对于定子磁势的转速。

分析 这是感应电动机最基本的计算题。要记住，定、转子磁势总是同步的。

解：(1) 转子电流的频率
$$f_2 = s f_1 = 0.0387 \times 50 \text{Hz} = 1.935 \text{Hz}$$

(2) 转子磁势相对于转子的转速
$$n_2 = \frac{60 f_2}{p} = \frac{60 \times 1.935}{2} \text{r/min} = 58.05 \text{r/min}$$

(3) 转子的转速 $n = (1-s) n_1 = (1-s) 60 f_1 / p = [(1-0.0387) \times 60 \times 50 / 2] \text{r/min} = 1441.95 \text{r/min}$

转子磁势在空间的转速 $n + n_2 = (58.05 + 1441.95) \text{r/min} = 1500 \text{r/min} = n_1$

(4) 定子磁势的转速为 n_1，转子磁势的转速也为 n_1，二者相对速度为 0。

例 6-3 一台三相感应电动机，额定功率 $P_N = 4 \text{kW}$，额定电压 $U_N = 380 \text{V}$，△接法，额定频率 $f_1 = 50 \text{Hz}$，额定转速 $n_N = 1442 \text{r/min}$。定、转子侧的参数如下：

$R_1 = 4.47 \Omega$，$R_2' = 3.18 \Omega$，$R_m = 11.9 \Omega$，$X_{1\sigma} = 6.7 \Omega$，$X_{2\sigma}' = 9.85 \Omega$，$X_m = 188 \Omega$

试分别利用 T 形和 Γ 形等效电路，求额定运行时的定子输入电流 I_N、功率因数 $\cos \varphi_1$、转子侧电流 I_2' 以及励磁电流 I_m。

分析 这是感应电动机等效电路的解算问题。要熟练掌握复数运算，注意转子电路的电阻为 R_2'/s，清楚各个电流的参考方向，明白功率因数角就是电流滞后于电压的相位角。

解：由于普通感应电动机额定运行时，n_N 非常接近 n_1，可以推定此电机为 4 极。

同步速度 $\quad n_1 = \dfrac{60 f_1}{p} = \dfrac{60 \times 50}{2} \text{r/min} = 1500 \text{r/min}$

转差率 $\quad s = (n_1 - n)/n_1 = (1500 - 1442)/1500 = 0.0387$

定子阻抗 $\quad Z_{1\sigma} = R_1 + j X_{1\sigma} = 4.47 + j6.7 \Omega$

转子阻抗 $\quad Z_{2\sigma}' = R_2'/s + j X_{2\sigma}' = (3.18/0.0387 + j9.85) \Omega = 82.17 + j9.85 \Omega$

励磁阻抗 $\quad Z_m = R_m + j X_m = 11.9 + j188 \Omega$

108

用 T 形等效电路来求解。定子相电流为

$$\dot{I}_1 = \frac{\dot{U}_1}{Z_{1\sigma}+\dfrac{Z_m Z'_{2\sigma}}{Z_m+Z'_{2\sigma}}} = \frac{380\angle 0°}{(4.47+j6.7)+\dfrac{(11.9+j188)(82.17+j9.85)}{(11.9+j188)+(82.17+j9.85)}} \text{A} = 4.845\angle -31.384° \text{A}$$

输入电流及功率因数 $\quad I_N = \sqrt{3}I_1 = \sqrt{3}\times 4.845\text{A} = 8.39\text{A}$，$\cos\varphi_1 = \cos 31.384° = 0.854$

转子电流 $\quad -\dot{I}'_2 = \dfrac{Z_m}{Z_m+Z'_{2\sigma}}\dot{I}_1 = \dfrac{11.9+j188}{(11.9+j188)+(82.17+j9.85)}\times 4.845\angle -31.384°\text{A} = 4.17\angle -9.56°\text{A}$

励磁电流 $\quad \dot{I}_m = \dfrac{Z'_{2\sigma}}{Z_m+Z'_{2\sigma}}\dot{I}_1 = \dfrac{82.17+j9.85}{(11.9+j188)+(82.17+j9.85)}\times 4.845\angle -31.384°\text{A} = 1.83\angle -89.11°\text{A}$

用 Γ 形等效电路求解。转子电流

$$-\dot{I}'_2 = \frac{\dot{U}_1}{Z_{1\sigma}+Z'_{2\sigma}} = \frac{380\angle 0°}{(4.47+j6.7)+(82.17+j9.85)} \text{A} = 4.305\angle -10.81°\text{A}$$

励磁电流 $\quad \dot{I}_m = \dfrac{\dot{U}_1}{Z_{1\sigma}+Z_m} = \dfrac{380\angle 0°}{(4.47+j6.7)+(11.9+j188)}\text{A} = 1.945\angle -85.19°\text{A}$

定子相电流 $\quad \dot{I}_1 = (-\dot{I}'_2)+\dot{I}_m = (4.305\angle -10.81°+1.945\angle -85.19°)\text{A} = 5.18\angle -32.01°\text{A}$

输入电流及功率因数 $\quad I_N = \sqrt{3}I_1 = \sqrt{3}\times 5.18\text{A} = 8.97\text{A}$，$\cos\varphi_1 = \cos 32.01° = 0.848$

例 6-4 一台 4 极三相笼型感应电动机数据为：额定电压 $U_N = 380\text{V}$，$n_N = 1480\text{r/min}$，$f_1 = 50\text{Hz}$，定子绕组为 △ 接法，$R_1 = 0.088\Omega$，$R'_2 = 0.073\Omega$，$X_{1\sigma} = 0.404\Omega$，$X'_{2\sigma} = 0.77\Omega$。用电磁转矩的参数公式计算：

（1）额定电磁转矩；（2）最大电磁转矩；（3）临界转差率；（4）过载能力。

分析 这是感应电动机转矩计算问题。直接套公式就行。

解：相电压 $\quad U = U_N = 380\text{V}$

同步转速 $\quad n_1 = \dfrac{60f_N}{p} = \dfrac{60\times 50}{2}\text{r/min} = 1500\text{r/min}$

额定转差率 $\quad s = \dfrac{n_1-n_N}{n_1} = \dfrac{(1500-1480)\text{r/min}}{1500\text{r/min}} = 0.0133$

同步角速度 $\quad \Omega_1 = \dfrac{2\pi n_1}{60} = \dfrac{2\pi\times 1500\text{rad}}{60\text{s}} = 157.0796\text{rad/s}$

（1）额定电磁转矩

$$T_N = \frac{3U^2}{\Omega_1}\frac{R'_2/s}{(R_1+R'_2/s)^2+(X_{1\sigma}+X'_{2\sigma})^2} = \frac{3\times 380^2}{157.0796}\times \frac{0.073/0.0133}{(0.088+0.073/0.0133)^2+(0.404+0.77)^2}\text{N·m}$$
$$= 467.1011\text{N·m}$$

（2）最大电磁转矩

$$T_{max} = \frac{3U^2}{\Omega_1}\frac{1}{2[R_1+\sqrt{R_1^2+(X_{1\sigma}+X'_{2\sigma})^2}]} = \frac{3\times 380^2}{157.0796}\times \frac{1}{2[0.088+\sqrt{0.088^2+(0.404+0.77)^2}]}\text{N·m}$$
$$= 1089.8012\text{N·m}$$

（3）临界转差率 $\quad s_m = \dfrac{R'_2}{\sqrt{R_1^2+(X_{1\sigma}+X'_{2\sigma})^2}} = \dfrac{0.073\Omega}{\sqrt{0.088^2+(0.404+0.77)^2}\,\Omega} = 0.0620$

(4) 过载能力　　　　　$k_M = \dfrac{T_{max}}{T_N} = \dfrac{1089.8012 \text{N} \cdot \text{m}}{467.1011 \text{N} \cdot \text{m}} = 2.3331$

例 6-5　有一台 50Hz 的三相绕线转子感应电动机，定子绕组为丫连接。已知 $U_N = 380\text{V}$，$2p = 4$，$n_N = 1444\text{r/min}$；参数 $R_1 = R_2' = 0.4\Omega$，$X_{1\sigma} = X_{2\sigma}' = 1.0\Omega$。试求：

(1) 最初起动电流和最初起动转矩（不计励磁电流）；

(2) 若要限制最初起动电流为 (1) 中的一半，转子绕组每相应串入多大电阻？（设 $k_e = k_i = 1$。）

分析　这是感应电动机起动问题。(1) 直接套公式就行。(2) 根据约束条件列方程求解。

解：相电压　　　　　$U = U_N/\sqrt{3} = 380\text{V}/\sqrt{3} = 219.3931\text{V}$

同步转速　　　　　$n_1 = \dfrac{60f}{p} = \dfrac{60 \times 50}{2} \text{r/min} = 1500\text{r/min}$

同步角速度　　　　$\Omega_1 = \dfrac{2\pi n_1}{60} = \dfrac{2\pi \times 1500\text{rad}}{60\text{s}} = 157.0796\text{rad/s}$

(1) 最初起动电流 $I_{st} = \dfrac{U}{\sqrt{(R_1+R_2')^2+(X_{1\sigma}+X_{2\sigma}')^2}} = \dfrac{219.3931\text{V}}{\sqrt{(0.4+0.4)^2+(1+1)^2}\Omega} = 101.8507\text{A}$

最初起动转矩

$T_{st} = \dfrac{3U^2}{\Omega_1} \dfrac{R_2'}{(R_1+R_2')^2+(X_{1\sigma}+X_{2\sigma}')^2} = \dfrac{3 \times 219.3931^2}{157.0796} \times \dfrac{0.4}{(0.4+0.4)^2+(1+1)^2} \text{N} \cdot \text{m} = 79.2482\text{N} \cdot \text{m}$

(2) 令 $\dfrac{U}{\sqrt{(R_1+R_2'+R_p')^2+(X_{1\sigma}+X_{2\sigma}')^2}} = 0.5 I_{st}$ 即 $\dfrac{219.3931}{\sqrt{(0.4+0.4+R_p')^2+(1+1)^2}} = 0.5 \times 101.8507$

解得：$R_p' = 3.0158\Omega$

所以应串入的实际电阻　　$R_p = R_p'/(k_i k_e) = 3.0158\Omega/(1 \times 1) = 3.0158\Omega$

例 6-6　有一台 4 极绕线转子三相感应电动机拖动恒转矩负载运行，已知其转子每相电阻 $R_2 = 0.08\Omega$，转速 $n = 1450\text{r/min}$，$f = 50\text{Hz}$。欲将转速调低至 $n' = 1250\text{r/min}$，应在转子每相中串入阻值多少欧姆的电阻？

分析　这是绕线型感应电动机转子串电阻调速问题。知识点：对恒转矩负载，转差率与转子每相电阻成正比。

解：同步转速　　　　$n_1 = \dfrac{60f}{p} = \dfrac{60 \times 50}{2} \text{r/min} = 1500\text{r/min}$

调速前的转差率　　$s = \dfrac{n_1 - n}{n_1} = \dfrac{(1500-1450)\text{r/min}}{1500\text{r/min}} = 0.0333$

调速后的转差率　　$s' = \dfrac{n_1 - n'}{n_1} = \dfrac{(1500-1250)\text{r/min}}{1500\text{r/min}} = 0.1667$

应串入到转子的每相电阻　　$R_p = \dfrac{s'}{s} R_2 - R_2 = \left(\dfrac{0.1667}{0.0333} \times 0.08 - 0.08\right)\Omega = 0.32\Omega$

例 6-7　一台笼型感应电动机，定子绕组为丫接法。空载试验和堵转试验数据如下：

空载试验：$U_0 = U_N = 380\text{V}$（线），$I_0 = 12.4\text{A}$，$p_0 = 950\text{W}$，$p_m = 150\text{W}$；

堵转试验：$U_k=78V$（线），$I_k=I_N=46A$，$p_k=2450W$；定子每相电阻 $R_1=0.19\Omega$。试求 T 形等效电路参数。

分析 这是感应电动机参数测定的问题。按教材上的步骤计算即可。

解：堵转相电压 $U_{k1}=U_k/\sqrt{3}=78V/\sqrt{3}=45.0333V$

堵转阻抗 $z_k=U_{k1}/I_k=45.0333V/46A=0.979\Omega$

堵转电阻 $R_k=\dfrac{p_k}{3I_k^2}=\dfrac{2450W}{3\times46^2 A^2}=0.3859\Omega$

堵转电抗 $X_k=\sqrt{z_k^2-R_k^2}=\sqrt{0.979^2-0.3859^2}\Omega=0.8997\Omega$

空载相电压 $U_{01}=U_0/\sqrt{3}=380V/\sqrt{3}=219.3931V$

空载阻抗 $z_0=U_{01}/I_0=219.3931V/12.4A=17.693\Omega$

铁耗 $p_{Fe}=p_0-3R_1I_0^2-p_m=(950-3\times0.19\times12.4^2-150)W=712.3568W$

励磁电阻 $R_m=\dfrac{p_{Fe}}{3I_0^2}=\dfrac{712.3568W}{3\times12.4^2 A^2}=1.5443\Omega$

空载电抗 $X_0=\sqrt{z_0^2-(R_m+R_1)^2}=\sqrt{17.693^2-(1.5443+0.19)^2}\Omega=17.6078\Omega$

转子电阻归算值 $R_2'=\dfrac{X_0}{X_0-X_k}(R_k-R_1)=\dfrac{17.6078}{17.6078-0.8997}\times(0.3859-0.19)\Omega=0.2065\Omega$

定、转子漏抗

$X_{1\sigma}=X_{2\sigma}'=X_0-\sqrt{\dfrac{X_0-X_k}{X_0}(R_2'^2+X_0^2)}=\left(17.6078-\sqrt{\dfrac{17.6078-0.8997}{17.6078}(0.2065^2+17.6078^2)}\right)\Omega=0.4546\Omega$

励磁电抗 $X_m=X_0-X_{1\sigma}=(17.6078-0.4546)\Omega=17.1532\Omega$

6.5 思考题简答

6-1 感应电机有哪几种运行状态？各运行状态下同步转速 n_1、转子转速 n 以及电磁转矩 T 三者的关系是怎样的？

答：有电动、发电和制动三种运行状态。电动状态时，$n_1>n$，n_1、n 和 T 同方向；发电状态时，$n>n_1$，n_1、n 同方向，T 与 n 反方向；制动状态时，n_1 与 n 反方向，T 与 n 反方向。

6-2 为什么感应电动机的转速一定低于同步转速，而感应发电机的转速必须高于同步转速？如果转轴上不施加外力，感应电机的转速能够达到或超过同步转速吗？

答：旋转磁场的转速 n_1 大小和方向不变，当 $n<n_1$ 时，才能产生转子电流和驱动转子旋转的电磁转矩 T，将电能转换成机械能，实现电动运行。当 $n>n_1$ 时，才能产生转子电流和阻碍转子旋转的电磁转矩 T，将机械能转换成电能，实现发电运行。如果转轴上不施加外力，感应电机的转速不能达到或超过同步转速。

6-3 简述三相感应电动机基本结构。

答：感应电动机定子包括端盖、机座、轴承、定子铁心和绕组、接线盒等。转子包括转子铁心和绕组、轴、风扇等。转子绕组又分为笼型和绕线型。笼型转子绕组直接短路，没有引出线。绕线型转子绕组一般接成星形，转子出线端接在安装在转轴上的三个集电环上，通过装在定子上的与集电环紧密接触的三个电刷引入接线盒中。

6-4 感应电动机按转子结构分为哪两类？各有什么优点？

答：分为笼型和绕线型转子两类。笼型结构简单、工艺简便、成本低。绕线型可外串电阻或接附加电源，改善电动机的起动和调速性能。

6-5 笼型转子导体与铁心槽之间是否有绝缘？为什么？

答：笼型转子每相只有一根导体，相邻两相之间的电位差极小，铁心槽本身的绝缘处理就可以满足绝缘需求，不会产生横穿电枢齿的电流，无须采用其他绝缘材料。

6-6 笼型转子绕组的极数、相数、绕组系数、每相串联匝数、每相并联支路数分别应如何确定？

答：见教材或本章难点解析。

6-7 气隙的长度对感应电动机的励磁电流和功率因数有何影响？

答：气隙长度决定了主磁路的磁阻，要产生同样大小的磁通，气隙越大，需要的励磁电流就越大。励磁电流主要是无功电流，会使得功率因数变小。

6-8 为什么感应电动机励磁电流与额定电流的比值远大于变压器的这一值？

答：感应电动机的主磁路上有气隙，使其磁阻远大于变压器的，导致其励磁电流相对较大。

6-9 什么是感应电机的转差率？如何根据转差率推断感应电动机的运行状态？

答：$s=(n_1-n)/n_1$；$0<s<1$→电动状态，$s<0$→发电状态，$s>1$→制动状态。

6-10 通常情况下，感应电动机额定转差率在什么范围？如果已知电源频率为 50Hz，怎样根据额定转速推断同步转速和电机的极对数？

答：三相感应电动机的转差率约为 $0.01<s<0.05$。$n_1=60f/p=3000/p=3000,1500,1000,\cdots$ 当 n 稍小于 3000 时，为 2 极电动机，以此类推。

6-11 什么是转差频率？感应电动机的转子频率为什么等于转差频率？

答：$f_s=sf_1$ 称为转差频率。感应电动机的转子绕组以转差 $\Delta n=n_1-n=sn_1$ 切割气隙磁场，所产生的电势频率为 $f_2=p\Delta n/60=spn_1/60=sf_1=f_s$。

6-12 试证明：稳定运行时，感应电机定子绕组产生的旋转磁势与转子绕组产生的旋转磁势相对静止。

答：$\dot{F}_1$ 的转速为 n_1，转子转速为 n，转子绕组与 $\dot{F}_1$ 的相对转速为 (n_1-n)，转子电流的频率 $f_2=p(n_1-n)/60$，转子磁势 $\dot{F}_2$ 相对于转子自身的转速为 $\Delta n=60f_2/p=n_1-n$，$\dot{F}_2$ 的绝对转速为 $(n_1-n)+n=n_1$。

6-13 转子转速对感应电动机的转子频率、转子电势、转子漏电抗有什么影响？

答：$n\uparrow\to s\downarrow\to$ 转子频率、转子电势、转子漏电抗按比例减小。反之则反。

6-14 转子转速对感应电动机的转子电流和转子功率因数有什么影响？

答：$n\uparrow\to s\downarrow\to$ 转子电势减小→转子电流减小。$n\uparrow\to s\downarrow\to$ 转子电路电阻增大→转子功率因数升高。

6-15 为什么空载和堵转时，感应电动机的功率因数都很小？

答：空载和堵转时，输出功率都等于 0。根据等效电路，空载时有功输入主要消耗在铁耗电阻 R_m 上，无功输入主要消耗在励磁电抗 X_m 上，由于 $X_m\gg R_m$，所以空载功率因数 $\cos\varphi_0\approx R_m/\sqrt{R_m^2+X_m^2}$ 很小。堵转时有功输入主要消耗在定转子电阻 $(R_k=R_1+R_2')$ 上，无功输入主要消耗在定转子漏抗（$X_k = X_{1\sigma}+X'_{2\sigma}$）上，由于 $X_k \gg R_k$，所以堵转功率因数 $\cos\varphi_k \approx R_k/\sqrt{R_k^2+X_k^2}$ 也很小。

6-16 写出感应电动机的定子和转子电势平衡方程式。

答：$\dot{U}_1 = -\dot{E}_1 + \dot{I}_1 R_1 + j\dot{I}_1 X_{1\sigma}$，$\dot{E}'_2 = \dot{I}'_2 R'_2 + j\dot{I}'_2 X'_{2\sigma}$

6-17 写出感应电动机转子电流和转子功率因数的计算式。

答：根据 Γ 形等效电路：

$$I'_2 = U_1/\sqrt{(R_1+R'_2/s)^2+(X_{1\sigma}+X'_{2\sigma})^2}，\cos\varphi_2 = R'_2/s/\sqrt{(R_1+R'_2/s)^2+(X_{1\sigma}+X'_{2\sigma})^2}$$

6-18 怎样理解感应电动机的磁势平衡？什么是定子电流中的负载分量和励磁分量？

答：根据 $\dot{U}_1 = -\dot{E}_1+\dot{I}_1 R_1+j\dot{I}_1 X_{1\sigma}$ 可知 $U_1 \approx E_1 = 4.44Nf\Phi_1 k_w \rightarrow \Phi_1 \approx U_1/4.44Nfk_w$。在电源电压和频率不变时，磁通也基本不变。产生磁通所需的总磁势 F_m 基本为常数。电动机负载运行时，F_m 由定、转子绕组共同提供，所以 $\dot{F}_1+\dot{F}_2 = \dot{F}_m$ = 常相量，这就是感应电动机的磁势平衡原理和方程。根据 $\dot{F}_1+\dot{F}_2 = \dot{F}_m$ 可知 $0.9m_1 N_1 \dot{I}_1 k_{w1}/(2p) + 0.9m_2 N_2 \dot{I}_2 k_{w2}/(2p) = 0.9m_1 N_1 \dot{I}_m k_{w1}/(2p)$ 即 $\dot{I}_1 = \dot{I}_m+(-\dot{I}'_2/k_i) = \dot{I}_m+\dot{I}_{1L}$，其中 $\dot{I}_m$ 为励磁分量，$\dot{I}_{1L} = -\dot{I}'_2/k_i$ 为负载分量。

6-19 感应电动机定、转子绕组之间没有电路连接，为什么转子电流的变化会影响定子电流？如何影响？

答：定、转子电流之间满足磁势平衡关系 $\dot{I}_1 = \dot{I}_m+(-\dot{I}'_2/k_i)$，所以 $\dot{I}'_2$ 的变化会影响 $\dot{I}_1$。

6-20 什么是感应电动机的频率归算和绕组归算？归算时必须遵循什么原则？

答：频率归算：用不动的转子等效替代原来旋转的转子。绕组归算：用与定子相数 m_1、每相有效串联匝数 $N_1 k_{w1}$ 相等的假想转子等效代替实际转子。原则：磁势平衡关系不变。

6-21 感应电机绕组归算与变压器的绕组归算有何不同？

答：变压器绕组为集中绕组，没有绕组系数且一、二次相数相等。感应电机为分布绕组，有绕组系数且转子绕组相数可能不等于定子绕组相数，归算时要考虑绕组系数和相数的影响。

6-22 感应电动机等效电路中的附加电阻 $(1-s)R'_2/s$ 的物理意义是什么？

答：附加电阻上消耗的电功率等于电动机产生的总机械功率。

6-23 感应电动机在额定电压运行，从空载到满载再到短路，主磁通和漏磁通是否变化？等效电路参数 $X_{1\sigma}$，$X'_{2\sigma}$，R_m，X_m 是否变化？如何变化？

答：在负载正常变化（负载在额定点附近变化）时可以认为主磁通基本不变，漏磁通随电流变化。但从空载到满载再到短路，$\dot{I}_2$ 和 $\dot{I}_1$ 剧烈增大，由于感应电动机是感性负载，漏抗压降 $E_{1\sigma}$ 随着 $\dot{I}_1$ 的增大而增大，在 $\dot{U}_1$ 不变时，使得 $\dot{E}_1$ 随 $\dot{I}_1$ 的增大而减小，导致主磁通 $[\Phi_1 = E_1/(4.44N_1 f_1 k_{w1})]$ 减小而漏磁通 $[\Phi_{1\sigma} = E_{1\sigma}/(4.44N_1 fk_{w1})]$ 增大。结论是 $X_{1\sigma}$、$X'_{2\sigma}$ 基本不变（漏磁路为线性），R_m、X_m 有所增加（主磁路饱和程度减小）。

6-24 试定性绘制感应电动机的相量图。

答：如图 6-7 所示。

6-25 简述感应电动机的功率流程。

答：电源提供输入电功率 P_1，在定子绕组中产生定子铜耗 p_{Cu1} 和旋转磁场，旋转磁场在定转子铁心（主要是定子铁心）中产生铁耗 p_{Fe}，其余功率通过电磁感应传递到转子绕组，这部分功率总称为电磁功率 P_M。P_M 中的一小部分转换为转子绕组的铜耗 $p_{Cu2}=sP_M$，一大部分转换为机械功率 $P_\Omega=(1-s)P_M$。P_Ω 驱动转子旋转，一小部分作为机械损耗和杂散损耗 p_m+p_Δ 消耗掉了，一大部分作为输出机械功率 P_2 驱动机械负载工作。其功率流程如图 6-8 所示。

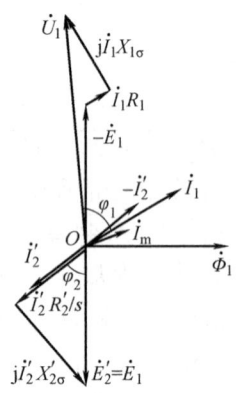

图 6-7 感应电动机相量图

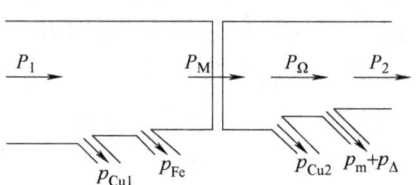

图 6-8 感应电动机功率流程图

6-26 通过电磁感应传递到转子侧的电磁功率 P_M 与转子铜耗 p_{Cu2} 及总机械功率 P_Ω 三者有什么样的比例关系？

答：$P_M:p_{Cu2}:P_\Omega=1:s:(1-s)$。

6-27 感应电动机的电磁转矩有哪些计算式？各有什么特点？

答：功率表达式 $T=P_\Omega/\Omega=P_M/\Omega_1$，简单明了，使用方便。

电磁表达式 $T=C_T\Phi_1 I'_2\cos\varphi_2$，物理概念明确。

参数表达式 $T=\dfrac{1}{\Omega_1}\dfrac{3U_1^2 R'_2/2}{(R_1+R'_2/s)^2+(X_{1\sigma}+X'_{2\sigma})^2}$，便于作图，最为常用。

6-28 什么是感应电机的机械特性？试绘制，并标出制动、电动、发电运行对应的区间。

答：机械特性是指电磁转矩和转速之间的函数关系，在感应电机中，n-T 曲线或 T-s 曲线便是其机械特性，如图 6-9 所示。

6-29 给出感应电动机稳定运行对应的转差率区间。

答：$0<s<s_m$

6-30 如何求最大转矩和临界转差率？如何求起动转矩？

答：根据电磁转矩的参数表达式 $T(s)$，令 $s=1$，代入 $T(s)$ 函数，可求得起动转矩 T_{st}。详见教材。

6-31 什么电抗对感应电机的最大转矩及起动转矩起主要影响？

答：根据最大转矩和起动转矩的参数表达式可知，漏电抗的影响大。

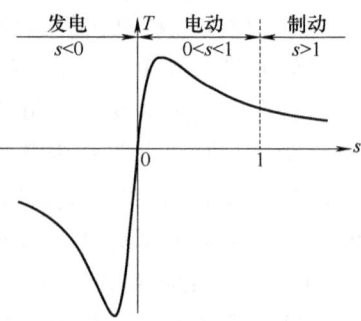

图 6-9 感应电机机械特性曲线

6-32 为什么感应电动机的起动电流很大而起动转矩并不大？

答：起动瞬间，转速为 0，转差速度 $\Delta n=n_1$ 最大，定子磁势以 Δn 扫过转子绕组，产生的感应电势和转子电流很大,相应的定子线电流即起动电流也很大。起动瞬间的定子主电势($-\dot{E}_1=U_1-\dot{I}_1R_1-j\dot{I}_1X_{1\sigma}$)的有效值并不大,根据$\Phi_1\approx E_1/(4.44Nfk_w)$,起动瞬间的$\Phi_1$并不大,另外起动瞬间的$\cos\varphi_2$很小(见思考题6-15),根据$T=C_T\Phi_1I_2'\cos\varphi_2$可知,起动转矩并不大。

6-33 电压降低对感应电动机的机械特性曲线的形状有何影响?试画图说明。

答:转速不变即s不变时,$T\propto U^2$,所以机械特性n-T曲线上,转矩会缩小,如图6-10所示。

6-34 什么是感应电动机的过载能力、起动电流倍数、起动转矩倍数?

答:最大转矩与额定转矩之比称为感应电动机的过载能力。最初起动电流与额定电流之比称为起动电流倍数。最初起动转矩与额定转矩之比称为起动转矩倍数。

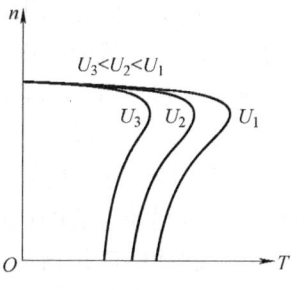

图6-10 思考题6-33图

6-35 转子电阻、定子电阻、定子漏抗、转子漏抗分别增加时,感应电动机的起动电流、起动转矩、最大转矩、临界转差率分别如何变化?

答:由公式可知,转子电阻增加时,起动电流降低、起动转矩增加、最大转矩不变、临界转差率增加。定子电阻、定子漏抗和转子漏抗分别增加时,起动电流、起动转矩、最大转矩、临界转差率都减小。

6-36 一台50Hz的感应电动机接到相同电压60Hz的电源上运行,其起动电流、起动转矩以及最大转矩分别如何变化?

答:频率增大则同步角速度和电抗增大,起动电流、起动转矩和最大转矩都减小。

6-37 什么是感应电动机的功率因数?功率因数特性有怎样的变化规律,试解释。

答:从输入侧看进去的功率因数即为感应电动机的功率因数。功率因数反映了输入有功占视在功率的比值。空载时,输出有功为0,输入有功很小,功率因数很小。正常负载时,输出有功较大,输入有功也较大,功率因数较大;过载时,虽然电流增大但转速降低,输出有功占视在功率的比值下降,输入有功占视在功率的比值也降低,功率因数降低。负载加大导致堵转时,输出功率为0,功率因数很低。所以功率因数特性具有中段高两头低的特征。

6-38 为什么空载运行时,感应电动机转子边的功率因数很高而从定子边看进去的功率因数却很低?

答:空载时,转子侧附加电阻极大,转子电路功率因数高。但在空载时,T形等效电路中的励磁支路起主要作用,励磁电抗远大于铁耗电阻,所以从定子侧看进去的功率因数很低。

6-39 感应电动机的主要性能指标有哪些?

答:主要性能指标有额定效率、额定功率因数、最大转矩倍数、最初起动转矩倍数、最初起动电流倍数、温升等。

6-40 简述感应电动机的主要起动方法。

答:笼型感应电动机主要采用降压起动。降压方法包括定子串电阻或电抗器、星形-三角形换接开关、自耦变压器降压、软起动、变频起动等。绕线型感应电动机通常采用转子串电阻起动。

6-41 欲使绕线转子感应电动机的起动转矩达到最大值，每相转子电路应串入多大电阻？

答：$R'_{st} = \sqrt{R_1^2 + (X_{1\sigma} + X'_{2\sigma})^2} - R'_2$。

6-42 解释绕线转子感应电动机转子串频敏变阻器起动的工作原理。

答：频敏变阻器的阻值与频率正相关，将频敏变阻器串接到转子回路，当感应电动机刚起动时，转子电流的频率最高 $f_2 = 50$Hz，转子回路的总电阻最大，可以限制起动电流并增大起动转矩。起动后，随着转速的上升，$f_2 = sf_1$ 逐渐降低，频敏变阻器的等效电阻也随之减小，正好满足了起动过程中应逐渐减小电阻的要求。起动结束后，仍要将频敏变阻器切除。

6-43 起动电流指的是什么电流？试分析笼型感应电动机采用各种降压起动法时，起动电流对全压起动电流的比值，以及起动转矩对全压起动转矩的比值。

答：起动电流是指最初起动瞬间电源供给电动机的线电流。这里给出传统的3种降压起动时起动电流和起动转矩的变化。定子串电抗或电阻，设 $k = U_{1N}/U_1$ 则 $I_{st} = I_{stN}/k$，$T_{st} = T_{stN}/k^2$。星形-三角形换接，$I_{st} = I_{stN}/3$，$T_{st} = T_{stN}/3$。自耦变压器降压 $I_{st} = I_{stN}/k_a^2$，$T_{st} = T_{stN}/k_a^2$。

6-44 为什么笼型转子感应电动机的降压起动只适合于对起动转矩要求不高的场合？

答：笼型感应电动机降压起动在限制电流的同时降低了起动转矩，所以只适合于对起动转矩要求不高的场合。

6-45 在绕线转子感应电动机转子电路中串电阻起动，既可以提高最初起动转矩，又能够减少最初起动电流，这是什么原因？串电抗或电容起动，是否也有同样效果？起动电阻不加在转子电路，而串联在定子电路中，是否也可以达到同样的效果？

答：转子串电阻后，转子电流减小，根据磁势平衡，定子线电流即起动电流也相应地减小。另外，转子串电阻后，机械特性的最大转矩点会向起动点移动，使得起动转矩增大。转子串电抗后，起动电流和起动转矩都减小，串容抗后起动电流和起动转矩都增大。起动电阻串联在定子电路中，会限制起动电流但同时会降低起动转矩，无法达到同样的效果。

6-46 两台相同的感应电动机，转轴机械耦合在一起，如果起动时将它们的定子绕组串联以后接在电网上，起动完毕后再改接成并联，试问这种起动方式，对最初起动电流和转矩有怎样的影响？

答：能使得最初起动电流和起动转矩都降为直接起动时的1/4。

6-47 某一笼型感应电动机的转子绕组的材料原来为铜条，今因转子损坏而改用一结构形状及尺寸全同的铸铝转子，试问这种改变对电机的工作和起动性能有何影响？

答：效率降低但起动性能提高。

6-48 简述深槽式感应电动机和双笼型感应电动机改善起动性能的原理。

答：深槽式感应电动机的转子槽深而窄，能有效地利用趋肤效应改变转子电阻。起动瞬间，转子频率最高，趋肤效应最强，转子电阻最大，起动过程中 $f_2 = sf_1$，趋肤效应逐渐减弱，转子电阻自动变小，完全起动后，转子电阻最小。这种电动机自动满足了起动时转子电阻大，起动过程中转子电阻减小的要求，大大改善了起动性能。

双笼型感应电动机上笼面积小且导条电阻率大，电阻较大，下笼面积大且导条电阻率小，电阻较小。起动瞬间，由于趋肤效应最强，转子电流主要集中在上笼，电阻大的上笼满足了起动时限制起动电流和增大起动转矩的要求；起动过程中，电流逐渐从上笼向下笼转移，电阻逐渐减小，满足了减小电阻的要求；起动完毕后，电阻小的下笼集中了大部分电流,满足了正常运行电阻小的要求。也可以分别绘制出两个笼所产生的 T-s 曲线,叠加后得到双笼型感应电动机的 T-s 曲线,从曲线可以看出,采用双笼可以大大改善起动性能。

6-49 感应电动机有哪些调速方法?

答:①变极调速;②变频调速;③调压调速;④转子串电阻;⑤串级调速。第①种方法在绕线型感应电动机上不易实现。第④、⑤两种方法仅能在绕线转子感应电动机上实现。

6-50 变极调速时为什么要求在变极的同时要改变三相电源的相序?

答:如果保持各相通电相序不变,则变极前后合成磁势的转向将变反。若要保持电机转向不变,必须改变定子绕组的通电相序。

6-51 为什么调压调速不大适合于恒转矩负载而比较适合于泵类负载?

答:如图 6-11 所示。感应电动机的电磁转矩与电压二次方成正比,降低电压调速时,电磁转矩降低很多,对恒转矩负载来说,可供调节的电压范围很窄。而泵类负载随着转速的调低而下降,这就扩大了电压的可调范围,较为适合调压调速。

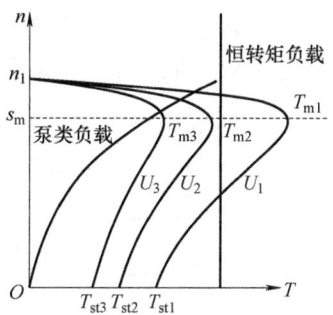

图 6-11 调压调速分析

6-52 驱动恒转矩负载的绕线转子感应电动机转子串电阻调速时,转速与转子电阻有什么样的对应关系?

答:将转速转换成转差率,转差率与转子每相总电阻成正比。

6-53 一台绕线转子感应电动机,如果将定子三相绕组短接,并且通过集电环向转子三相绕组通入三相对称电流,转子旋转磁场若为顺时针方向,这时电动机能否转动?转向如何?

答:假设转子不动,则转子磁场顺时针以转速 n_1 扫过定子绕组,在定子绕组中感应出定子电流,定子电流与转子磁场相互作用,产生驱动定子顺时针旋转的电磁转矩,由于定子固定不动,在反作用力的驱动下,转子将逆时针旋转。

6-54 一台绕线转子感应电动机,如果在它的定子绕组上接 50Hz 三相电源,转子绕组上接 20Hz 三相电源,定、转子均产生旋转磁场,假定:(1)定、转子磁场旋转方向相同;(2)定、转子磁场旋转方向相反,问转子是否会旋转?如果转子能旋转,转速及转向怎样确定?

答:(1)能转动,稳定后,转子跟随定子旋转磁场的方向转动,转速固定为 $1800/p$。
(2)能转动,稳定后,转子跟随定子旋转磁场的方向转动,转速固定为 $4200/p$。

6-55 简述绕线转子感应电动机串级调速的原理。

答:绕线转子感应电动机的串级调速就是给转子电路接入频率、相位和大小均可调的三相对称附加交流电势。当接入与转子电势反相的附加电势时,转子电流瞬间减小,电磁转矩减小,系统减速。系统减速时转子电流和电磁转矩回升,当电磁转矩与负载转矩重新平衡时,系统便在新的降低了的转速下稳定运行,接入与转子电势反相的附加电势,在系统稳定后,转速总是小于同步转速,称为亚同步串级调速。当接入与转子电势同相的附加电势时,转子电流瞬间增大,电磁转矩增大,系统加速。系统加速时转子电流和电磁转矩回落,当电磁转矩重新与负载转矩平衡时,系统运行在了较原来高的转速下。如果新的转速大于同步转速,则称为超同步串级调速。可见串级调速可以使得系统运行在亚同步、同步或超同步状态。

6-56 绕线转子感应电动机串级调速与转子串电阻调速相比较，功率流向有何不同？

答：串电阻调速与亚同步串级调速相比较，转子上的电磁功率都由定子电源提供。串电阻调速时转差功率的一小部分消耗在转子本身电阻上，一大部分消耗在外串电阻上。亚同步串级调速时，转差功率的一小部分消耗在转子本身电阻上，一大部分被附加电源吸收并回馈给电网，比串电阻调速节能。

6-57 变频调速在基频以下调速时有哪些控制方式？相应的机械特性变化规律有什么不同？

答：有两种控制方式，恒电势频率比控制和恒电压频率比控制。恒电势频率比控制下，最大电磁转矩不变。恒电压频率比控制下，最大转矩会随着频率的下调而减小，在频率很低的情况下应采取定子电压补偿以提高转矩。如图 6-12 和图 6-13 所示。

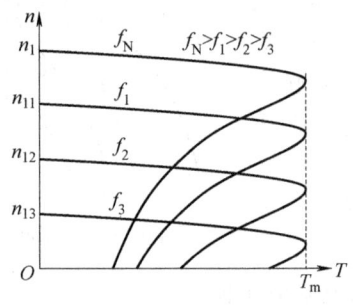

图 6-12 恒电势频率比控制

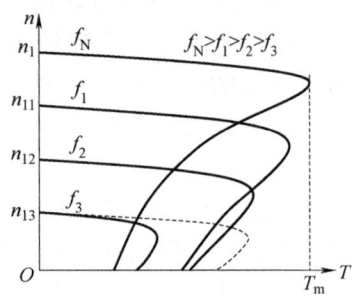

图 6-13 恒电压频率比控制

6-58 变频调速采用恒压频比控制，当频率较低时为什么要采取定子电压补偿措施？

答：频率很低时，T_m 太小将限制电动机的带载能力，需要适当地提高电压 U_1，以增强带载能力。

6-59 基频以上采取恒压变频调速时，感应电动机的机械特性如何变化？

答：保持电压不变，增高频率时，同步转速提高，机械特性上移，而形状基本不变，但最大转矩减小，如图 6-14 所示。

6-60 并网运行三相感应发电机有什么优缺点？

答：优点：投入电网时无须整步，运行时定子电压和频率与转子转速无关。缺点：无功功率要由电网额外提供，导致电网功率因数下降。

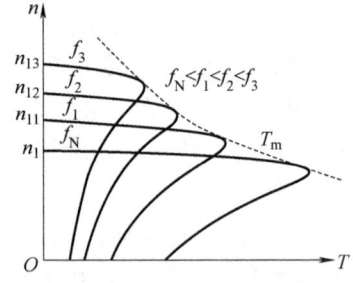

图 6-14 基频以上恒电压控制

6-61 独立运行的感应发电机是怎样自励的？

答：定子绕组输出端要并接励磁电容。原动机带动转子旋转时，转子铁心中剩磁通扫过定子绕组，在定子绕组中感应出剩磁电势。剩磁电势加在容性电路中，产生超前的定子电流，超前的定子电流产生的磁通与剩磁通同相或接近同相，增强了气隙磁场。随着气隙磁场的增强，电容两端的电压也逐渐升高，如此就能自励建立起有效的端电压。

6-62 什么是双馈感应发电机？它有哪几种运行方式？

答：双馈感应发电机的本体是绕线转子感应电机，其定子绕组接电网，转子绕组通过变流器接电网，发电机可以通过定子和转子绕组双通道与电网交换电功率。有超同步、同步和亚同步三种运行方式。

6-63 单相感应电动机有哪些分相方法？

答：常见的有电阻分相、电容分相和罩极等分相方法。

6-64 从物理概念上说明单相感应电动机没有起动转矩的理由。

答：单相感应电动机的主绕组接单相电源时，产生的是脉振磁势，可以分解成正反两个旋转磁势。当转速为 0 时，正反两个旋转磁势所产生的电磁转矩大小相等方向相反，合成为 0。

6-65 如何改变单相电容电动机的旋转方向？

答：单独对调主绕组两端或者单独对调副绕组两端。

6-66 如何通过实验测定三相感应电动机等效电路的参数？

答：见教材。

6-67 画出空载和堵转运行时，三相感应电动机的等效电路。

答：见教材。

6-68 在负载转矩不变的条件下，如果把外施电压略微提高或降低，电机的运行情况（$P_1, P_2, n, \eta, \cos\varphi_1$）会发生怎样的变化？

答：电压升高，转速 n 升高，电磁转矩 $T \approx T_L$ 不变，所以输入和输出功率 $P_1 \approx P_2 = T_L \Omega$ 增大。电压升高→磁通增大→铁耗增大；电压升高→n 升高→s 减小→电流减小→铜耗减小。如果原来工作点在效率曲线的最高点左边（轻载），则效率降低，反之（负载较大）效率升高。感应电机额定负载运行时，工作点在效率曲线最高点的右边，所以效率 η 升高。

再看功率因数 $\cos\varphi_1$，如果负载转矩很小，电机轻载运行，此时，由于 s 接近于 0，R_2'/s 很大，定性分析时，可不考虑转子电路。由于 $X_m = E_1/I_m \propto \Phi_m/I_m$，若外施电压略微提高，则 Φ_m 升高，根据磁化曲线，I_m 升高幅度更大，所以 $R_m = p_{Fe}/I_m^2 \propto B_m^2/I_m^2 \propto (\Phi_m/I_m)^2$ 和 $X_m = E_1/I_m \propto \Phi_m/I_m$ 都减小，但 R_m 减小的幅度更大，所以功率因数 $\cos\varphi_1 \approx R_m/\sqrt{R_m^2 + X_m^2}$ 减小。如果负载转矩很大，电机重载运行，此时 s 较大，R_2'/s 很小，定性分析时，可不考虑励磁电路，若外施电压略微提高，则转速升高，s 减小而 R_2'/s 升高，则功率因数升高。

6-69 某感应电动机带动一鼓风机运行，当鼓风机的机械特性为图 6-15 中曲线 1 时，工作点 A 是否能稳定运行？如果鼓风机的机械特性为曲线 2，工作点 B 是否能稳定运行？

答：B 点能稳定运行，A 点不能稳定运行。

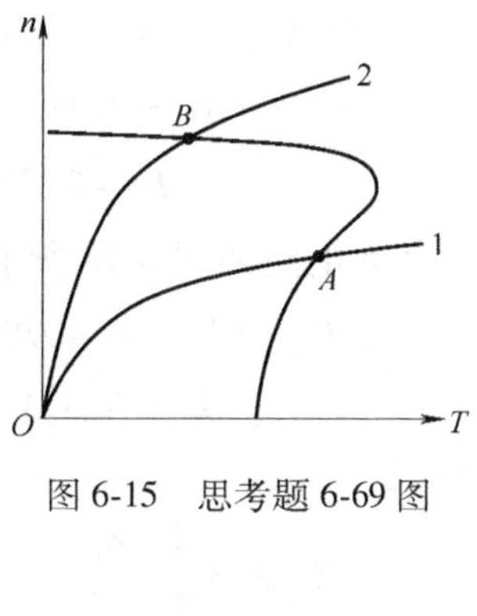

图 6-15 思考题 6-69 图

6.6 习题解答

6-1 一台三相 50Hz 感应电动机，已知额定数据有 $P_N = 300\text{kW}$，$n_N = 982\text{r/min}$，$U_N = 2000\text{V}$，$I_N = 107\text{A}$，$\cos\varphi_N = 0.87$。试求：

（1）电动机同步转速和极数是多少？

（2）起动瞬间、理想空载和额定负载下的转差率分别是多少？

（3）额定负载下的效率是多少？

解：（1）$n_1 = 1000\text{r/min}$，$2p = 6$

（2）起动瞬间 $s = 1$，理想空载 $s = 0$，额定负载 $s_N = \dfrac{n_1 - n_N}{n_1} = \dfrac{(1000 - 982)\text{r/min}}{1000\text{r/min}} = 0.018$

（3）$P_1 = \sqrt{3} U_N I_N \cos\varphi_N = \sqrt{3} \times 2000\text{V} \times 107\text{A} \times 0.87 = 322470\text{W}$

$$\eta_N = \dfrac{P_N}{P_1} \times 100\% = \dfrac{300000\text{W}}{322470\text{W}} \times 100\% = 93.03\%$$

6-2 有一台三相 4 极笼型转子感应电动机，定子绕组为Y接法。已知额定数据：$P_N = 10\text{kW}$，$U_N = 380\text{V}$，$I_N = 19.7\text{A}$；定子参数 $R_1 = 0.488\Omega$，$X_{1\sigma} = 1.2\Omega$，$N_1 = 114$ 匝，$k_{w1} = 0.902$；转子参数：每个导条及端环部分电阻 $R_2 = 0.135 \times 10^{-3}\Omega$，漏抗 $X_{2\sigma} = 0.44 \times 10^{-3}\Omega$，$Z_2 = 42$；励磁参数 $R_m = 3.72\Omega$，$X_m = 39.5\Omega$；机械损耗 $p_m = 140\text{W}$，转差率 $s = 0.0358$。

（1）求定转子之间的阻抗变比；（2）绘出 T 形等效电路；（3）求输入功率、输出功率和效率。

解：（1）$m_2 = Z_2/p = 42/2 = 21$，$N_2 = 0.5$，$a = p = 2$，$k_{w2} = 1$

$$k_i = \dfrac{m_1 N_1 k_{w1}}{m_2 N_2 k_{w2}} = \dfrac{3 \times 114 \times 0.902}{21 \times 0.5 \times 1} = 29.3794, \quad k_e = \dfrac{N_1 k_{w1}}{N_2 k_{w2}} = \dfrac{114 \times 0.902}{0.5 \times 1} = 205.6560$$

阻抗变比 $\quad k_z = k_i k_e = 29.3794 \times 205.6560 = 6042.1$

或者（1）$m_2 = Z_2 = 42$，$N_2 = 0.5$，$a = 1$，$k_{w2} = 1$

$$k_i = \dfrac{m_1 N_1 k_{w1}}{m_2 N_2 k_{w2}} = \dfrac{3 \times 114 \times 0.902}{42 \times 0.5 \times 1} = 14.6897, \quad k_e = \dfrac{N_1 k_{w1}}{N_2 k_{w2}} = \dfrac{114 \times 0.902}{0.5 \times 1} = 205.6560$$

阻抗变比 $\quad k_z = k_i k_e = 14.6897 \times 205.6560 = 3021.02$

（2）T 形电路参数 $R_1 = 0.488\Omega$，$X_{1\sigma} = 1.2\Omega$

$R_2' = \dfrac{k_z R_2}{a} = \dfrac{6042.1 \times 0.135 \times 10^{-3}}{2}\Omega = 0.4078\Omega$ 或者 $R_2' = \dfrac{k_z R_2}{a} = \dfrac{3021.02 \times 0.135 \times 10^{-3}}{1}\Omega = 0.4078\Omega$

$R_{2s} = R_2'/s = 0.4078\Omega/0.0358 = 11.3921\Omega$

$X_{2\sigma}' = k_z X_{2\sigma}/a = 6042.1 \times 0.44 \times 10^{-3}\Omega/2 = 1.3293\Omega$ 或者

$X_{2\sigma}' = k_z X_{2\sigma}/a = 3021.02 \times 0.44 \times 10^{-3}\Omega = 1.3293\Omega$

$R_m = 3.72\Omega$，$X_m = 39.5\Omega$

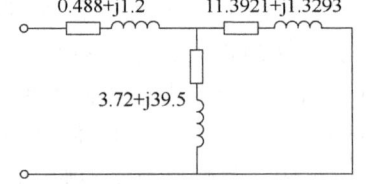

图 6-16 习题 6-2 T 形等效电路图

T 形等效电路如图 6-16 所示。

（3）$R_{2s} = R_2'/s = 0.4078\Omega/0.0358 = 11.3921\Omega$，$Z_{2s} = R_{2s} + jX_{2\sigma}' = (11.3921 + j1.3293)\Omega$

$Z_m = R_m + jX_m = (3.72 + j39.5)\Omega$，$Z_1 = R_1 + jX_{1\sigma} = (0.488 + j1.2)\Omega$

总阻抗

$$Z = Z_1 + \dfrac{Z_{2s} Z_m}{Z_{2s} + Z_m}$$

$$= \left[0.488 + j1.2 + \dfrac{(11.3921 + j1.3293)(3.72 + j39.5)}{11.3921 + j1.3293 + 3.72 + j39.5}\right]\Omega = (10.2071 + j5.0454)\Omega$$

$$U = U_N/\sqrt{3} = 380\text{V}/\sqrt{3} = 219.3931\text{V}$$

$$\dot{I}_1 = \dot{U}/Z = 219.3931\text{V}/(10.2071 + j5.0454)\Omega = 19.2687\angle -26.3031°\text{A}$$

输入功率 $P_1 = 3UI_1\cos\varphi_1 = 3\times 219.3931\text{V}\times 19.2687\text{A}\times\cos 26.3031° = 11369\text{W}$

$$\dot{I}_2 = \frac{U-\dot{I}_1 Z_1}{Z_{2s}} = \frac{219.3931\text{V}-(17.2737-\text{j}8.5384\text{A})(0.488+\text{j}1.2\Omega)}{11.3921+\text{j}1.3293\Omega} = 17.5597\angle -11.3722°\text{A}$$

$$P_\Omega = m_1(1-s)I_2^2 R_{2s} = 3\times(1-0.0358)\times 17.5597^2\text{A}^2\times 11.3921\Omega = 10161\text{W}$$

输出功率 $P_2 = P_\Omega - p_m = (10161-140)\text{W} = 10021\text{W}$

效率 $\eta = \dfrac{P_2}{P_1}\times 100\% = \dfrac{10021}{11369}\times 100\% = 88.14\%$

6-3 一台三相感应电动机，定子绕组为△接法，已知数据有 $U_N = 380\text{V}$，$f_1 = 50\text{Hz}$，$n_N = 1455\text{r/min}$。每相参数：$R_1 = 1.375\Omega$，$R_2' = 1.047\Omega$，$R_m = 8.34\Omega$，$X_{1\sigma} = 2.43\Omega$，$X_{2\sigma}' = 4.4\Omega$，$X_m = 82.6\Omega$。额定负载时机械损耗和附加损耗之和 $p_m + p_\Delta = 205\text{W}$。

(1) 绘出 Γ 形等效电路；
(2) 用 Γ 形等效电路求额定负载时的定子电流、功率因数、输入功率和效率。

解：(1) $s = \dfrac{1500-n_N}{1500} = \dfrac{(1500-1455)\text{r/min}}{1500\text{r/min}} = 0.03$，$\dfrac{R_2'}{s} = \dfrac{1.047}{0.03} = 34.9\Omega$

Γ 形等效电路如图 6-17 所示。

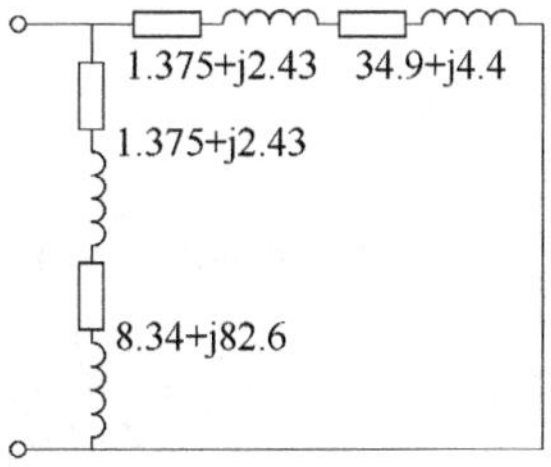

(2) 总阻抗

$$Z = \frac{(Z_1+Z_{2s})(Z_1+Z_m)}{Z_1+Z_{2s}+Z_1+Z_m}$$

$$= \frac{(1.375+\text{j}2.43+34.9+\text{j}4.4)(1.375+\text{j}2.43+8.34+\text{j}82.6)}{1.375+\text{j}2.43+34.9+\text{j}4.4+1.375+\text{j}2.43+8.34+\text{j}82.6}\Omega$$

$$= 26.4307+\text{j}15.7184\Omega$$

图 6-17 习题 6-3 Γ 形等效电路图

$$\dot{I}_1 = \frac{\dot{U}}{Z} = \frac{380\text{V}}{26.4307+\text{j}15.7184\Omega} = 12.3571\angle -30.74°\text{A}$$

定子电流及功率因数 $I_{1L} = \sqrt{3}I_1 = \sqrt{3}\times 12.3571\text{A} = 21.4032\text{A}$，$\cos\varphi_1 = \cos 30.74° = 0.8595$

输入功率 $P_1 = 3UI_1\cos\varphi_1 = 3\times 380\text{V}\times 12.3571\text{A}\times 0.8595 = 12108\text{W}$

$$\dot{I}_2 = \frac{\dot{U}}{Z_1+Z_{2s}} = \frac{380\text{V}}{(1.375+\text{j}2.43+34.9+\text{j}4.4)\Omega} = 10.2946\angle -10.663°\text{A}$$

$$P_\Omega = m_2(1-s)I_2^2 R_{2s} = 3\times(1-0.03)\times 10.2946^2\text{A}^2\times 34.9\Omega = 10763\text{W}$$

$$P_2 = P_\Omega - (p_m+p_\Delta) = (10763-205)\text{W} = 10558\text{W}$$

效率 $\eta = \dfrac{P_2}{P_1}\times 100\% = \dfrac{10558\text{W}}{12108\text{W}}\times 100\% = 87.2\%$

6-4 一台三相6极绕线式感应电动机，定、转子绕组均为三相丫接法。已知额定数据有 $P_N = 150\text{kW}$，$U_N = 500\text{V}$，$f_N = 50\text{Hz}$，$n_N = 979\text{r/min}$；定子参数 $R_1 = 0.0302\Omega$，$X_{1\sigma} = 0.123\Omega$，$N_1 = 40$，$k_{w1} = 0.926$；转子参数 $R_2 = 0.0191\Omega$，$X_{2\sigma} = 0.09\Omega$，$N_2 = 30$，$k_{w2} = 0.957$；励磁参数 $R_m = 0.365\Omega$，$X_m = 5.3\Omega$。试求：

(1) 满载时的转差率；(2) 用 Γ 形等效电路求定、转子和励磁电流；
(3) 满载时转子每相电势 E_{2s} 的有效值和频率；(4) 总机械功率。

解：(1) $n_1 = \dfrac{60f}{p} = \dfrac{60\times 50}{3}\text{r/min} = 1000\text{r/min}$，$s = \dfrac{n_1-n_N}{n_1} = \dfrac{(1000-979)\text{r/min}}{1000\text{r/min}} = 0.021$

（2） $k_i = \dfrac{m_1 N_1 k_{w1}}{m_2 N_2 k_{w2}} = \dfrac{3 \times 40 \times 0.926}{3 \times 30 \times 0.957} = 1.2901$

$$k_e = \dfrac{N_1 k_{w1}}{N_2 k_{w2}} = \dfrac{40 \times 0.926}{30 \times 0.957} = 1.2901, \quad k_z = k_i k_e = 1.2901 \times 1.2901 = 1.6645$$

$$R_2' = k_z R_2 = 1.6645 \times 0.0191\Omega = 0.0318\Omega, \quad X_{2\sigma}' = k_z X_{2\sigma} = 1.6645 \times 0.09\Omega = 0.1498\Omega$$

$$R_{2s} = R_2'/s = 0.0318\Omega/0.021 = 1.5139\Omega, \quad Z_{2s} = R_{2s} + jX_{2\sigma}' = (1.5139 + j0.1498)\Omega$$

$$Z_m = R_m + jX_m = (0.365 + j5.3)\Omega, \quad Z_1 = R_1 + jX_{1\sigma} = (0.0302 + j0.123)\Omega$$

总阻抗

$$Z = \dfrac{(Z_1 + Z_{2s})(Z_1 + Z_m)}{Z_1 + Z_{2s} + Z_1 + Z_m}$$

$$= \dfrac{(0.0302 + j0.123 + 1.5139 + j0.1498)(0.0302 + j0.123 + 0.365 + j5.3)}{0.0302 + j0.123 + 1.5139 + j0.1498 + 0.0302 + j0.123 + 0.365 + j5.3}\Omega = (1.3009 + j0.6096)\Omega$$

$$\dot{U} = U_N/\sqrt{3} = 500\text{V}/\sqrt{3} = 288.6751\text{V}$$

定子电流 $\quad \dot{I}_1 = \dfrac{\dot{U}}{Z} = \dfrac{288.6751\text{V}}{(1.3009 + j0.6096)\Omega} = 200.94 \angle -25.106°\text{A}$

转子电流 $\quad \dot{I}_2' = \dfrac{\dot{U}}{Z_1 + Z_{2s}} = \dfrac{288.6751\text{V}}{(0.0302 + j0.123 + 1.5139 + j0.1498)\Omega} = 184.106 \angle -10.0194°\text{A}$

励磁电流 $\quad \dot{I}_m = \dfrac{\dot{U}}{Z_1 + Z_m} = \dfrac{288.6751\text{V}}{(0.0302 + j0.123 + 0.365 + j5.3)\Omega} = 1.3009 \angle -89.295°\text{A}$

（3）归算到定子侧的转子电势

$$\dot{E}_2' = \dot{I}_2' Z_{2s} = (184.106 \angle -10.0194°\text{A}) \times (1.5139 + j0.1498)\Omega = 280.074 \angle -4.36826°\text{V}$$

实际转子电势有效值和频率

$$E_{22} = \dfrac{sE_2'}{k_e} = \dfrac{0.021 \times 280.074\text{V}}{1.2901} = 4.5588\text{V}, \quad f_2 = sf_N = 0.021 \times 50\text{Hz} = 1.05\text{Hz}$$

（4）总机械功率 $\quad P_\Omega = m_2(1-s)I_2'^2 R_{2s} = 3 \times (1-0.021) \times 184.106^2 \text{A}^2 \times 1.5139\Omega = 150.705\text{kW}$

6-5 一台 6 极 60Hz 三相感应电动机，定子绕组为丫接法。已知数据有 $P_N = 20\text{kW}$，$U_N = 460\text{V}$；等效电路参数 $R_1 = 0.271\Omega$，$R_2' = 0.188\Omega$，$X_{1\sigma} = 1.12\Omega$，$X_{2\sigma}' = 1.91\Omega$，$X_m = 23.1\Omega$，假设 $p_m + p_\Delta = 320\text{W}$ 且保持不变。当电机的转差率 $s = 0.025$ 时，不计铁耗。试求：(1)转速；(2)定子电流、功率因数和输入功率；(3)输出功率、输出转矩及效率。

解：（1） $n_1 = \dfrac{60f}{p} = \dfrac{60 \times 60}{3}\text{r/min} = 1200\text{r/min}, \quad n_N = n_1(1-s) = 1200\text{r/min}(1-0.025) = 1170\text{r/min}$

（2） $R_{2s} = R_2'/s = 0.188\Omega/0.025 = 7.52\Omega, \quad Z_{2s} = R_{2s} + jX_{2\sigma}' = (7.52 + j1.91)\Omega$

$$Z_m = R_m + jX_m = (0 + j23.1)\Omega, \quad Z_1 = R_1 + jX_{1\sigma} = (0.271 + j1.12)\Omega$$

总阻抗

$$Z = Z_1 + \dfrac{Z_{2s} Z_m}{Z_{2s} + Z_m}$$

$$= (0.271 + j1.12)\Omega + \dfrac{(7.52 + j1.91)\Omega (j23.1\Omega)}{(7.52 + j1.91 + j23.1)\Omega} = (6.1544 + j4.6531)\Omega$$

$$U=\frac{U_N}{\sqrt{3}}=\frac{460\text{V}}{\sqrt{3}}=265.5811\text{V}, \quad \dot{I}_1=\frac{\dot{U}}{Z}=\frac{460\text{V}}{(6.1544+\text{j}4.6531)\Omega}=34.4221\angle-37.0919°\text{A}$$

定子电流和功率因数　　　$I_1=34.4221\text{A}, \quad \cos\varphi_1=\cos37.0919°=0.7977$

输入功率　　　$P_1=3UI_1\cos\varphi_1=3\times265.5811\text{V}\times34.4221\text{A}\times0.7977=21877\text{W}$

（3）
$$\dot{I}_2'=\frac{\dot{U}-\dot{I}_1Z_1}{Z_{2s}}=\frac{265.5811\text{V}-(27.4574-\text{j}20.7598\text{A})(0.271+\text{j}1.12)\Omega}{(7.52+\text{j}1.91)\Omega}=30.4467\angle-20.357°\text{A}$$

$$P_\Omega=m_2(1-s)I_2'^2R_{2s}=3\times(1-0.025)\times30.4467^2\text{A}^2\times7.52\Omega=20390\text{W}$$

输出功率　　　$P_2=P_\Omega-(p_m+p_\Delta)=(20390-320)\text{W}=20070\text{W}$

输出转矩　　　$T_2=9.55\dfrac{P_2}{n_N}=9.55\times\dfrac{20070}{1170}\text{N}\cdot\text{m}=163.82\text{N}\cdot\text{m}$

效率　　　$\eta=\dfrac{P_2}{P_1}\times100\%=\dfrac{20070\text{W}}{21877\text{W}}\times100\%=91.74\%$

6-6　一台 4 极三相感应电动机，额定功率 $P_N=5.5\text{kW}$。已知在某状态运行时，$P_1=6.32\text{kW}$，$p_{Cu1}=341\text{W}$，$p_{Cu2}=237.5\text{W}$，$p_{Fe}=167.5\text{W}$，$p_m=45\text{W}$，$p_\Delta=29\text{W}$。试计算：（1）电磁功率、总机械功率和输出功率；（2）转速；（3）电磁转矩、空载转矩和输出转矩。

解：（1）电磁功率　　　$P_M=P_1-p_{Cu1}-p_{Fe}=(6320-341-167.5)\text{W}=5811.5\text{W}$

总机械功率　　　$P_\Omega=P_M-p_{Cu2}=(5811.5-237.5)\text{W}=5574\text{W}$

输出功率　　　$P_2=P_\Omega-(p_m+p_\Delta)=(5574-45-29)\text{W}=5500\text{W}$

（2）$s=\dfrac{p_{Cu2}}{P_M}=\dfrac{237.5\text{W}}{5811.5\text{W}}=0.0409, \quad n_1=\dfrac{60f}{p}=\dfrac{60\times50}{2}\text{r/min}=1500\text{r/min}$

转速　　　$n=n_1(1-s)=1500\text{r/min}(1-0.0409)=1439\text{r/min}$

（3）$\Omega_1=\dfrac{2\pi n_1}{60}=\dfrac{2\pi\times1500\text{rad}}{60\text{s}}=157.0796\text{rad/s}$

电磁转矩　　　$T=\dfrac{P_M}{\Omega_1}=\dfrac{5811.5\text{W}}{157.0796\text{rad/s}}=36.9972\text{N}\cdot\text{m}$

$$\Omega=\dfrac{2\pi n}{60}=\dfrac{2\pi\times1439\text{rad}}{60\text{s}}=150.6602\text{rad/s}$$

空载转矩　　　$T_0=\dfrac{p_m+p_\Delta}{\Omega}=\dfrac{(45+29)\text{W}}{150.6602\text{rad/s}}=0.4912\text{N}\cdot\text{m}$

输出转矩　　　$T_2=\dfrac{P_2}{\Omega}=\dfrac{5500\text{W}}{150.6602\text{rad/s}}=36.5060\text{N}\cdot\text{m}$

6-7　一台 4 极三相感应电动机，定子绕组为 △ 接法。已知数据有 $P_N=10\text{kW}$，$U_N=380\text{V}$，$n_N=1455\text{r/min}$，$R_1=1.375\Omega$，$R_2'=1.047\Omega$，$X_{1\sigma}=2.43\Omega$，$X_{2\sigma}'=4.4\Omega$，$R_m=8.34\Omega$，$X_m=82.6\Omega$。试求：（1）额定电磁转矩；（2）最大电磁转矩；（3）临界转差率及对应的转速；（4）过载能力。

解：$U=U_N=380\text{V}, \quad n_1=\dfrac{60f}{p}=\dfrac{60\times50}{2}\text{r/min}=1500\text{r/min}$

$$s = \frac{n_1 - n_N}{n_1} = \frac{(1500-1455)\text{r/min}}{1500\text{r/min}} = 0.03, \quad \Omega_1 = \frac{2\pi n_1}{60} = \frac{2\pi \times 1500\text{rad}}{60\text{s}} = 157.0796\text{rad/s}$$

（1）额定电磁转矩

$$T = \frac{3U^2}{\Omega_1} \frac{R_2'/s}{(R_1 + R_2'/s)^2 + (X_{1\sigma} + X_{2\sigma}')^2}$$

$$= \frac{3 \times 380^2 \text{V}^2}{157.0796\text{rad/s}} \frac{1.047\Omega/0.03}{[(1.375+1.047/0.03)^2 + (2.43+4.4)^2]\Omega^2} = 70.6398\text{N} \cdot \text{m}$$

（2）最大电磁转矩

$$T_m = \frac{3U^2}{\Omega_1} \frac{1}{2[R_1 + \sqrt{R_1^2 + (X_{1\sigma} + X_{2\sigma}')^2}]}$$

$$= \frac{3 \times 380^2 \text{V}^2}{157.0796\text{rad/s}} \frac{1}{2[1.375 + \sqrt{1.375^2 + (2.43+4.4)^2}]\Omega} = 165.2977\text{N} \cdot \text{m}$$

（3）临界转差率 $\quad s_m = \dfrac{R_2'}{\sqrt{R_1^2 + (X_{1\sigma} + X_{2\sigma}')^2}} = \dfrac{1.047\Omega}{\sqrt{1.375^2 + (2.43+4.4)^2}\Omega} = 0.1503$

转速 $\quad n_m = n_1(1 - s_m) = 1500\text{r/min}(1 - 0.1503) = 1274.6\text{r/min}$

（4）过载能力 $\quad k_M = \dfrac{T_m}{T} = \dfrac{165.2977\text{N} \cdot \text{m}}{70.6398\text{N} \cdot \text{m}} = 2.34$

6-8 一台 4 极 60Hz 三相绕线转子感应电动机，定子绕组为丫接法，已知数据有 $U_N = 460\text{V}$，$R_1 = 0.641\Omega$，$R_2' = 0.332\Omega$，$X_{1\sigma} = 1.106\Omega$，$X_{2\sigma}' = 0.464\Omega$。试求：（1）起动转矩、最大转矩及临界转差率；（2）转子电阻加到原电阻的多少倍时，才能使起动转矩等于最大转矩？

解：$U = \dfrac{U_N}{\sqrt{3}} = \dfrac{460\text{V}}{\sqrt{3}} = 265.5811\text{V}$，$n_1 = \dfrac{60f}{p} = \dfrac{60 \times 60}{2}\text{r/min} = 1800\text{r/min}$

$$\Omega_1 = \frac{2\pi n_1}{60} = \frac{2\pi \times 1800\text{rad}}{60\text{s}} = 188.4956\text{rad/s}$$

（1）起动转矩

$$T_{st} = \frac{3U^2}{\Omega_1} \frac{R_2'}{(R_1 + R_2')^2 + (X_{1\sigma} + X_{2\sigma}')^2}$$

$$= \frac{3 \times 265.5811^2 \text{V}^2}{188.4956\text{rad/s}} \frac{0.332\Omega}{[(0.641+0.332)^2 + (1.106+0.464)^2]\Omega^2} = 109.2423\text{N} \cdot \text{m}$$

最大转矩

$$T_m = \frac{3U^2}{\Omega_1} \frac{1}{2[R_1 + \sqrt{R_1^2 + (X_{1\sigma} + X_{2\sigma}')^2}]}$$

$$= \frac{3 \times 265.5811^2 \text{V}^2}{188.4956\text{rad/s}} \frac{1}{2[0.641 + \sqrt{0.641^2 + (1.106+0.464)^2}]\Omega} = 240.1932\text{N} \cdot \text{m}$$

临界转差率 $\quad s_m = \dfrac{R_2'}{\sqrt{R_1^2 + (X_{1\sigma} + X_{2\sigma}')^2}} = \dfrac{0.332\Omega}{\sqrt{0.641^2 + (1.106+0.464)^2}\Omega} = 0.1958$

(2) 起动转矩最大时的转子电阻

$$R' = \sqrt{R_1^2 + (X_{1\sigma} + X'_{2\sigma})^2} = \sqrt{0.641^2 + (1.106 + 0.464)^2}\,\Omega = 1.6958\,\Omega$$

加到原电阻的 $R'/R'_2 = 1.6958/0.332 = 5.1079$ 倍。

6-9 一台 4 极三相绕线转子感应电动机，定子绕组为 △ 接法，已知数据有 $P_N = 50\text{kW}$，$U_N = 380\text{V}$，$f_N = 50\text{Hz}$。如果转子短路，则驱动额定负载转矩时的转速 $n_N = 1447\text{r/min}$；如果转子电路每相串入 $R_p = 0.9\,\Omega$ 的纯电阻，则驱动额定负载转矩时的转速 $n = 1415\text{r/min}$。计算电动机本身的转子每相电阻值。

解：$n_1 = \dfrac{60f}{p} = \dfrac{60 \times 50}{2}\text{r/min} = 1500\text{r/min}$，$s_1 = \dfrac{n_1 - n_N}{n_1} = \dfrac{(1500 - 1447)\text{r/min}}{1500\text{r/min}} = 0.0353$

$$s_2 = \dfrac{n_1 - n}{n_1} = \dfrac{(1500 - 1415)\text{r/min}}{1500\text{r/min}} = 0.0567$$

由于转子串电阻 R_p 前后负载转矩相等，根据 $\dfrac{R_2}{s_1} = \dfrac{R_2 + R_p}{s_2}$ 得

转子本身每相电阻 $R_2 = \dfrac{s_1}{s_2 - s_1} R_p = \dfrac{0.0353}{0.0567 - 0.0353} \times 0.9\,\Omega = 1.4906\,\Omega$

6-10 一台 8 极绕线转子三相感应电动机，定子绕组为 Y 连接，已知数据有 $U_N = 380\text{V}$，$f_1 = 50\text{Hz}$，$n_N = 700\text{r/min}$；等效电路的参数 $R_1 = R'_2 = 0.08\,\Omega$，$X_{1\sigma} = X'_{2\sigma} = 0.35\,\Omega$。试求：

(1) 最初起动电流和最初起动转矩（不计励磁电流）；

(2) 若要限制最初起动电流为（1）中的一半，则转子绕组中每相应串入多大电阻？（设 $k_e = k_i = 1$。）

解：$U = \dfrac{U_N}{\sqrt{3}} = \dfrac{380}{\sqrt{3}}\text{V} = 219.3931\text{V}$，$n_1 = \dfrac{60f}{p} = \dfrac{60 \times 50}{4}\text{r/min} = 750\text{r/min}$

$$\Omega_1 = \dfrac{2\pi n_1}{60} = \dfrac{2\pi \times 750\text{rad}}{60\text{s}} = 78.5398\text{rad/s}$$

(1) 起动电流 $I_{st} = \dfrac{U}{\sqrt{(R_1 + R'_2)^2 + (X_{1\sigma} + X'_{2\sigma})^2}} = \dfrac{219.3931\text{V}}{\sqrt{(0.08 + 0.08)^2 + (0.35 + 0.35)^2}\,\Omega} = 305.5389\text{A}$

起动转矩

$$T_{st} = \dfrac{3U^2}{\Omega_1} \dfrac{R'_2}{(R_1 + R'_2)^2 + (X_{1\sigma} + X'_{2\sigma})^2}$$

$$= \dfrac{3 \times 219.3931^2 \text{V}^2}{78.5398\text{rad/s}} \cdot \dfrac{0.08\,\Omega}{[(0.08 + 0.08)^2 + (0.35 + 0.35)^2]\,\Omega^2} = 285.2689\text{N} \cdot \text{m}$$

(2) 限制起动电流为 $I_{stp} = 0.5 I_{st} = 0.5 \times 305.5389\text{A} = 152.7695\text{A}$

应串电阻

$$R_p = R'_p = \sqrt{\left(\dfrac{U}{I_{stp}}\right)^2 - (X_{1\sigma} + X'_{2\sigma})^2} - (R_1 + R'_2)$$

$$= \sqrt{\left(\dfrac{219.3931}{152.7695}\right)^2 - (0.35 + 0.35)^2}\,\Omega - (0.08 + 0.08)\,\Omega = 1.094\,\Omega$$

6-11 一台 4 极三相感应电动机，定子绕组为 △ 接法。已知数据有 $P_N = 28\text{kW}$，$U_N =$

380V，$\eta_N = 90\%$，$\cos\varphi_N = 0.88$；全压起动时，电网供给的线电流为额定电流的5.6倍。今改用Y-△起动，求电网所供给的线电流。

解：额定电流 $I_N = \dfrac{P_N}{\eta_N \sqrt{3} U_N \cos\varphi_N} = \dfrac{28 \times 10^3 \text{W}}{0.9\sqrt{3} \times 380\text{V} \times 0.88} = 53.7141\text{A}$

全压起动电流 $I_{st} = 5.6 I_N = 5.6 \times 53.7141\text{A} = 300.7992\text{A}$

采用Y-△起动时电网供给的相电流 $I'_{st} = I_{st}/3 = 300.7992\text{A}/3 = 100.2664\text{A}$

6-12 一台三相4极感应电动机，定子绕组三角形接法。已知数据有$f=50\text{Hz}$，$U_N=380\text{V}$，$R_m=1\Omega$，$X_m=6\Omega$，$R_1=R'_2=0.075\Omega$，$X_{1\sigma}=X'_{2\sigma}=0.3\Omega$，$n_N=1480\text{r/min}$。现采用自耦变压器降压起动，自耦变压器的变比为 $k_a=\sqrt{3}$，试求：(1) 电动机本身的每相起动电流；(2) 电网供给的线电流；(3) 起动转矩。

解：$U=U_N=380\text{V}$，$n_1 = \dfrac{60f}{p} = \dfrac{60\times 50}{2}\text{r/min} = 1500\text{r/min}$，

$$\Omega_1 = \dfrac{2\pi n_1}{60} = \dfrac{2\pi \times 1500\text{rad}}{60\text{s}} = 157.0796\text{rad/s}$$

（1）电动机本身每相起动电流

$$I_{st} = \dfrac{U/k_a}{\sqrt{(R_1+R'_2)^2+(X_{1\sigma}+X'_{2\sigma})^2}} = \dfrac{380\text{V}/\sqrt{3}}{\sqrt{(0.075+0.075)^2+(0.3+0.3)^2}\Omega} = 354.7376\text{A}$$

（2）电网供给的线电流 $I_{net} = I_{stL}/k_a = \sqrt{3}I_{st}/\sqrt{3} = I_{st} = 354.7376\text{A}$

（3）起动转矩

$$T_{st} = \dfrac{3(U/k_a)^2}{\Omega_1} \dfrac{R'_2}{(R_1+R'_2)^2+(X_{1\sigma}+X'_{2\sigma})^2}$$

$$= \dfrac{3\times(380/\sqrt{3})^2 \text{V}^2}{157.0796\text{rad/s}} \dfrac{0.075\Omega}{[(0.075+0.075)^2+(0.3+0.3)^2]\Omega^2} = 180.2508\text{N}\cdot\text{m}$$

6-13 一台4极绕线转子三相感应电动机，已知数据有$f=50\text{Hz}$，$n_N=1450\text{r/min}$，转子电阻$R_2=0.02\Omega$。如维持负载转矩为额定转矩不变，今给转子每相串一个$R_p=10R_2$的电阻。试求：(1) 稳定后的转速为多少？(2) 此时转子电流与原转子电流的比值为多少？

解：$n_1 = \dfrac{60f}{p} = \dfrac{60\times 50}{2}\text{r/min} = 1500\text{r/min}$，$s_N = \dfrac{n_1-n_N}{n_1} = \dfrac{(1500-1450)\text{r/min}}{1500\text{r/min}} = 0.0333$

$$s = \dfrac{R_2+R_p}{R_2} s_N = 11 s_N = 11\times 0.0333 = 0.3667$$

（1）串电阻稳定后的转速 $n = n_1(1-s) = 1500\text{r/min}(1-0.3667) = 950\text{r/min}$

（2）调速前后转子电流不变，即比值为1。

6-14 一台6极绕线转子三相感应电动机，已知有数据$P_N=100\text{kW}$，$f=50\text{Hz}$，$n_N=980\text{r/min}$。假设空载转矩为额定输出转矩的1%且不变。保持负载转矩不变，在转子电路中接入电阻，将转速下调至750r/min，求消耗在接入电阻上的功率。

解：同步转速 $n_1 = \dfrac{60f}{p} = \dfrac{60\times 50}{3}\text{r/min} = 1000\text{r/min}$

额定转差率	$s_N = \dfrac{n_1 - n_N}{n_1} = \dfrac{(1000-980)\text{r/min}}{1000\text{r/min}} = 0.02$
额定角速度	$\Omega_N = \dfrac{2\pi n_N}{60} = \dfrac{2\pi \times 980\text{rad}}{60\text{s}} = 102.6254\text{rad/s}$
额定输出转矩	$T_{2N} = \dfrac{P_N}{\Omega_N} = \dfrac{100\text{kW}}{102.6254\text{rad/s}} = 974.418\text{N}\cdot\text{m}$
空载转矩	$T_0 = 0.01 T_{2N} = 0.01 \times 974.418\text{N}\cdot\text{m} = 9.7442\text{N}\cdot\text{m}$
额定机械功率	$P_{\Omega N} = \Omega_N(T_{2N}+T_0) = 102.6254\text{rad/s} \times (974.418+9.7442)\text{N}\cdot\text{m} = 101000\text{W}$
额定转子铜耗	$p_{Cu2N} = \dfrac{s_N P_{\Omega N}}{1-s_N} = \dfrac{0.02 \times 101000\text{W}}{1-0.02} = 2061.2\text{W}$
串电阻后角速度	$\Omega = \dfrac{2\pi n}{60} = \dfrac{2\pi \times 750\text{rad}}{60\text{s}} = 78.5398\text{rad/s}$
串电阻后机械功率	$P_\Omega = \Omega(T_{2N}+T_0) = 78.5398\text{rad/s} \times (974.418+9.7442)\text{N}\cdot\text{m} = 77296\text{W}$
串电阻后转差率	$s = \dfrac{n_1 - n}{n_1} = \dfrac{(1000-750)\text{r/min}}{1000\text{r/min}} = 0.25$
串电阻后转子铜耗	$p_{Cu2} = \dfrac{sP_\Omega}{1-s} = \dfrac{0.25 \times 77296\text{W}}{1-0.25} = 25765\text{W}$
电阻上损耗	$p_R = p_{Cu2} - p_{Cu2N} = (25765 - 2061.2)\text{W} = 2.3704\text{kW}$

6-15 一台4极绕线转子三相感应电动机，$f = 50\text{Hz}$，$P_N = 155\text{kW}$，转子每相电阻 $R_2 = 0.012\Omega$。已知在额定负载下转子铜耗为 $p_{Cu2} = 2210\text{W}$，机械损耗为 $p_m = 2640\text{W}$，附加损耗 $p_\Delta = 310\text{W}$，试求：(1) 额定转速及电磁转矩；(2) 若保持额定电磁转矩不变，而将转速降到 1280r/min，应该在转子每相中串入多大的电阻？此时转子铜耗是多少？

解：(1) 电磁功率　$P_M = P_N + p_m + p_\Delta + p_{Cu2} = (155 \times 10^3 + 2640 + 310 + 2210)\text{W} = 160160\text{W}$

同步转速	$n_1 = \dfrac{60f}{p} = \dfrac{60 \times 50}{2}\text{r/min} = 1500\text{r/min}$
额定转差率	$s_N = p_{Cu2}/P_M = 2210\text{W}/160160\text{W} = 0.0138$
额定转速	$n_N = n_1(1-s_N) = 1500\text{r/min}(1-0.0138) = 1479.3\text{r/min}$
同步角速度	$\Omega_1 = \dfrac{2\pi n_1}{60} = \dfrac{2\pi \times 1500}{60}\text{rad/s} = 157.0796\text{rad/s}$
电磁转矩	$T = \dfrac{P_M}{\Omega_1} = \dfrac{160160\text{W}}{157.0796\text{rad/s}} = 1019.6\text{N}\cdot\text{m}$
(2) 转差率	$s = \dfrac{n_1 - n}{n_1} = \dfrac{(1500-1280)\text{r/min}}{1500\text{r/min}} = 0.1467$
每相应串电阻	$R_p = \left(\dfrac{s}{s_N}-1\right)R_2 = \left(\dfrac{0.1467}{0.0138}-1\right) \times 0.012\Omega = 0.1155\Omega$
转子铜耗	$p_{Cu2} = sP_M = 0.1467 \times 160160\text{W} = 23.49\text{kW}$

6-16 一台笼型感应电动机，定子绕组为Y接法。空载试验和堵转试验数据如下：
空载试验：$U_0 = U_N = 380\text{V}$（线），$I_0 = 3.38\text{A}$，$p_0 = 272\text{W}$，$p_m = 60\text{W}$；
堵转试验：$U_k = 95\text{V}$（线），$I_k = I_N = 6.7\text{A}$，$p_k = 357\text{W}$；定子每相电阻 $R_1 = 1.73\Omega$。

试求 T 形等效电路参数。

解：堵转相电压 $U_{k1} = U_k/\sqrt{3} = 95\text{V}/\sqrt{3} = 54.8483\text{V}$

堵转阻抗 $z_k = U_{k1}/I_k = 54.8483\text{V}/6.7\text{A} = 8.1863\Omega$

堵转电阻 $R_k = \dfrac{p_k}{3I_k^2} = \dfrac{357\text{W}}{3\times 6.7^2\text{A}^2} = 2.6509\Omega$

堵转电抗 $X_k = \sqrt{z_k^2 - R_k^2} = \sqrt{8.1863^2 - 2.6509^2}\ \Omega = 7.7452\Omega$

空载相电压 $U_{01} = U_0/\sqrt{3} = 380\text{V}/\sqrt{3} = 219.3931\text{V}$

空载阻抗 $z_0 = U_{01}/I_0 = 219.3931\text{V}/3.38\text{A} = 64.9092\Omega$

铁耗 $p_{Fe} = p_0 - 3R_1 I_0^2 - p_m = (272 - 3\times 1.73 \times 3.38^2 - 60)\text{W} = 152.7074\text{W}$

励磁电阻 $R_m = \dfrac{p_{Fe}}{3I_0^2} = \dfrac{152.7074\text{W}}{3\times 3.38^2\text{A}^2} = 4.4556\Omega$

空载电抗 $X_0 = \sqrt{z_0^2 - (R_m + R_1)^2} = \sqrt{64.9092^2 - (4.4556 + 1.73)^2}\ \Omega = 64.6138\Omega$

转子电阻折算值 $R_2' = \dfrac{X_0}{X_0 - X_k}(R_k - R_1) = \dfrac{64.6138}{64.6138 - 7.7452} \times (2.6509 - 1.73)\ \Omega = 1.046\Omega$

定转子漏抗
$$X_{1\sigma} = X_{2\sigma}' = X_0 - \sqrt{(X_0 - X_k)(R_2'^2 + X_0^2)/X_0}$$
$$= 64.6138\Omega - \sqrt{(64.6138 - 7.7452)(1.046^2 + 64.6138^2)/64.6138}\ \Omega = 3.9882\Omega$$

励磁电抗 $X_m = X_0 - X_{1\sigma} = (64.6138 - 3.9882)\Omega = 60.6256\Omega$

第 7 章

同 步 电 机

7.1 教学目标和重点

- 同步电机的结构和励磁方式。了解同步发电机在电力系统中的重要地位以及同步电机的 3 种运行方式,掌握同步电机的结构特点、电势计算式、主要额定数据及其关系,了解同步发电机的励磁方式。重点在于分析励磁电势的有效值、频率和相位,认识两种基本转子结构及所适用的发电机组。
- 同步电机的电枢反应。分析负载运行时同步电机中的两种旋转磁势及其特点,掌握电枢反应的概念和分析方法。重点在于应用时空统一相量图、内功率因数角和双轴理论分析电枢反应。
- 同步发电机的电势方程及相量图。掌握励磁电势、电枢反应电抗、漏电抗和同步电抗等概念,列写隐极和凸极同步发电机的电势方程,绘制相量图。重点在于对电枢反应电抗和同步电抗概念的分析与理解,基于方程式绘制电势相量图并应用相量图解算同步发电机的一些重要物理量,如励磁电势、内功率因数角、功角等。
- 同步发电机单机运行特性。掌握同步发电机单机运行的空载特性、短路特性、零功率因数特性、外特性、调整特性和效率特性的基本概念和曲线特征,了解饱和系数、短路比、特性三角形、电压调整率等重要概念。重点在于掌握各曲线的用途以及一些指标量如短路比、电压调整率、效率的计算。
- 同步电机的参数测定。掌握同步发电机不饱和电抗、饱和电抗、短路比等测定方法,了解用相量图求取额定励磁电流和电压调整率的方法。重点在于掌握同步电抗的测定。
- 同步发电机并网运行。掌握同步发电机并网的条件及方法、功率流程、功角特性、有功和无功的调节方法、V 形曲线等。重点在于理解并网条件,推导并会应用功角特性、理解功角的空间概念、分析有功和无功调节时同步发电机稳定运行的区间、掌握正常励磁、过励和欠励状态的特征以及 V 形曲线的特征和作用等。
- 同步发电机稳态不对称运行。了解利用对称分量法分析同步发电机的不对称运行的方法以及正序、负序和零序电抗的概念。
- 同步发电机的突然短路。了解同步发电机突然短路暂态过程的分析方法以及超瞬变电抗、瞬变电抗的概念。
- 同步电动机和同步调相机。掌握同步电动机的原理、分析方法、优缺点和常用起动方法。了解同步调相机的原理和作用。重点在于掌握同步电动机的优缺点、起动方法和调相机的原理。

7.2 内容概要

同步电机是交流电机的一个大类，属于双边激励旋转机电装置。其基本部件有两个：①产生磁场的磁极；②切割磁力线、实现机电能量转换的电枢绕组。转场式同步电机的电枢绕组嵌装在定子槽内；绕有励磁绕组的成对磁极在转子铁心上，通过直流励磁电流在气隙空间激励出极性交替分布的励磁磁场（主磁场）。同步电机的转子有凸极和隐极之分。凸极适合于极数多的水轮发电机；隐极适合于 2 极的汽轮发电机。隐极电机气隙均匀，凸极电机气隙不均匀，二者分析有所不同。

同步发电机运行时，磁极在原动机驱动下以同步转速 n_1 旋转，静止的三相对称电枢绕组中会感应出三相对称交流电势，频率和相电势有效值分别为

$$f_1 = pn_1/60, \quad E_0 = 4.44 f_1 N_1 k_{w1} \Phi_f \tag{7-1}$$

E_0 称为励磁电势，是同步发电机电枢电路的电动势。电势波形 $e(t)$ 与励磁磁密沿气隙圆周的分布波形 $B_f(x)$ 相似，一般只考虑基波，即认为 $B_f(x)$ 和 $e(t)$ 都是正弦波。

励磁电流 I_f 通过电刷和集电环接入励磁绕组。为同步发电机提供励磁电源的方法称为励磁方式，主要包括直流励磁机励磁、交流励磁机励磁和自励式静止励磁方式等。

同步电机的主要额定数据有 S_N 或 P_N、U_N、I_N、$\cos\varphi_N$、η_N、f_N 等。U_N 和 I_N 是线电压和线电流。对于发电机 $P_N = S_N \cos\varphi_N = \sqrt{3} U_N I_N \cos\varphi_N$，对电动机 $P_N = \sqrt{3} U_N I_N \eta_N \cos\varphi_N$。

同步发电机对称负载运行时，I_f 流过励磁绕组产生随转子同步旋转的励磁磁势 F_f；电枢电流流过电枢绕组也产生与转子同步旋转的电枢磁势 F_a。F_f 和 F_a 的基波是相对静止的圆形旋转磁势，用空间相量 $\dot{F}_f$ 和 $\dot{F}_a$ 表示。二者的相量和 $\dot{F}$ 也是空间同步旋转磁势，称为合成磁势（气隙磁势）。$\dot{F}_a$ 对 $\dot{F}_f$ 的影响称为电枢反应，其结果取决于 $\dot{F}_a$ 与 $\dot{F}_f$ 之间的空间相位差。基于时空相量图分析可知，$\dot{F}_a$ 滞后 $\dot{F}_f$ 的空间相位差为 $90°+\psi$，ψ 是 $\dot{I}_a$ 滞后 $\dot{E}_0$ 的时间相位差即电枢电路的阻抗角，称为内功率因数角。ψ 值及正负取决于负载阻抗 Z_L，所以电枢反应由负载性质决定。在发电机时空统一相量图上，空间相量 $\dot{F}_f$ 和时间相量 $\dot{\Phi}_f$ 与 N 极轴线即 d 轴重合，$\dot{E}_0$ 滞后 $\dot{\Phi}_f 90°$ 即 $\dot{E}_0$ 位于 q 轴，$\dot{I}_a$ 滞后 $\dot{E}_0 \psi$ 即 $\dot{I}_a$ 与 q 轴的夹角为 ψ，$\dot{F}_a$ 与 $\dot{I}_a$ 同相。根据 ψ 将 $\dot{I}_a$ 和 $\dot{F}_a$ 分解为 q 轴和 d 轴分量，即

$$\begin{cases} \dot{I}_a = \dot{I}_q + \dot{I}_d, I_q = I_a \cos\psi, I_d = I_a \sin\psi \\ \dot{F}_a = \dot{F}_{aq} + \dot{F}_{ad}, F_{aq} = F_a \cos\psi, F_{ad} = F_a \sin\psi \end{cases} \tag{7-2}$$

一般情况下，当 $0<\psi<90°$ 时，$F_{aq} \neq F_a$，$F_{ad} >0$，电枢反应为交磁兼直轴去磁；当 $-90°<\psi<0$ 时，$F_{aq} \neq F_a$，$F_{ad} <0$，电枢反应为交磁兼直轴增磁。

同步发电机对称负载运行时，$\dot{\Phi}_f$ 扫过电枢绕组，产生 $\dot{E}_0$ 和 $\dot{I}_a = \dot{I}_d + \dot{I}_q$，形成 $\dot{F}_a = \dot{F}_{ad} + \dot{F}_{aq}$。$\dot{F}_{ad}$ 作用在直轴，激励出 $\dot{\Phi}_{ad}$ 并在电枢绕组中感应出 $\dot{E}_{ad} = -j\dot{I}_d X_{ad}$，其中 X_{ad} 是与直轴磁路对应的直轴电枢反应电抗。$\dot{F}_{aq}$ 作用在交轴，激励出 $\dot{\Phi}_{aq}$ 并在电枢绕组中感应出 $\dot{E}_{aq} = -j\dot{I}_q X_{aq}$，其中 X_{aq} 是与交轴磁路对应的交轴电枢反应电抗。另外，$\dot{F}_a$ 还激励 $\dot{\Phi}_\sigma$ 并在电枢绕组中感应出 $\dot{E}_\sigma = -j\dot{I}_a X_\sigma$，其中 X_σ 是与漏磁路对应的漏电抗。可见与 $\dot{E}_0$ 平衡的量有 $\dot{E}_{ad}$、$\dot{E}_{aq}$、$\dot{E}_\sigma$、$\dot{I}_a R_a$ 和输出电压 $\dot{U}$，$\dot{I}_a R_a$ 极小可忽略，所以凸极同步发电机电枢电路电势平衡方程为

$$\dot{E}_0 = -\dot{E}_{ad} - \dot{E}_{aq} - \dot{E}_\sigma + \dot{U} = jX_{ad}\dot{I}_d + jX_{aq}\dot{I}_q + jX_\sigma \dot{I}_a + \dot{U} = \dot{U} + jX_d\dot{I}_d + jX_q\dot{I}_q \tag{7-3}$$

式中，$X_d = X_{ad} + X_\sigma$ 定义为直轴同步电抗，$X_q = X_{aq} + X_\sigma$ 定义为交轴同步电抗。隐极发电机直轴与交轴电枢反应电抗相等，同步电抗为 $X_s = X_a + X_\sigma$，电势方程式为

$$\dot{E}_0 = \dot{U} + j\dot{I}_a X_s \tag{7-4}$$

以 $\dot{U}$ 为参考相量，在已知 $\dot{I}_a$、φ 和 X_s（或者 X_d、X_q）的条件下可以根据电势方程式画出相量图并求得 $\dot{E}_0$、ψ 和功角 δ 等重要物理量。对隐极发电机

$$\dot{E}_0 = \sqrt{(U\cos\varphi)^2 + (U\sin\varphi + I_a X_s)^2}, \quad \psi = \arctan\frac{U\sin\varphi + I_a X_s}{U\cos\varphi}, \quad \delta = \psi - \varphi \tag{7-5}$$

对凸极发电机

$$\psi = \arctan\frac{U\sin\varphi + I_a X_q}{U\cos\varphi}, \delta = \psi - \varphi, \quad E_0 = U\cos\delta + I_d X_d \tag{7-6}$$

同步发电机单机运行时主要考虑 6 种基本特性：空载特性、短路特性、零功率因数特性、外特性、调整特性和效率特性。电枢端开路即 $I=0$ 时，电枢电压（$=E_0$）随 I_f 变化的关系曲线 $E_0 = f(I_f)$ 称为空载特性，它与主磁路（直轴磁路）的磁化曲线 $\Phi_f = f(F_f)$ 形状相似，是一条饱和曲线，将其直线部分延长所形成的射线称为气隙线。电枢端短路即 $U=0$ 时，短路电流 I_k 随 I_f 变化的关系曲线 $I_k = f(I_f)$ 称为短路特性。稳态短路运行时 $\psi \approx 90°$，电枢反应为纯直轴去磁，电机处于不饱和状态使得 $E_0 \propto I_f$，所以 $I_k = E_0/X_d \propto I_f$，可见短路特性是过原点的直线。零功率因数特性是指在发电机驱动纯电感负载（$\cos\varphi = 0$）运行，保持 $I = I_N$ 时，端电压 U 随 I_f 变化的关系曲线 $U = f(I_f)$。此时 $\psi \approx 90°$，电枢反应为直轴纯去磁。分析表明，零功率因数特性曲线与空载特性曲线之间存在一个特性三角形，可以按一定的步骤作出特性三角形并解出漏电抗和电枢反应磁势值（详见教材）。外特性是指发电机保持 $I_f = I_{fN}$，驱动 $\cos\varphi$ 一定的负载时，端电压 U 与负载电流 I 之间的关系曲线 $U = f(I)$。当 $0 < \psi < 90°$ 时，电枢反应的直轴去磁作用和漏抗压降共同造成外特性的下降；当 $\psi < 0°$ 时，电枢反应的增磁作用和漏抗压降共同造成外特性曲线的上升。通常用电压调整率

$$\Delta U = \frac{E_0 - U_N}{U_N}\bigg|_{I_f = I_{fN}} \times 100\% \tag{7-7}$$

来定量描述发电机单机运行时端电压 U 的变化情况。额定励磁电流 I_{fN} 的确定方法见教材。在保持 $n = n_1$、$U = U_N$、$\cos\varphi = \cos\varphi_N$ 的情况下，当 I 变化时，I_f 随之调整而形成的曲线 $I_f = f(I)$ 称为调整特性曲线。发电机驱动感性或纯电阻负载时调整特性是上升的，驱动容性负载时调整特性一般是下降曲线。在保持 $n = n_1$、$U = U_N$、$\cos\varphi = \cos\varphi_N$ 时，效率 η 与输出功率 P_2 之间的函数关系 $\eta = f(P_2)$ 称为发电机的效率特性。

根据空载特性和短路特性可以求出同步电抗的不饱和值和短路比；根据零功率因数特性和空载特性可以求出漏电抗以及电枢反应磁势；通过相量图、空载特性以及零功率因数特性还可以求得额定励磁电流和电压调整率等重要数据。参数测定的详细原理和方法见教材。

同步发电机并联组网运行的显著优点是能提高供电质量，电网电压和频率可以视为恒定不变的常数。发电机并联到电网前必须检查发电机和电网是否满足条件：①双方应有相同的相序；②双方应有相等的电压；③双方应有相等或接近于相等的频率；④双方应有相等或接近于相等的相位。条件①必须严格满足，其他 3 个允许有微小偏差。发电机投入电网并联运

行所进行的调节和操作过程称为整步，分为准整步法和自整步法两类。准整步法是把发电机调整到完全满足并网条件后再投入电网，需要用同步指示器判断并网条件是否已经满足。最简单的同步指示器由3个指示灯组成，通过灯光效果检查并网条件，根据接线不同又分为灯光明暗法和灯光旋转法两种。灯光法和自整步法的详细分析和操作见教材。

同步发电机接入电网稳态运行时，其电压、频率和转速都被电网锁定。能调节的量是发电机的输入转矩 T_1 和励磁电流 I_f。原动机提供给发电机的输入功率 $P_1 = T_1 \Omega_1$，通过调节输入转矩 T_1，就能调节 P_1 和发电机输出的有功功率 P_2。但要注意，在增大有功时，无功会减小甚至变负，这是应当避免的。从 P_1 中扣除 p_m 和 p_{Fe}，其余功率转换为电枢绕组中的电功率即电磁功率 $P_M = P_1 - (p_m + p_{Fe})$，再从 P_M 中扣除 p_{Cu1}（一般忽略不计）后，剩余电功率便是输出功率 $P_2 = mUI\cos\varphi = P_M - p_{Cu1} \approx P_M$。结合相量图，可以得到有功功率的表达式

$$P_M = \frac{mUE_0}{X_d}\sin\delta + \frac{mU^2}{2}\left(\frac{1}{X_q} - \frac{1}{X_d}\right)\sin 2\delta = P'_M + P''_M \tag{7-8}$$

其中 δ 为 $\dot{E}_0$ 超前 $\dot{U}$ 的相位角即功角。δ 具有时间和空间的双重含义，既表示 $\dot{U}$ 滞后 $\dot{E}_0$ 的时间相位差；又表示 $\dot{F}$ 滞后 $\dot{F}_f$ 的空间相位差。函数 $P_M = f(\delta)$ 称为功角特性，是同步电机重要的特性函数。对于并网运行的隐极同步发电机，由于 $X_d = X_q = X_s$，所以

$$P_M = m\frac{UE_0}{X_s}\sin\delta \tag{7-9}$$

功角特性表明，当 I_f 不变即 E_0 不变时，P_M 仅取决于功角 δ 的大小。对于隐极发电机，当 $\delta = \delta_m = 90°$ 时有最大电磁功率

$$P_{Mmax} = m\frac{E_0 U}{X_s} \tag{7-10}$$

对于凸极发电机，令 $dP_M/d\delta = 0$，可求出 δ_m 和相应的最大电磁功率 P_{Mmax}，δ_m 一般在 45°~90°之间。比值 $K_M = P_{Mmax}/P_N$ 称为过载能力。

在保持有功功率不变，调节励磁电流 I_f 时，同步发电机的无功功率会发生改变。调节 I_f 使 $\dot{I}$ 与 $\dot{U}$ 同相即 $\varphi = 0$ 时，发电机只输出有功功率，不输出无功功率，该状态称为正常励磁状态，相应的 I_f 称为正常励磁电流。在正常励磁状态的基础上，增大 I_f 使发电机进入过励状态时，$\dot{I}$ 会滞后于 $\dot{U}$ 即 $\varphi > 0$，此时发电机输出有功和感性无功。在正常励磁状态的基础上，减少 I_f 使发电机进入欠励状态时，$\dot{I}$ 会超前于 $\dot{U}$ 即 $\varphi < 0$，此时发电机输出有功和容性无功。减小 I_f 会使 δ 增大，当 δ 接近 δ_m 时，会导致发电机不稳定，这是应当避免的。对应一有功 P_2，从欠励到过励的调节过程中，电枢电流 I 先降后升，$I = f(I_f)$ 曲线形同字母 V，称为 V 形曲线。V 形曲线是一簇曲线，每条曲线对应一定的有功。将所有 V 形曲线的最低点连接起来，将得到一条分界线，对应正常励磁状态。分界线左边为欠励状态。右边为过励状态。

可以采用对称分量法分析同步发电机的不对称运行。正序系统等同于三相对称系统，正序电抗 X_+ 等于同步电抗；负序系统相当于转差率 $s=2$ 的感应电动机，负序电抗 X_- 因为转子电流的作用而大大减小；零序电抗 X_0 属于漏抗性质，其值更小。

分析同步发电机突然短路的暂态过程时，常用到超导闭合回路磁链守恒原理。采用此原理，可以定性分析在短路发生的各阶段，转子上各绕组对电枢磁通路径的影响，从而计算出

各阶段的同步电抗和电流初值。超瞬变电抗 X''_d、瞬变电抗 X'_d、稳态电抗 X_d 以及瞬态各阶段的时间常数 T''_d、T'_d、T_d 是分析同步发电机暂态运行的重要数据。

作为电动机运行是同步电机又一重要运行方式。同步电动机的转速被电网频率锁定在同步转速 n_1，不随负载的变化而变化；通过调节励磁电流 I_f 可以方便地调节同步电动机的功率因数，这也是同步电动机相对于感应电动机的一个显著优点。同步电动机的分析方法与同步发电机类似，其电势方程式、相量图、功角特性、V形曲线等也与同步发电机类似，但在分析时要注意所采用的正方向惯例。异步起动法是同步电动机最常用的起动方法，即在磁极上装设起动绕组，借助异步转矩来起动同步电动机。

同步调相机本质上是空载运行的同步电动机，并于电网运行，通过调节励磁电流 I_f 来调节无功功率的大小和性质，从而改善电网的功率因数。

7.3 难点解析

难点 1 对同步发电机电枢反应的分析。

同步发电机对称稳定运行时，有两个同步的旋转磁势——由原动机驱动的励磁磁势 $\dot{F}_f$ 和电枢电流产生的电枢磁势 $\dot{F}_a$，$\dot{F}_a$ 对 $\dot{F}_f$ 的影响称为电枢反应。$\dot{F}_a$ 一般滞后于 $\dot{F}_f$ 0°~180°，确定滞后角是分析电枢反应的关键。为了分析这个滞后角，就要用到时空统一相量图，还要定义一个重要角度即内功率因数角 ψ，它是电枢电流 $\dot{I}_a$ 滞后于励磁电势 $\dot{E}_0$ 的相位差。ψ 本质上是电枢一相电路的阻抗角，其大小和正负主要取决于负载阻抗，如图 7-1 所示。在时空统一相量图上，$\dot{F}_f$ 始终位于直轴，$\dot{E}_0$ 始终位于交轴，$\dot{E}_0$ 总是滞后 $\dot{F}_f$ 90°。$\dot{F}_a$ 始终与 $\dot{I}_a$ 同相位，由于 $\dot{I}_a$ 滞后 $\dot{E}_0\psi$ 角，所以 $\dot{I}_a$ 和 $\dot{F}_a$ 滞后 $\dot{F}_f\psi+90°$，如图 7-2 所示。确定了 $\dot{F}_a$ 对 $\dot{F}_f$ 的滞后角，就可以方便地分析不同 ψ 角对应的电枢反应了。

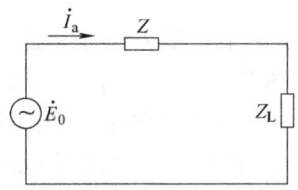

图 7-1 同步发电机一相电路

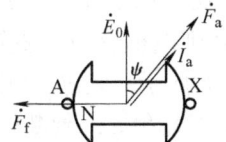

图 7-2 同步发电机时空统一相量图

难点 2 对凸极同步电机同步电抗概念的理解。

凸极同步电机电枢绕组的电抗与负载性质有关。如果从这一论点出发讲解凸极电机的电枢反应电抗和同步电抗的概念，教师费时费力，学生不好理解。如果直接将电枢电流分解为交、直轴分量，再分别介绍交、直轴电流在电枢绕组中引起的电枢反应电抗和漏电抗，进而得到直轴和交轴同步电抗，不但逻辑清晰，且学生易于接受。推导过程如下：

$$\dot{I}_a \rightarrow \begin{cases} \dot{I}_d \rightarrow \dot{F}_{ad} \rightarrow \dot{\Phi}_{ad} \rightarrow \dot{E}_{ad} \rightarrow X_{ad} = \dot{E}_{ad}/I_d \\ \dot{I}_q \rightarrow \dot{F}_{aq} \rightarrow \dot{\Phi}_{aq} \rightarrow \dot{E}_{aq} \rightarrow X_{aq} = \dot{E}_{aq}/I_q \end{cases}$$

$$\dot{I}_a \rightarrow \dot{F}_a \rightarrow \dot{\Phi}_\sigma \rightarrow \dot{E}_\sigma \rightarrow X_\sigma = \dot{E}_\sigma/I_a$$

$$X_d = X_{ad} + X_\sigma, \quad X_q = X_{aq} + X_\sigma$$

难点 3 凸极同步发电机相量图的画法。

凸极同步发电机的方程式中有 $\dot{I}_d$ 和 $\dot{I}_q$，要画出相量图，首先须从 $\dot{I}_a$ 分解出 $\dot{I}_d$ 和 $\dot{I}_q$，可见应先找出 q 轴和 d 轴的方位。为此，需对凸极同步发电机的电势方程做如下变换：

$$\begin{aligned}\dot{E}_0 &= \dot{U} + \mathrm{j}\dot{I}_d X_d + \mathrm{j}\dot{I}_q X_q = \dot{U} + \mathrm{j}\dot{I}_d X_d + \mathrm{j}(\dot{I}_a - \dot{I}_d) X_q \\ &= \dot{U} + \mathrm{j}\dot{I}_d (X_d - X_q) + \mathrm{j}\dot{I}_a X_q \rightarrow \\ &\underbrace{\dot{E}_0 - \mathrm{j}\dot{I}_d (X_d - X_q)}_{\text{位于交轴}} = \underbrace{\dot{U} + \mathrm{j}\dot{I}_a X_q}_{\text{容易画出}}\end{aligned}$$

只要画出上式的右边相量，就可以找到交轴，进而找到直轴，并将 $\dot{I}_a$ 分解成 $\dot{I}_d$ 和 $\dot{I}_q$，再根据原方程式按相量加法绘制相量图，详细过程见教材。

难点 4 同步发电机各种励磁状态和电枢反应分析。

对应一定的有功功率 $P_M = mUI_a\cos\varphi = mE_0U\sin\delta/X_s$，有 $I_a\cos\varphi =$ 常数，$E_0\sin\delta =$ 常数。当无功为 0，即 $\dot{I}_a$ 与 $\dot{U}$ 同相或者 $\cos\varphi = 1$ 时称同步发电机处于正常励磁状态，对应的相量图如图 7-3 所示。在正常励磁基础上，$I_f \uparrow \rightarrow E_0 \uparrow \rightarrow \dot{I}_a$ 滞后 $\dot{U} \rightarrow$ 输出滞后无功，此时 I_f 大于正常励磁电流，称为过励状态，对应的相量图如图 7-4 所示。在正常励磁基础上，$I_f \downarrow \rightarrow E_0 \downarrow \rightarrow \dot{I}_a$ 超前 $\dot{U} \rightarrow$ 输出超前无功，即吸收滞后无功，此时 I_f 小于正常励磁电流，称为欠励状态，对应的相量图如图 7-5 所示。

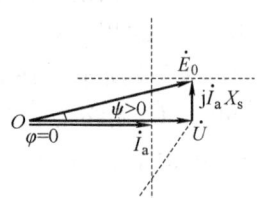 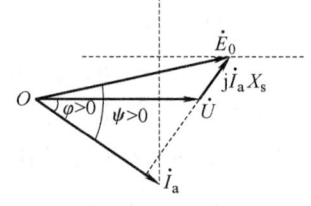 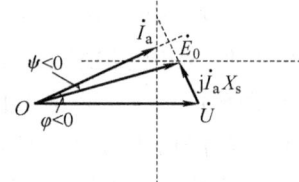

图 7-3 正常励磁状态相量图 　　图 7-4 过励状态相量图 　　图 7-5 欠励状态相量图

过励或正常励磁，内功率因数角 $0 < \psi < 90°$，电枢反应是直轴去磁兼交磁作用。欠励状态却不一定，若 $\psi < 0$ 则电枢反应为直轴增磁兼交磁，如图 7-5 所示；若 $\psi = 0$ 则电枢反应只有交磁作用，如图 7-6 所示；若 $\psi > 0$ 则电枢反应为直轴去磁兼交磁作用，如图 7-7 所示。区分励磁状态要看功率因数角 φ，判断电枢反应要看内功率因数角 ψ，二者不可混同。

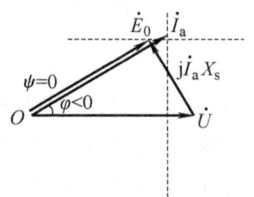 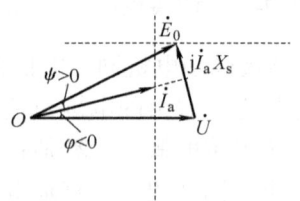

图 7-6 欠励状态 $\psi = 0$ 相量图 　　图 7-7 欠励状态 $\psi > 0$ 相量图

难点 5 同步电动机电枢反应分析。

同步发电机电枢反应分析一般教材讲述较多。但同步电动机电枢反应却讲述很少，学生往往搞不明白。不论是发电机还是电动机，分析电枢反应要看 ψ，而区分励磁状态要看 φ。

对同步电动机来说，正常励磁或过励时 $\varphi \leq 0$，电枢反应为直轴去磁兼交磁作用。这也是同步电动机最常见的运行情况，其相量图如图7-8和图7-9所示。

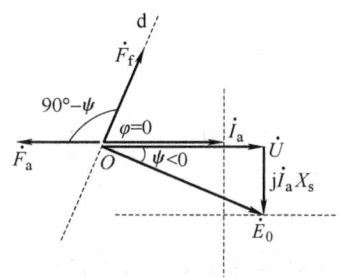 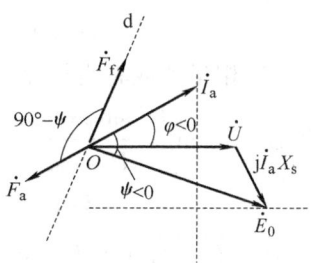

图7-8　电动机正常励磁状态相量图　　　　图7-9　电动机过励状态相量图

欠励时 $\varphi>0$，若 $\psi>0$ 则电枢反应为直轴增磁兼交磁作用，其相量图如图7-10所示；若 $\psi=0$ 则电枢反应为交磁作用，其相量图如图7-11所示；若 $\psi<0$ 则电枢反应为直轴去磁兼交磁作用，其相量图如图7-12所示。要特别注意，在同步电动机的时空统一相量图上，$\dot{F}_a$ 与 $\dot{I}_a$ 反相，$\dot{F}_a$ 超前于 $\dot{F}_f$ $90°-\psi$。

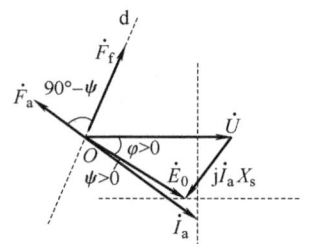 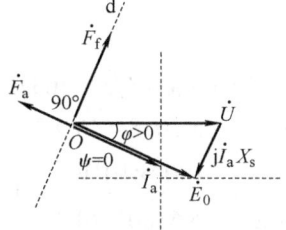 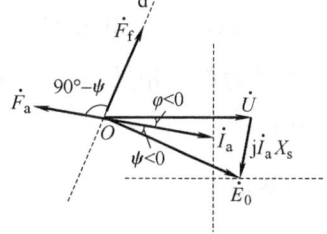

图7-10　电动机欠励状态　　图7-11　电动机欠励状态　　图7-12　电动机欠励状态
　　　　$\psi>0$ 相量图　　　　　　　　$\psi=0$ 相量图　　　　　　　　$\psi<0$ 相量图

7.4　例题精讲

例7-1　一台隐极同步发电机，带三相对称负载运行，负载的功率因数 $\cos\varphi=0.8$（滞后），电枢端电压 $U=U_N$，电枢电流 $I=I_N$。已知该电机的电枢漏电抗 $X_\sigma^*=0.15$，电枢反应电抗 $X_a^*=0.85$，不计定子电阻。试求励磁电势 E_0^*、功角 δ 及内功率因数角 ψ。

分析：此例为隐极同步发电机常规题型。在已知电压、电流、功率因数、同步电抗的条件下，求取励磁电势、功角和内功率因数角。涉及标幺值、同步发电机相量方程或相量图的概念和应用。通常以 $\dot{U}$ 为参考相量；$\dot{I}$ 的相位角由 $\cos\varphi=0.8$ 确定，滞后时 φ 取负值，超前时 φ 取正值；$\dot{E}_0$ 的相位角即为 δ；$\psi=\varphi+\delta$。

解：**方法1**——用相量方程求解。

令电压 $\dot{U}^*$ 为参考相量　　　　　　　$\dot{U}^*=1\angle 0°=1$

电流的相位角　　　　　　　　　　$-\varphi=-\arccos(0.8)=-36.87°$

电流相量　　　　　　　　　　　　$\dot{I}^*=1\angle-36.87°$

励磁电势相量

$$\dot{E}_0^* = \dot{U}^* + j\dot{I}^*(X_\sigma^* + X_a^*) = 1 + j1\angle-36.87°\times(0.15+0.85) = 1.6+j0.8 = 1.79\angle 26.57°$$

励磁电势和功角 $E_0^* = 1.79$, $\delta = 26.57°$

内功率因数角 $\psi = \delta + \varphi = 26.57° + 36.87° = 63.44°$

方法 2——用相量图或者直接用公式求解。

内功率因数角 $\psi = \arctan\dfrac{U^*\sin\varphi + I^* X_s^*}{U^*\cos\varphi} = \arctan\dfrac{1\times 0.6 + 1\times(0.15+0.85)}{1\times 0.8} = 63.43°$

功角为 $\delta = \psi - \varphi = 63.43° - 36.87° = 26.56°$

励磁电势为 $E_0^* = \sqrt{(U^*\cos\varphi)^2 + (U^*\sin\varphi + I^* X_s^*)^2} = \sqrt{(1\times 0.8)^2 + [1\times 0.6 + 1\times(0.15+0.85)]^2} = 1.79$

例 7-2 一台凸极同步发电机带电容性负载单机运行,负载功率因数 $\cos\varphi_N = 0.8$(超前),输出功率 $P_2 = 1500\text{kW}$,端电压为额定电压 $U_N = 6300\text{V}$,定子绕组 Y 联结。已知 $X_d = 21.2\Omega$, $X_q = 13.7\Omega$,不计电枢电阻。试求励磁电势 E_0、功角 δ 及内功率因数角 ψ。

分析:此例为凸极同步发电机常规题型。在已知电压、电流(间接获得)、功率因数、同步电抗的条件下,求取励磁电势、功角和内功率因数角。除了方程式或相量图有差异外,解题思路和步骤类似于例 7-1。要注意的是用实际值计算时,电压、电流要转换为相电压和相电流;而用标幺值计算时无须转换。

解:方法 1——用相量方程求解。

令电压 $\dot{U}$ 为参考相量 $U = U_N/\sqrt{3} = 6300\text{V}/\sqrt{3} = 3637.31\text{V}$

电流相位角 $-\varphi = \arccos 0.8 = 36.87°$

电流有效值 $I = \dfrac{P_2}{\sqrt{3}\,U_N\cos\varphi} = \dfrac{1500\times 10^3\text{W}}{\sqrt{3}\times 6300\text{V}\times 0.8} = 171.83\text{A}$

电流相量 $\dot{I} = 171.83\angle 36.87°\text{A}$

相量 $\dot{U} + j\dot{I}X_q = 3637.31\text{V} + j171.83\text{A}\angle 36.87°\times 13.7\Omega = 2914.91\angle 40.25°\text{V}$

因为 $\dot{U} + j\dot{I}X_q$ 与 $\dot{E}_0$ 同相位,所以 $\delta = 40.25°$

内功率因数角 $\psi = \delta + \varphi = 40.25° - 36.87° = 3.38°$

直轴电流有效值 $I_d = I\sin\psi = 171.83\text{A}\sin 3.38° = 10.12\text{A}$

直轴电流相位角 $-(90°-\delta) = -(90°-40.25°) = -49.75°$

直轴电流 $\dot{I}_d = 10.12\angle -49.75°\text{A}$

交轴电流有效值 $I_q = I\cos\psi = 171.83\text{A}\cos 3.38° = 171.53\text{A}$

交轴电流相位角 $\delta = 40.25°$

交轴电流 $\dot{I}_q = 171.53\angle 40.25°\text{A}$

励磁电势相量
$$\dot{E}_0 = \dot{U} + j\dot{I}_d X_d + j\dot{I}_q X_q$$
$$= (3637.31 + j10.12\angle -49.75°\times 21.2 + j171.53\angle 40.25°\times 13.7)\text{V} = 2990.49\angle 40.25°\text{V}$$

励磁电势和功角 $E_0 = 2990.49\text{V}$, $\delta = 40.25°$

方法 2——用相量图或者直接用公式求解。

内功率因数角 $\psi = \arctan\dfrac{U\sin\varphi + IX_q}{U\cos\varphi} = \arctan\dfrac{3637.31\text{V}\times(-0.6) + 171.83\text{A}\times 13.7\Omega}{3637.31\text{V}\times 0.8} = 3.38°$

功角 $\delta = \psi - \varphi = 3.38° - (-36.87°) = 40.25°$

直轴电流 $I_d = I\sin\psi = 171.83\text{A}\sin3.38° = 10.12\text{A}$

励磁电势 $E_0 = U\cos\delta + I_d X_d = 3637.31\text{V}\cos40.25° + 10.12\text{A} \times 21.2\Omega = 2990.66\text{V}$

例 7-3 一台隐极同步发电机,额定功率 $P_N = 12000\text{kW}$,额定电压 $U_N = 6300\text{V}$,定子绕组 Y 联结,额定功率因数 $\cos\varphi_N = 0.8$(滞后),短路特性为一条过原点的直线,额定电枢电流对应的励磁电流为 158A。空载试验数据见表 7-1。

表 7-1 空载试验数据

线电压/V	0	4500	5500	6000	6300	6500	7000	7500	8000
励磁电流/A	0	60	80	92	102	111	130	190	292

试求:(1)同步电抗 X_s 的不饱和值;(2)额定负载运行时的励磁电流 I_{fN};(3)额定负载运行时的电压调整率 ΔU。

解:(1)$I_N = \dfrac{P_N}{\sqrt{3}U_N\cos\varphi_N} = \dfrac{12000\times10^3\text{W}}{\sqrt{3}\times6300\text{V}\times0.8} = 1374.64\text{A}$

根据试验数据画出空载特性、短路特性曲线以及气隙线如图 7-13 所示。取励磁电流 $I_f = 60\text{A}$,在短路特性上查得 $I_N = 522\text{A}$,在气隙线上查得,$E_0 = 4500\text{V}$,所以同步电抗不饱和值为

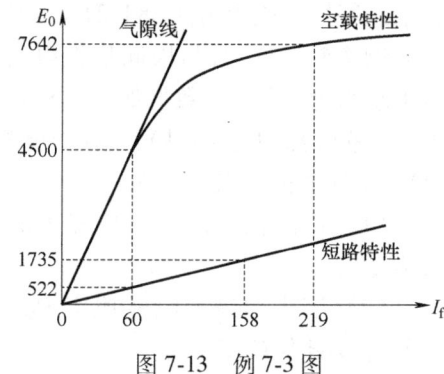

图 7-13 例 7-3 图

$$X_s = \frac{E_0/\sqrt{3}}{I_N} = \frac{4500\text{V}/\sqrt{3}}{522\text{A}} = 4.98\Omega$$

(2)假设发电机不饱和,则额定负载运行时的励磁电势

$$E_0 = \sqrt{3}\sqrt{(U_N/\sqrt{3}\times\cos\varphi)^2 + (U_N/\sqrt{3}\times\sin\varphi + I_N X_s)^2}$$
$$= \sqrt{3}\sqrt{(6300/\sqrt{3}\times0.8)^2 + (6300/\sqrt{3}\times0.6 + 1374.64\times4.98)^2}\text{V} = 16429.27\text{V}$$

在气隙线上查得相应的励磁电流即为额定励磁电流 $I_{fN} = 219.06\text{A}$。

(3)根据 $I_{fN} = 219.06\text{A}$,在空载特性上查得实际励磁电势 $E_0 = 7642\text{V}$,故电压变化率为

$$\Delta U = \frac{E_0 - U_N}{U_N}\times100\% = \frac{(7642-6300)\text{V}}{6300\text{V}}\times100\% = 21.32\%$$

例 7-4 有一水轮发电机,额定功率 $P_N = 15\text{MW}$,额定电压 $U_N = 13.8\text{kV}$,定子绕组 Y 联结,额定功率因数 $\cos\varphi_N = 0.8$(滞后),额定转速 $n_N = 100\text{r/min}$,保梯电抗 $X_p^* = 0.24$,不计电枢电阻。发电机的短路特性为过原点的直线,短路电流为额定电流时对应的励磁电流 $I_{fk} = 178\text{A}$。已知空载特性数据见表 7-2。

表 7-2 空载特性测试数据

E_0^*	0.25	0.45	0.79	1.00	1.14	1.20	1.25
I_f/A	45	85	150	205	250	300	350

试用保梯电抗法求该发电机的额定励磁电流 I_{fN} 和电压变化率 ΔU。

解: 先画出空载特性曲线 $E_0^* = f(I_f)$,根据 $I_{fk} = 178\text{A}$ 确定短路点 K,如图 7-14 所示。根据漏抗压降 $I_N^* X_p^* = 0.24$ 在空载特性上寻找 D 点,使其纵坐标等于漏抗压降 0.24,过 D 作竖

直线交横坐标于 C 点，则 $\overline{OC}=43\text{A}$ 即为克服漏抗压降所需的励磁电流，补偿电枢反应去磁磁势所需的励磁电流 $I_{\text{fa}}=\overline{OK}-\overline{OC}=(178-43)\text{A}=135\text{A}$。沿纵坐标轴作相量 $\dot{U}_N^*=1$。

漏抗压降 $\quad\quad\quad\quad j\dot{I}_N^* X_p^* = j(0.8-j0.6)0.24 = 0.144 + j0.192$

合成电势 $\quad \dot{E}_p^* = \dot{U}_N^* + j\dot{I}_N^* X_p^* = 1 + 0.144 + j0.192 = 1.144 + j0.192$，$E_p^* = \sqrt{1.144^2 + 0.192^2} = 1.16$

在空载特性上查得 $E_p^* = 1.16$ 对应的励磁电流 $I_{\text{fp}} = 275\text{A}$。

根据相量图，不难看出

$$\varphi_N + \gamma = \arctan[(U_N^* \sin\varphi_N + I_N^* X_p^*)/(U_N^* \cos\varphi_N)] = \arctan[(0.6+0.24)/0.8] = 46.40°$$

$$I_{\text{fN}} = \sqrt{[I_{\text{fp}} + I_{\text{fa}}\sin(\varphi_N + \gamma)]^2 + [I_{\text{fa}}\cos(\varphi_N + \gamma)]^2}$$

$$= \sqrt{[275 + 135\times\sin46.4°]^2 + [135\times\cos46.4°]^2}\text{A} = 384.21\text{A}$$

在空载特性上查得 $I_{\text{fN}} = 384.21\text{A}$ 对应的励磁电势 $E_0^* = 1.28$，所以 $\Delta U = 28\%$。

例 7-5 有一台凸极同步发电机并联于电网运行，电枢绕组为丫联结，数据如下：$S_N = 8750\text{kVA}$，$\cos\varphi_N = 0.8$（滞后），$U_N = 11\text{kV}$，同步电抗 $X_d = 17\Omega$，$X_q = 9\Omega$，不计电枢电阻。试求：

（1）该机在额定运行情况下的功角 δ_N 及励磁电势 E_0；

（2）该机的最大电磁功率 $P_{M\max}$、相应的功角 δ_m 以及过载能力 K_M。

分析： 此例为凸极同步发电机常规题型。在已知电压、电流（间接获得）、功率因数、同步电抗的条件下，求励磁电势和功角。通过对功角特性函数求极值计算最大功率和过载能力。

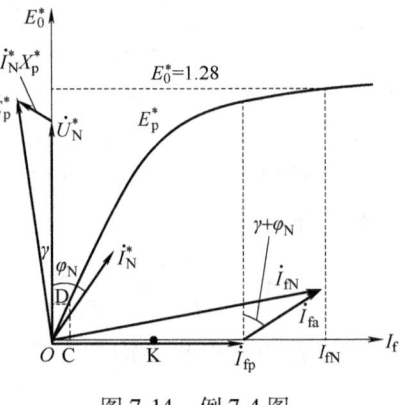

图 7-14 例 7-4 图

解：（1）$I = I_N = \dfrac{S_N}{\sqrt{3}\,U_N} = \dfrac{8750\times 10^3\text{VA}}{\sqrt{3}\times 11\times 10^3\text{V}} = 459.26\text{A}$ $\quad U = \dfrac{U_N}{\sqrt{3}} = \dfrac{11\times 10^3\text{V}}{\sqrt{3}} = 6350.85\text{V}$

$$\psi = \arctan\dfrac{U\sin\varphi_N + IX_q}{U\cos\varphi_N} = \arctan\dfrac{6350.85\text{V}\times 0.6 + 459.26\text{A}\times 9\Omega}{6350.85\text{V}\times 0.8} = 57.40°$$

功角 $\quad\quad\quad\quad \delta = \psi - \varphi_N = 57.40° - 36.87° = 20.53°$

$$I_d = I\sin\psi = 459.26\text{A}\times\sin57.40° = 386.89\text{A}$$

励磁电势 $\quad\quad E_0 = U\cos\delta + I_d X_d = 6350.85\text{V}\times\cos20.53° + 386.89\text{A}\times 17\Omega = 12524.75\text{V}$

（2）功角特性

$$P_M = m\dfrac{UE_0}{X_d}\sin\delta + \dfrac{mU^2}{2}\left(\dfrac{1}{X_q} - \dfrac{1}{X_d}\right)\sin2\delta = 3\times\dfrac{6350.85\times 12524.75}{17}\sin\delta + \dfrac{3\times 6350.85^2}{2}\left(\dfrac{1}{9} - \dfrac{1}{17}\right)\sin2\delta$$

$$= 14036965.37\sin\delta + 3163395.74\sin2\delta$$

令 $dP_M/d\delta = 0$，求得最大电磁功率对应的功角 $\delta_m = 69.9°$

最大电磁功率 $\quad P_{M\max} = 14036965.37\text{W}\sin69.9° + 3163395.74\text{W}\sin(2\times69.9°) = 15223871.6\text{W}$

过载能力 $\quad\quad\quad\quad K_M = \dfrac{P_{M\max}}{P_N} = \dfrac{15223871.6\text{W}}{8750\times 10^3\text{W}\times 0.8} = 2.17$

例 7-6 有一台隐极同步发电机并联于电网运行，电枢绕组为丫联结，数据如下：$S_N = 31250\text{kVA}$，$\cos\varphi_N = 0.8$（滞后），$U_N = 10.5\text{kV}$，同步电抗 $X_s = 7\Omega$，不计电枢电阻。试求：（1）额定状态的功角 δ_N、电磁功率 P_M 和比整步功率 P_{syn}；（2）将（1）中励磁电流增加 10%，将（1）中有功功率减为原来的 2/3，求稳定后的功角 δ 和功率因数 $\cos\varphi$。

分析：此例为隐极同步发电机常规题型。在已知电压、电流（间接获得）、功率因数、同步电抗的条件下，求励磁电势和功角。有功功率和励磁电流变化后，通过功角特性函数可求得新稳态下的功角，再利用无功功角特性函数求得无功，进而求得新稳态下的功率因数。

解：（1） $U = \dfrac{U_N}{\sqrt{3}} = \dfrac{10.5 \times 10^3 \text{V}}{\sqrt{3}} = 6062.18\text{V}$

$$\dot{I} = \dfrac{S_N}{\sqrt{3}\,U_N}(\cos\varphi + j\sin\varphi) = \dfrac{31250 \times 10^3 \text{VA}}{\sqrt{3} \times 10.5 \times 10^3 \text{V}}(0.8 - j0.6) = 1718.3\angle -36.87°\text{A}$$

$$\dot{E}_0 = \dot{U} + j\dot{I}X_s = 6062.18\text{V} + j1718.3\angle -36.87°\text{A} \times 7\Omega = 16398.93\angle 35.93°\text{V}$$

励磁电势和功角 $E_0 = 16398.93\text{V}$，$\delta_N = 35.93°$

电磁功率 $P_M = S_N \cos\varphi_N = 31250\text{kVA} \times 0.8 = 25000\text{kW}$

比整步功率 $P_{syn} = 3\dfrac{E_0 U}{X_s}\cos\delta_N = 3\dfrac{16398.93\text{V} \times 6062.18\text{V}}{7\Omega}\cos 35.93° = 34499.29\text{kW}$

（2）励磁电流增加 10%，有功功率减小到原来的 2/3，则

$E'_0 = 1.1 E_0 = 1.1 \times 16398.93\text{V} = 18038.83\text{V}$，$P'_M = \dfrac{2}{3} P_M = \dfrac{2}{3} \times 25000\text{kW} = 16666.67\text{kW}$

由功角特性 $P_M = 3\dfrac{E_0 U}{X_s}\sin\delta$ 可得 $\sin\delta' = \dfrac{2}{4} \times 1.1 \times \sin 35.93°$，$\delta' = 20.83°$

无功功率

$$Q' = 3\dfrac{E'_0 U}{X_s}\cos\delta' - 3\dfrac{U^2}{X_s} = 3 \times \dfrac{18038.83\text{V} \times 6062.18\text{V}}{7\Omega}\cos 20.83° - 3 \times \dfrac{6062.18^2 \text{V}^2}{7\Omega} = 28052679.4\text{var}$$

功率因数 $\cos\varphi' = \dfrac{P'_M}{\sqrt{P'^2_M + Q'^2}} = \dfrac{16666.67 \times 10^3 \text{W}}{\sqrt{(16666.67 \times 10^3)^2 + 28052679.40^2}\,\text{VA}} = 0.5018$

例 7-7 有一台三相汽轮发电机，$f = 50\text{Hz}$，已知 $X_d = 1.10$，$X'_d = 0.155$，$= X''_d = 0.09$（均为标幺值），时间常数 $T_d = 0.09\text{s}$，$T'_d = 0.035\text{s}$，$T''_d = 0.6\text{s}$，设该机在励磁电势等于额定电压时发生三相突然短路，试求：（1）在最不利的情况下定子瞬态短路电流的表达式；（2）最大瞬时冲击电流；（3）分别求出在短路后 0.5s，2s，5s 时短路电流的瞬时值。

分析：此例为同步发电机突然短路暂态过程的常规题型。关键在于对突然短路过程的分析和主要结论的理解。

解：（1）以 A 相为例，突然短路瞬态电流的表达式为

$$i_{Ak} = I''_m \cos\alpha_0 e^{-t/T_d} - [(I''_m - I'_m)e^{-t/T''_d} + (I'_m - I_m)e^{-t/T'_d} + I_m]\cos(\alpha_0 + \omega_1 t)$$

对 A 相最不利的情况是在 $\alpha_0 = 0$ 即直轴正方向与 A 相绕组轴线重合时的瞬间发生三相突然短路。在这种情况下，A 相暂态电流为

$$i_{Ak} = I''_m e^{-t/T_d} - [(I''_m - I'_m)e^{-t/T''_d} + (I'_m - I_m)e^{-t/T'_d} + I_m]\cos\omega_1 t$$

由于励磁电势等于额定电压，即 $E_0 = 1$（标幺值，下同），所以

$$I''_m = \sqrt{2}\frac{E_0}{X''_d} = \sqrt{2} \times \frac{1}{0.09} = 15.7135, \quad I'_m = \sqrt{2}\frac{E_0}{X'_d} = \sqrt{2} \times \frac{1}{0.155} = 9.124$$

$$I_m = \sqrt{2}\frac{E_0}{X_d} = \sqrt{2} \times \frac{1}{1.1} = 1.2856, \quad I''_m - I'_m = 15.7135 - 9.124 = 6.5895$$

$$I'_m - I_m = 9.124 - 1.2856 = 7.8383, \quad \omega_1 = 2\pi f = 100\pi$$

所以 $i_{Ak}(t) = 15.7135 e^{-t/0.09} - [6.5895 e^{-t/0.035} + 7.8383 e^{-t/0.6} + 1.2856] \cos 100\pi t$

（2）最大冲击电流发生在 $\omega_1 t = \pi$ 即 $t = \pi/\omega_1 = \pi/(100\pi) = 0.01\text{s}$ 的瞬间，此时

$i_{Ak}(0.01) = 15.7135 e^{-0.01/0.09} [6.5895 e^{-0.01/0.035} + 7.8383 e^{-0.01/0.6} + 1.2856] \cos(100\pi \times 0.01) = 28.0073$

可见最大冲击电流达到额定电流的28倍。

（3）$i_{Ak}(0.5) = 15.7135 e^{-0.5/0.09} [6.5895 e^{-0.5/0.035} + 7.8383 e^{-0.5/0.6} + 1.2856] \cos(100\pi \times 0.5) = -4.6341$

$i_{Ak}(2) = 15.7135 e^{-2/0.09} [6.5895 e^{-2/0.035} + 7.8383 e^{-2/0.6} + 1.2856] \cos(100\pi \times 2) = -1.5653$

$i_{Ak}(5) = 15.7135 e^{-5/0.09} [6.5895 e^{-5/0.035} + 7.8383 e^{-5/0.6} + 1.2856] \cos(100\pi \times 5) = -1.2875$

例 7-8 一台三相凸极同步电动机，定子绕组为丫联结，额定频率 $f_N = 50\text{Hz}$，同步电抗 $X_d^* = 1.0\Omega$，$X_q^* = 0.7\Omega$，接在额定电压的电网上运行。不计电枢电阻。试求：

（1）当电枢电流 $I^* = 0.8$，$\cos\varphi = 1$ 时的功角 δ 和励磁电势 E_0^*；

（2）当电枢电流 $I^* = 1$，$\cos\varphi = 0.8$（滞后）时的功角 δ 和励磁电势 E_0^*；

（3）当电枢电流 $I^* = 1$，$\cos\varphi = 0.8$（超前）时的功角 δ 和励磁电势 E_0^*。

分析 此例为凸极同步电动机常规题型。在已知电压、电流、功率因数、同步电抗的条件下，求取励磁电势、功角。解题思路和步骤类似于例 7-1。要注意的是电动运行时，δ 的定义及算式与发电机的不同，φ、ψ 和 E_0 与发电机的定义相同，但算式有所不同。

解：（1）$\psi = \arctan\dfrac{U_N^* \sin\varphi - I^* X_q^*}{U_N^* \cos\varphi} = \arctan\dfrac{1\times 0 - 0.8 \times 0.7}{1 \times 1} = -29.25°$

功角 $\delta = \varphi - \psi = 0 - (-29.25°) = 29.25°$

励磁电势 $E_0^* = U_N^* \cos\delta - I_d^* X_d^* = U_N^* \cos\delta - I^* \sin\psi X_d^* = \cos 29.25° - 0.8 \times \sin(-29.25°) = 1.26$

（2）$\psi = \arctan\dfrac{U_N^* \sin\varphi - I^* X_q^*}{U_N^* \cos\varphi} = \arctan\dfrac{-1\times 0.6 - 1 \times 0.7}{1 \times 0.8} = -7.125°$

功角 $\delta = \varphi - \psi = 36.87° - (-7.125°) = 44°$

励磁电势 $E_0^* = U_N^* \cos\delta - I_d^* X_d^* = U_N^* \cos\delta - I^* \sin\psi X_d^* = \cos 44° - \sin(-7.125°) = 0.843$

（3）$\psi = \arctan\dfrac{U_N^* \sin\varphi - I^* X_q^*}{U_N^* \cos\varphi} = \arctan\dfrac{1\times 0.6 - 1 \times 0.7}{1 \times 0.8} = -58.39°$

功角 $\delta = \varphi - \psi = -36.87° - (-58.39°) = 21.52°$

励磁电势 $E_0^* = U_N^* \cos\delta - I_d^* X_d^* = U_N^* \cos\delta - I^* \sin\psi X_d^* = \cos 21.52° - \sin(-58.39°) = 1.78$

例 7-9 某厂工业用电总功率为 300kW，$\cos\varphi = 0.68$（滞后），其中包括一台输入功率为 100kW、功率因数为 0.8（滞后）的异步电动机。今欲将该感应电动机用相同输入功率的同步电动机代替，并希望将工厂总的功率因数提升到 0.9（滞后），试求：

（1）该同步电动机的输入容量；

（2）该同步电动机的功率因数，说明应运行在过励还是欠励状态。

分析 此例为利用同步电动机补偿区域电网功率因数相关计算的常规题型。关键在于要充分理解同步电动机在过励状态下能输出滞后性无功功率的优点。

解：(1) 工厂总功率 $P=300\text{kW}$，$\cos\varphi=0.68$，该厂原来的总无功为

$$Q = P\tan\varphi = 300\text{kW} \times \tan[\arccos(0.68)] = 323.48\text{kvar}$$

感应电动机输入功率 $P_1=100\text{kW}$，$\cos\varphi_1=0.8$，其无功为

$$Q_1 = P_1\tan\varphi_1 = 100\text{kW} \times \tan(\arccos(0.8)) = 75\text{kvar}$$

除该感应电动机后，其余的无功 $Q_2 = Q - Q_1 = (323.48-75)\text{kvar} = 248.48\text{kvar}$

用同步电动机代替该感应电动机后，工厂总的有功还是 $P=300\text{kW}$；而无功将变为

$$Q' = P\tan\varphi_2 = 300\text{kvar} \times \tan(\arccos(0.9)) = 145.30\text{kvar}$$

同步电动机提供的无功 $\quad Q_1' = Q_2 - Q' = (248.48-145.3)\text{kvar} = 103.18\text{kvar}$

同步电动机的输入容量 $\quad S = \sqrt{P_1^2 + Q_1'^2} = \sqrt{100^2 + 103.18^2}\text{kVA} = 143.69\text{kVA}$

(2) 同步电动机的功率因数 $\cos\varphi_1 = P_1/S = 100\text{kW}/143.69\text{kVA} = 0.696$（超前，过励状态）

例 7-10 有一阻感性负载 1000kW，$\cos\varphi=0.5$，原来由一台同步发电机单独供电，为了改善功率因数，在负载端并列一台调相机，试求：

(1) 发电机单独供电时的视在功率；

(2) 用调相机完全补偿负载所需的无功功率，调相机的容量和发电机的视在功率各为多少？

(3) 如果只将发电机的功率因数提高到 0.8，求调相机的容量和发电机的视在功率各为多少？

分析 此例为同步调相机的常规题型。关键在于理解同步调相机运行在过励状态时能提供负载所需的感性无功功率。

解：(1) 发电机单独供电时需要供给的有功、无功和视在功率分别为

$$P_N = 1000\text{kW}, \quad Q = P\tan\varphi = 1000\text{kW} \times \tan[\arccos(0.5)] = 1732.05\text{kvar}$$

$$S = \sqrt{P^2 + Q^2} = \sqrt{1000^2 + 1732.05^2}\text{kVA} = 2000\text{kVA}$$

(2) 用调相机完全补偿无功功率，则调相机的容量 $S_t = 1732.05\text{kvar}$

发电机的视在功率 $\quad S = \sqrt{P_N^2 + Q^2} = \sqrt{1000^2 + 0^2}\text{kVA} = 1000\text{kVA}$

(3) 只将发电机功率因数提高到 0.8，则

发电机的无功功率 $\quad Q = P\tan\varphi = 1000\text{kW} \times \tan[\arccos(0.8)] = 750\text{kvar}$

调相机的视在功率 $\quad S_t = (1732.05 - 750)\text{kvar} = 982.05\text{kvar}$

发电机的视在功率 $\quad S = \sqrt{P^2 + Q^2} = \sqrt{1000^2 + 750^2}\text{kVA} = 1250\text{kVA}$

7.5 思考题简答

7-1 同步电机的转速为什么反比于极数？对于已经制造好的同步电机，为什么转速等于常数？

答：$n = n_1 = \dfrac{60f}{p}$ 可知，频率固定时，转速反比于极数。制造好的同步电机，极数是固定的，频率不变时，其转速为常数。

7-2 试比较同步电机与感应电机结构上的主要异同之处。

答：共同之处：定子结构基本一致。不同之处：同步电机的转子装磁极，有励磁绕组，需要直流的励磁电源；感应电机转子上为多相对称短路绕组，转子一般不接电源，转子电流通过感应产生。

7-3 隐极式及凸极式同步电机转子构造各有什么特点？它们适用的条件是怎样的？

答：隐极式：极数少，转子细长，适合于作为高转速的汽轮发电机转子。凸极式：极数多，转子薄平，适合于作为低转速的水轮发电机转子。

7-4 在对称负载时，同步电机的定、转子磁势之间有无相对运动？在励磁绕组中有无感应电势？

答：①无。②在励磁绕组中无感应电势。

7-5 在直流电机中，电刷的位置决定着电枢反应磁势的位置，在同步电机中由什么因素来决定电枢反应磁势的位置？

答：由内功率因数角 ψ 决定，ψ 主要由励磁电流和负载决定。简单说，在不调节励磁的情况下，同步电机的电枢反应由负载性质决定。

7-6 交轴及直轴电枢反应磁势对励磁磁势各产生什么影响？

答：交轴电枢反应会使得励磁磁势的磁力线扭曲，直轴电枢反应会产生去磁或增磁效应。

7-7 同步电机所需的励磁电流可以由定子方面和转子方面联合供给吗？

答：可以。准确地说，同步电机所需的磁势由定、转子联合供给。当励磁电流过大时，定子磁势通过直轴去磁来抵消；当励磁电流过小时，定子磁势则通过直轴增磁来补偿。

7-8 同步电抗和哪些因素有关？它的大小说明什么问题？

答：同步电抗等于电枢反应电抗和漏电抗之和，电枢反应电抗是主要的。电枢反应电抗是与主磁路对应的电抗。同步电抗大说明主磁路磁阻小（气隙小），同步电抗小说明主磁路磁阻大（气隙大）。

7-9 当凸极同步电机电枢电流为恒定数值而内功率因数角 ψ 变动时，所产生的电枢反应电势 E_a 是否为恒值？ψ 在何值时 E_a 有最大值和最小值？

答：E_a 不为恒定值。同步电机的电枢反应电势 $\dot{E}_a = -jX_a\dot{I}_a$，凸极同步电机 X_a 的大小与电枢反应磁势 $\dot{F}_a$ 的作用方向有关。$\dot{F}_a$ 与 $\dot{F}_f$ 的夹角为 $\psi+90°$，当 $\psi=±90°$ 时，$\dot{F}_a$ 作用于直轴，对应的 $X_a=X_{ad}$ 最大，相应的 $E_a=E_{ad}$ 有最大值。当 $\psi=0°$，$\dot{F}_a$ 作用于交轴，对应的 $X_a=X_{aq}$ 最小，相应的 $E_a=E_{aq}$ 有最小值。

7-10 隐极同步电机和凸极同步电机的同步电抗有何异同？

答：隐极电机的同步电抗不随 ψ 的改变而改变，可用一个量 X_s 来表示；凸极电机的同步电抗随 ψ 的改变而改变，通常用两个量 X_d 和 X_q 来表示。

7-11 为什么同步发电机电枢反应的效应，在电路中可以用电枢反应电抗来代替它？

答：电枢绕组被励磁磁势 $\dot{F}_f$ 扫过时，会在电枢绕组中产生励磁电势 $\dot{E}_0$ 和电枢电流 $\dot{I}_a$，三相的电枢电流会产生电枢磁势 $\dot{F}_a$ 以平衡 $\dot{F}_f$。$\dot{F}_a$ 在电枢绕组中也产生电枢电势 $\dot{E}_a$ 以平衡 $\dot{E}_0$，$\dot{E}_a$ 与 $\dot{I}_a$ 之间有比例关系，为了分析方便，通常将 $\dot{E}_a$ 表示成电抗压降的形式。要注意的是，电枢反应电抗与主磁路饱和程度有关，有饱和值和不饱和值之分。

7-12 列出凸极及隐极同步发电机在纯电容负载下的电势方程式,并绘制其相量图。

答:隐极发电机 $\dot{E}_0 = \dot{U} + j\dot{I}_a X_s$ 即 $E_0 = U - I_a X_s$;凸极发电机 $\dot{E}_0 = \dot{U} + j\dot{I}_d X_d$ 即 $E_0 = U - I_d X_d$。在绘制相量图时要注意 $\dot{I}_a$ 超前 $\dot{U}$ 90°,如图 7-15 所示。

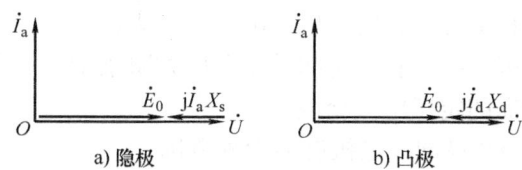

图 7-15 同步发电机纯电容负载相量图

7-13 如何通过实验来求取同步电抗的不饱和值和饱和值?

答:可以通过开路特性数据和短路特性数据求取同步电抗的不饱和值。根据空载实验数据作出空载特性曲线和气隙线;根据短路试验数据做出短路特性曲线。任取一励磁电流,在气隙线上读取开路电压 E_0,在短路特性曲线上读取短路电流 I_k,则 $X_{s不饱和} = E_0/I_k$ 或者 $X_{d不饱和} = E_0/I_k$。可以通过空载特性数据和零功率因数特性数据求取同步电抗的饱和值。也可以通过转差法实验求取同步电抗的饱和值,详见教材。

7-14 同步发电机三相短路时,其稳态短路电流为什么不大?

答:稳态短路运行时,同步发电机的电枢反应为纯去磁直轴电枢反应,使得气隙磁通不大,电机处于不饱和状态。短路电流 $I_k = E_0/X_d$,由于 X_d 为直轴同步电抗,其值较大,当励磁电流在正常范围变化时,短路电流并不大。

7-15 为什么 $\cos\varphi = 1$ 时,同步发电机外特性曲线随着负载电流的减少而上升?

答:$\cos\varphi = 1$ 表示负载为纯电阻负载,但电枢回路还有同步电抗,所以电枢电流滞后于电势,即 $\psi > 0°$,电枢反应为交磁和直轴去磁,在励磁电流不变时,导致端电压随负载电流的增大而下降,即随负载电流的减少而上升。

7-16 同步发电机供给一对称电感电阻负载,当负载电流增加时,怎样才能保持端电压不变?

答:适当增大励磁电流。

7-17 为什么正常运行时,X_d 应采用饱和值,而在短路时却不采用饱和值?

答:正常运行时,发电机的主磁路处于饱和状态,X_d 应采用饱和值。短路时,由于电枢反应为直轴去磁,使得电机不饱和,所以 X_d 应采用不饱和值。

7-18 隐极同步电机的电枢反应电抗与感应电机的什么电抗具有相同的物理意义?

答:励磁电抗。

7-19 每相同步电抗与每相绕组本身的励磁电抗有什么区别?

答:每相同步电抗等于每相电枢反应电抗加上漏电抗。每相电枢反应电抗等于三相电枢电流产生的三相合成电枢反应磁势旋转时在一相绕组中感应的电枢反应电势与一相电流的比值。每相绕组本身的励磁电抗等于三相电流产生的三相合成磁势在一相绕组中感应的电势与一相电流的比值,与电枢反应电抗相等。可见同步电抗同时考虑了电枢电流的漏电抗和励磁电抗。

7-20 为什么说同步电抗是与三相有关的电抗而它的数值又是每相值?

答：同步电抗等于电枢反应电抗加上漏电抗，主要部分是电枢反应电抗。电枢反应电抗等于三相电枢电流产生的合成磁势在一相绕组中感应的电枢反应电势与一相电流的比值，所以电枢反应电抗与三相有关，但电枢反应电抗又是一相电路的参数，即它又是每相值。

7-21 一台同步发电机定子所加三相对称电压为恒定值，问在抽出转子和具有同步转速的无励磁电流的转子这两种情况下，定子电流哪个大？为什么？

答：抽出转子时大。因为抽出转子意味着主磁路磁阻激增，定子电压不变，磁通也基本不变，产生同样的磁通所需的定子电流会激增。

7-22 对称负载运行的凸极同步电机有多少种电抗？

答：直轴电枢反应电抗、交轴电枢反应电抗、漏电抗。将电枢反应电抗和漏电抗合并后有直轴同步电抗和交轴同步电抗。

7-23 隐极电机是否具有直轴、交轴之分？

答：隐极电机的气隙是均匀的，电枢反应磁通在直轴和交轴磁路上遇到的磁阻相等，所以直轴和交轴电枢反应电抗相等，没有必要区分直轴与交轴。

7-24 测定同步发电机开路特性和短路特性时，如果转速降低为 $0.95n_1$，对实验结果各有什么影响？

答：转速降低意味着频率降低，开路电压 E_0 也按比例降低。短路电势 E_k 和短路电抗 X_d 同时按比例减小，不考虑电枢电阻时，$I_k = E_k/X_d$ 不变，所以短路特性曲线基本不变。考虑到电枢电阻的影响后，短路曲线的斜率会减小。

7-25 为什么从开路特性和短路特性不能测定交轴同步电抗？

答：因为短路时，交轴分量为 0。

7-26 为什么从开路特性和短路特性不能准确地测定同步电抗的饱和值？

答：因为短路时，发电机处于不饱和状态。

7-27 为什么零功率因数特性曲线与开路特性曲线的形状相似？

答：零功率因数特性在纯电感负载下测量，此时，只有直轴电流。根据电压平衡方程有 $\dot{U} = \dot{E}_0 - j\dot{I}_d X_d - j\dot{I}_q X_q = \dot{E}_0 - j\dot{I}_d X_d$，由于 $\dot{E}_0$ 和 $j\dot{I}_d X_d$ 都在交轴上，所以 $\dot{U}$ 也在交轴上。原来的相量方程可转换为代数方程 $U = E_0 - I_d X_d = E_0 - I_N X_d$，可见零功率因数特性 $U(I_f)$ 和空载特性 $E_0(I_f)$ 之间差一个数 $I_N X_d$，二者的形状是相似的。

7-28 一台同步发电机的气隙比正常气隙长度偏大，其 X_d 和 ΔU 将如何变化？

答：X_d 减小，ΔU 的绝对值减小。

7-29 同步发电机与电网并联时应满足哪些条件？如果不能满足其中任一个条件时，是否能够进行并联？

答：发电机和电网必须满足：①双方有相同的相序；②双方有相等的电压；③双方有相等或接近相等的频率；④双方有相等或接近相等的相位。这些条件中第①个必须满足，其他 3 个允许有微小偏差。

7-30 功角 δ 在时间及空间上各表示什么含义？为什么电机的功率与功角有关？

答：功角在时间上表示电枢端电压 $\dot{U}$ 滞后于励磁电势 $\dot{E}_0$ 的相位差；在空间上表示合成磁势 $\dot{F}$ 滞后于励磁磁势 $\dot{F}_f$ 的空间相位差。从教材可知，电磁转矩 T 与 $\sin\delta$ 成正比，而同步电机的功率 $P_M = T\Omega_1$，所以功率与功角有关。

7-31 同步发电机的静态稳定极限与哪些因素有关？如何在设计及运行中予以提高？

答：同步发电机的静态稳定极限受到多种因素影响，其中最主要的是励磁电压和负载电流。当励磁电压过低或负载电流过大时，发电机的输出功率将受到限制，导致静态稳定极限降低。为了提高静态稳定极限，应采取一些措施。首先，应合理设计励磁系统，确保励磁电压稳定足额。其次，应合理控制负载，避免负荷过大导致发电机输出功率不足。此外，可以采用一些先进控制技术，如自适应控制、模糊控制等，以提高发电机运行的稳定性和安全性。

7-32 并联在电网上运行的同步发电机，为什么它的负载大小与同步电抗的大小无关，若要改变它的负载分配，应该采取什么措施？

答：并网运行的同步发电机的转速、电压和频率都被电网锁定，其同步电抗也是固定的。要改变其有功负载大小，只能调节原动机的出力。要改变其无功负载的大小，须改变励磁电流。

7-33 改变在并联运行中同步发电机的励磁电流（过励或欠励）将引起怎样的后果？

答：增大励磁电流使发电机运行在过励状态时，发电机将向电网输送感性无功功率。减小励磁电流使发电机运行在欠励状态时，发电机将从电网吸收感性无功功率。如果减小励磁电流超过欠励极限，将会导致发电机机组不稳定。

7-34 试解释同步发电机在并联运行时产生振荡的原因、振荡过程以及抑制振荡的措施。

答：同步发电机在并联运行中，有多种原因可能导致振荡。比如原动机输入转矩的突然变化、电网参数的改变、励磁调节器发生故障、外部负载不稳定或突然变化等因素都能引起电机转速、电流、电压、功率以及转矩的振荡；用自整步法使同步发电机与电网并联以及同步电动机合闸时牵入同步过程也可能引起振荡。

振荡过程中，电机转速不再是恒速，同步电机的方程式呈非线性，振荡问题的分析十分复杂。这里仅给出小值振荡的概念。所谓小值振荡是指同步电机的功角 δ 围绕一个恒定值 δ_0 做小幅度周期性变化（变化幅度一般在 10°以下），转速也围绕同步转速 n_1 做周期性变化。

事实上，同步发电机一般装设阻尼绕组。在振荡过程中，阻尼绕组中将出现感应电势和电流，并形成异步转矩。当转子转速高于同步转速时，异步转矩起制动作用；而当转子转速低于同步转速时，异步转矩又具有驱动作用。采用阻尼绕组能大大抑制同步电机的振荡。

7-35 怎样用灯光旋转法来判断同步发电机在并联之前，它的转速是高于、低于或等于同步转速？

答：按灯光旋转法接线，起动同步发电机，调节原动机转速和发电机输出电压，观察灯光的表现。如灯光表现为旋转，则说明发电机的相序和电网相序一致。如果灯光旋转的速度很慢，则说明发电机的转速接近同步转速，如果灯光旋转速度较快，则说明发电机转速偏离同步转速较大。

7-36 为什么 V 形曲线的最低点随着有功功率的增加而向右偏移？

答：由 $\cos\varphi=1$ 时的相量图得，V 形曲线最低点满足 $E_0 = \sqrt{U^2+(X_s I_a)^2} = \sqrt{U^2+(X_s P_M/(3U))^2}$，当有功功率 P_M 增大时，E_0 增大，相应的励磁电流 I_f 也增大，所以 V 形曲线最低点向右偏移。

7-37 一台并联在电网上运行的同步发电机，为什么增加它的输入功率，转子转速不会改变，仍以同步转速运行？

答：发电机并网运行时，转速 $n = n_1 = 60f/p$。增大输入功率，只要不超过稳定运行极限，发电机的转速就被锁定在同步转速而不会改变，但功角随着输入功率的增大而被拉大。

7-38 当一台直流电动机拖动一台同步发电机与无穷大电网并联后，减少直流电动机的励磁电流并保持直流电动机的端电压为恒值，在这种情况下电动机的转速是否会升高？为什么？新的稳态与原来的稳态有何不同？

答：电动机的转速不会升高，因为机组的转速被电网频率锁定在 $n = n_1 = 60f/p$。新的稳态与原来的稳态相比，有功功率增大了，功角也增大了。

7-39 有一台并联在大电网上的隐极同步发电机，如何调节有功功率输出而保持无功功率输出不变，此时功角和励磁电流是否改变？I 和 E_0 各按什么轨迹变化，为什么？

答：可用如图 7-16 所示的相量图来分析。增大有功时，感性无功会减小，为了保持无功不变，在增大有功的同时应适当增大励磁电流。增大有功时，励磁电流减小，功角增大；减小有功时，励磁电流减小，功角减小。电枢电流 I 的端点在横线 AB 上移动，E_0 的端点在竖线 CD 上移动。

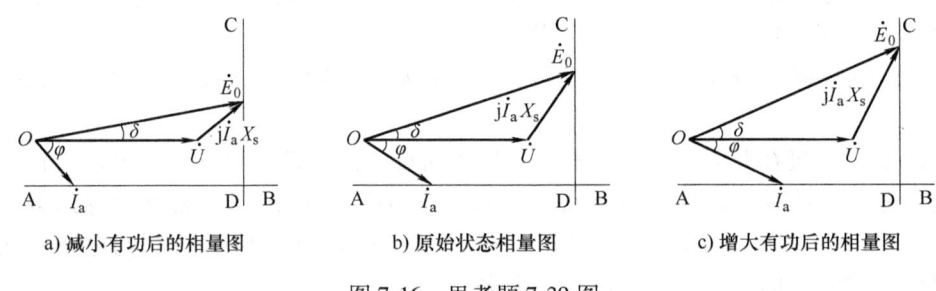

a) 减小有功后的相量图　　b) 原始状态相量图　　c) 增大有功后的相量图

图 7-16　思考题 7-39 图

7-40 绘出凸极同步发电机失去励磁（$E_0 = 0$）时的相量图，并推导其功角特性，此时功角 δ 代表什么意义？

答：凸极同步发电机失去励磁后，处于严重欠励状态，此时如果有功功率较大，则发电机会因为功角太大而超出稳定运行的范围，导致失去同步。如果是空载或轻载，则发电机会继续运行，其功角特性为 $P_\mathrm{M} = mU^2/2 \times (1/X_\mathrm{q} - 1/X_\mathrm{d})\sin2\delta$，功角代表电压滞后于交轴的相位差或者合成磁势滞后于直轴的空间电角度。其相量图如图 7-17 所示。

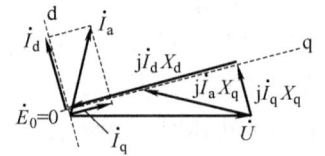

图 7-17　凸极同步发电机失去励磁后的相量图

7-41 同步电机的定子电流和定子磁场可以相互作用而产生转矩吗？试就隐极和凸极两种情况分别讨论。

答：定子电流与定子磁场相互作用产生的电磁转矩可以用教材第 3 章介绍的双边励磁旋转机电装置的通用公式来理解。

$$T = \frac{1}{2}\frac{\partial L_\mathrm{a}(p\theta_\mathrm{m})}{\partial \theta_\mathrm{m}}i_\mathrm{a}^2 + \frac{1}{2}\frac{\partial L_\mathrm{b}(p\theta_\mathrm{m})}{\partial \theta_\mathrm{m}}i_\mathrm{b}^2 + \frac{1}{2}\frac{\partial L_\mathrm{c}(p\theta_\mathrm{m})}{\partial \theta_\mathrm{m}}i_\mathrm{c}^2 + \frac{\partial L_\mathrm{ab}(p\theta_\mathrm{m})}{\partial \theta_\mathrm{m}}i_\mathrm{a}i_\mathrm{b} + \frac{\partial L_\mathrm{bc}(p\theta_\mathrm{m})}{\partial \theta_\mathrm{m}}i_\mathrm{b}i_\mathrm{c} + \frac{1}{2}\frac{\partial L_\mathrm{ca}(p\theta_\mathrm{m})}{\partial \theta_\mathrm{m}}i_\mathrm{c}i_\mathrm{a}$$

对隐极同步电机，定子绕组自感和互感与转子机械角位移 θ_m 无关，所以 $T = 0$。对凸极同步电机，自感和互感都与 θ_m 有关，所以可能 $T \neq 0$。所以结论是：在隐极电机中，定子电流与定子磁场相互作用不会产生电磁转矩。在凸极电机中，会产生。

7-42 研究三相不对称问题，采用什么方法？这个方法是怎样的？

答：一般采用对称分量法。该方法将一个不对称的三相系统分解成三个对称的分量系统即正序、负序和零序系统，分别计算分量系统的响应，再合成得到原不对称系统的总响应。对称分量法只适合于线性系统。详见教材。

7-43 为什么在三相同步电机中，负序电抗及零序电抗不同于正序电抗？

答：正序电抗为正序电流遇到的电抗，就是同步电抗，与感应电机的励磁电抗类似。负序电抗是负序电流遇到的电抗，负序电流产生与转子转向相反的旋转磁势，转子对负序电流来说处于 $s=2$ 的异步运行状态，其电抗类似于感应电机等效电路的总电抗（忽略电阻），约等于定转子漏电抗之和。零序电抗是零序电流遇到的电抗。零序电流产生零序磁通，零序磁通无法在主磁路中流通，只能走漏磁路。所以零序磁通遇到的磁阻大，对应的零序电抗也具有漏电抗的性质。可见，负序电抗和零序电抗都与漏磁路相对应，而正序电抗与主磁路相对应，所以负序和零序电抗不同于正序电抗。

7-44 三相同步发电机发生瞬态短路时，短路电流为什么会很大？怎样从物理概念上解释？

答：假设原来电枢线圈开路，三相对称突然短路，且短路前后励磁系统和原动机的转速仍然正常，励磁磁通在电枢 A 相绕组中形成的磁链 $\psi_A = \psi_m \cos(\omega_1 t + \alpha_0)$。短路瞬间，励磁磁通在电枢线圈中形成的磁链 $\psi_{A0} = \psi_m \cos\alpha_0$，为了维持此磁链值恒定，电枢线圈（被视为超导线圈）会立即产生一个直流磁链 $\psi_{A=} = \psi_m \cos\alpha_0$ 和一个交变磁链 $\psi_{A\sim} = -\psi_m \cos(\omega_1 t + \alpha_0)$。为了获得 $\psi_{A=}$ 和 $\psi_{A\sim}$，电枢线圈中会瞬间产生一个直流电流 $i_{A=} = I''_m \cos\alpha_0$ 和交变电流 $i_{A\sim} = -I''_m \cos(\omega_1 t + \alpha_0)$，这就是短路电流的初值。由于主磁路上的励磁线圈和阻尼线圈均被视为超导线圈，$\psi_{A=}$ 和 $\psi_{A\sim}$ 对应的磁通无法穿过励磁线圈和阻尼线圈，只能经其漏磁路闭合，使得磁阻大增，电抗大减（为很小的 X''_d），而电流大增（$I''_m = \sqrt{2} E_0 / X''_d$）。

7-45 为什么同步发电机瞬态短路时，它的参数 X''_d 和 X'_d 不同于发生稳态短路时的参数 X_d？

答：同步发电机短路时，只有直轴分量。X''_d 对应于超瞬变阶段主磁路的磁阻，在该阶段，励磁绕组和阻尼绕组都是近似超导线圈，阻止电枢磁通的通过，使得主磁路磁阻很大，所以 X''_d 很小。X'_d 对应于瞬变阶段主磁路的磁阻，在该阶段，励磁绕组是近似超导线圈，阻止电枢磁通的通过，使得主磁路磁阻较大，所以 X'_d 较小。X_d 对应于稳态时主磁路的磁阻，在该阶段，主磁路上已经没有超导线圈，主磁路磁阻很小，所以 X_d 很大。

7-46 有两台同步发电机，定子完全相同，但转子所用材料不同，一个转子的磁极用钢板叠成，另一个为整块钢锻成的实心磁极，设两者都无阻尼绕组，问哪一台的负序电抗小一些？为什么？

答：整块钢锻的转子在负序磁场中产生较大的涡流，起到了阻尼绕组的作用。根据负序电抗公式 $X_{d-} = X_{1\sigma} + \dfrac{1}{1/X_{ad} + 1/X_{F\sigma} + 1/X_{Zd\sigma}}$，$X_{q-} = X_{1\sigma} + \dfrac{1}{1/X_{aq} + 1/X_{Zd\sigma}}$ 可知，整块钢转子的同步发电机的负序电抗要小一些。

7-47 负序电抗的物理意义是什么？

答：负序电抗是负序电流遇到的阻抗，负序电流产生与转子转向相反的旋转磁势，转子对负序电流来说处于 $s=2$ 的异步运行状态，其电抗类似于感应电机等效电路的总电抗（忽略电阻），约等于定、转子漏电抗（为阻尼绕组漏电抗与励磁绕组漏电抗的并联值）之和。

7-48　试按数值的大小排列同步电机的各种电抗：X_d，X_d'，X_q'，X_d''，X_q''。

答：$X_d > X_d' > X_q' > X_d'' > X_q''$。

7-49　三相瞬态短路时，定、转子电流的各分量为什么会衰减？

答：三相瞬态短路时，定、转子电流的各分量的初值是基于超导回路磁链不变原则确定的。实际的绕组都非超导线圈，具有一定的电阻值，所以电流的各分量会衰减。

7-50　什么是超导闭合回路磁链守恒原理？

答：当磁力线穿过闭合回路时，根据电磁感应定律有 $Ri + \mathrm{d}\psi/\mathrm{d}t = 0$。如果为超导闭合回路，则 $\mathrm{d}\psi/\mathrm{d}t = 0$，所以 $\psi =$ 常数。这表明，超导闭合回路具有保持其自身磁链不变的能力，这就是所谓的超导闭合回路磁链守恒原理。在分析同步发电机暂态短路电流时，通常假设主磁路上交链的各线圈都是超导线圈，由此就可以方便地确定各线圈电流的初值。

7-51　同步电动机的电势方程式、相量图及功角特性与发电机相比较有何异同之处？

答：以隐极电机为例。在列写电势方程和绘制相量图时，同步电动机通常采用电动机惯例。其电势方程为 $\dot{U} = \dot{E}_0 + \mathrm{j}\dot{I}_a X_s$；而同步发电机采用发电机惯例，其电势方程为 $\dot{E}_0 = \dot{U} + \mathrm{j}\dot{I}_a X_s$。按照电势方程绘制的相量图也有所不同（详见教材）。在电动机中，功角 δ 定义为 $\dot{U}$ 超前 $\dot{E}_0$ 的相位差；在发电机中，功角 δ 定义为 $\dot{E}_0$ 超前 $\dot{U}$ 的相位差。

7-52　增加或减少同步电动机与同步发电机的励磁电流各产生怎样的效应？对电网的影响怎样？

答：在正常励磁状态的基础上，增加励磁电流使电动机和发电机处于过励状态时，会向电网供给感性无功功率；减小励磁电流使电动机和发电机处于欠励状态时，会从电网吸收感性无功功率。

7-53　同步电动机为什么没有起动转矩？一般怎样起动它？使同步电动机达到同步转速，应该经过哪些步骤？应该注意哪些问题？

答：同步电动机起动过程中，转子磁场与定子磁场不同步，无法产生非零的平均转矩，所以无法起动。一般采用异步起动法，操作步骤和注意问题见教材。

7-54　同步调相机是怎样的一种同步电机？它和同步电动机有何区别？

答：同步调相机相当于一种运行于空载状态的同步电动机，专门用来为电网输送或从电网吸收感性无功功率。同步电动机要驱动机械负载做功，同步调相机不接机械负载，只向电网输送或从电网吸收无功功率。

7-55　同步电动机与感应电动机的作用原理及工作特性之间有哪些主要差别？

答：同步电动机的转子磁场由励磁电源激励，而感应电动机的转子磁场由电磁感应产生。二者的作用原理都基于定、转子磁场之间的相互作用。同步电动机可以通过励磁电源调节电机内部的励磁状态，使得电动机运行于过励、欠励或正常励磁状态，所以同步电动机最大的优点是功率因数可调。感应电动机的功率因数总是滞后性的。另外，同步电动机正常运行时，转速等于同步转速；感应电动机正常运行时，转速低于同步转速。

7-56　当转子转速等于同步转速时，为什么同步电动机能够产生电磁转矩，而感应电动机的转矩则为零？

答：电磁转矩可以理解为是由定、转子磁场相互作用产生的。当转子转速等于同步转速时，同步电动机的定、转子磁场相对静止，能产生稳定的同步转矩即电磁转矩。而感应电动机的转子达到同步转速时，转子磁势变为 0，转子磁场消失，因而无法产生电磁转矩。

7-57 为什么感应电机能够自行起动,而同步电动机则不能自行起动?

答:起动过程中,转子与定子旋转磁场不同步。感应电动机依靠转子导体的感应电流在磁场中产生电磁转矩而起动。没装起动绕组的同步电动机在起动过程中无法产生异步转矩,而所产生的同步转矩的平均值为0,所以无法自行起动。

7-58 为什么同步电动机的功率因数可以很方便地调节,而感应电动机的功率因数则不能调节,永远为滞后性的?

答:同步电动机有励磁绕组,可以通过调节励磁电流来改变励磁电势,从而改变功率因数。而感应电动机的转子电流为感应电流,定转子电路都是滞后性电路,其功率因数永远是滞后性的。

7-59 在直流电机中,$E_a > U$ 还是 $E_a < U$ 是判断电机作为发电机还是电动机运行的主要数据之一,在同步电机中这个结论还正确吗?决定同步电机运行于发电机还是电动机状态的主要依据是什么?

答:不正确。决定同步电机运行于发电还是电动状态的主要依据是 $\dot{E}_0$ 与 $\dot{U}$ 的相位关系。当 $\dot{E}_0$ 超前于 $\dot{U}$ 时为发电运行;当 $\dot{U}$ 超前于 $\dot{E}_0$ 时为电动运行。

7-60 有一台同步电动机额定运行时 $\cos\varphi = 1$,如保持此时的励磁电流不变而空载运行,功率因数是否会改变?

答:会变。同步电动机的功率因数由励磁电流和机械负载决定,机械负载由额定值变为空载值,说明电动机的有功功率大大降低。原来运行在正常励磁状态,现在因为有功减小而变成了过励状态,会向电网输送感性无功,功率因数会降低。可参考图 7-18 所示的 V 形曲线图来理解以上结论。

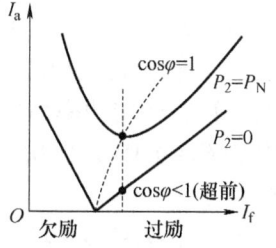

图 7-18 思考题 7-60 图

7-61 有一台同步电动机在额定电压、额定频率、额定负载下运行,功角 $\delta = 30°$。设在励磁保持不变的情况下,运行情况发生了下述变化,问功角如何变化?(分析时不计定子电阻和凸极效应。)

(1) 电网电压下降 5%,负载转矩不变;

(2) 电网频率下降 5%,负载转矩不变;

(3) 电网电压和频率各下降 5%,负载转矩不变。

答:以隐极电动机为例定性分析。(1) 同步电动机转速恒定,负载转矩不变,意味着有功功率不变。励磁电流不变意味着 E_0 大小不变,根据功角特性 $P_M = 3UE_0\sin\delta/X_s$,电压下降 5% 时,$\sin\delta = P_M X_s/(3UE_0)$ 增大到原来的 $1/0.95$,相应地 δ 也增大。(2) 频率下降,意味着转速下降为原来的 95%,转矩不变,则有功功率下降为原来的 95%,而频率下降也意味着 X_s 和 E_0 下降到原来的 95%,根据 $\sin\delta = P_M X_s/(3UE_0)$ 可知,功角减小。(3) $\sin\delta = P_M X_s/(3UE_0)$ 中,P_M、X_s、U、E_0 都下降,所以功角基本不变。

7.6 习题解答

7-1 有一台三相同步发电机单机运行,已知同步电抗 $X_s = 2\Omega$,每相励磁电势 $E_0 = 1000\text{V}$,电枢电阻忽略不计。求下列几种情况下的电枢电流,并说明其电枢反应的性质:

(1) 每相是 2Ω 的三相对称纯电阻负载;

（2）每相是 2Ω 的三相对称纯电感负载；

（3）每相是 4Ω 的三相对称纯电容负载；

（4）每相是（2-j2）Ω 的三相对称电阻电容性负载。

解：（1）$Z_L = 2\Omega$，$\dot{I}_a = \dfrac{\dot{E}_0}{jX_s + Z_L} = \dfrac{1000\text{V}}{(j2+2)\Omega} = 353.5534\angle-45°\text{A}$

$\psi = 45°$，电枢反应为交磁兼直轴去磁。

（2）$Z_L = j2\Omega$，$\dot{I}_a = \dfrac{\dot{E}_0}{jX_s + Z_L} = \dfrac{1000\text{V}}{(j2+j2)\Omega} = 250\angle-90°\text{A}$

$\psi = 90°$，电枢反应为纯直轴去磁。

（3）$Z_L = -j4\Omega$，$\dot{I}_a = \dfrac{\dot{E}_0}{jX_s + Z_L} = \dfrac{1000\text{V}}{(j2-j4)\Omega} = 500\angle 90°\text{A}$

$\psi = -90°$，电枢反应为纯直轴增磁。

（4）负载阻抗 $Z_L = (2-j2)\Omega$，$\dot{I}_a = \dfrac{\dot{E}_0}{jX_s + Z_L} = \dfrac{1000\text{V}}{(j2+2-j2)\Omega} = 500\angle 0°\text{A}$

内功率因数角 $\psi = 0°$，电枢反应为纯交磁。

7-2 有一台三相凸极同步发电机，定子绕组Y联结，额定相电压 $U_N = 230\text{V}$，额定相电流 $I_N = 9\text{A}$，额定功率因数 $\cos\varphi_N = 0.8$（滞后）。当此电机在同步转速下运转，并已知其相励磁电势 $E_0 = 420\text{V}$，内功率因数角 $\psi = 60°$，如不计电阻压降，试求：I_d、I_q 及 X_d、X_q 分别为多少？

解：$I_d = I_N\sin\psi = 9\text{A}\times\sin 60° = 7.7942\text{A}$，$I_q = I_N\cos\psi = 9\text{A}\times\cos 60° = 4.5\text{A}$

$\varphi = \arccos(0.8) = 36.8699°$，$\delta = \psi - \varphi = 60° - 36.8699° = 23.1301°$

$$X_d = \dfrac{E_0 - U\times\cos\delta}{I_d} = \dfrac{420\text{V} - 230\text{V}\times\cos 23.1301°}{7.7942\text{A}} = 26.7491\Omega$$

$$X_q = \dfrac{U\sin\delta}{I_q} = \dfrac{230\text{V}\times\sin 23.1301°}{4.5\text{A}} = 20.0775\Omega$$

7-3 有一台三相隐极同步发电机，定子绕组为Y联结，额定电压 $U_N = 6300\text{V}$，额定电流 $I_N = 572\text{A}$，额定功率因数 $\cos\varphi_N = 0.8$（滞后），当此电机在同步转速下运转，励磁绕组开路，定子绕组端点外施三相对称线电压 $U_1 = 2300\text{V}$，测得定子电流 $I = 572\text{A}$。不计电阻压降，试求：此电机运行在额定状态下的励磁电势 E_0。（计算时不考虑饱和。）

解：测试时，相电压 $U = U_1/\sqrt{3} = 2300\text{V}/\sqrt{3} = 1327.9\text{V}$ 相电势 $E_0 = 0$

根据方程式 $\dot{U} = \dot{E}_0 + jIX_s$ 可知，同步电抗 $X_s = U/I = 1327.9\text{V}/572\text{A} = 2.3215\Omega$

额定运行时，相电压 $U = U_N/\sqrt{3} = 6300\text{V}/\sqrt{3} = 3637.3\text{V}$，$\sin\varphi = \sqrt{1-\cos^2\varphi} = 0.6$

相电势

$E_0 = \sqrt{(U\cos\varphi)^2 + (U\sin\varphi + X_sI_N)^2} = \sqrt{(3637.3\times 0.8)^2 + (3637.3\times 0.6 + 2.3215\times 572)^2}\text{V} = 4559.5\text{V}$

7-4 有一台三相凸极同步发电机，定子绕组Y联结，额定相电压 $U_N = 230\text{V}$，额定电流 $I_N = 6.45\text{A}$，额定功率因数 $\cos\varphi_N = 0.8$（滞后），并已知其同步电抗 $X_d = 18.6\Omega$、$X_q = 12.8\Omega$，不计电阻压降，试求在额定状态下的 I_d、I_q 及 E_0。

解：$\varphi = \arccos 0.8 = 36.8699°$，$\sin\varphi_N = \sqrt{1-0.8^2} = 0.6$

$$\psi = \arctan\frac{U_N\sin\varphi_N + X_q I_N}{U_N\cos\varphi_N} = \arctan\frac{230\text{V}\times 0.6 + 12.8\Omega\times 6.45\text{A}}{230\text{V}\times 0.8} = 50.1638°$$

$$I_d = I_N\sin\psi = 6.45\text{A}\times\sin 50.1638° = 4.9528\text{A}, \quad I_q = I_N\cos\psi = 6.45\text{A}\times\cos 50.1638° = 4.1318\text{A}$$

$$\delta = \psi - \varphi = 50.1638° - 36.8699° = 13.2939°$$

$$E_0 = U_N\cos\delta + X_d I_d = 230\text{V}\times\cos 13.2939° + 18.6\Omega\times 4.9528\text{A} = 300.69\text{V}$$

7-5 有一台三相隐极同步发电机，定子绕组为丫联结，额定功率 $P_N = 25000$kW，额定电压 $U_N = 10.5$kV，额定转速 $n_N = 3000$r/min，额定电流 $I_N = 1720$A，已知同步电抗 $X_s = 2.3\Omega$，不计电阻压降，试借助相量图，用作图法求：

(1) $I_a = I_N$，$\cos\varphi = 0.8$（滞后）时的励磁电势 E_0 值；

(2) $I_a = I_N$，$\cos\varphi = 0.8$（超前）时的励磁电势 E_0 值。

解：(1) $U = \dfrac{U_N}{\sqrt{3}} = \dfrac{10.5\times 10^3\text{V}}{\sqrt{3}} = 6062.2\text{V}$，$I_a = I_N = 1720\text{A}$，$\sin\varphi_N = 0.6$

$$E_0 = \sqrt{(U\cos\varphi_N)^2 + (U\sin\varphi_N + I_a X_s)^2} = \sqrt{(6062.2\times 0.8)^2 + (6062.2\times 0.6 + 1720\times 2.3)^2}\text{V} = 9009.9\text{V}$$

(2) $I_a = I_N = 1720\text{A}$，$\sin\varphi_N = -0.6$

$$E_0 = \sqrt{(U\cos\varphi_N)^2 + (U\sin\varphi_N + I_a X_s)^2} = \sqrt{(6062.2\times 0.8)^2 + (-6062.2\times 0.6 + 1720\times 2.3)^2}\text{V} = 4860.2\text{V}$$

7-6 一台三相水轮发电机，定子绕组为丫联结，$S_N = 7500$kVA，$U_N = 6300$V，$\cos\varphi_N = 0.8$（滞后），$f_N = 50$Hz。已知由试验测得的数据见表 7-3～表 7-5。

表 7-3 空载试验数据

I_f/A	103	200	272	360	464
E_0/V	3460	6300	7250	7870	8370

表 7-4 短路试验数据

I_f/A	50	100	150	200	250
I_k/A	180	360	540	720	900

表 7-5 当 $I = I_N$ 时的零功率因数试验数据

I_f/A	182	330	380	433	475
U/V	0	4720	5660	6330	6600

(1) 由空载特性和短路特性求 X_d 的不饱和值；

(2) 由空载特性和零功率因数特性求出漏电抗 X_σ。

解：(1) 在同一坐标系中，作出空载特性和短路特性曲线；通过空载特性作出气隙线。取 $I_f = 200$A，在气隙线上查得 $E_0 = 6718.4$V，在短路特性上查得 $I_k = 720$A，所以不饱和电抗

$$X_d = \frac{E_0/\sqrt{3}}{I_k} = \frac{6718.4\text{V}/\sqrt{3}}{720\text{A}} = 5.3874\Omega，如图 7-19a 所示。$$

(2) 在额定电压 $U_N = 6300$V 处作一水平线，与零功率因数曲线交于 C 点，C 点对应的励磁电流 $I_{fC} = 431$A，在额定电压线上取 D 点，使得 $\overline{CD} = 182$A，即 D 点对应的励磁电流

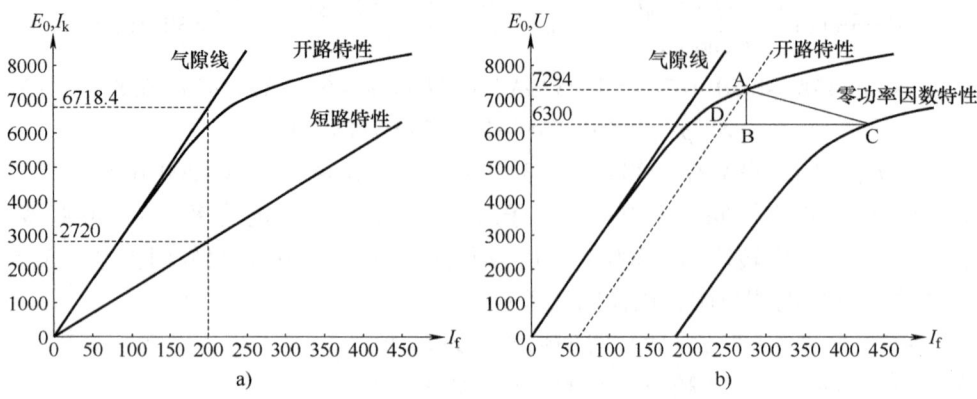

图 7-19 习题 7-6 图

$I_{fD} = (431-182)\text{A} = 249\text{A}$。过 D 作气隙线的平行线交空载特性曲线于 A 点，A 点对应的空载电势为 $E_{0A} = 7294\text{V}$，所以 $\overline{AB} = (7294-6300)\text{V} = 994\text{V}$

额定电流
$$I_N = \frac{S_N}{\sqrt{3}\,U_N} = \frac{7500\times10^3\,\text{VA}}{\sqrt{3}\times 6300\text{V}} = 687.32\text{A}$$

所以漏电抗（保梯电抗）$X_\sigma = \dfrac{\overline{AB}/\sqrt{3}}{I_N} = \dfrac{994\text{V}/\sqrt{3}}{687.32\text{A}} = 0.8347\Omega$，如图 7-19b 所示。

7-7 有一台三相隐极同步发电机，同步电抗 $X_s = 1.2\Omega$，定子绕组为丫联结，并联在 400V 电网上运行，已知输出功率 $P_2 = 100\text{kW}$，功率因数 $\cos\varphi = 1$。若保持励磁电流不变，将输出功率调节到 30kW，不计电阻压降，试求调节稳定后的：

（1）功角 δ；（2）功率因数 $\cos\varphi$；（3）电枢电流 I_a。

解：
$$U = \frac{U_N}{\sqrt{3}} = \frac{400\text{V}}{\sqrt{3}} = 230.9401\text{V},\quad I = \frac{P_2}{\sqrt{3}\,U_N\cos\varphi} = \frac{100\times10^3\,\text{VA}}{\sqrt{3}\times 400\text{V}\times 1} = 144.3376\text{A}$$

$$E_0 = \sqrt{U^2 + (X_s I)^2} = \sqrt{230.9401^2 + (1.2\times 144.3376)^2}\,\text{V} = 288.6751\text{V}$$

（1）功角 $\delta = \arcsin\dfrac{P_2'}{3E_0 U/X_s} = \arcsin\dfrac{30\times 10^3\,\text{W}}{3\times 288.6751\text{V}\times 230.9401\text{V}/1.2\Omega} = 10.3698°$

（2）功率因数
$$\cos\varphi = \frac{E_0\sin\delta}{\sqrt{(E_0\sin\delta)^2 + (E_0\cos\delta - U)^2}}$$
$$= \frac{288.6751\text{V}\sin 10.3698°}{\sqrt{(288.6751\sin 10.3698°)^2 + (288.6751\cos 10.3698° - 230.9401)^2}\,\text{V}} = 0.6999$$

（3）电枢电流
$$I_a = \frac{\sqrt{(E_0\sin\delta)^2 + (E_0\cos\delta - U)^2}}{X_s}$$
$$= \frac{\sqrt{(288.6751\sin 10.3698°)^2 + (288.6751\cos 10.3698° - 230.9401)^2}\,\text{V}}{1.2\Omega} = 61.8641\text{A}$$

7-8 有一台三相隐极同步发电机，定子绕组为丫联结，接在电网上运行。起先每相励磁电势 $E_0=270\text{V}$，功率因数 $\cos\varphi=0.8$（滞后），功角 $\delta=12.5°$，输出电流 $I=120\text{A}$。如果调节励磁电流使得 $E_0=250\text{V}$，并减少原动机转矩，使得功角 $\delta=10°$，不计电阻压降，试求：

（1）运行情况改变后的输出电流及功率因数；

（2）两种情况下，发电机输出的有功功率和无功功率。

解：$\sin\varphi=\sqrt{1-\cos^2\varphi}=\sqrt{1-0.8^2}=0.6$

同步电抗 $$X_s=\frac{E_0\sin\delta}{I\cos\varphi}=\frac{270\text{V}\sin12.5°}{120\text{A}\times0.8}=0.6087\Omega$$

相电压 $$U=E_0\cos\delta-IX_s\sin\varphi=270\text{V}\cos12.5°-120\text{A}\times0.6087\Omega\times0.6=219.7709\text{V}$$

（1）电枢电流和功率因数

$$I_p=\frac{\sqrt{(E_{0p}\sin\delta_p)^2+(E_{0p}\cos\delta_p-U)^2}}{X_s}$$

$$=\frac{\sqrt{(250\sin10°)^2+(250\cos10°-219.7709)^2}\text{V}}{0.6087\Omega}=83.4930\text{A}$$

$$\cos\varphi_p=\frac{E_{0p}\sin\delta_p}{\sqrt{(E_{0p}\sin\delta_p)^2+(E_{0p}\cos\delta_p-U)^2}}=\frac{250\text{V}\sin10°}{\sqrt{(250\sin10°)^2+(250\cos10°-219.7709)^2}\text{V}}=0.8541$$

$$\sin\varphi_p=\sqrt{1-\cos^2\varphi_p}=\sqrt{1-0.8541^2}=0.52$$

（2）两种状态下的有功和无功输出分别为

$$P_I=3UI\cos\varphi=3\times219.7709\text{V}\times120\text{A}\times0.8=63.294\text{kW}$$

$$Q_I=3UI\sin\varphi=3\times219.7709\text{V}\times120\text{A}\times0.6=47.47\text{kvar}$$

$$P_{II}=3UI_p\cos\varphi_p=3\times219.7709\text{V}\times83.493\text{A}\times0.8541=47.019\text{kW}$$

$$Q_{II}=3UI_p\sin\varphi_p=3\times219.7709\text{V}\times83.493\text{A}\times0.52=28.627\text{kvar}$$

7-9 有一台三相凸极同步发电机，定子绕组为丫联结，同步电抗 $X_d=3.5\Omega$、$X_q=2.4\Omega$，接在 $U_N=400\text{V}$ 的电网上运行。已知在某运行状态下，每相励磁电势 $E_0=392\text{V}$，功角 $\delta=20°$，不计电阻压降，试求：（1）功率因数 $\cos\varphi$；（2）电磁功率为多少？（3）保持该状态的励磁电流不变，则最大电磁功率为多少？

解：相电压 $$U=\frac{U_N}{\sqrt{3}}=\frac{400\text{V}}{\sqrt{3}}=230.9401\text{V}$$

直轴电流 $$I_d=\frac{E_0-U\cos\delta}{X_d}=\frac{392\text{V}-230.9401\text{V}\times\cos20°}{3.5\Omega}=49.9964\text{A}$$

交轴电流 $$I_q=\frac{U\sin\delta}{X_q}=\frac{230.9401\text{V}\times\sin20°}{2.4\Omega}=32.9109\text{A}$$

电枢电流 $$I_a=\sqrt{I_d^2+I_q^2}=\sqrt{49.9964^2+32.9109^2}\text{A}=59.8562\text{A}$$

内功率因数角 $$\psi=\arctan(I_d/I_q)=\arctan(49.9964/32.9109)=56.6445°$$

（1）功率因数 $\cos\varphi=\cos(\psi-\delta)=\cos(56.6445°-20°)=0.8024$

（2）电磁功率 $P_M=3UI\cos\varphi=3\times230.9401\text{V}\times59.8562\text{A}\times0.8024=33273.3181\text{W}$

（3）写出功角特性方程

$$P_M = m\frac{E_0 U}{X_d}\sin\delta + m\frac{U^2}{2}\left(\frac{1}{X_q} - \frac{1}{X_d}\right)\sin 2\delta = A\sin\delta + B\sin 2\delta$$

式中　$A = mE_0U/X_d = 3 \times 392 \times 230.9401/3.5 = 77596$

$B = (mU^2/2)(1/X_q - 1/X_d) = (3 \times 230.9401^2/2)(1/2.4 - 1/3.5) = 10476$

令　$dP_M/d\delta = A\cos\delta + 2B\cos 2\delta = 0$ 即 $4B\cos^2\delta + A\cos\delta - 2B = 0$

$$\cos\delta = (-A \pm \sqrt{A^2 + 32B^2})/8B = 0.2391$$

最大电磁转矩对应的功角　　　$\delta_m = \cos^{-1} 0.2391 = 76.1644°$

最大电磁功率

$P_{Mmax} = A\sin\delta_m + B\sin 2\delta_m = [77596 \times \sin 76.1644° + 10476 \times \sin(2 \times 76.1644°)]W = 80210W$

7-10　有一台三相凸极同步发电机，定子绕组为丫联结，接在电网上运行于过励状态。电网相电压 $U = 230V$，同步电抗 $X_d = 1.55\Omega$、$X_q = 0.7\Omega$，输出视在功率为37.5kVA，功率因数 $\cos\varphi_1 = 0.8$（滞后）。若把功率因数提高到 $\cos\varphi_2 = 0.9$（滞后），同时保持有功功率不变。试求励磁电势应减小到原来的百分之多少？

解：在第一种状态下，电枢电流　　　$I_1 = \dfrac{S_1}{3U} = \dfrac{37.5 \times 10^3 VA}{3 \times 230V} = 54.3478A$

有功功率　　　　　　　$P_1 = S_1\cos\varphi_1 = 37.5kW \times 0.8 = 30kW$

$\varphi_1 = \arccos 0.8 = 36.8699°$，$\sin\varphi_1 = \sqrt{1 - 0.8^2} = 0.6$

内功率因数角　　$\psi_1 = \arctan\dfrac{U\sin\varphi_1 + X_q I_1}{U\cos\varphi_1} = \arctan\dfrac{230 \times 0.6 + 0.7 \times 54.3478}{230 \times 0.8} = 43.734°$

直轴电流　　　　$I_{d1} = I_1\sin\psi_1 = 54.3478A \times \sin 43.734° = 37.5713A$

功角　　　　　　$\delta_1 = \psi_1 - \varphi_1 = 43.734° - 36.8699° = 6.8641°$

励磁电势　$E_{01} = U\cos\delta_1 + X_d I_{d1} = 230V \times \cos 6.8641° + 1.55\Omega \times 37.5713A = 286.5869V$

在第二种状态下，有功功率　　　$P_2 = P_1 = 30kW$

电枢电流　　　　$I_2 = \dfrac{P_2}{3U\cos\varphi_2} = \dfrac{30 \times 10^3 W}{3 \times 230V \times 0.9} = 48.3092A$

$\varphi_2 = \arccos 0.9 = 25.8419°$，$\sin\varphi_2 = \sqrt{1 - 0.9^2} = 0.4359$

内功率因数角　　$\psi_2 = \arctan\dfrac{U\sin\varphi_2 + X_q I_2}{U\cos\varphi_2} = \arctan\dfrac{230V \times 0.4359 + 0.7\Omega \times 48.3092A}{230V \times 0.9} = 32.9306°$

直轴电流　　　　$I_{d2} = I_2\sin\psi_2 = 48.3092A\sin 32.9306° = 26.262A$

功角　　　　　　$\delta_2 = \psi_2 - \varphi_2 = 32.9306° - 25.8419° = 7.0887°$

励磁电势　$E_{02} = U\cos\delta_2 + X_d I_{d2} = 230V \times \cos 7.0887° + 1.55\Omega \times 26.262A = 268.9480V$

励磁电势减少到原来的　$k = (E_{02}/E_{01}) \times 100\% = (268.948V/286.5869V) \times 100\% = 93.85\%$

7-11　有两台三相同步发电机，并联在一起供给一功率因数固定的负载，起初两台发电机的功率因数 $\cos\varphi_I = \cos\varphi_{II} = 0.8$（滞后），电流 $I_I = I_{II} = 100A$。调节励磁电流及轴上的转矩，使第一台电机的 $I_1 = 100A$、$\cos\varphi_1 = 1$，并使端电压不变，不计电阻压降，试求：

（1）第二台发电机的励磁电流及轴上转矩应该怎样改变？

（2）第二台发电机的电流 I_2 和功率因数 $\cos\varphi_2$ 各为多少？

解：（1）由于负载功率因数不变，负载电压也不变，所以负载的有功功率和无功功率也将保持不变。由于第一台发电机的有功功率增大了,无功功率减少了,所以第二台发电机的有功功率应该减少,无功功率应该增大。所以应减少第二台发电机的轴转矩并增加励磁电流。

(2) 由于电压不变,所以可以用有功电流和无功电流代替有功功率和无功功率进行分析。

在第一种状态,总的有功电流为 $I_y = I_1\cos\varphi_1 + I_{II}\cos\varphi_{II} = 100A \times 0.8 + 100A \times 0.8 = 160A$

总的无功电流为 $I_w = I_1\sin\varphi_1 + I_{II}\sin\varphi_{II} = 100A \times 0.6 + 100A \times 0.6 = 120A$

在第二种状态,设第二台发电机的电流为 I_2,功率因数为 $\cos\varphi_2$,则有

$$I_2\sin\varphi_2 = 120, \quad I_2\cos\varphi_2 = 160 - 100 = 60$$

解得 $I_2 = 134.1641A$, $\cos\varphi_2 = 0.4472$

7-12 有一台三相隐极同步发电机,并联在电网上运行,额定数据为:$S_N = 7500kVA$, $U_N = 3150V$,定子绕组为丫联结,$\cos\varphi_N = 0.8$(滞后),同步电抗 $X_s = 1.6\Omega$。不计电阻压降,试求:(1) 该电机输出额定负载时的电磁功率 P_M 和功角 δ;(2) 在不调节励磁电流的情况下,当发电机的输出功率减少到原来的一半时的电磁功率 P_M、功角 δ 以及功率因数 $\cos\varphi$。

解:(1) 额定状态下,相电压 $U = \dfrac{U_N}{\sqrt{3}} = \dfrac{3150V}{\sqrt{3}} = 1818.7V$

相电流 $I = \dfrac{S_N}{\sqrt{3}U_N} = \dfrac{7500 \times 10^3 VA}{\sqrt{3} \times 3150V} = 1374.6A$

有功功率 $P_M = S_N\cos\varphi_N = 7500kW \times 0.8 = 6000kW$

$\varphi_N = \arccos 0.8 = 36.8699°$, $\sin\varphi_N = \sqrt{1-\cos^2\varphi_N} = \sqrt{1-0.8^2} = 0.6$

内功率因数角

$$\psi = \arctan\dfrac{U\sin\varphi_N + X_s I}{U\cos\varphi_N} = \arctan\dfrac{1818.7V \times 0.6 + 1.6\Omega \times 1374.6A}{1818.7V \times 0.8} = 66.1478°$$

功角 $\delta_N = \psi - \varphi_N = 66.1478° - 36.8699° = 29.2779°$

(2) 励磁电势

$$E_0 = \sqrt{(U\cos\varphi_N)^2 + (U\sin\varphi_N + X_s I)^2} = \sqrt{(1818.7 \times 0.8)^2 + (1818.7 \times 0.6 + 1.6 \times 1374.6)^2} V = 3597.9V$$

调节稳定后

有功功率 $P_{M2} = P_M/2 = 6000kW/2 = 3000kW$

功角 $\delta = \sin^{-1}[P_{M2}/(3E_0U/X_s)] = \sin^{-1}[3000 \times 10^3/(3 \times 3597.9 \times 1818.7/1.6)] = 14.1536°$

功率因数

$$\cos\varphi = \dfrac{E_0\sin\delta}{\sqrt{(E_0\cos\delta - U)^2 + (E_0\sin\delta)^2}}$$

$$= \dfrac{3597.9V \times \sin 14.1536°}{\sqrt{(3597.9 \times \cos 14.1536° - 1818.7)^2 + (3597.9 \times \sin 14.1536°)^2}V} = 0.4661$$

7-13 有一台三相凸极同步发电机,并联在电网上运行,额定数据为:$S_N = 8750kVA$, $U_N = 11kV$,定子绕组为丫联结,$\cos\varphi_N = 0.8$(滞后),同步电抗 $X_d = 18.2\Omega$, $X_q = 9.6\Omega$。不计电阻压降,试求:

(1) 该电机在额定运行情况下的功角 δ_N 及励磁电势 E_0；(2) 最大电磁功率 P_{Mmax}。

解：(1) 相电压 $$U=\frac{U_N}{\sqrt{3}}=\frac{11\times10^3}{\sqrt{3}}\text{V}=6350.9\text{V}$$

相电流 $$I=\frac{S_N}{\sqrt{3}\,U_N}=\frac{8750\text{kVA}}{\sqrt{3}\times11\text{kV}}=459.2559\text{A}$$

$$\varphi=\arccos 0.8=36.8699°,\quad \sin\varphi=\sqrt{1-0.8^2}=0.6$$

内功率因数角 $$\psi=\arctan\frac{U\sin\varphi+X_q I}{U\cos\varphi}=\arctan\frac{6350.9\text{V}\times0.6+9.6\Omega\times459.2559\text{A}}{6350.9\text{V}\times0.8}=58.2783°$$

功角 $$\delta=\psi-\varphi=58.2783°-36.8699°=21.4084°$$

直轴电流 $$I_d=I\sin\psi=459.2559\text{A}\sin58.2783°=390.6487\text{A}$$

励磁电势 $$E_0=U\cos\delta+X_d I_d=6350.9\text{V}\cos21.4084°+18.2\Omega\times390.6487\text{A}=13022\text{V}$$

(2) 写出功角特性方程

$$P_M=m\frac{E_0 U}{X_d}\sin\delta+m\frac{U^2}{2}\left(\frac{1}{X_q}-\frac{1}{X_d}\right)\sin2\delta=A\sin\delta+B\sin2\delta$$

式中 $A=mE_0U/X_d=3\times13022\times6350.9/18.2=1.3632\times10^7$

$B=(mU^2/2)(1/X_q-1/X_d)=(3\times6350.9^2/2)\times(1/9.6-1/18.2)=2.9779\times10^6$

令 $dP_M/d\delta=A\cos\delta+2B\cos2\delta=0$ 即 $4B\cos^2\delta+A\cos\delta-2B=0$

解得 $\cos\delta=(-A\pm\sqrt{A^2+32B^2})/8B=0.3374$

最大电磁转矩对应的功角 $\delta_m=\arccos 0.3374=70.2809°$

最大电磁功率
$$P_{Mmax}=A\sin\delta_m+B\sin2\delta_m$$
$$=1.3632\times10^7\text{W}\times\sin70.2809°+2.9779\times10^6\text{W}\times\sin(2\times70.2809°)=14725\text{kW}$$

7-14 有一台三相同步发电机，已知下列标幺值参数：$X_+=1.834$，$X_-=0.231$，$X_0=0.067$，设空载电压为额定电压，试求：(1) 三相稳态短路电流；(2) 单相稳态短路电流；(3) 单相稳态短路，未短路相上的端电压。

解：$E_0=U_N=1$

(1) 三相稳态短路电流 $$\dot{I}_{k3}=\frac{\dot{E}_0}{jX_+}=\frac{1}{j1.834}=0.545\angle-90°$$

(2) 单相稳态短路电流
$$\dot{I}_k=3\frac{\dot{E}_0}{j(X_++X_-+X_0)}=\frac{3}{j(1.834+0.231+0.067)}=1.4071\angle-90°$$

(3) A 相正序电压 $\dot{U}_{A+}=\dot{E}_0-j\dot{I}_k X_+/3=1-j(-j1.4071)\times1.834/3=0.1398$

B 相正序电压 $\dot{U}_{B+}=\dot{U}_{A+}e^{-j2\pi/3}=0.1398e^{-j2\pi/3}$

A 相负序电压 $\dot{U}_{A-}=-j\dot{I}_k X_-/3=-j(-j1.4071)\times0.231/3=-0.1083$

B 相负序电压 $\dot{U}_{B-}=\dot{U}_{A-}^{*}e^{j2\pi/3}=-0.1083e^{j2\pi/3}$

B 相零序电压 $\dot{U}_{B0}=\dot{U}_{A0}=-j\dot{I}_k X_0/3=-j(-j1.4071)\times0.067/3=-0.0314$

未短路的 B 相电压的标幺值

$$U_B = |\dot{U}_{B+} + \dot{U}_{B-} + \dot{U}_{B0}| = |0.1398e^{-j2\pi/3} - 0.1083e^{j2\pi/3} - 0.0314| = 0.22$$

7-15 有一台三相同步发电机，各序电抗标幺值为 $X_+ = 1.871$，$X_- = 0.219$，$X_0 = 0.069$，试问单相稳态短路电流与三相稳态短路电流之比为多少？

解：三相稳态短路电流

$$\dot{I}_{k3} = \frac{\dot{E}_0}{jX_+}$$

单相稳态短路电流

$$\dot{I}_{k1} = \frac{3\dot{E}_0}{j(X_+ + X_- + X_0)}$$

单相短路与三相短路电流之比

$$I_{k1}/I_{k3} = \frac{3X_+}{X_+ + X_- + X_0} = \frac{3 \times 1.871}{1.871 + 0.219 + 0.069} = 2.5998$$

7-16 有一台三相同步发电机，$f = 50\text{Hz}$，$S_N = 300000\text{kVA}$，已知 $X_d = 2.27$，$X_d' = 0.2733$，$X_d'' = 0.204$（均为标幺值），时间常数 $T_d' = 0.993\text{s}$，$T_d'' = 0.0317\text{s}$，$T_a = 0.246\text{s}$，设该机在空载电压为额定值时发生三相突然短路。试求：

（1）在最不利的情况下定子瞬态短路电流的表达式；

（2）最大瞬时冲击电流；

（3）分别求出在短路后 0.5s、2s、5s 时短路电流的瞬时值。

解：（1）以 A 相为例，发生三相突然短路后，瞬态电流的表达式为

$$i_{Ak} = I_m'' \cos\alpha_0 e^{-t/T_a} - [(I_m'' - I_m')e^{-t/T_d''} + (I_m' - I_m)e^{-t/T_d'} + I_m]\cos(\alpha_0 + \omega_1 t)$$

对 A 相最不利的情况是在 $\alpha_0 = 0$，即直轴正方向与 A 相绕组轴线重合时的瞬间发生三相突然短路。该情况下

$$i_{Ak} = I_m'' e^{-t/T_a} - [(I_m'' - I_m')e^{-t/T_d''} + (I_m' - I_m)e^{-t/T_d'} + I_m]\cos\omega_1 t$$

由于空载电压为额定值，即 $E_0 = 1$，所以

$$I_m'' = \sqrt{2}E_0/X_d'' = \sqrt{2} \times 1/0.204 = 6.9324, \quad I_m' = \sqrt{2}E_0/X_d' = \sqrt{2} \times 1/0.2733 = 5.1746$$

$$I_m = \sqrt{2}E_0/X_d = \sqrt{2} \times 1/2.27 = 0.6230, \quad I_m'' - I_m' = 1.7578, \quad I_m' - I_m = 4.5516, \quad \omega_1 = 2\pi f = 100\pi$$

所以 $i_{Ak}(t) = 6.9324 e^{-t/0.246} - [1.7578 e^{-t/0.0317} + 4.5516 e^{-t/0.993} + 0.6230]\cos 100\pi t$

（2）最大冲击电流发生在 $\omega_1 t = \pi$ 即 $t = \pi/\omega_1 = \pi/(100\pi) = 0.01\text{s}$ 的瞬间，此时

$$i_{Akm} = 6.9324 e^{-0.01/0.246} - [1.7578 e^{-0.01/0.0317} + 4.5516 e^{-0.01/0.993} + 0.6230]\cos(100\pi \times 0.01) = 13.0675$$

可见最大冲击电流达到额定电流的 13 倍以上。

（3）

$$i_{Akm}(0.5) = 6.9324 e^{-0.5/0.246} - [1.7578 e^{-0.5/0.0317} + 4.5516 e^{-0.5/0.993} + 0.6230]\cos(100\pi \times 0.5) = -2.4658$$

$$i_{Akm}(2) = 6.9324 e^{-2/0.246} - [1.7578 e^{-2/0.0317} + 4.5516 e^{-2/0.993} + 0.6230]\cos(100\pi \times 2) = -1.2283$$

$$i_{Akm}(5) = 6.9324 e^{-5/0.246} - [1.7578 e^{-5/0.0317} + 4.5516 e^{-5/0.993} + 0.6230]\cos(100\pi \times 5) = -0.6526$$

7-17 有一三相凸极同步电动机，定子绕组为丫联结，额定线电压 $U_N = 6000\text{V}$，频率 $f_1 = 50\text{Hz}$，额定转速 $n_N = 300\text{r/min}$，额定电流 $I_N = 57.87\text{A}$，额定功率因数 $\cos\varphi_N = 0.8$（超前），并已知电机参数 $X_d = 64.2\Omega$，$X_q = 40.8\Omega$，不计定子电阻，试求：

（1）在额定负载下的励磁电势 E_0；

（2）在额定负载下的电磁功率及电磁转矩。

解：（1）相电压 $U = \dfrac{U_N}{\sqrt{3}} = \dfrac{6000\text{V}}{\sqrt{3}} = 3464.1\text{V}$，电枢电流 $I = I_N = 57.87\text{A}$

$$\varphi = -\arccos 0.8 = -36.8699°, \quad \sin\varphi_N = -\sqrt{1-0.8^2} = -0.6$$

内功率因数 $\psi = \arctan \dfrac{U\sin\varphi_N - X_q I}{U\cos\varphi_N} = \arctan \dfrac{-3464.1\text{V}\times 0.6 - 40.8\Omega\times 57.87\text{A}}{3464.1\text{V}\times 0.8} = -58.0266°$

直轴电流 $I_d = I\sin\psi = -57.87\text{A}\sin 58.0266° = -49.0908\text{A}$

功角 $\delta = \varphi - \psi = -36.8699° - (-58.0266°) = 21.1567°$

励磁电势 $E_0 = U\cos\delta - X_d I_d = 3464.1\text{V}\cos 21.1567° + 64.2\Omega\times 49.0908\text{A} = 6382.2\text{V}$

（2）电磁功率 $P_M = mUI\cos\varphi_N = 3\times 3464.1\text{V}\times 57.87\text{A}\times 0.8 = 481.12\text{kW}$

同步角速度 $\Omega_1 = \dfrac{2\pi n_N}{60} = \dfrac{2\pi\times 300\text{rad}}{60\text{s}} = 31.4159\text{rad/s}$

电磁转矩 $T = \dfrac{P_M}{\Omega_1} = \dfrac{481.12\times 10^3\text{W}}{31.4159\text{rad/s}} = 15315\text{N}\cdot\text{m}$

7-18　有一三相隐极同步电动机，定子绕组为Y联结，$U_N = 380\text{V}$，同步电抗 $X_s = 5.8\Omega$，不计定子电阻，当输入功率为15kW时，试求：

（1）功率因数为1时的功角；（2）每相励磁电势为300V时的功角和功率因数值。

解：（1）相电压 $U = \dfrac{U_N}{\sqrt{3}} = \dfrac{380\text{V}}{\sqrt{3}} = 219.3931\text{V}$

相电流 $I = \dfrac{P_1}{\sqrt{3}U_N} = \dfrac{15\times 10^3\text{W}}{\sqrt{3}\times 380\text{V}} = 22.7901\text{A}$

内功率因数角 $\psi = \arctan \dfrac{-X_s I}{U} = \arctan \dfrac{-5.8\Omega\times 22.7901\text{A}}{219.3931\text{V}} = -31.0687°$

功角 $\delta = 0 - \psi = 31.0687°$

（2）励磁电势 $E_0 = 300\text{V}$ 时

功角 $\delta_p = \arcsin \dfrac{P_1}{3E_0 U/X_s} = \arcsin \dfrac{15\times 10^3\text{W}}{3\times 300\text{V}\times 219.3931\text{V}/5.8\Omega} = 26.1428°$

无功功率

$$Q = 3\dfrac{E_0 U}{X_s}\cos\delta_p - 3\dfrac{U^2}{X_s} = 3\times\dfrac{300\text{V}\times 219.3931\text{V}}{5.8\Omega}\times\cos 26.1428° - 3\times\dfrac{219.3931^2\text{V}^2}{5.8\Omega} = 5664.5\text{var}$$

功率因数 $\cos\varphi = \dfrac{P_1}{\sqrt{P_1^2 + Q^2}} = \dfrac{15\times 10^3\text{W}}{\sqrt{(15\times 10^3)^2 + 5664.5^2}\text{VA}} = 0.9355$

7-19　某工厂电源电压为 $U_N = 6000\text{V}$，厂内用了许多感应电动机，它们的总输出功率为1500kW，平均效率为70%，功率因数为0.8（滞后）。现工厂新添功率为400kW的设备，用一台效率为89%的同步电动机来拖动，如果此同步电动机在过励状态下运行，输出滞后无功功率，补偿整个工厂的功率因数到1。试求：此同步电动机的容量为多少？同步电动机的功率因数为多少？

解：感应电动机吸收的总有功 $P_1 = P/\eta_1 = 1500\text{kW}/0.7 = 2142.9\text{kW}$

感应电动机吸收的总视在功率 $S_1 = P_1/\cos\varphi_1 = 2142.9\text{kW}/0.8 = 2678.6\text{kVA}$

感应电动机吸收的总无功 $Q_1 = \sqrt{S_1^2 - P_1^2} = \sqrt{2678.6^2 - 2142.9^2}\text{kvar} = 1607.1\text{kvar}$

同步电动机发出的总无功 $Q_2 = Q_1 = 1607.1\text{kvar}$

同步电动机吸收的总有功	$P_2 = 400/\eta_2 = 400\text{kW}/0.89 = 449.4382\text{kW}$
同步电动机吸收的总容量	$S_2 = \sqrt{P_2^2 + Q_2^2} = \sqrt{449.4382^2 + 1607.1^2}\text{kVA} = 1668.8\text{kVA}$
同步电动机的功率因数	$\cos\varphi = P_2/S_2 = 449.4382\text{kW}/1668.8\text{kVA} = 0.2693$

7-20 有一车间所消耗的总功率为200kW，$\cos\varphi = 0.65$（滞后），其中有两台感应电动机，它们的输入功率和功率因数各为 $P_\text{I} = 41\text{kW}$，$\cos\varphi_\text{I} = 0.825$，$P_\text{II} = 20\text{kW}$，$\cos\varphi_\text{II} = 0.841$，现将这两台感应电动机改用两台同步电动机来代替，两台同步电动机的输入功率分别与两台感应电动机输入功率相同，且使同步电动机运行在超前功率因数下，把整个车间的功率因数提高到1，并使两同步电动机的超前无功功率的分配与它们的有功功率成正比。试求：此两台同步电动机的容量各为多少？

解：车间总负载容量 $\quad S = P/\cos\varphi = 200\text{kVA}/0.65 = 307.6923\text{kVA}$

车间总无功负载	$Q = \sqrt{S^2 - P^2} = \sqrt{307.6923^2 - 200^2}\text{kvar} = 233.8259\text{kvar}$
感应电机I总容量	$S_\text{I} = P_\text{I}/\cos\varphi_\text{I} = 41\text{kW}/0.825 = 49.697\text{kVA}$
感应电机I总无功	$Q_\text{I} = \sqrt{S_\text{I}^2 - P_\text{I}^2} = \sqrt{49.697^2 - 41^2}\text{kvar} = 28.0854\text{kvar}$
感应电机II总容量	$S_\text{II} = P_\text{II}/\cos\varphi_\text{II} = 20\text{kW}/0.841 = 23.7812\text{kVA}$
感应电机II总无功	$Q_\text{II} = \sqrt{S_\text{II}^2 - P_\text{II}^2} = \sqrt{23.7812^2 - 20^2}\text{kvar} = 12.8665\text{kvar}$

同步电动机要提供的总无功

$$Q_T = Q - Q_\text{I} - Q_\text{II} = (233.8259 - 28.0854 - 12.8665)\text{kvar} = 192.8741\text{kvar}$$

同步电动机I要提供的无功	$Q_1 = \dfrac{P_\text{I}}{P_\text{I} + P_\text{II}} Q_T = \dfrac{41}{41+20} \times 192.8741\text{kvar} = 129.6367\text{kvar}$
同步电动机II要提供的无功	$Q_2 = Q_T - Q_1 = (192.8741 - 129.6367)\text{kvar} = 63.2374\text{kvar}$
同步电动机I的总容量	$S_1 = \sqrt{P_\text{I}^2 + Q_1^2} = \sqrt{41^2 + 129.6367^2}\text{kVA} = 135.9657\text{kVA}$
同步电动机II的总容量	$S_2 = \sqrt{P_\text{II}^2 + Q_2^2} = \sqrt{20^2 + 63.2374^2}\text{kVA} = 66.3247\text{kVA}$

7-21 某工厂变电所的容量为2000kVA，变电所本身的负荷为1200kW，功率因数 $\cos\varphi = 0.65$（滞后）。今该厂欲增添一台同步电动机，额定数据为：$P_N = 500\text{kW}$，$\cos\varphi_N = 0.8$（超前），效率 $\eta_N = 95\%$。当该同步电动机额定运行时，全厂的功率因数是多少？变电所是否过载？

解：变电所本身负载容量 $\quad S = P/\cos\varphi = 1200\text{kW}/0.65 = 1846.2\text{kVA}$

变电所本身无功负载	$Q = \sqrt{S^2 - P^2} = \sqrt{1846.2^2 - 1200^2}\text{kvar} = 1403\text{kvar}$
同步电动机对电网的有功负载	$P_1 = P_N/\eta = 500\text{kW}/0.95 = 526.3158\text{kW}$
同步电动机对电网的负载容量	$S_1 = P_1/\cos\varphi_N = 526.3158\text{kW}/0.8 = 657.8947\text{kVA}$
同步电动机输送给电网的无功	$Q_1 = \sqrt{S_1^2 - P_1^2} = \sqrt{657.8947^2 - 526.3158^2}\text{kvar} = 394.7368\text{kvar}$
总的有功负载	$P_z = P + P_1 = (1200 + 526.3158)\text{kW} = 1726.3\text{kW}$
总的无功负载	$Q_z = Q - Q_1 = (1403 - 394.7368)\text{kvar} = 1008.2\text{kvar}$
总的负载容量	$S_z = \sqrt{P_z^2 + Q_z^2} = \sqrt{1726.3^2 + 1008.2^2}\text{kVA} = 1999.2\text{kVA} \approx 2000\text{kVA}$

变电所刚好满载，没有过载。

第 8 章

特种电机和交流伺服控制

8.1 教学目标和重点

- 特种电机的用途和分类。掌握主要类型特种电机的基本工作原理、电磁结构特点、基本电磁关系和主要运行特性。
- 特种电机的研究现状及其应用发展方向。建立不同于传统有刷直流电机和交流异步电机的更广泛的电机概念。
- 交流旋转电机伺服控制的一般原理和基础知识。了解伺服控制系统的组成部分，能够根据交流电机的伺服要求，正确选用电机伺服控制方法。
- 矢量控制的基本思想。了解坐标变换的基本思想并掌握不同坐标之间的转换方法，理解感应电动机和永磁同步电动机在不同坐标系下动态数学模型的推导过程。

8.2 内容概要

特种电机一般是指结构、性能、用途或原理等与常规电机不同的一类电机，常用于驱动和控制类应用场合。

永磁无刷直流电动机和永磁同步电动机最主要的区别是空载气隙磁场分布不同，前者接近于有刷直流电动机的平顶波，后者更接近正弦波。因此两者的空载反电势波形、输入电流波形和控制技术也有所不同。永磁无刷电动机机械特性的表达式同一般他励直流电动机一样，差别只是式中各物理量和系数的计算不同，因此具有和一般他励直流电动机一样良好的调速性能，可以通过改变电源电压实现无级调速。即

$$n=\frac{U-2\Delta u_\mathrm{s}-2I_\mathrm{A}R_\mathrm{A}}{2K_\mathrm{e}}=\frac{U-2\Delta u_\mathrm{s}}{2K_\mathrm{e}}-\frac{R_\mathrm{A}}{K_\mathrm{e}K_\mathrm{T}}T=n_0-\beta T \tag{8-1}$$

式中，$n_0=\dfrac{U-2\Delta u_\mathrm{s}}{2K_\mathrm{e}}$ 为理想空载转速；$\beta=\dfrac{R_\mathrm{A}}{K_\mathrm{e}K_\mathrm{T}}$ 为机械特性曲线的斜率；I_A 为每相绕组电流平均值；R_A 为每相绕组电阻。

永磁无刷电机的电磁转矩可以表示为

$$T=\frac{2E_\mathrm{A}I_\mathrm{A}}{\Omega}=K_\mathrm{T}I_\mathrm{A}$$

式中，K_T 为转矩系数，表示电枢绕组中通入单位电流时电机所产生的平均电磁转矩值。

永磁同步电动机和电励磁同步电动机的运行特性一致，可以写成

$$T = T' + T'' = \frac{m}{\Omega_1}\left[\frac{UE_0}{X_d}\sin\delta + \frac{U^2}{2}\left(\frac{1}{X_q} - \frac{1}{X_d}\right)\sin 2\delta\right] \quad (8\text{-}2)$$

式中，T' 是永磁转矩，T'' 是磁阻转矩。因此具有速度恒定不受负载影响、大气隙机械稳定性好、结构简单等特点，同时具有比电励磁电动机更高的功率因数和效率，适合低速直驱传动场合。

永磁同步电机和传统异步电机相比具有以下特点：①功率因数高；②具有较宽的经济运行范围；③体积小，重量轻；④堵转转矩倍数高；⑤可以实现低速高效率。

开关磁阻电动机和步进电动机都是基于"磁通总要沿着磁阻最小原理的路径闭合"这一磁阻最小原理的电机结构形式。开关磁阻电动机（SRM）主要应用于需要容错能力的电驱动领域，常采用闭环控制的方式实现调速性能和负载性能的要求，具有灵活的四象限运行控制能力。其功率变换器主电路的形式根据回收定子绕组释放磁场能量方法的不同可采用多种形式，如不对称半桥、双绕组、裂相式、H 桥式等。非线性电感是其主要特点，只要根据转子位置来控制功率开关管的通断角度，以改变相电流的大小和波形，就可以控制 SRM 运行在电动状态或发电状态。导通角和截止角对电机电流波形的影响很大，是控制 SRM 电机电流和转矩的重要方式。

步进电机的负载能力较差，但可以通过控制脉冲信号实现准确的位置定位，主要应用于精密伺服领域，常采用开环控制的方式实现无误差积累、低噪声、低成本的高精度控制要求。步进电动机主要分为三种类型：反应式、永磁式和混合式。当控制脉冲不断输入，各相绕组按照一定规律轮流通电时，步进电动机的转子就一步步地转动起来。矩角特性和矩频特性是描述步进电机性能的重要曲线。转子每步转过的空间机械角度称为步距角，可以表示为

$$\theta_b = 360°/N_P Z_R \quad (8\text{-}3)$$

式中，N_P 为运行拍数；Z_R 为转子齿数。

交流旋转电机的伺服控制理论适用于前面各章所述的异步电机、同步电机和特种电机。交流旋转电机伺服控制系统主要由交流电机、伺服控制器和功率变换器构成，其中伺服控制器融合了计算机技术和智能控制算法，最终通过功率变换器进行非正弦供电，实现交流旋转电机运行上不同的性能需求。这种性能需求可以是速度控制、转矩控制，也可以是位置控制，然而这三种控制都可以归结为对电磁转矩的控制。本章主要以感应电机和永磁同步电机为例，推导了旋转电机中电压和电磁转矩的基本公式，然后从正弦稳态下的矢量控制的基本方程、等效电路图和时空统一相量图出发，阐述矢量控制系统的基本思想和构成。

为了便于分析，在研究交流电机的多变量非线性数学模型时，进行了理想化假设。这种"理想化"只是一种假定和抽象，但它提供了一种能对多种类型运行方式进行分析和对运行性能进行预测的电机模型。

他励直流电机的数学模型比较简单：电枢磁势的轴线始终被电刷限定在 q 轴位置上，其效果好像一个在 q 轴上静止的绕组；主磁通唯一地由励磁绕组的励磁电流决定，其方向沿着 d 轴方向。而交流电机的定子磁势、转子磁势、气隙磁势之间**耦合性强**，根本无法对磁场和电磁转矩进行独立控制。为了将交流电机等效为一台他励直流电机来进行精确地转矩控制，需要进行坐标变换将交流电机的物理模型等效地变换成类似直流电机的模式。在电机矢量控制中常用的坐标系有三相静止（ABC）坐标系、两相静止（αβ0）坐标系和两相旋转（dq0）坐标系。其中常规定 α 轴与 A 相绕组轴线重合，β 轴超前 α 轴 90°电角度，dq0

坐标系的转速和转子转速相同。根据不同的变换需求，dq0 坐标系的转速也有和同步转速相同，或任意转速的。通过坐标变换，原来在 ABC 坐标系上的电机数学模型可以变换到 dq0 坐标系上，使系统变量之间得到部分解耦，电机磁链和电压方程可以得到大量简化，从而使系统的分析与控制得到大量简化，这也是坐标变换的终极目标。

为了使系统参数从 ABC 坐标系变换到 dq0 坐标系，一般分两步走：ABC 坐标系变换到 αβ0 坐标系，即 3s/2s；αβ0 坐标系变换到 dq0 坐标系，即 2s/2r。两个坐标系下数学模型彼此等效的原则通常有两种：一种是功率不变变换，因变换前后磁动势保持不变，所以变换后功率也不变；另一种是非功率不变变换，变换前后电压、电流的幅值不变，但 dq0 坐标系下的功率需要再乘以 1.5 才是 ABC 坐标系下的功率。本章所涉及的坐标变换均采用第二种方法，即非功率不变变换。

从三相静止坐标 3s 到两相静止坐标 2s 的非功率不变变换矩阵，即 3s/2s 变换的变换矩阵，记为 $C_{ABC\text{-}\alpha\beta}$，也称为 Clark 变换，功率不变变换矩阵记为 $C'_{ABC\text{-}\alpha\beta}$，即

$$C_{ABC\text{-}\alpha\beta}=\frac{2}{3}\begin{bmatrix}1 & -\frac{1}{2} & -\frac{1}{2}\\ 0 & \frac{\sqrt{3}}{2} & -\frac{\sqrt{3}}{2}\\ \frac{1}{2} & \frac{1}{2} & \frac{1}{2}\end{bmatrix},\ C'_{ABC\text{-}\alpha\beta}=\sqrt{\frac{2}{3}}\begin{bmatrix}1 & -\frac{1}{2} & -\frac{1}{2}\\ 0 & \frac{\sqrt{3}}{2} & -\frac{\sqrt{3}}{2}\\ \frac{1}{\sqrt{2}} & \frac{1}{\sqrt{2}} & \frac{1}{\sqrt{2}}\end{bmatrix} \tag{8-4}$$

从两相静止坐标 2s 到两相旋转坐标 2r 的非功率不变变换矩阵，即 2s/2r 变换的变换矩阵，记为 $C_{\alpha\beta\text{-}dq}$，功率不变变换矩阵记为 $C'_{\alpha\beta\text{-}dq}$，即

$$C_{\alpha\beta\text{-}dq}=\begin{bmatrix}\cos\theta & \sin\theta & 0\\ -\sin\theta & \cos\theta & 0\\ 0 & 0 & 1\end{bmatrix},\ C'_{\alpha\beta\text{-}dq}=C_{\alpha\beta\text{-}dq} \tag{8-5}$$

直接从 ABC 变换到 dq0 坐标系的非功率不变变换矩阵也称为 Park 变换，记为 $C_{ABC\text{-}dq}$，功率不变变换矩阵记为 $C'_{ABC\text{-}dq}$，即

$$C_{ABC\text{-}dq}=\frac{2}{3}\begin{bmatrix}\cos\theta & \cos(\theta-120°) & \cos(\theta+120°)\\ -\sin\theta & -\sin(\theta-120°) & -\sin(\theta+120°)\\ 0.5 & 0.5 & 0.5\end{bmatrix},$$

$$C'_{ABC\text{-}dq}=\sqrt{\frac{2}{3}}\begin{bmatrix}\cos\theta & \cos(\theta-120°) & \cos(\theta+120°)\\ -\sin\theta & -\sin(\theta-120°) & -\sin(\theta+120°)\\ \frac{1}{\sqrt{2}} & \frac{1}{\sqrt{2}} & \frac{1}{\sqrt{2}}\end{bmatrix} \tag{8-6}$$

对于不同转速的 dq0 坐标系，坐标变换中的 $\theta=\int\omega dt$，ω 对应不同的坐标系旋转角速度。

感应电机在 3s 坐标系下的电压方程

$$\begin{bmatrix}u_{sABC}\\ u_{rABC}\end{bmatrix}=\begin{bmatrix}R_{sABC} & \\ & R_{rABC}\end{bmatrix}\begin{bmatrix}i_{sABC}\\ i_{rABC}\end{bmatrix}+\begin{bmatrix}L_{sABC} & M_{srABC}\\ M_{rsABC} & L_{rABC}\end{bmatrix}\frac{d}{dt}\begin{bmatrix}i_{sABC}\\ i_{rABC}\end{bmatrix}+\begin{bmatrix}i_{sABC}\\ i_{rABC}\end{bmatrix}\frac{d}{dt}\begin{bmatrix}L_{sABC} & M_{srABC}\\ M_{rsABC} & L_{rABC}\end{bmatrix} \tag{8-7}$$

式中

$$\boldsymbol{u}_{\mathrm{sABC}}=\begin{bmatrix}u_{\mathrm{A}}\\u_{\mathrm{B}}\\u_{\mathrm{C}}\end{bmatrix},\ \boldsymbol{u}_{\mathrm{rABC}}=\begin{bmatrix}u_{\mathrm{a}}\\u_{\mathrm{b}}\\u_{\mathrm{c}}\end{bmatrix},\ \boldsymbol{i}_{\mathrm{sABC}}=\begin{bmatrix}i_{\mathrm{A}}\\i_{\mathrm{B}}\\i_{\mathrm{C}}\end{bmatrix},\ \boldsymbol{i}_{\mathrm{rABC}}=\begin{bmatrix}i_{\mathrm{a}}\\i_{\mathrm{b}}\\i_{\mathrm{c}}\end{bmatrix} \qquad (8\text{-}8)$$

$$\boldsymbol{R}_{\mathrm{sABC}}=\begin{bmatrix}R_{\mathrm{s}}&&\\&R_{\mathrm{s}}&\\&&R_{\mathrm{s}}\end{bmatrix},\ \boldsymbol{R}_{\mathrm{rABC}}=\begin{bmatrix}R_{\mathrm{r}}&&\\&R_{\mathrm{r}}&\\&&R_{\mathrm{r}}\end{bmatrix} \qquad (8\text{-}9)$$

$$\begin{cases}\boldsymbol{L}_{\mathrm{sABC}}=\begin{bmatrix}L_{\mathrm{AA}}&M_{\mathrm{AB}}&M_{\mathrm{AC}}\\M_{\mathrm{BA}}&L_{\mathrm{BB}}&M_{\mathrm{BC}}\\M_{\mathrm{CA}}&M_{\mathrm{CB}}&L_{\mathrm{CC}}\end{bmatrix}=\begin{bmatrix}M_{\mathrm{sr}}+L_{\mathrm{s}\sigma}&-\dfrac{1}{2}M_{\mathrm{sr}}&-\dfrac{1}{2}M_{\mathrm{sr}}\\-\dfrac{1}{2}M_{\mathrm{sr}}&M_{\mathrm{sr}}+L_{\mathrm{s}\sigma}&-\dfrac{1}{2}M_{\mathrm{sr}}\\-\dfrac{1}{2}M_{\mathrm{sr}}&-\dfrac{1}{2}M_{\mathrm{sr}}&M_{\mathrm{sr}}+L_{\mathrm{s}\sigma}\end{bmatrix}=\begin{bmatrix}L_{\mathrm{ss}}&-M_{\mathrm{s}}&-M_{\mathrm{s}}\\-M_{\mathrm{s}}&L_{\mathrm{ss}}&-M_{\mathrm{s}}\\-M_{\mathrm{s}}&-M_{\mathrm{s}}&L_{\mathrm{ss}}\end{bmatrix}\\[4pt]\boldsymbol{L}_{\mathrm{rABC}}=\begin{bmatrix}L_{\mathrm{aa}}&M_{\mathrm{ab}}&M_{\mathrm{ac}}\\M_{\mathrm{ba}}&L_{\mathrm{bb}}&M_{\mathrm{bc}}\\M_{\mathrm{ca}}&M_{\mathrm{cb}}&L_{\mathrm{cc}}\end{bmatrix}=\begin{bmatrix}M_{\mathrm{sr}}+L_{\mathrm{r}\sigma}&-\dfrac{1}{2}M_{\mathrm{sr}}&-\dfrac{1}{2}M_{\mathrm{sr}}\\-\dfrac{1}{2}M_{\mathrm{sr}}&M_{\mathrm{sr}}+L_{\mathrm{r}\sigma}&-\dfrac{1}{2}M_{\mathrm{sr}}\\-\dfrac{1}{2}M_{\mathrm{sr}}&-\dfrac{1}{2}M_{\mathrm{sr}}&M_{\mathrm{sr}}+L_{\mathrm{r}\sigma}\end{bmatrix}=\begin{bmatrix}L_{\mathrm{rr}}&-M_{\mathrm{r}}&-M_{\mathrm{r}}\\-M_{\mathrm{r}}&L_{\mathrm{rr}}&-M_{\mathrm{r}}\\-M_{\mathrm{r}}&-M_{\mathrm{r}}&L_{\mathrm{rr}}\end{bmatrix}\end{cases} \qquad (8\text{-}10)$$

$$\boldsymbol{M}_{\mathrm{srABC}}=\begin{bmatrix}M_{\mathrm{sr}}\cos\theta&M_{\mathrm{sr}}\cos(\theta+120°)&M_{\mathrm{sr}}\cos(\theta-120°)\\M_{\mathrm{sr}}\cos(\theta-120°)&M_{\mathrm{sr}}\cos\theta&M_{\mathrm{sr}}\cos(\theta+120°)\\M_{\mathrm{sr}}\cos(\theta+120°)&M_{\mathrm{sr}}\cos(\theta-120°)&M_{\mathrm{sr}}\cos\theta\end{bmatrix};\ \boldsymbol{M}_{\mathrm{rsABC}}=\boldsymbol{M}_{\mathrm{srABC}}^{\mathrm{T}} \qquad (8\text{-}11)$$

感应电机在 3s 坐标系下的转矩方程

$$T=T_{\mathrm{L}}+K\omega+J\dfrac{\mathrm{d}\omega}{\mathrm{d}t}$$
$$=-pM_{\mathrm{sr}}[(i_{\mathrm{A}}i_{\mathrm{a}}+i_{\mathrm{B}}i_{\mathrm{b}}+i_{\mathrm{C}}i_{\mathrm{c}})\sin\theta+(i_{\mathrm{A}}i_{\mathrm{a}}+i_{\mathrm{B}}i_{\mathrm{b}}+i_{\mathrm{C}}i_{\mathrm{c}})\sin(\theta+120°)+(i_{\mathrm{A}}i_{\mathrm{a}}+i_{\mathrm{B}}i_{\mathrm{b}}+i_{\mathrm{C}}i_{\mathrm{c}})\sin(\theta-120°)]$$
$$\qquad (8\text{-}12)$$

感应电机在 2r 坐标系下的电压方程（不考虑 0 轴分量）

$$\begin{bmatrix}u_{\mathrm{sd}}\\u_{\mathrm{sq}}\\u_{\mathrm{rd}}\\u_{\mathrm{rq}}\end{bmatrix}=\begin{bmatrix}R_{\mathrm{s}}&&&\\&R_{\mathrm{s}}&&\\&&R_{\mathrm{r}}&\\&&&R_{\mathrm{r}}\end{bmatrix}\begin{bmatrix}i_{\mathrm{sd}}\\i_{\mathrm{sq}}\\i_{\mathrm{rd}}\\i_{\mathrm{rq}}\end{bmatrix}+\begin{bmatrix}L_{\mathrm{s}}&&M_{\mathrm{m}}&\\&L_{\mathrm{s}}&&M_{\mathrm{m}}\\M_{\mathrm{m}}&&L_{\mathrm{r}}&\\&M_{\mathrm{m}}&&L_{\mathrm{r}}\end{bmatrix}\dfrac{\mathrm{d}}{\mathrm{d}t}\begin{bmatrix}i_{\mathrm{sd}}\\i_{\mathrm{sq}}\\i_{\mathrm{rd}}\\i_{\mathrm{rq}}\end{bmatrix}+$$
$$\begin{bmatrix}&-\omega L_{\mathrm{s}}&&-\omega M_{\mathrm{m}}\\\omega L_{\mathrm{s}}&&\omega M_{\mathrm{m}}&\\0&&0&\\&0&&0\end{bmatrix}\begin{bmatrix}i_{\mathrm{sd}}\\i_{\mathrm{sq}}\\i_{\mathrm{rd}}\\i_{\mathrm{rq}}\end{bmatrix} \qquad (8\text{-}13)$$

感应电机在 2r 坐标系下的转矩方程

$$T=T_{\mathrm{L}}+K\varOmega+J\dfrac{\mathrm{d}\varOmega}{\mathrm{d}t}=\dfrac{3}{2}pM_{\mathrm{m}}(i_{\mathrm{sq}}i_{\mathrm{rd}}-i_{\mathrm{sd}}i_{\mathrm{rq}}) \qquad (8\text{-}14)$$

永磁同步电机在 3s 坐标系下的电压方程：

$$\begin{bmatrix} u_a \\ u_b \\ u_c \end{bmatrix} = \begin{bmatrix} R_s & & \\ & R_s & \\ & & R_s \end{bmatrix} \begin{bmatrix} i_a \\ i_b \\ i_c \end{bmatrix} + \frac{d}{dt} \begin{bmatrix} \psi_a \\ \psi_b \\ \psi_c \end{bmatrix} \tag{8-15}$$

式中

$$\begin{bmatrix} \psi_a \\ \psi_b \\ \psi_c \end{bmatrix} = \begin{bmatrix} L_{aa} & M_{ab} & M_{ca} \\ M_{ab} & L_{bb} & M_{bc} \\ M_{ca} & M_{bc} & L_{cc} \end{bmatrix} \begin{bmatrix} i_a \\ i_b \\ i_c \end{bmatrix} + \psi_f \begin{bmatrix} \cos\theta \\ \cos(\theta-120°) \\ \cos(\theta+120°) \end{bmatrix} \tag{8-16}$$

$$\begin{cases} L_{aa} = L_0 + L_2\cos2\theta \\ L_{bb} = L_0 + L_2\cos2(\theta-120°) \\ L_{cc} = L_0 + L_2\cos2(\theta+120°) \end{cases} \begin{cases} M_{ab} = M_0 + L_2\cos2(\theta+120°) \\ M_{bc} = M_0 + L_2\cos2\theta \\ M_{ca} = M_0 + L_2\cos2(\theta-120°) \end{cases} \tag{8-17}$$

永磁同步电机在 3s 坐标系下的转矩方程：

$$T = T_L + K\Omega + J\frac{d\Omega}{dt} = -pL_2[i_a^2\sin2\theta + i_b^2\sin(2\theta+120°) + i_c^2\sin(2\theta-120°) +$$

$$2i_ai_b\sin(2\theta-120°) + 2i_bi_c\sin2\theta + 2i_ci_a\sin(2\theta+120°)] \tag{8-18}$$

永磁同步电机在 2r 坐标系下的电压方程：

$$\begin{bmatrix} u_d \\ u_q \end{bmatrix} = \begin{bmatrix} R_s & -\omega L_q \\ \omega L_d & R_s \end{bmatrix} \begin{bmatrix} i_d \\ i_q \end{bmatrix} + \frac{d}{dt}\begin{bmatrix} \psi_d \\ \psi_q \end{bmatrix} + \begin{bmatrix} 0 \\ \omega\psi_f \end{bmatrix} \tag{8-19}$$

式中

$$\begin{bmatrix} \psi_d \\ \psi_q \end{bmatrix} = \begin{bmatrix} L_d & \\ & L_q \end{bmatrix} \begin{bmatrix} i_d \\ i_q \end{bmatrix} + \begin{bmatrix} \psi_f \\ 0 \end{bmatrix} \tag{8-20}$$

永磁同步电机在 2r 坐标系下的转矩方程：

$$T = T_L + K\omega + J\frac{d\omega}{dt} = \frac{3}{2}p[\psi_f i_q + (L_d - L_q)i_d i_q] \tag{8-21}$$

式中，对于隐极永磁同步电机 $L_d = L_q$。

感应电机的矢量控制主要包括转子磁场定向控制、气隙磁场定向控制和定子磁场定向控制。转子磁场定向控制达到了完全的解耦控制，不存在静态稳定性限制的条件，控制方式简单，具有较好的动态性能和控制精度，但转子磁通的检测精度受转子时间常数的影响较大，容易降低系统性能；气隙磁场定向控制中气隙磁通可以直接测量，且可以直接反映电机磁通的饱和情况，但由于气隙磁通和转差之间存在耦合关系，需要增加解耦器，比转子磁场定向控制复杂；定子磁场定向控制可以利用定子方程作为磁通观测器，非常易于实现，可以达到较好的动静态性能，控制系统结构也相对简单，尽管低速时由于定子电阻压降占比高造成反电势测量误差大，定子磁通观测不准，但是仍是大范围弱磁运行时的重要控制方式。在转子磁场定向控制中，转子磁链的控制离不开转子磁链参数的获得，一般有两种方法：直接法，如磁链估算法；间接法，如转差频率法。

永磁同步电动机的 d 轴总是位于和永磁体 N 极轴线重合的位置，保持 i_d 不变，控制 i_q 就可以获得与 i_q 近似呈线性关系的电磁转矩，因此永磁同步电动机常采用转子励磁磁场定向控制。其中 $i_d = 0$ 控制方式因为实现简单，无需复杂的定向磁链观测器，在工程中应用广泛。但是永磁同步电动机的永磁体励磁磁势无法调节，所以当转速要求较高时，电机端电压已经达到最大值，只能增加定子直轴去磁电流分量来维持高速运行时电压的平衡，即 $i_d \neq 0$ 的弱磁扩速控制。根据永磁同步电动机用途不同，矢量控制方法也各不相同，有恒磁链控制、最大转矩/电流控制、最大输出功率控制、$\cos\varphi = 1$ 控制等，i_d 的取值依据也因此各不相同。

8.3 难点解析

难点 1 理解永磁无刷直流电动机与永磁同步电动机在结构和原理上的区别和联系。

永磁无刷直流电动机与永磁同步电动机都属于永磁电机，两者结构类似，定子与同步电机定子相同，而转子则是由永磁材料制成的一定极对数的永磁体。

不同之处在于，永磁无刷直流电动机的输入电流为方波，永磁同步电动机的输入电流为正弦波；永磁无刷电动机的气隙磁场和空载反电动势波形更接近于方波，而永磁同步电动机的气隙磁场和空载反电动势波形更接近于正弦波；两种电动机的磁极参数和绕组排布方式略有不同。永磁无刷电机常采用霍尔式传感器作为位置反馈装置，价格便宜，控制较为简单；永磁同步电机常采用编码器作为位置反馈装置，控制精度更高。

根据永磁体分布位置的不同，主要分为表贴式和内嵌式的转子。通常表贴式转子交直轴电感相等（$L_d = L_q$），内嵌式转子交直轴电感不相等（$L_d \neq L_q$）。

难点 2 理解开关磁阻电动机与步进电动机在结构和原理上的区别和联系。

开关磁阻电动机和步进电动机都是基于"磁通总要沿着磁阻最小原理的路径闭合"这一磁阻最小原理的电机结构形式，因此两者十分相似，但实际上在设计、控制、性能特性和应用场合方面都是有本质差别的，见表 8-1。

表 8-1 反应式步进电动机和 SRM 的主要差别

反应式步进电动机	SRM
开环，无位置反馈	闭环，有位置反馈
伺服控制，对步距精度要求高	功率驱动，对效率指标要求高
通过调电源脉冲频率调转速	可控通断角，也可调压或限流斩波
定、转子上齿槽均匀分布且定、转子上的齿槽宽度一致	定、转子均为双凸极
励磁为多相均匀分布的正弦波电流	励磁是顺序导通的电流脉冲
各相自感随位置正弦变化	各相自感随位置三角波或梯形波变化

难点 3 功率不变变换和非功率不变变换。

教材中由于非功率不变变换矩阵有如下关系 $C_{ABC/\alpha\beta} = C_{\alpha\beta/ABC}^{-1} \neq C_{\alpha\beta/ABC}^{T}$，$C_{ABC/dq} = C_{dq/ABC}^{-1} \neq C_{dq/ABC}^{T}$，因此这些变换均不满足功率不变约束，变换前后功率不守恒。以 3s/2r 变换为例，变换前总瞬时功率 $p_{3s} = u_A i_A + u_B i_B + u_C i_C$，变换后总瞬时功率 $p_{2r} = u_{dc} i_{dc} + u_{qc} i_{qc} + u_0 i_0$，根据 Park 变换可以将 3s 坐标系上的变量用 2r 坐标系上的变量表示，可得

$$p_{3s} = [\cos^2\theta + \cos^2(\theta+120°) + \cos^2(\theta-120°)] u_{dc} i_{dc} + [\sin^2\theta + \sin^2(\theta+120°) + \sin^2(\theta-120°)] u_{qc} i_{qc} + 3u_0 i_0$$

$$= \frac{3}{2} u_{dc} i_{dc} + \frac{3}{2} u_{qc} i_{qc} + 3u_0 i_0 \neq p_{2r} \tag{8-22}$$

为了使变换前后总功率不变，可以假设另一套 2r 坐标系上的绕组（$\tilde{u}_{dc}$, $\tilde{i}_{dc}$）、（$\tilde{u}_{qc}$, $\tilde{i}_{qc}$）和（$\tilde{u}_0$, $\tilde{i}_0$），使其满足

$$\frac{u_{dc}}{\tilde{u}_{dc}} = \frac{\tilde{i}_{dc}}{i_{dc}} = \frac{u_{qc}}{\tilde{u}_{qc}} = \frac{\tilde{i}_{qc}}{i_{qc}} = \sqrt{\frac{2}{3}} ; \quad \frac{u_0}{\tilde{u}_0} = \frac{\tilde{i}_0}{i_0} = \sqrt{\frac{1}{3}}$$

则有 $p_{3s} = u_A i_A + u_B i_B + u_C i_C = \tilde{u}_{dc} \tilde{i}_{dc} + \tilde{u}_{qc} \tilde{i}_{qc} + \tilde{u}_0 \tilde{i}_0$。由此，可获得相应的功率不变变换矩阵。也可采用线性代数中的施密特正交化方法直接将非功率不变变换的变换矩阵转化为与其等价的标准正交矩阵，即为功率不变变换矩阵，有 $\tilde{C}_{3s/2s} = \tilde{C}_{2s/3s}^{-1} = \tilde{C}_{2s/3s}^T$，$\tilde{C}_{3s/2r} = \tilde{C}_{2r/3s}^{-1} \neq \tilde{C}_{2r/3s}^T$。两种变换矩阵的应用都十分广泛，阅读相关文献时要注意区分。

难点 4　矢量控制与传统变频调速本质上的不同。

传统的变频调速主要是为了保证磁通不变，在改变频率调速时需维持电势频率比不变或电压频率比不变，市场上变频器常用的就是恒电压频率比（V/F）控制方式，这种方式实际上控制的是三相交流电的电压和频率大小，但是并没有对电压的相位进行控制，这就导致瞬态变化过程中，例如电机转速在负载突加时变慢，但供电频率（同步转速）还是保持不变，这样感应电动机会产生瞬时失步，从而引起转矩和转速振荡，经过一段时间后在一个更大转差下保持平衡。这个瞬时过程中没有对相位进行控制，所以恢复过程较慢，这也是 V/F 控制精度不高和响应较慢的原因。

矢量控制也叫磁场定向控制，其实质是在三相交流电的电压大小和频率大小控制的基础上，还加上了相位控制，将三相定子电流矢量分解为产生磁场的电流分量（励磁电流）和产生转矩的电流分量（转矩电流）分别加以控制，并同时控制两分量间的幅值和相位，使矢量控制后的交流电动机的机械特性及动态性能达到和直流电动机调速性能相媲美。

8.4　例题精讲

例 8-1　已知一台永磁无刷直流电机，采用两相导通星形六状态运行方式，端电压 $U = 220\text{V}$，电枢电流 $I_a = 1\text{A}$，转速 $n = 3000\text{r/min}$，电枢电阻 $R_a = 20\Omega$，忽略空载转矩和电刷电压，试求：

（1）该运行状态下的电磁转矩。

（2）如果电机运行中，由于温度升高永磁体励磁磁通减少了 10%，那么在电枢电压和负载转矩保持不变的情况下，电枢电流、转速和电磁转矩各变化多少？

分析　该例为永磁无刷直流电机励磁磁通变化前后的分析与计算。涉及永磁无刷直流电机的电路解算、类似直流电机励磁回路串电阻调速特性以及恒转矩负载等概念或方法。另外还应注意，磁通变换前后转矩重新平衡，使得电机的电磁转矩未变。在已知最终励磁磁通时，可依据公式 $T = 1.654 p\Phi_1 N I_a$ 按照比例法求得电枢电流，再依据公式 $E_a = 0.0866 p N \Phi_1 n$ 按照比例法求得电枢电压。

解：

（1）稳定运行时：

电枢电压　　　$E_a = \frac{1}{2}(U - 2I_a R_a) = \frac{1}{2}(220\text{V} - 2 \times 1\text{A} \times 20\Omega) = 90\text{V}$

电磁转矩 $$T=\frac{2E_aI_a}{\Omega}=\frac{2\times90\times1}{2\pi\times3000/60}\text{N}\cdot\text{m}=0.573\text{N}\cdot\text{m}$$

（2）励磁磁通减少了10%，因为负载转矩不变，在忽略空载转矩的情况下，稳定运行后电磁转矩不变，仍为 0.573N·m。

根据公式 $T=1.654p\Phi_1NI_a$ 可知，磁通变化前后，稳定运行状态有 $\Phi_1I_a=\Phi_1'I_a'$；

励磁磁通 $\Phi_1'=0.9\Phi_1$，所以 $I_a'=I_a/0.9=1.11\text{A}$；

因此 $E_a'=\frac{1}{2}(U-2I_a'R_a)=\frac{1}{2}(220\text{V}-2\times1.11\text{A}\times20\Omega)=87.8\text{V}$；

依据公式 $E_a=0.0866pN\Phi_1n$，按照比例法有 $\frac{E_a'}{E_a}=\frac{\Phi_1'n'}{\Phi_1n}$；

所以 $n'=\frac{E_a'\Phi_1n}{E_a\Phi_1'}=\frac{87.8}{90\times0.9}\times3000\text{r/min}=3251.85\text{r/min}$。

例 8-2 已知一台开关磁阻电机，每相绕组开关频率为 f，转子齿数为 Z_R，试求：该开关磁阻电机转速为多少？

分析 该例为开关磁阻电机转速的计算。涉及开关磁阻电机的基本工作原理。随着开关磁阻电机转子的旋转，位置传感器检测到转子磁极的变化，会产生开关信号驱动功率开关器件控制绕组的导通和关断。转子旋转 360° 机械角，非线性相电感变化 Z_R 个周期，每个周期的时间为 $1/f$（s），因此转子旋转一圈需要 Z_R/f（s），因此每秒转子可转 f/Z_R（圈），每分钟转子可转过 $60f/Z_R$（圈）。

解： 开关磁阻电机转速 $n=60f/Z_R$。

例 8-3 已知一台三相六极反应式步进电动机，单三拍运行，步距角为 1.5°，试求：

（1）该电动机有多少个转子齿？

（2）如果每相绕组开关频率为 1000Hz，电动机运行的转速是多少？

分析 该例为反应式步进电动机转速的计算。涉及反应式步进电动机的基本工作原理。步进电动机步距角由相数、转子齿数以及通电方式决定。步进电动机的转速由绕组的开关频率决定。转子每步转过的空间机械角度称为步距角，可以表示为 $\theta_b=360°/(N_PZ_R)$，式中 N_P 为运行拍数；Z_R 为转子齿数。因此已知步距角和运行方式可以根据公式求得转子齿数。此外，电机转速和脉冲频率 f 成正比，每输入一个脉冲，定子绕组就换一次通电状态，转子就转过一个步距角 θ_b，每一转要走的步数可以表示为 $\frac{360°}{\theta_b}$，因此每秒转子可转 $f\theta_b/360°$（圈），每分钟转子可转 $f\theta_b/6$（圈），代入 θ_b 的表达式，即 $60f/(N_PZ_R)$（r/min）。

解：

（1）转子齿数　　$Z_R=360°/(N_P\theta_b)=360°/(3\times1.5)=80$

（2）反应式步进电动机转速　　$n=\frac{60f}{Z_RN_P}=\frac{60\times1000}{80\times3}\text{r/min}=250\text{r/min}$

例 8-4 当保证功率守恒时，试推导 ABC 坐标系到 αβ0 坐标系的变换矩阵。

分析 该例为本章的重难点之一，要求掌握功率不变变换和非功率不变变换矩阵形式上的区别以及两种变换导致的功率计算区别。

解： 基于磁动势不变原则的非功率不变变换，其变换矩阵 $C_{ABC-\alpha\beta}$ 不是单位正交矩阵，变换前后有功和无功功率并不相等。可通过线性代数中的施密特正交化方法直接将变换矩阵转化为与其等价的标准正交矩阵,得到功率守恒下 ABC 坐标系到 αβ0 坐标系的变换矩阵 $C'_{ABC-\alpha\beta}$ 和逆变换矩阵 $C'_{\alpha\beta-ABC}$ 如下

$$C'_{ABC-\alpha\beta} = \sqrt{\frac{2}{3}} \begin{bmatrix} 1 & -\frac{1}{2} & -\frac{1}{2} \\ 0 & \frac{\sqrt{3}}{2} & -\frac{\sqrt{3}}{2} \\ \sqrt{\frac{1}{2}} & \sqrt{\frac{1}{2}} & \sqrt{\frac{1}{2}} \end{bmatrix}, \quad C'_{\alpha\beta-ABC} = \sqrt{\frac{2}{3}} \begin{bmatrix} 1 & 0 & \sqrt{\frac{1}{2}} \\ -\frac{1}{2} & \frac{\sqrt{3}}{2} & \sqrt{\frac{1}{2}} \\ -\frac{1}{2} & -\frac{\sqrt{3}}{2} & \sqrt{\frac{1}{2}} \end{bmatrix}$$

根据 $i_{ABC} = C'_{\alpha\beta-ABC} i_{\alpha\beta}$,$u_{ABC} = C'_{\alpha\beta-ABC} u_{\alpha\beta}$,可知:变换前的电压和电流大小等于变换后的 $\sqrt{\frac{2}{3}}$。下面证明变换前后功率相等:

变换前为三相电机,功率可表示为 $P_{ABC} = 3 U_{ABC} I_{ABC} \cos\varphi = 3 \times \sqrt{\frac{2}{3}} U_{dq} \times \sqrt{\frac{2}{3}} I_{dq} \cos\varphi$,变换后为等效两相电机,功率可表示为 $P_{dq} = 2 U_{dq} I_{dq} \cos\varphi$,故变换前后总功率不变($U_{ABC}$、$I_{ABC}$、$U_{dq}$、$I_{dq}$、$\cos\varphi$ 分别为 ABC 坐标系下的相电压和相电流,dq 坐标系下的相电压和相电流,以及功率因数)。

8.5 思考题简答

8-1 永磁无刷直流电动机与永磁同步电动机在结构和原理上有何相同和不同之处?

答:相同之处:两者结构类似,定子与同步电机定子相同,而转子则是由永磁材料制成的一定极对数的永磁体。

不同之处:永磁无刷直流电动机的输入电流为方波,永磁同步电动机的输入电流为正弦波;永磁无刷电动机的气隙磁场和空载反电动势波形更接近于方波,而永磁同步电动机的气隙磁场和空载反电动势波形更接近于正弦波;两种电动机的磁极参数和绕组排布方式略有不同。

8-2 两相导通星形三相六状态无刷直流电动机(BLDC),如果采用光电式位置传感器,当其转子上有 p 对磁极时,位置传感器在电机中如何安装?

答:位置传感器在 BLDC 中的作用是检测转子磁极相对于定子绕组的位置信号,为功率变换器提供正确的换相信息。对于多对极的两相导通星形三相六状态 BLDC,应采用三个位置传感器,且三个位置传感器在空间中应彼此间隔 120° 空间电角度,即 $120/p$ 空间机械角度,同时还必须保证位置传感器与绕组的对应位置正确。

8-3 试说明永磁无刷直流电动机是如何实现换相的。

答:120° 导通型运行方式中,电枢电流在空间形成的磁势 F_A 和励磁磁势 F_f 相互作用,拖动转子顺时针方向转动,定子电枢磁势 F_A 在空间中表现为一种跳跃式旋转磁场,跳跃间隔为 60° 电角度,即为 1/6 周期。因此每个电周期内,定子磁场变化 6 次,电子换向线路中的开关管换流 6 次,每一个状态各有不同相的上、下桥臂开关管导通,每个功率开关器件导通 120° 电角度,每一个状态导通两相绕组。

8-4 和传统电机相比,永磁同步电动机有哪些特点?

答：(1)功率因数高。(2)具有较宽的经济运行范围。(3)体积小,重量轻。(4)堵转转矩倍数高。(5)可以实现低速高效率。

8-5　试说明开关磁阻电动机(SRM)控制的基本思想。

答：根据在理想线性化模型的假设下，电磁转矩式可以写为：$T(\theta,i)=\dfrac{i^2}{2}\dfrac{dL}{d\theta}$。根据公式可以看出，电磁转矩的方向是由相电流所对应的相电感变化率（$dL/d\theta$）决定的，和电流的方向无关。因此，若相电流处于电感上升区（θ_1,θ_2），电磁转矩为正转矩，电机工作在电动状态，若相电流处于电感下降区（θ_3,θ_4），电磁转矩为负转矩，电机工作在发电状态。只要根据转子位置来控制功率开关管的通断角度，以改变相电流的大小和波形，就可以控制 SRM 运行在电动状态或发电状态，这也是 SRM 控制的基本思想。

8-6　试以三相 6/4 结构的 SRM 为例，配合实际应用中常见的三相不对称半桥式功率变换器来阐明 SRM 的工作原理。

答：配合使用的功率变换器拓扑如图 8-1 所示。随着转子的旋转，位置传感器检测到转子磁极的变化，产生电机转子的位置信号，经过控制电路中的换相逻辑模块处理，产生六路开关信号驱动 $VT_1 \sim VT_6$ 六个功率开关器件，其驱动信号的产生机理如下：使图中功率开关管 VT_1、VT_2 导通，A 相绕组通电励磁，根据磁路经过的磁阻最小原理，转子磁极受到磁场作用旋转，使转子轴线和定子励磁齿 A 轴线重合；电流流通路径为：电源正极→VT_1→A 相绕组→VT_2→电源负极。当功率开关管 VT_1 和 VT_2 断开时，A 相绕组中电流不能突变，相电流仍按照原来的方向经过续流二极管 VD_1 和 VD_2 以及储能电容 C_s 续流，C_s 将吸收 A 相绕组部分磁场能量，实现能量回馈，此时电流流通路径为：电容负极→VD_2→A 相绕组→VD_1→电容正极；依次类推，每当转子沿顺时针方向转过 1 个转子齿距时，三相绕组就轮流导通一次。随着电机转子的连续转动，功率开关管的导通顺序依次为 VT_1、VT_2→VT_3、VT_4→VT_5、VT_6→VT_1、VT_2→……，使转子始终受到定子磁场的吸引作用而沿顺时针方向连续转动。

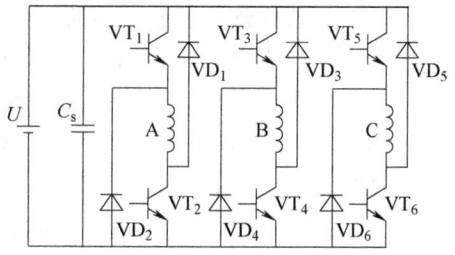

图 8-1　三相不对称半桥功率变换器拓扑

8-7　步进电机与开关磁阻电机在设计、控制、性能特性和应用场合方面有哪些差别？

答：两者的主要差别见表 8-1

8-8　试以三相反应式步进电机为例，配合实际应用中常见的三相星形功率变换器来阐明步进电机的工作原理。

答：配合使用的功率变换器拓扑如图 8-2 所示。单三拍运行方式中，当 A 相磁极的小齿和转子小齿对齐时，A 相磁极下的磁阻比其他两相小，若 VT_2 导通给 B 相通电，B 相绕组产生的磁力线会力图沿磁阻最小的路径闭合，转子逆时针旋转，直到定子 B 极磁极的小齿和转子小齿对齐（转子旋转 θ），接着改为 VT_3 导通给 C 相通电，转子按逆时针方向再转过 θ。依次类推，当三相绕组按 A→B→C→A 顺序循环通电时，转子会按逆时针方向每个通电脉冲转 θ

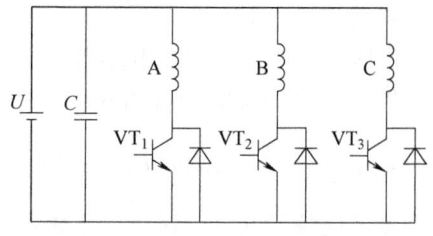

图 8-2　三相星形功率变换器拓扑结构

的规律步进式转动起来。若改变通电顺序，按 A→C→B→A 顺序循环通电时，转子会按顺时针方向每个通电脉冲转 θ 的规律步进式转动起来。因为每个时刻只有一个电力电子开关器件导通，只有一相绕组通电，三种通电状态循环通电，因此也称为单三拍运行方式。此外，若按照 AB→BC→CA→AB 的方式循环通电，称为双三拍运行；若按照 A→AB→B→BC→C→CA→A 的方式循环通电，则称为单双六拍运行。

8-9 步进电动机的步距角由哪些因素决定？步进电动机的转速由哪些因素决定？

答：步进电动机步距角由相数、转子齿数以及通电方式决定。步进电动机的转速由绕组通断电的频率决定。

8-10 画出三相步进电动机的矩频特性曲线，并说明这个特性对带载性能的影响。

答：转矩 T 和控制脉冲频率 f 之间的关系称为步进电动机运行矩频特性。对于具有一定电感 L 的电机绕组来说，电流上升和下降的时间和 L 成正比。当控制脉冲频率 f 比较低时，绕组导通周期 T 比较长，电流波形接近矩形，通电时间内电流平均值比较大；随着 f 的增加，T 变小，电流波形接近三角波，通电时间内电流平均值减小。因为转矩和电流的二次方成正比，因此随着频率的增加，电机转矩大大降低，负载能力也就大大降低了。此外，随着频率增加，铁心中的涡流损耗也很快增加，使步进电动机输出转矩下降。图 8-3 为步进电动机的矩频特性曲线，可以看出，随着 f 的增加，T 逐渐下降，到某一频率后，步进电机会出现带不动负载的现象，只要受到很小的扰动，就会出现振荡、失步以及停转。

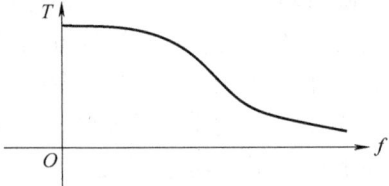

图 8-3 三相步进电动机的矩频特性

8-11 为什么要进行坐标变换，它对感应电机的控制有什么意义？

答：坐标变换主要是使含有时变元素的电感矩阵变换成常数对角阵。将数学模型从 ABC 坐标系最终变换到 dq0 坐标系，使定子绕组的电感矩阵变成了常数对角阵，定转子绕组互感矩阵也变成了常数对角阵，实现了解耦。通过坐标变换实现交流电机像直流电机那样进行转矩控制。

8-12 说明转子磁场定向控制的基本原理。

答：感应电动机的矢量控制可以基于其在 $d_c q_c 0$ 坐标系下的数学模型，若将 d_c 轴放在和转子磁链的轴线重合的方向，也就是将 $d_c q_c 0$ 坐标系的 d_c 轴沿转子磁场定向，此时与转子绕组 rd 交链的磁链 ψ_{rd} 即为转子磁链 ψ_r，电机转矩公式可简化为：$T = \frac{3}{2} p \frac{M_m}{L_r} \psi_{rd} i_{sq}$。可以看出，若能维持 ψ_{rd} 为恒值，则 T 将与 i_{sq} 成正比。从转矩和运动控制的角度来看，感应电动机的控制和直流电动机相似。由于 $d_c q_c 0$ 坐标系沿转子磁场定向，所以这种矢量控制常称为转子磁场定向控制。

8-13 说明永磁同步电动机转子励磁磁场定向控制的基本原理。

答：永磁同步电动机的 d 轴总是在和永磁体 N 极轴线重合的位置，根据转矩方程 $T = T_L + K\omega + J\frac{d\omega}{dt} = \frac{3}{2} p [\psi_f i_q + (L_d - L_q) i_d i_q]$ 可知，保持 i_d 不变，控制 i_q 就可以获得与 i_q 近似呈线性关系的电磁转矩 T。这就是永磁同步电机的转子励磁磁场定向控制理论。

8-14 请写出永磁同步电动机在 dq0 坐标系下的数学模型。

答：永磁同步电动机在 dq0 坐标系下的电压方程：

$$\begin{bmatrix} u_d \\ u_q \end{bmatrix} = \begin{bmatrix} R_s & -\omega L_q \\ \omega L_d & R_s \end{bmatrix} \begin{bmatrix} i_d \\ i_q \end{bmatrix} + \frac{d}{dt} \begin{bmatrix} \psi_d \\ \psi_q \end{bmatrix} + \begin{bmatrix} 0 \\ \omega \psi_f \end{bmatrix}$$

其中

$$\begin{bmatrix} \psi_d \\ \psi_q \end{bmatrix} = \begin{bmatrix} L_d & \\ & L_q \end{bmatrix} \begin{bmatrix} i_d \\ i_q \end{bmatrix} + \begin{bmatrix} \psi_f \\ 0 \end{bmatrix}$$

永磁同步电动机在 dq0 坐标系下的转矩方程：

$$T = T_L + K\omega + J\frac{d\omega}{dt} = \frac{3}{2} p [\psi_f i_q + (L_d - L_q) i_d i_q]$$

其中对于隐极永磁同步电机 $L_d = L_q$。

8.6 习题解答

8-1 画出永磁无刷直流电动机的机械特性曲线，并说明这个特性在调速过程中的优势。

答：由图 8-4 所示的机械特性可以看出，对应于不同的端电压 U，电动机的机械特性曲线 $n = f(T)$ 近似为一组平行线，因此和一般直流电动机一样，永磁无刷直流电动机具有良好的调速性能，可以通过改变电源电压实现无级调速。

8-2 一台三相 6/4 极开关磁阻电动机，额定功率为 3kW，转速范围为 500~2000r/min，在 500~1500r/min 为恒转矩特性，在 1500~2000r/min 为恒功率特性，定子极弧宽度 $\beta_s = 30°$，转子极弧宽度 $\beta_r = 32°$，电感最大值 $L_{max} = 55$mH，电感最小值 $L_{min} = 5$mH。试画出理想线性模型下的电感变化曲线，推导电磁转矩表达式。

答：转子极距 $\tau_r = \frac{360°}{4} = 90°$

转子槽宽 $\tau_r - \beta_r = 90° - 32° = 58°$

$\theta_1 = \frac{58° - \beta_s}{2} = 14°$；$\theta_2 = \theta_1 + \beta_s = 14° + 30° = 44°$；$\theta_3 = \theta_2 + (\beta_r - \beta_s) = 44° + 2° = 46°$；$\theta_4 = \theta_3 + \beta_s = 46° + 30° = 76°$；$\theta_5 = \theta_4 + \frac{58° - \beta_s}{2} = 76° + 14° = 90°$

电感特性曲线如图 8-5 所示：

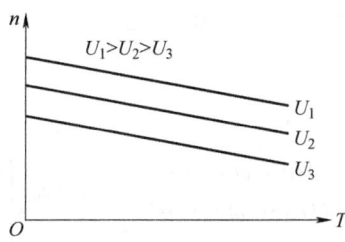
图 8-4 BLDC 机械特性曲线

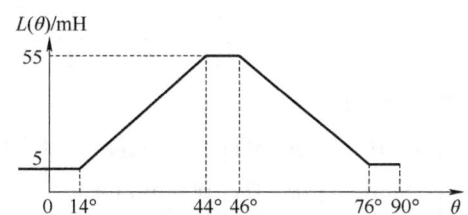
图 8-5 开关磁阻电动机电感特性曲线

理想线性模型下绕组电感的分段特性解析式如下：

$$K = \frac{L_{max} - L_{min}}{\theta_2 - \theta_1} = \frac{55-5}{44°-14°} = 1.67$$

$$L(\theta) = \begin{cases} 5 & -14° \leq \theta < 14° \\ 1.67(\theta-14°)+5 & 14° \leq \theta < 44° \\ 55 & 44° \leq \theta < 46° \\ 55-1.67(\theta-46°) & 46° \leq \theta < 76° \\ 5 & 76° \leq \theta < 90° \end{cases}$$

电磁转矩的分段线性解析式如下：

$$T(\theta) = \begin{cases} 0 & -14° \leq \theta < 14° \\ 0.835i^2 & 14° \leq \theta < 44° \\ 0 & 44° \leq \theta < 46° \\ -0.835i^2 & 46° \leq \theta < 76° \\ 0 & 76° \leq \theta < 90° \end{cases}$$

8-3 试阐述感应电动机的电感特点，以及感应电动机伺服控制系统期望的电感特点。

答：根据理想电机的假设，由于气隙均匀，可以得到感应电机的电感特性如下：定子绕组自感为常数；定子绕组互感为常数；转子绕组自感为常数；转子绕组互感为常数；定转子绕组互感为随定转子轴线间夹角 θ 变化的余弦函数；所有电感都不随绕组电流大小变化。

伺服控制系统的控制期望是得到直流电机的高性能控制效果，直流电机的电感特点是：励磁绕组和电枢绕组不存在磁耦合，其自感和互感都是常数。

8-4 已知一台感应电动机的三相电流表达式如下（单位：A）

$$\begin{cases} i_A = 60\cos(\omega t) \\ i_B = 60\cos(\omega t - 120°) \\ i_C = 60\cos(\omega t + 120°) \end{cases}$$，请写出电流在 αβ0 坐标系下和 dq0 坐标系下的表达式。

答：在 αβ0 坐标系下：

$$\begin{bmatrix} i_\alpha \\ i_\beta \\ i_0 \end{bmatrix} = \frac{2}{3} \begin{bmatrix} 1 & -\frac{1}{2} & -\frac{1}{2} \\ 0 & \frac{\sqrt{3}}{2} & -\frac{\sqrt{3}}{2} \\ \frac{1}{2} & \frac{1}{2} & \frac{1}{2} \end{bmatrix} \begin{bmatrix} 60\cos(\omega t) \\ 60\cos(\omega t - 120°) \\ 60\cos(\omega t + 120°) \end{bmatrix} = \begin{bmatrix} 60\cos(\omega t) \\ 60\sin(\omega t) \\ 0 \end{bmatrix}$$

在 dq0 坐标系下：

$$\begin{bmatrix} i_d \\ i_q \\ i_0 \end{bmatrix} = \begin{bmatrix} \cos\theta & \sin\theta & 0 \\ -\sin\theta & \cos\theta & 0 \\ 0 & 0 & 1 \end{bmatrix} \begin{bmatrix} 60\cos(\omega t) \\ 60\sin(\omega t) \\ 0 \end{bmatrix} = \begin{bmatrix} 60\cos(\omega t)\cos\theta + 60\sin(\omega t)\sin\theta \\ -60\cos(\omega t)\sin\theta + 60\sin(\omega t)\cos\theta \\ 0 \end{bmatrix} \xrightarrow{\text{当}\theta=\omega t \text{时}} \begin{bmatrix} 60 \\ 0 \\ 0 \end{bmatrix}$$

8-5 试推导永磁同步电动机在 dq0 坐标下的电感矩阵表达式。

答：abc 坐标系下，永磁同步电机的电感矩阵可以写为：

$$L = \begin{bmatrix} L_{aa} & M_{ab} & M_{ca} \\ M_{ab} & L_{bb} & M_{bc} \\ M_{ca} & M_{bc} & L_{cc} \end{bmatrix}, \text{其中} \begin{cases} L_{aa} = L_0 + L_2\cos2\theta \\ L_{bb} = L_0 + L_2\cos2(\theta-120°) \\ L_{cc} = L_0 + L_2\cos2(\theta+120°) \end{cases}, \begin{cases} M_{ab} = M_0 + L_2\cos2(\theta+120°) \\ M_{bc} = M_0 + L_2\cos2\theta \\ M_{ca} = M_0 + L_2\cos2(\theta-120°) \end{cases}$$

经过坐标变换，dq0 坐标系下电感矩阵为

$$\begin{aligned}
\boldsymbol{C}_{\text{ABC-dq}} \boldsymbol{L} \boldsymbol{C}_{\text{ABC-dq}}^{-1} &= \frac{2}{3} \begin{bmatrix} \cos\theta & \cos(\theta-120°) & \cos(\theta+120°) \\ -\sin\theta & -\sin(\theta-120°) & -\sin(\theta+120°) \\ 0.5 & 0.5 & 0.5 \end{bmatrix} \\
&\quad \begin{bmatrix} L_0+L_2\cos2\theta & M_0+L_2\cos2(\theta+120°) & M_0+L_2\cos2(\theta-120°) \\ M_0+L_2\cos2(\theta+120°) & L_0+L_2\cos2(\theta-120°) & M_0+L_2\cos2\theta \\ M_0+L_2\cos2(\theta-120°) & M_0+L_2\cos2\theta & L_0+L_2\cos2(\theta+120°) \end{bmatrix} \\
&\quad \begin{bmatrix} \cos\theta & -\sin\theta & 1 \\ \cos(\theta-120°) & -\sin(\theta-120°) & 1 \\ \cos(\theta+120°) & -\sin(\theta+120°) & 1 \end{bmatrix} \\
&= \begin{bmatrix} L_0+\dfrac{3}{2}L_2-M_0 & 0 & 0 \\ 0 & L_0-\dfrac{3}{2}L_2-M_0 & 0 \\ 0 & 0 & L_0+2M_0 \end{bmatrix}
\end{aligned}$$

第 9 章
计算机辅助教学与学习

9.1 引言

　　电机学中,时间相量和空间相量的统一关系、部分电磁物理量的非线性现象以及多种电磁设备中繁杂的分析方法等让学生难以理解,并产生畏难情绪。而电机学的研究对象本来是比较具体的工程实际,只依赖理论教学的方式进行讲授容易使理论供给和实践需求不匹配,使学生遇到工程实际问题时不知道怎么学以致用,导致学生专业能力获得感不高,失去应有的学习兴趣。因此根据电机学的课程性质,在一些重点和难点知识的教学上,只采用传统的教学方式是远远不够的,在教学过程中引入计算机仿真进行辅助教学,可以加深学生对理论知识的理解和深化,提高学生的学习兴趣,也可以弥补高校硬件实验条件的不足。

　　MATLAB 软件中的 Simulink 动态建模仿真工具可以为电机学的计算机辅助教学与学习提供丰富快捷的模块库,其中 Simscape 模块库主要用于对电机、桥式整流器、液压制动器和制冷系统等进行建模仿真研究,可以通过与实际电路图非常相似的符号,表示复杂的电气元件,帮助学生快速、方便地建立模型,仿真电机的实际性能。该模块库中包含了典型电气设备的模型,如变压器、输电线、电机和电力电子器件等。这些模型都来自教科书,其正确性也已经被 Hydro-Quebec 电力系统测试和仿真实验室的实验数据所证实。

　　本章内容基于读者已经掌握了 MATLAB 的基本语言及 Simulink 的用法。如果在本章学习过程中仍存在困难,可以参考有关 MATLAB 及 Simulink 的相关书籍。本章介绍的仿真模型基于 MATLAB 2020b 仿真平台搭建,以案例的形式给出电机学中主要典型设备的动态过程建模分析。

9.2 并励直流发电机的自励建压

　　已知　一台并励直流发电机的空载特性和电枢反应去磁特性,发电机额定转速 n_N = 1750r/min,电枢回路电阻 $R_a = 0.24\Omega$,电枢回路电感 $L_a = 0.018H$,励磁回路电阻 $R_f = 111\Omega$。

　　分析　并励直流发电机自励建压的条件是:①发电机磁路有剩磁;②电枢转向和励磁绕组的接法必须正确配合,以使励磁磁势与剩磁方向一致;③励磁回路的总电阻应小于发电机在该转速时的临界电阻。

1. 仿真建模

　　建立并励直流发电机自励建压时的仿真模型 Model 1。此时应考虑磁路的饱和特性,即发电机的空载特性。电机的磁化曲线可表示为:

$$E_a = f(I_f) = -46.05 i_f^5 + 234.4 i_f^4 - 434.6 i_f^3 + 281.9 i_f^2 + 109 i_f + 6.602 \qquad (9-1)$$

电枢反应去磁效应可表示为：

$$i_{feq} = 0.04 \exp(\tan(i_a)) + 0.0001 i_a^2 \qquad (9-2)$$

根据并励直流电机的数学模型可以建立如下考虑发电机饱和特性和电枢反应去磁效应的 Simulink 模型。如图 9-1 所示，其中，上半部分为励磁绕组，下半部分为电枢绕组。

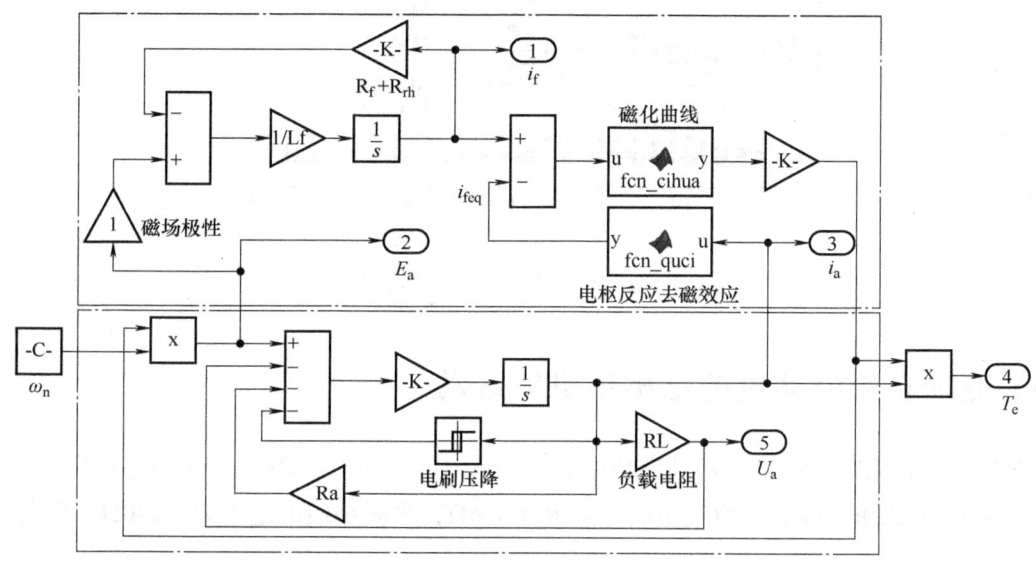

图 9-1 并励直流发电机仿真模型

2. 结果分析

对于并励直流发电机自励建压过程，可以通过改变磁化曲线、磁场极性和励磁绕组电阻探究并励直流发电机自励建压条件。

并励直流发电机由原动机拖动到额定转速时，由于发电机有一定的剩磁，发电机端将产生一个不大的剩磁电压，从而使励磁绕组产生一个不大的励磁电流，如果励磁绕组连接正确使磁场方向与剩磁方向相同，励磁电流进一步增大，反复作用，直至励磁电流所建立的端电压恰好与励磁回路的电压降相同为止，自励建压过程结束。本例中，当发电机由原动机拖动到额定转速 1750r/min 时，此时励磁回路外串电阻 R_{rh} 为 25Ω，负载电阻 R_L 为 10^{20}Ω。此时正常自励建压过程中电枢电压 U_a 和励磁电流 I_f 的仿真结果如图 9-2 所示。

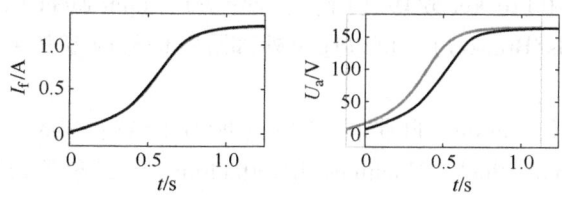

图 9-2 正常自励建压过程中 I_f 和 U_a 的仿真结果

为了探究并励直流发电机自励建压条件，分别对 Model 1 做以下改变：
1）改变励磁回路外串电阻 R_{rh} 分别为：85Ω（Model 2），400Ω（Model 3）。
2）反转磁场极性（Model 4）。

3) 电机剩磁为零（Model 5）。

各模型电枢电压 U_a 的仿真结果如图 9-3 所示。仿真结果表明，当任一自励建压条件不满足时电机无法正常自励建压。

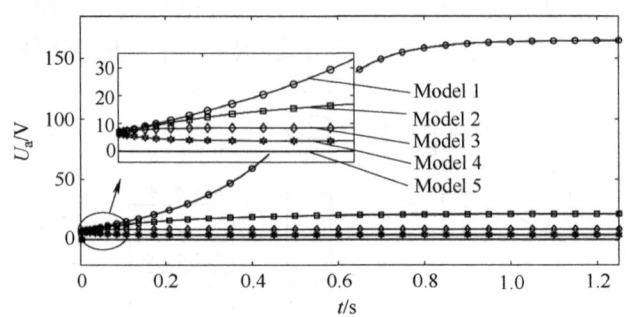

图 9-3　不同条件下的建压过程

9.3　他励直流电动机的电枢串电阻起动

已知　一台他励直流电动机额定功率 P_N = 5hp（1hp = 745.700W），额定电压 U_N = 240V，额定转速 n_N = 1220r/min。电枢绕组的电阻 R_a = 0.6Ω，励磁绕组的电阻 R_f = 240Ω。恒转矩负载 T_L = 10N·m。

分析　他励直流电动机拖动恒转矩负载起动时，有两个期望条件，一是起动转矩大，要能克服起动时的摩擦转矩和负载转矩；二是起动电流小，大电流会对电源及电机产生有害的影响。他励直流电动机直接起动时，起动电流较大，易烧毁电机和电源。串电阻起动可以有效降低起动电流，但为了保证转矩，要求转速接近要求转速时逐步切除电阻，直到电阻全部切除，否则会产生额外的损耗，并可能损坏短时设计的起动电阻。

1. 仿真建模

他励直流电动机串电阻起动仿真模型如图 9-4 所示，直接起动模型去掉起动电阻模块即可。其中，R_c 为电源侧并联电阻，可以起到分流和滤波的作用。起动电阻模型中，R_1 = 3.66Ω，R_2 = 1.86Ω，R_3 = 0.96Ω，R_4 = 0.12Ω，R_1、R_2、R_3、R_4 分别在 2.123s、3.158s、3.67s 和 3.928s 切除。

继电器仿真模型采用 breaker 模块（所在位置：Simscape/Electrical/Specialized Power Systems/Power Grid Elements/Breaker），可以通过外部阶跃信号改变开关状态，其最初状态为断开状态。

他励直流电机使用 Simulink 自带的模块（所在位置：Simscape/Electrical/Specialized Power Systems/Fundamental Blocks/Machines/DC Machine），其参数设置如图 9-5 所示。下面仅对重要参数进行简单介绍。

（1）Configuration（配置）

1) Preset model：提供各种直流电机功率（hp）、直流电压（V）、额定转速（r/min）和励磁电压（V）的预定参数。如果不希望使用预置模型，或者需要修改预置模型的某些参数，可选择 "No"（默认）。

a) 整体模型

b) 起动电阻模型

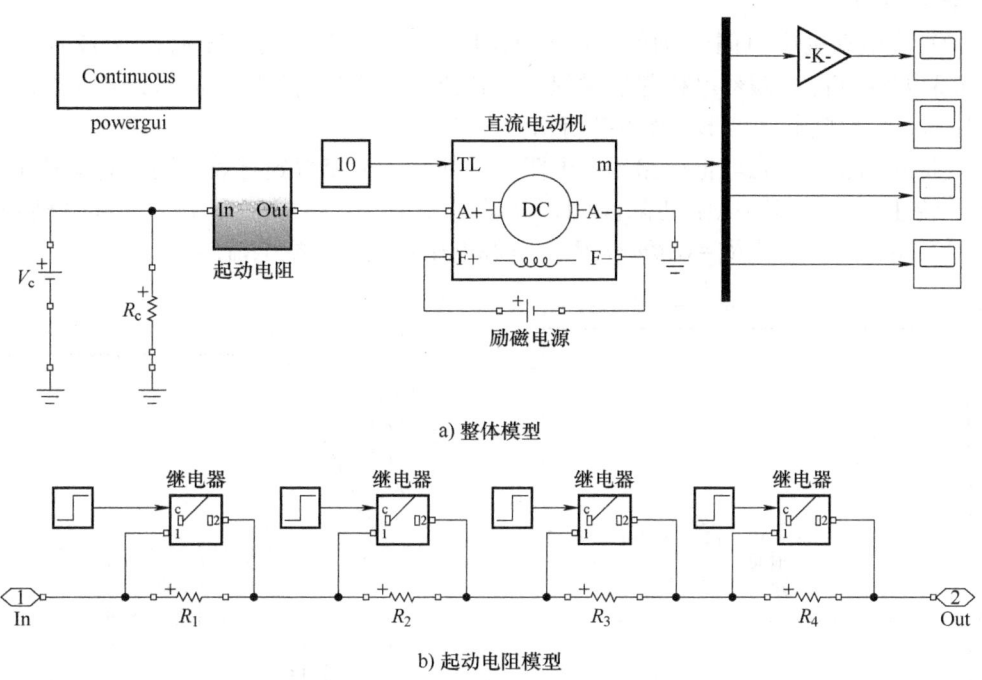

图 9-4　他励直流电动机串电阻起动仿真模型

2）Mechanical input：选择负载转矩作为输入，单位为 N · m。电机转速由转动惯量 J 和施加的机械负载转矩 T_L 与电机电磁转矩 T_e 之差决定。机械转矩的符号为：当转速为正时，转矩为正表示电动机模式，转矩为负表示发电机模式。

（2）Parameters（参数）

1）Armature resistance and inductance ［R_a L_a］：电枢电阻 R_a(Ω)，电枢电感 L_a(H)。

2）Field resistance and inductance ［R_f L_f］：励磁电阻 R_f(Ω)，励磁电感 L_f(H)。

3）Field-armature mutual inductance L_{af}：电枢电阻和励磁电阻之间的互感 L_{af}(H)。

4）Total inertia J：总转动惯量 J(kg · m^2)。

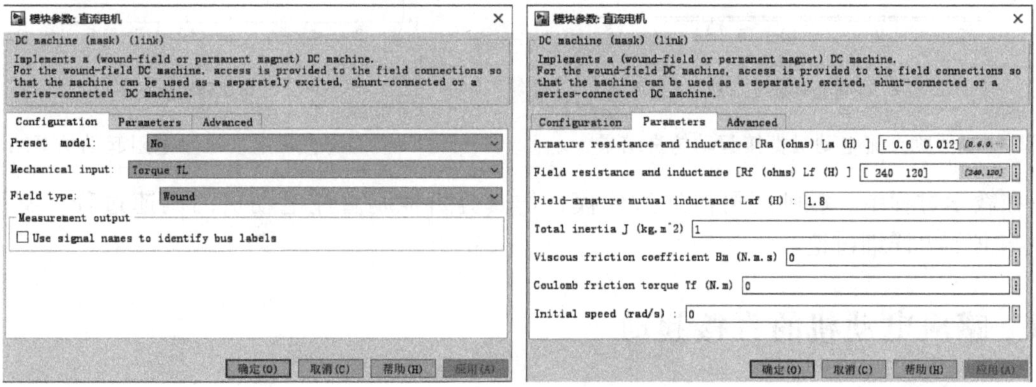

图 9-5　他励直流电机参数设置

2. 结果分析

他励直流电动机串电阻起动时，起动电阻一开始全部接入，分别在 2.123s、3.158s、3.67s 和 3.928s 切除。观察电机起动过程中的转速、电流和电磁转矩波形，直接起动波形如图 9-6 所示，串电阻起动波形如图 9-7 所示。

与直接起动相比，在电枢回路串入电阻起动使起动电流得到有效抑制，起动转矩大于负载转矩，转速上升。起动电阻切除瞬间，起动电流增大，根据 $T = C_T \Phi I_a$，起动转矩增大，转速上升，根据 $U = E_a + I_a R_a = C_e \Phi n + I_a R_a$，电源电压不变，电枢电流减小。

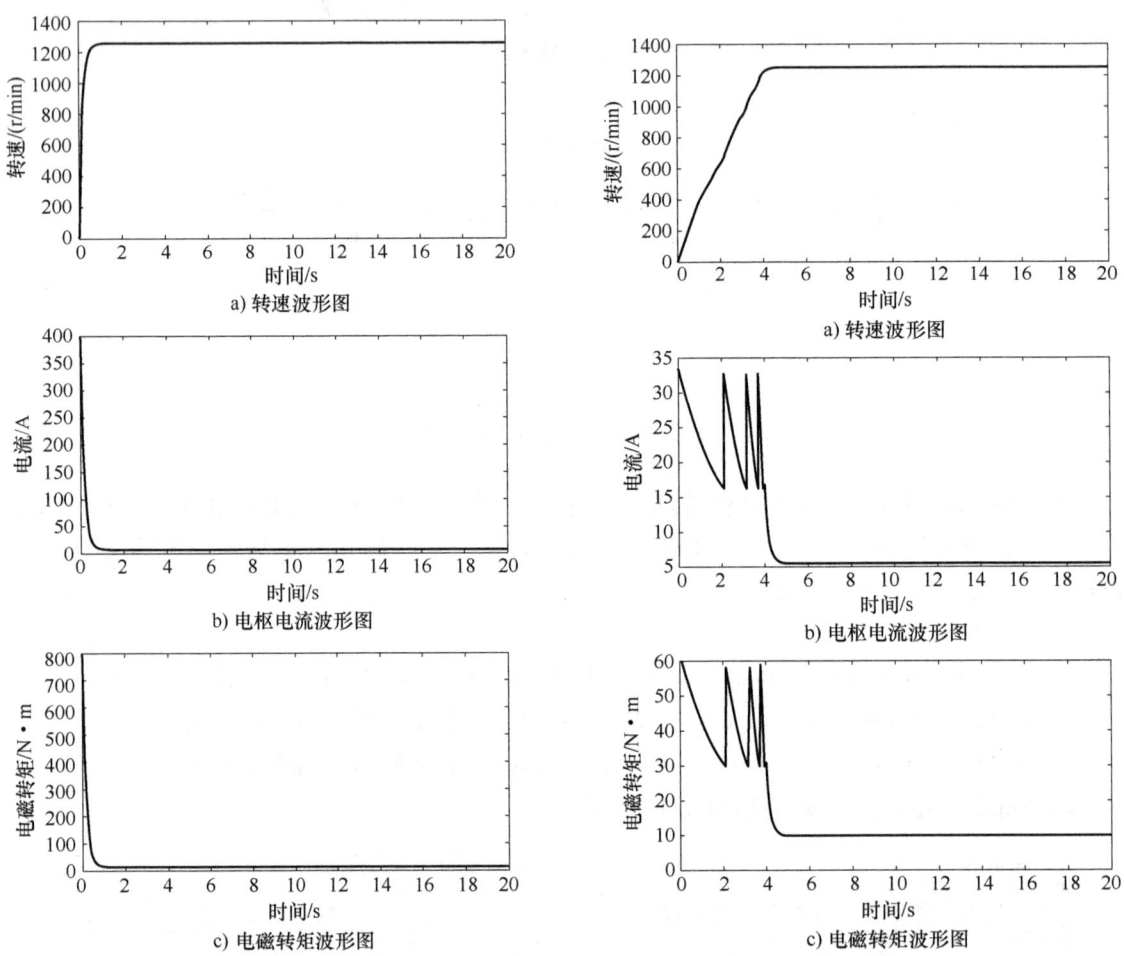

图 9-6 他励直流电动机直接起动仿真结果 　　图 9-7 他励直流电动机串电阻起动仿真结果

在教学过程中，教师还可以通过建模，仿真分析他励直流电动机的调速过程。鉴于篇幅，本书不再详细讨论。

9.4 感应电动机的直接起动

已知 一台三相感应电动机额定功率 $P_N = 10000$VA，额定线电压 $U_N = 400$V，额定频率 $f_N = 50$Hz。定子绕组的电阻 $R_a = 0.9968\Omega$，电感 $L_a = 0.0003495$H，转子绕组的电阻 $R_f =$

0.9258Ω，电感 L_f = 0.005473H，转动惯量 J = 0.005879kg·m²，极对数为 2。恒转矩负载 T_L = 60N·m。

分析 当三相感应电动机接到三相对称电源时，电动机从静止状态转动起来，然后升速达到稳定运行的转速，这个过程称为起动过程。为了使电动机能够转动起来，需要足够的起动转矩，同时起动电流不能太大，以免在电网上产生较大的线路压降而影响其他设备。感应电动机起动有三种方法：直接起动、降压起动和串电阻起动。

感应电动机直接起动的方法是用刀开关或接触器直接把电动机接到具有额定电压的电源上。这种起动方法的优点是能够带负载起动，操作简单，无需辅助设备，但起动电流较大。

1. 仿真建模

建立感应电动机直接起动仿真模型如图 9-8 所示。

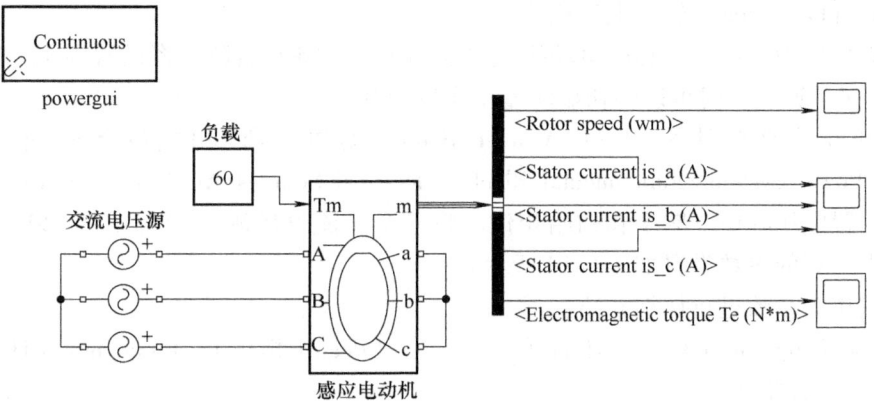

图 9-8 感应电动机直接起动仿真模型

感应电机使用 Simulink 自带的感应电机仿真模块（Asynchronous Machine SI Units，所在位置：Simscape/Electrical/Specialized Power Systems/Fundamental Blocks/Machines），本例使用绕线转子感应电机。其参数设置如图 9-9 所示。下面对相关参数进行详细介绍。

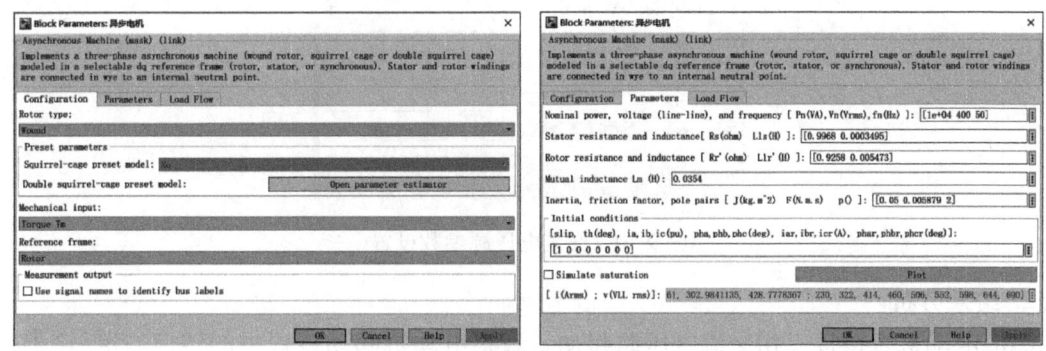

图 9-9 感应电机参数设置

（1）Configuration（配置）

1）Rotor type（转子类型）：包含 Wound（绕线转子）、Squirrel-cage（笼型）、Double squirrel-cage（双笼型）。

2）Mechanical input（机械输入）：选择机械输入的类型，包含 Torque Tm（转矩）、Speed w（转速）和 Mechanical rotational port（机械旋转端口）三种。此处使用"Torque Tm"。

3) Reference frame（参考系）：包含 Rotor（转子坐标系）、Stationary（静止坐标系）、Synchronous（同步坐标系）。

4) Measurement output（测量）：用于引出测量电压、磁链、励磁电流等电气量的接口。

（2）Parameters（参数）

1) Nominal power（标称功率），voltage（line-line）(线电压)，frequency（频率）。

2) Stator resistance and inductance（定子电阻和电感），Rotor resistance and inductance（转子电阻和电感），Mutual inductance Lm（互感）。

3) Inertia（转动惯量），friction factor（摩擦系数），pole pairs（极对数）。

4) Initial conditions（初始条件）：包括 slip（转差率）；th（deg）(电角度)；ia, ib, ic（pu）(定子电流)；pha, phb, phc（deg）(定子电流相位)；iar, ibr, icr（A）(转子电流)；phar, phbr, phcr（deg）(转子电流相位)。

本例参数均为默认值。感应电动机直接起动仿真时将初始转差率设置为1，即电机初始速度为0，而调速实验时可以将初始转差率设置为0。

交流电源仿真模块采用 AC Voltage Source 模块（所在位置：Simscape/Electrical/Specialized Power Systems/Fundamental Blocks/Electrical Sources/AC Voltage Source），交流电压源可以设置电压幅值、频率和初始相位。将三个交流电压源设置为互差120°的三相对称电源，其中一相的参数设置如图9-10所示。

下面对相关参数进行详细介绍。

1) Peak amplitude（V）(电压幅值)，Phase（deg）(相位)，Frequency（Hz）(频率)，Sample time（采样时间）。

2) Measurements（测量）：用于引出测量电压的接口。

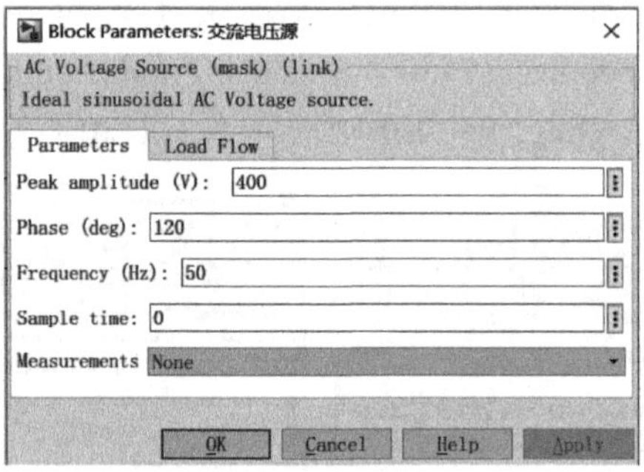

图9-10 交流电压源参数设置

2. 结果分析

感应电动机直接接三相交流电压源起动。观察电动机起动过程中的转速、定/转子电流和电磁转矩波形，如图9-11所示。

感应电动机起动电流较大的原因：起动时，$n=0$，$s=1$，R_2'/s 比正常运行时的值小很多，因此电动机的等效阻抗很小，从而使起动电流很大。起动转矩不大的原因：一是由于 R_2'/s 的减小使得转子回路的功率因数很低；二是起动电流很大引起定子漏阻抗压降增大，使得起动瞬间的主磁通 ϕ_1 约减小到额定时的一半，由公式 $T=C_T\phi_1 I_2'\cos\varphi_2$ 可知，虽然 I_2' 增大4~7倍，但 ϕ_1 和 $\cos\varphi_2$ 的减小，使得起动转矩并不大。

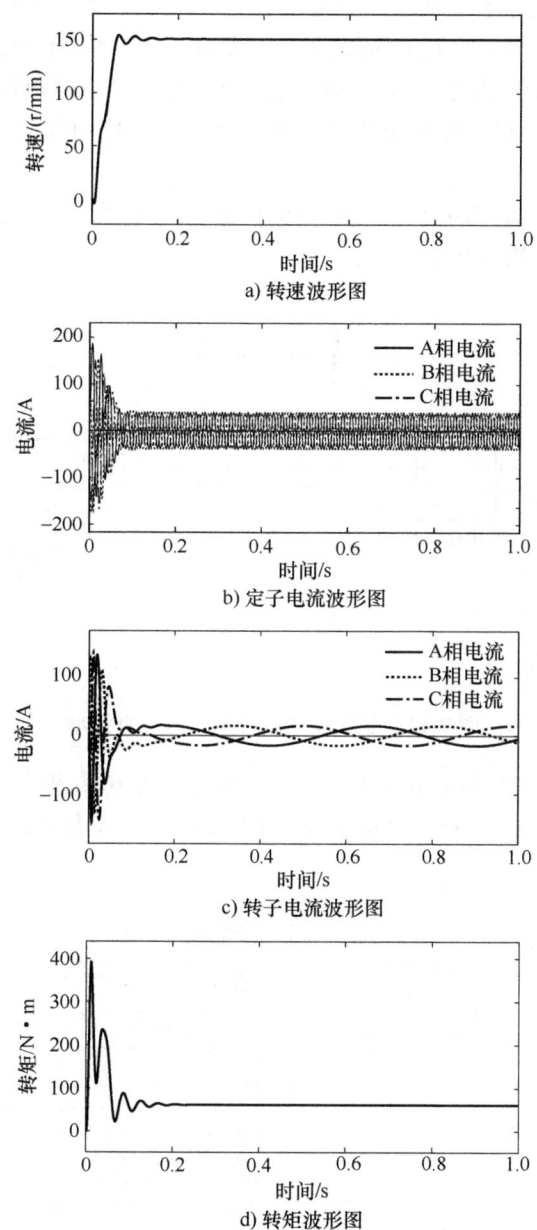

图 9-11 感应电动机直接起动仿真结果

在教学过程中，教师可以通过建模、仿真分析感应电动机的其他起动方法和调速方法，使学生了解感应电动机的动态特性。鉴于篇幅，本书不再详细讨论。

9.5 变压器空载合闸运行

已知 一台双绕组 Y-Y 联结的三相变压器额定电压 $U_N = 35\text{kV}$，额定频率 $f_N = 50\text{Hz}$，接于 35kV 单侧电源电力系统中。

分析 由于变压器铁心饱和现象和剩磁的存在，当变压器空载接入电网合闸瞬间，会产生很大的冲击电流即励磁涌流。励磁涌流含有很大成分的非周期分量，波形为尖顶波，且波形之间有间断，并偏向时间轴的一侧。励磁涌流的大小与合闸时电压的初相角有关，当电压初相角为 0° 或 180° 时，暂态过程将出现最严重的情况，合闸电流可达额定值的 6~8 倍。

1. 仿真建模

建立变压器空载合闸运行仿真模型如图 9-12 所示，包含三相电源、三相负荷、三相互感器、断路器和三相双绕组变压器。

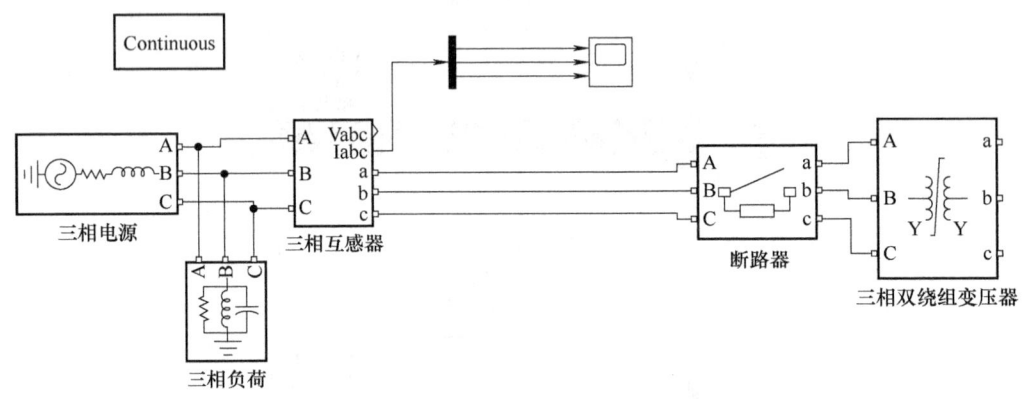

图 9-12 变压器空载合闸运行仿真模型

三相双绕组变压器使用 Simulink 自带的三相变压器仿真模块（所在位置：Simscape/Electrical/Specialized Power Systems/Power Grid Elements），其参数设置如图 9-13 所示。下面对相关参数进行详细介绍。

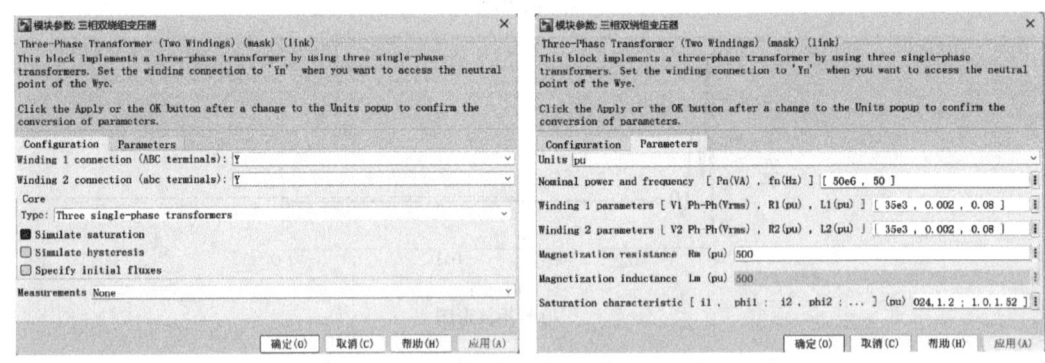

图 9-13 三相双绕组变压器参数设置

（1）Configuration（配置）

1）Winding 1 connection（绕组 1 连接方式）、Winding 2 connection（绕组 2 连接方式）：选择变压器一二次绕组的连接方式，当选择"Y"时表示其内部连接为丫联结；当选择"Yn"时表示其内部连接为中性点接地的丫联结，并且接地点引出；当选择"Yg"时表示其内部连接为中性点接地的丫联结但接地点不引出。Delta(D1) 和 Delta(D11) 为时钟表示法的绕组连接方式，分别表示增量电压滞后 Y 电压 30° 和超前 Y 电压 30°。

2）Type（类型）：选择变压器的类型，包含 Three single-phase transformers（三个单相变

压器)、Three-limb core (三相三柱式) 和 Five-limb core (三相五柱式) 三种。

3) Simulate saturation (仿真饱和特性)、Simulate hysteresis (仿真特定磁滞曲线)、Specify initial fluxes (指定初始磁通):勾选 "Simulate saturation" 时表示仿真时考虑变压器的饱和特性;勾选 "Simulate hysteresis" 可以输入指定磁滞回线;勾选 "Specify initial fluxes" 可以输入磁滞回线的初始磁通。在本例中由于变压器的空载合闸涌流主要由变压器的饱和特性产生,故勾选 "Simulate saturation"。

4) Measurements (测量):用于引出测量电压、磁链、励磁电流等电气量的接口。

(2) Parameters (参数)

Units (单位)、Nominal power and frequency (额定电压和频率)、Ph-Ph (相间电压)、R (等效电阻)、L (等效电感)、Magnetization resistance Rm (等效磁阻)、Magnetization inductance Lm (等效铁心电感)、Saturation characteristic (饱和曲线)。本例中额定电压和频率分别设定为 35kV、50Hz,其余参数均为默认值。

三相电源、三相负荷、三相互感器和断路器使用 Simulink 自带的仿真模块 (所在位置:Simscape/Electrical/Specialized Power Systems),参数设置分别如图 9-14~图 9-17 所示。

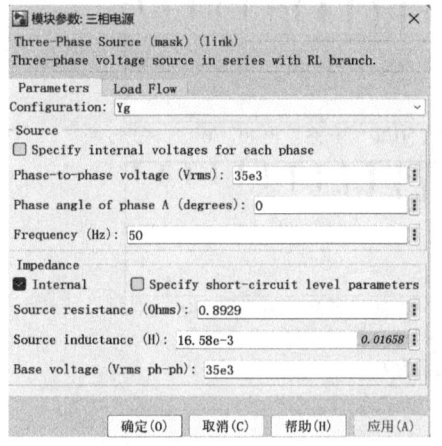

图 9-14　三相电源模块仿真模型参数设置

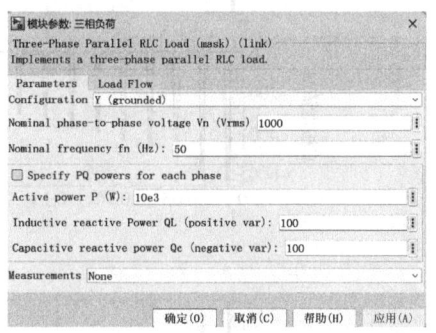

图 9-15　三相负荷模块仿真模型参数设置

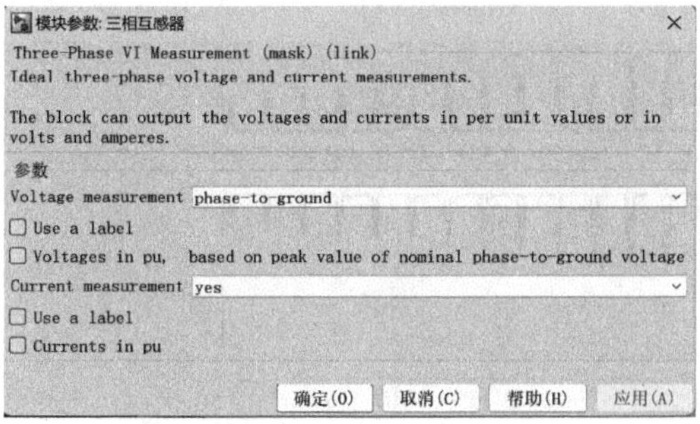

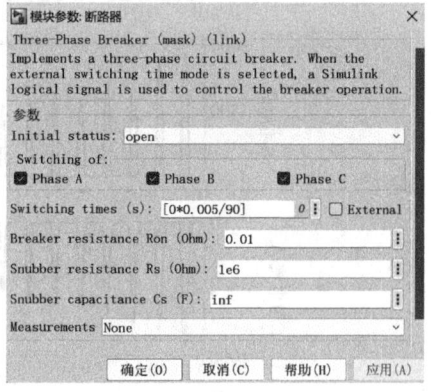

图 9-16　三相互感器模块仿真模型参数设置

图 9-17　断路器模块仿真模型参数设置

2. 结果分析

将断路器初始状态设置为断开,通过修改 Switching times 可以实现不同合闸角的仿真。如闭合时间为 0 时 A 相合闸角为 0°,闭合时间为 0.005s 时 A 相合闸角为 90°。

按照上述参数对仿真模型进行设置,通过修改断路器的闭合时间可以观察不同合闸角时的三相电流,如图 9-18 所示。

由变压器空载合闸时主磁通 $\phi = \Phi_m[\cos\alpha - \cos(\omega t + \alpha)]$ 可知,在暂态过程中,主磁通的大小和合闸角 α 密切相关,当 $\alpha = 0°$ 或 $\alpha = 180°$ 时主磁通为 $\phi = \pm\Phi_m[1-\cos\omega t]$,其最大值将达到稳态最大值的 2 倍,铁心的饱和情况将非常严重,因而励磁电流数值很大,可达额定电流的 6~8 倍。由仿真结果可以看出,当合闸角为 0° 和 180° 时,A 相励磁涌流最严重,90° 和 270° 时 A 相励磁涌流最小,与理论分析相符。

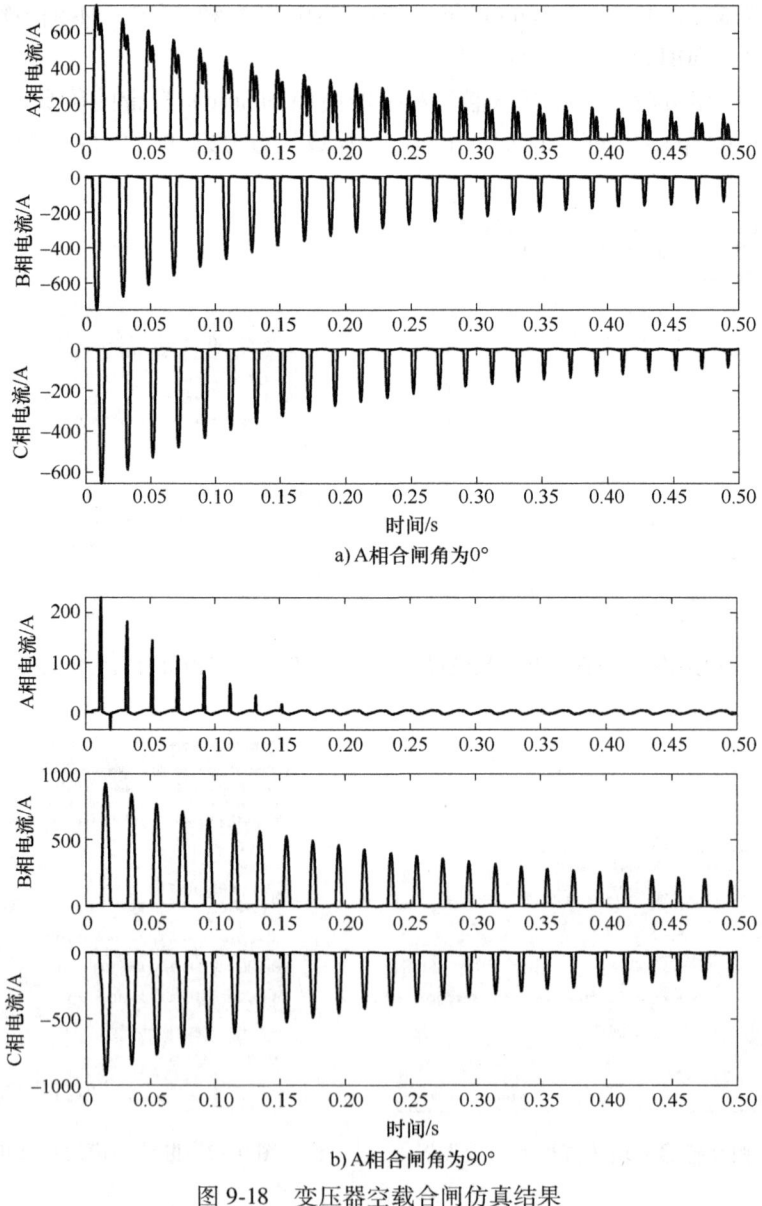

a) A 相合闸角为 0°

b) A 相合闸角为 90°

图 9-18 变压器空载合闸仿真结果

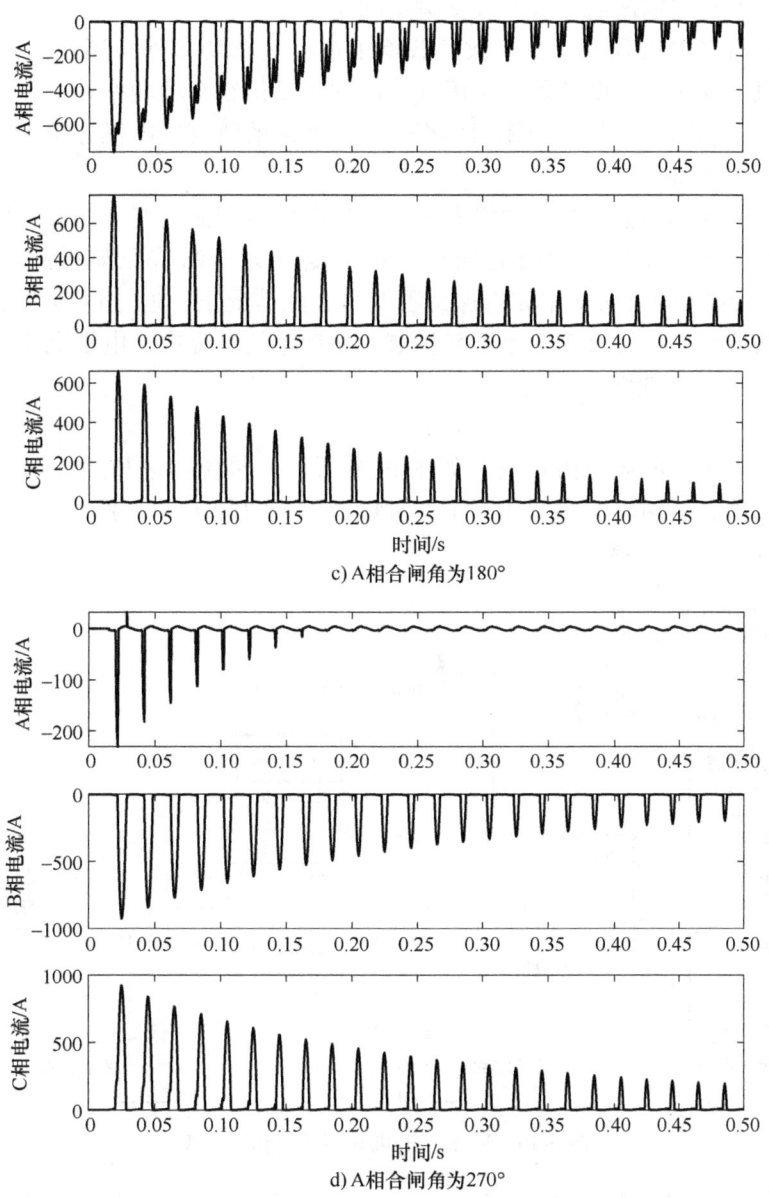

图 9-18 变压器空载合闸仿真结果（续）

9.6 同步发电机的并网运行

已知 一台同步发电机，容量 200MVA，端电压 13.8kV，通过一台 210MVA 的变压器接入电网，电网容量为 10000MVA，电压 230kV。

分析 同步发电机并网运行需要满足四个条件，分别是：相同的相序、相等的电压、相近的频率、相同的相位。

并网运行后，其频率、电压、相位与网端相同，进入同步运行状态，此时，可以通过调节发电机励磁和原动机输出的方式来改变输送功率。

电网系统中有多种负载类型，多数负载除了消耗有功功率外，还要消耗电感性无功功率，如感应电机、变压器、电抗器等。因此，电网除了供给有功功率外，还要供给大量滞后性的无功功率。电网所供应的全部无功功率一般由并网的所有发电机分担，因此，发电机的无功功率调节特点非常关键。

电网的电压和频率不会因为一台发电机运行情况的改变而改变，即并网发电机的电压和频率将维持常数。如果保持原动机的拖动转矩不变（即不调节原动机的汽门、油门或水门），那么发电机输出的有功功率亦将保持不变。在此情况下，通过调节励磁电流可以调节同步发电机无功功率。保持有功功率不变调节无功功率的过程中，电枢电流随励磁电流变化的关系表现为一个 V 形曲线。

1. 仿真建模

建立同步发电机并网运行仿真模型如图 9-19 所示，包含功率和励磁调节环节、同步发电机、三相变压器和电网。考虑到实际工作过程中负载的存在，分别在电网侧、发电机侧并联 10MW、5MW 的有功负载。

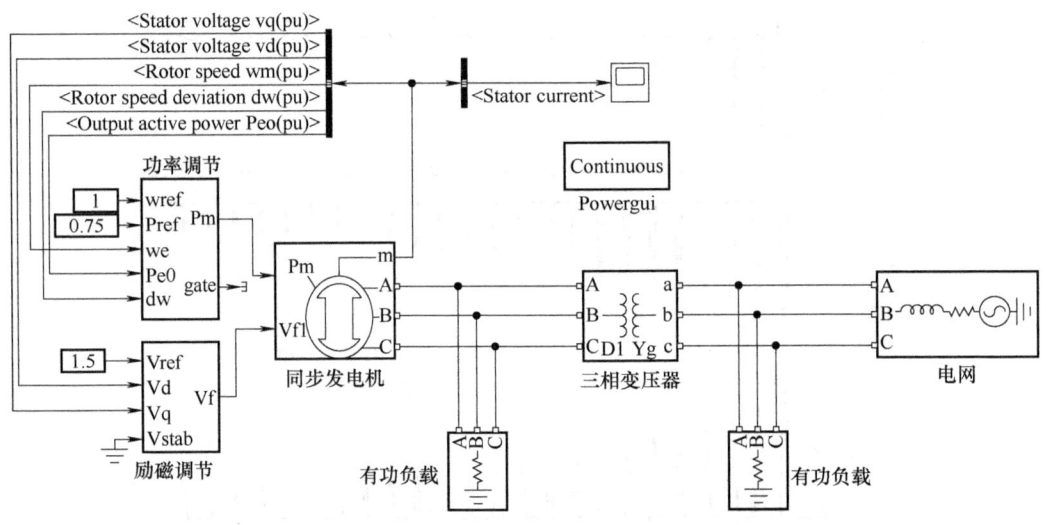

图 9-19　同步发电机并网运行仿真模型

三相变压器模型采用 Three-Phase Transformer（Two Windings）模块（所在位置：Simscape/Electrical/Specialized Power Systems/Fundamental Blocks/Elements/Three-Phase Transformer（Two Wingdings）），参数设置如图 9-20 所示。

电网采用 Three-Phase Source 模块（所在位置：Simscape/Electrical/Specialized Power Systems/Fundamental Blocks/Electrical Sources/Three-Phase Source），参数设置如图 9-21 所示。

两个有功负载均采用 Three-Phase Parallel RLC Load 模块（所在位置：Simscape/Electrical/Specialized Power Systems/Fundamental Blocks/Elements/Three-Phase Parallel RLC Load），参数设置如图 9-22 所示。

功率调节采用 Hydraulic Turbine and Governor 模块（所在位置：Simscape/Electrical/Specialized Power Systems/Fundamental Blocks/Machines/Hydraulic Turbine and Governor）。在功率

调节模块中，通过 PID 环节将实际转速和功率逐渐调整到设定转速与功率大小，从而实时改变原动机功率。其参数设置如图 9-23 所示。

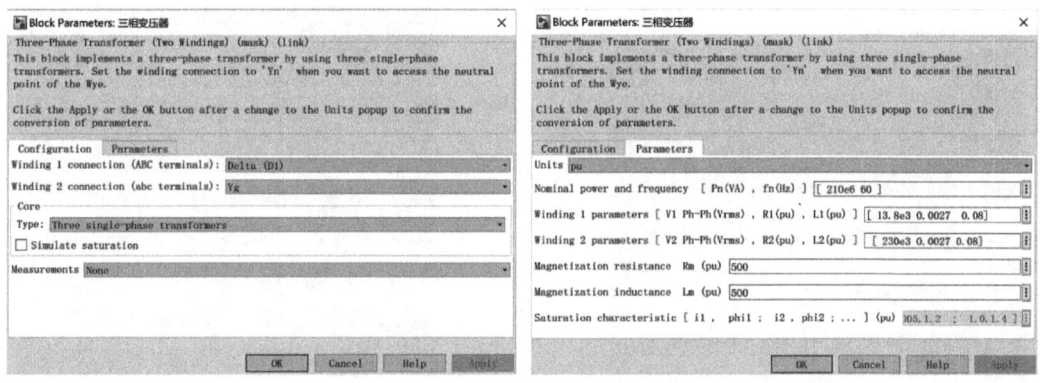

图 9-20 三相变压器模块参数设置

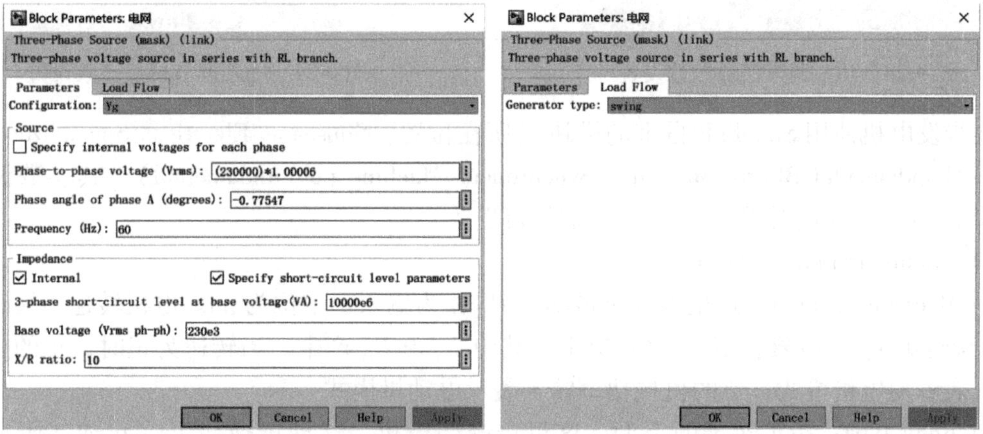

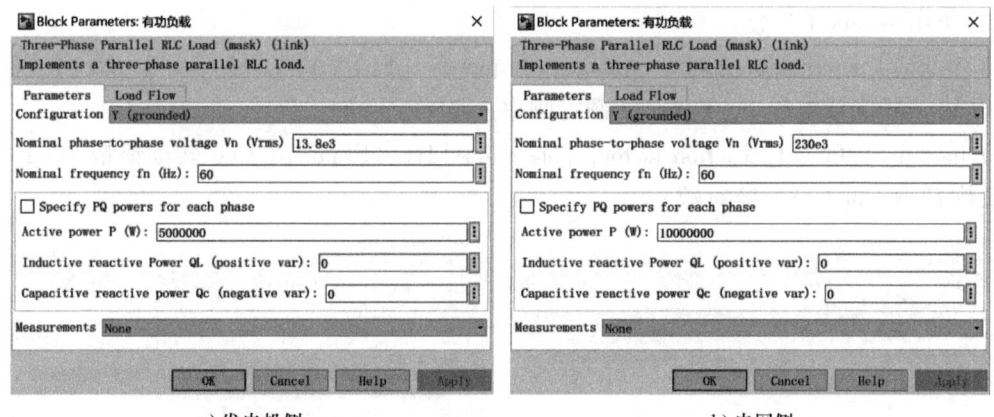

图 9-21 电网模块参数设置

a) 发电机侧　　　　　　　　b) 电网侧

图 9-22 有功负载模块参数设置

励磁调节采用 Excitation System 模块（所在位置：Simscape/Electrical/Specialized Power Systems/Fundamental Blocks/Machines/Excitation System），设定电压在外部给定，采集同步发

电机 d-q 轴电压，计算出实时的励磁电压。其参数设置如图 9-24 所示。

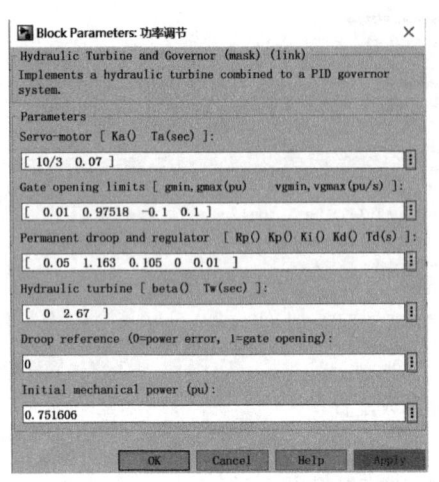

图 9-23 功率调节模块参数设置

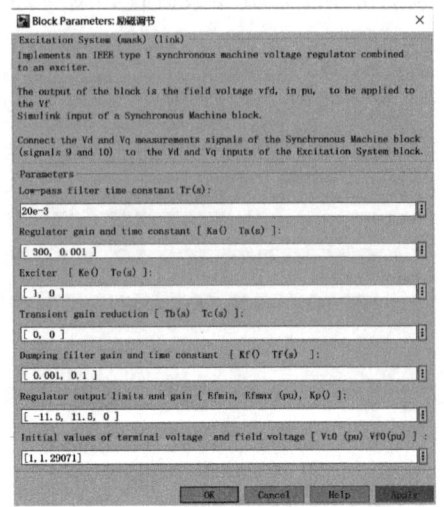

图 9-24 励磁调节模块参数设置

同步发电机使用 Simulink 自带的模块（所在位置：Simscape/Electrical/Specialized Power Systems/Fundamental Blocks/Machines/Synchronous Machine pu Fundamental），其参数设置如图 9-25 所示。下面仅对重要参数进行简单介绍。

（1）Configuration（配置）

1）Mechanical input：这里选择机械功率 P_m 作为输入，单位为 pu。电机转速由转动惯量 J 和机械转矩 T_m 与电磁转矩 T_e 之差决定，其中 T_m 由 P_m 产生。当转速为正时，正的机械功率输入表示发电机模式，负的机械功率输入表示电动机模式。

2）Rotor type：指定转子的类型。这里选择凸极机。这种选择会影响 q 轴（阻尼器绕组）中转子回路的数量。

（2）Parameters（参数）

1）Nominal power, line-to-line voltage, frequency [Pn(VA) Vn(Vrms) fn(Hz)]：额定功率 P_n(VA)，额定线电压 V_n(Vrms)，额定频率 f_n(Hz)。

2）Inertia coefficient, friction factor, pole pairs [H(s) F(pu) p( )]：转动惯量 J(kg·m^2)、摩擦系数 F(N·m·s)、极对数 p。

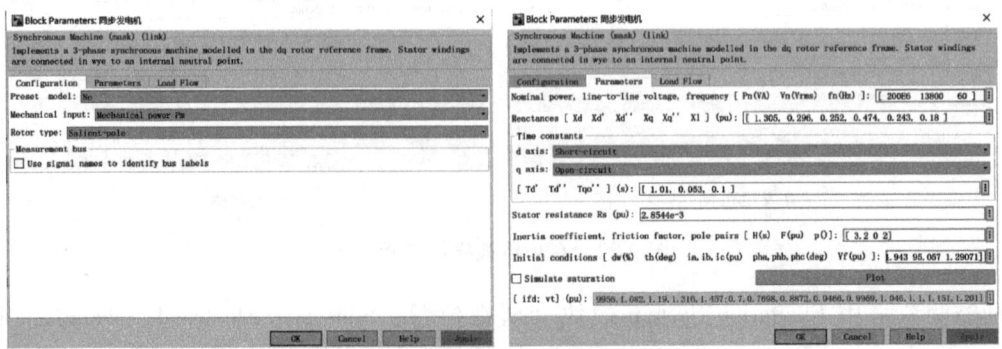

图 9-25 同步发电机模块参数设置

2. 结果分析

在建立的标幺化系统中，设置参考转速为1，参考功率为0.8，参考励磁电压为1。当同步发电机并网运行稳定后，保持参考转速与参考功率不变，改变参考励磁电压。

观察励磁电压改变后发电机定子的三相电流变化情况，如图9-26所示。

由于参考功率保持不变，改变参考励磁电压后，发电机的电枢电流会发生相应的变化。当电枢电流与端电压同相位时，此时的发电机励磁状态为正常励磁状态，此时的励磁电流也称为正常励磁电流。当处于正常励磁状态时（$I_f=1$），无功功率为0，电枢电流中的无功分量也变为0，此时$\cos\varphi=1$。如果继续增加励磁电流，发电机将进入过励状态，发电机将输出滞后性的无功功率，电枢电流中的无功分量开始增加，电枢电流增大。如果从正常励磁电流开始减小，发电机处于欠励状态，输出超前性的无功功率，电枢电流中的无功分量也会增加，电枢电流变大。需要注意的是，在欠励状态下如果励磁电流不断减小，功角δ就会逐渐增大，当达到最大功角δ_m时，可能会导致发电机运行不稳定。所以发电机欠励状态下增加容性无功功率时，既要考虑电流大小限制，还要考虑机组稳定运行的要求。

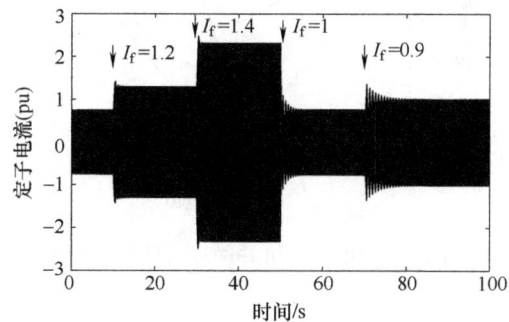

图9-26 发电机定子的三相电流变化情况

调节发电机励磁电流大小，实现有功功率不变、调节无功功率的过程，可以用V形曲线来描述，它是一簇描述励磁电流和电枢电流的关系曲线，每条曲线对应一定的有功功率。每条V形曲线都有一个最低点，对应$\cos\varphi=1$的情况。将所有曲线的最低点连接起来，将得到$\cos\varphi=1$对应的曲线，该线左边为欠励状态，输出超前性（容性）无功功率；右边为过励状态，输出滞后性（感性）无功功率。本例中，利用MATLAB可以绘制出不同有功功率下的一簇V形曲线，如图9-27所示。所编写的MATLAB代码如下：

```
Xd=1.305;Xq=0.474;
p2=[0.2,0.5,0.8];
fi=[linspace(-pi/3,pi/3,100);linspace(-pi/3,pi/3,100);linspace(-pi/3,pi/3,100)];
for i=1:1:3
    X=cos(fi(i,:));
    I(i,:)=p2(i)./(X*(3^(0.5)));
    Y=sin(fi(i,:))+I(i,:)*Xq;
    Ksai=atan(Y./X);
    Theta=Ksai-fi(i,:);
    E0(i,:)=cos(Theta)+I(i,:).*sin(Ksai)*Xd;
```

```
    hold on
end
plot(E0(1,:),I(1,:),'b-',E0(2,:),I(2,:),'m-',E0(3,:),I(3,:),'r-');
fi(4,:)=linspace(pi/2,pi/2,100);
E0(4,:)=linspace(0.4,2,100);
I(4,:)=abs(E0(4,:)-1)./Xd;
plot(E0(4,:),I(4,:),'k-')
legend('P2=0.2','P2=0.5','P2=0.8','P2=0')
grid on
```

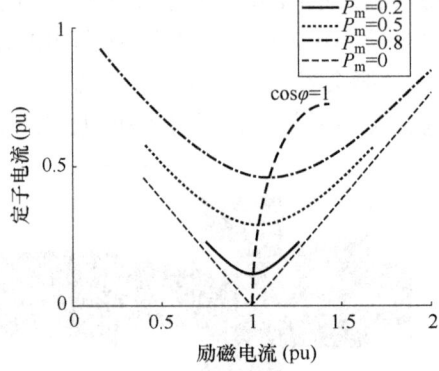

图 9-27　同步发电机并网运行的 V 形曲线

第 10 章

模拟试题及答案

10.1 模拟试题

10.1.1 模拟试题一

一、单选题或填空题（每题4分，共40分）

1. 一台连接好的三相变压器，从一次侧向二次侧看，其联结组别为Yd3，若从二次侧向一次侧看，其联结组别为（　　）
   A. Dy3　　　B. Dy6　　　C. Dy7　　　D. Dy9

2. 阻抗电压不等的数台变压器并联运行时，各变压器的负载系数（　　）
   A. 与其阻抗电压成正比　　B. 与其阻抗电压成反比
   C. 与其额定容量成正比　　D. 与其额定容量成反比

3. 圆形旋转磁势的特点是（　　）
   A. 幅值不变，轴线位置随时间变化　B. 幅值及轴线位置都随时间变化
   C. 幅值随时间变化而轴线位置不变　D. 幅值及轴线位置都不变

4. 若并网运行的同步发电机向电网输送容性无功功率，则其工作点在（　　）
   A. V形曲线簇最低点的连线上　　B. V形曲线簇最低点连线的左侧
   C. V形曲线簇最低点连线的右侧　　D. 坐标原点

5. 某三相凸极同步发电机的同步电抗为$X_d = 6Ω$，$X_q = 4Ω$，负载阻抗为$Z_L = (3-j4)Ω$，则电枢反应的性质为（　　）
   A. 直轴增磁兼交轴电枢反应　　B. 直轴去磁兼交轴电枢反应
   C. 只有直轴增磁电枢反应　　　D. 只有直轴增磁电枢反应
   E. 只有交轴电枢反应

6. 在国际单位制中，磁导率的单位是（　　）；磁场强度的单位是（　　）

7. 一台三相感应电动机接在额定频率、额定电压的交流电源上，已知空载起动的最初瞬间转子每相电流为100A，则满载起动的最初瞬间转子每相电流（　　）
   A. 小于100A　　B. 等于100A　　C. 稍大于100A　　D. 会达到100A的数倍

8. 增大三相感应电动机的气隙后，其空载电流值将（　　）
   A. 不变　　　B. 减小　　　C. 增大　　　D. 变为0

9. 同一台直流发电机，接成他励与接成并励运行，其相应的外特性曲线斜率的绝对值相比较，一般结论是（　　）

A. 不等，但十分接近	B. 相等
C. 他励的大	D. 并励的大

10. 他励直流电动机的能耗制动操作可描述为（　　）
A. 断掉电枢电源	B. 断掉励磁电源
C. 给电枢回路接入适当电阻	D. 断掉电枢电源，同时给电枢回路接入适当电阻

二、判断题（每题2分，共20分）

1. 变压器公式 $E_1 = 4.44Nf\Phi_m$ 中，Φ_m 是主磁通的有效值。（　　）
2. 各台变压器短路阻抗角相等是其理想并联运行的必要条件之一。（　　）
3. 双层交流绕组可以通过采用短距线圈来削弱感应电势中的高次谐波。（　　）
4. 对于并联在无穷大电网上运行的同步发电机来说，只改变原动机的出力而不调节励磁电流，发电机输出的无功功率将保持不变。（　　）
5. 汽轮发电机一般采用凸极式转子。（　　）
6. 不论感应电动机稳定运行在何种状态，其定、转子旋转磁势相量在电机的圆周空间都相对静止。（　　）
7. 一般来说，三相感应电动机采用变极调速，在变极的同时还要改变电源的相序。（　　）
8. 笼型感应电动机转子绕组的绕组系数都为1。（　　）
9. 串励直流电动机不能接在单相交流电源上运行。（　　）
10. 起动他励直流电动机前，励磁回路的调节电阻应调到阻值最大的位置。（　　）

三、多选题（每题6分，共30分）

1. 驱动恒转矩负载运行的他励直流电动机，若给电枢回路串入一个适当的电阻，在串入电阻的瞬间，下列说法正确的有（　　）
A. 转速不变	B. 电枢电流增大	C. 输出功率不变	D. 输入功率减小

2. 三相感应电动机采用自耦变压器（变比为 $k_a>1$）降压起动，下列说法不正确的有（　　）
A. 起动电流降至直接起动电流的 $1/k_a$
B. 起动转矩降至直接起动转矩的 $1/k_a$
C. 起动电流降至直接起动电流的 $1/k_a^2$
D. 起动转矩降至直接起动转矩的 $1/k_a^2$

3. 三相同步电动机的起动方法包括（　　）
A. 辅助电动机起动法	B. 变频起动法
C. 异步起动法	D. 降压起动法
E. 星形-三角形换接起动法

4. 某6极36槽的双层单叠三相交流绕组，其每相的支路数可以设计为（　　）
A. 6	B. 4	C. 3	D. 2
E. 1

5. 变压器油在电力变压器中的作用是（　　）
A. 提高绝缘强度	B. 提高散热能力
C. 润滑	D. 延长变压器使用寿命

四、计算题（每题15分，共60分）

1. 一台并励直流电动机，额定功率 $P_N = 10\text{kW}$，额定电压 $U_N = 220\text{V}$，额定转速 $n_N = $

1500r/min，额定效率 $\eta_N = 85\%$，电枢回路总电阻（包括电刷与换向器之间的接触电阻）$R_a = 0.4\Omega$，励磁回路总电阻 $R_f = 200\Omega$。已知该电动机驱动恒转矩负载额定运行，现采用降压调速，若电压降为185V，问稳定后的转速为多少？（计算时假设磁通与励磁电压成正比）

2. 两台属于同一联结组别的三相变压器 A 和 B 并联运行供给同一负载，负载的功率因数为 $\cos\varphi_2 = 0.8$（滞后）。两台变压器的数据见表10-1。

表10-1 变压器数据

变压器	额定容量	额定电压	空载损耗	负载铜耗	阻抗电压
A	2000kVA	6300/400V	6600W	15000W	4.2%
B	1600kVA	6300/400V	5300W	13600W	4.0%

现保持负载的功率因数不变，改变负载容量，试计算：
(1) 当 A 变压器达到满载时，B 变压器的效率为多少？
(2) 当 A 变压器达到最大效率时，B 变压器的负载系数为多少？

3. 一台三相4极绕线式感应电动机，额定功率 $P_N = 15$kW，额定频率 $f_N = 50$Hz，定、转子绕组均为 Y 形联结，额定转速 $n_N = 1450$r/min。已知额定运行时定子铜耗 $p_{Cu1} = 1000$W，铁耗 $p_{Fe} = 500$W，机械损耗和杂散损耗之和 $p_m + p_\Delta = 320$W，转子每相电阻的实际值 $R_2 = 0.2\Omega$。试计算：(1) 额定效率；(2) 假设保持总的负载转矩不变，要采用转子串电阻的方法将其转速降至 $n_p = 1200$r/min，问应该给转子每相串入阻值为多少的电阻 R_p？

4. 一台隐极同步发电机并联于大电网额定运行，定子绕组为 Y 形联结，额定电压 $U_N = 400$V，额定容量 $S_N = 160$kVA，额定功率因数 $\cos\varphi_N = 0.8$（滞后），$f = 50$Hz，同步电抗 $X_s = 1.2\Omega$。忽略定子绕组的电阻。试求：
(1) 额定运行时的功角 δ_N 和每相励磁电势 E_0；(2) 保持发电机输出的无功功率为额定状态值不变，将其输出的有功功率减小到额定状态值的一半时的功角 δ_p。

10.1.2 模拟试题二

一、单选题或填空题（每题4分，共40分）

1. 在国际单位制中，磁阻的计量单位为（   ）；磁降的计量单位为（   ）

2. 一台三相变压器，一次绕组为 Y 形联结，二次绕组为 △ 形联结，额定容量为400kVA，一次绕组额定电压为10kV，二次绕组额定电压为0.4kV。则二次额定相电流为（   ）

 A. 1000A B. $1000\sqrt{3}$A C. $1000/\sqrt{3}$A D. 1000/3 A

3. 自耦变压器相对于双绕组变压器的突出特点是（   ）
 A. 能节省导电材料但不节省导磁材料
 B. 能节省导磁材料但不节省导电材料
 C. 既能节省导电材料也能节省导磁材料
 D. 既不能节省导电材料也不能节省导磁材料

4. 一台6极60Hz的三相交流电机的定子绕组所产生的旋转磁势的转速为（   ）
 A. 3600r/min B. 2400r/min C. 1200r/min D. 1000r/min

5. 同步发电机的同步电抗等于（   ）
 A. 电枢反应电抗
 B. 电枢反应电抗加上电枢漏电抗

C. 电枢反应电抗减去电枢漏电抗 D. 电枢漏电抗

6. 同步发电机的励磁电势 E_0 指的是（　　）
   A. 电枢绕组产生的磁通在电枢绕组中的感应电势
   B. 电枢绕组产生的磁通在励磁绕组中的感应电势
   C. 励磁绕组产生的磁通在励磁绕组中的感应电势
   D. 励磁绕组产生的磁通在电枢绕组中的感应电势

7. 一台并联在电网上运行的三相同步发电机，功率因数 $\cos\varphi = 0.5$（滞后），电流为额定值；现在要将其功率因数提升为 $\cos\varphi = 0.8$（滞后）且电流值不变，则应进行的操作是（　　）
   A. 增加原动机的转矩，减小励磁电流　　B. 保持原动机转矩不变，减小励磁电流
   C. 减小原动机转矩，增加励磁电流　　　D. 增加原动机转矩，增加励磁电流

8. 感应电动机的励磁电流比同容量、同电压的变压器的励磁电流大的主要原因是（　　）
   A. 感应电动机的损耗大　　　　　　　　B. 感应电动机是旋转的
   C. 感应电动机有气隙　　　　　　　　　D. 感应电动机的漏电抗大

9. 在直流电动机中，换向器的作用是（　　）
   A. 改变电机的转向
   B. 将电源提供的直流电逆变成交流电送进电枢绕组
   C. 将电源提供的交流电整流成直流电送进电枢绕组
   D. 改变电磁转矩的方向

10. 在直流发电机中，若将电刷位置顺着转子的旋转方向偏离一个小角度，则电枢反应为（　　）
    A. 直轴去磁兼交轴电枢反应　　　　　　B. 直轴增磁兼交轴电枢反应
    C. 直轴去磁电枢反应　　　　　　　　　D. 直轴增磁电枢反应
    E. 纯交轴电枢反应

二、**判断题**（每题 2 分，共 20 分）

1. 变比 $k_a = 3$ 的降压自耦变压器正常运行时，传导容量与总容量之比为 2/3。（　　）
2. 电力变压器的空载试验一般在高压侧做。（　　）
3. 双层交流绕组的短距角等于 36°电角度时，可以消除感应电势中的 5 次谐波。（　　）
4. 三相同步发电机与电网的相序一致，是该发电机并联到电网的绝对必要条件。（　　）
5. 同步发电机单机运行给感性负载供电时，其外特性曲线随着负载电流的增大而下降。
   （　　）
6. 电机或变压器的主磁路铁心通常采用硬磁材料。（　　）
7. 三相感应电动机的变极调速可以实现转速的平滑调节。（　　）
8. 三相感应电动机运行在发电状态时，定子磁势的转向与转子磁势的转向相反。（　　）
9. 改变电源极性时，并励直流电动机的转向不会发生改变。（　　）
10. 原来能够自励的并励直流发电机组，若仅改变原动机转向，则机组将不能自励。
    （　　）

三、**多选题**（每题 6 分，共 30 分）

1. 导致并励直流发电机端电压随着输出电流的增大而下降的原因有（　　）

A. 电枢回路的电阻压降增大　　　　　　B. 电枢反应的去磁作用增强
C. 端电压下降导致励磁电流减小　　　　D. 电枢电流增大导致磁路饱和

2. 关于感应电动机的 T 形等效电路，下列说法正确的有（　　　）

A. 漏电抗基本不变
B. 励磁电抗的值与电源电压无关
C. 励磁电阻（铁耗电阻）的值随饱和程度增大而减小
D. 附加电阻的值与转速有关

3. Yy 联结的三相心式变压器接三相对称正弦额定电压空载运行，下列说法**错误**的有（　　　）

A. 励磁电流为正弦波　　　　　　　　　B. 主磁通为平顶波
C. 相电势为尖顶波　　　　　　　　　　D. 线电势为正弦波

4. 关于同步调相机并网运行，下列说法正确的有（　　　）

A. 可能会给电网输送有功功率　　　　　B. 可能会给电网输送感性无功功率
C. 可能会给电网输送容性无功功率　　　D. 可能会从电网吸收有功功率

5. 三相对称电流通过三相对称绕组时，能产生旋转磁势。关于基波旋转磁势相量，下列说法正确的有（　　　）

A. 转速与电流频率成正比　　　　　　　B. 幅值位置一定与某绕组的轴线重合
C. 幅值大小与电流有效值成正比　　　　D. 转向由三相电流的相序决定

四、计算题（每题 15 分，共 60 分）

1. 一台起重机由他励直流电动机拖动，电动机额定电压 $U_N=440V$，额定转速 $n_N=760r/min$，额定电流 $I_N=48A$，电枢回路总电阻（包括电刷与换向器之间的接触电阻）$R_a=1\Omega$。现在要求以 $n=-300r/min$ 的转速下放重物。采用能耗制动运行，问串入到电枢回路的制动电阻 R_p 应为多少欧姆？（假设系统的空载阻力转矩为 0。）

2. 一台单相变压器，额定容量 $S_N=80kVA$。在低压侧加 U_{2N} 做空载实验，测得空载损耗 $p_0=480W$；在高压侧加 I_{2N} 做短路试验，测得短路损耗 $p_{kN}=1095W$。求 $\cos\varphi_2=1$ 时的额定效率 η_N 和最大效率 η_m。

3. 一台三相 4 极绕线型感应电动机，$f_N=50Hz$，额定转速 $n_N=1480r/min$，转子每相电阻 $R_2=1.1\Omega$。电动机驱动恒转矩负载运行在额定状态，现在给转子电路每相串入 $R_p=2.2\Omega$ 的调速电阻，计算稳定后电动机的转速。

4. 一台三相隐极同步发电机并网运行，定子绕组为 Y 形联结，额定电压 $U_N=400V$，同步电抗 $X_s=5.8\Omega$。试计算当励磁电势 $E_{0L}=500V$（线电势）、电磁功率 $P_M=12kW$ 时的定子电流 I_1 和功率因数 $\cos\varphi$。

10.1.3　模拟试题三

一、判断题（每题 2 分，共 20 分）

1. 当电源电压从额定值稍微升高时，变压器 T 形等效电路中的参数 R_m 的值会减小。（　　　）

2. 接三相对称电源空载运行时，组式三相变压器的三相励磁电流不对称。（　　　）

3. 汽轮发电机组并网运行，在适当范围内调节汽轮机的汽门而不调节发电机励磁电流

时，机组输送给电网的无功功率将保持不变。   (   )
4. 水轮发电机的极数一般比较多。   (   )
5. 单层交流绕组的短距系数总是小于 1。   (   )
6. 三相感应电动机调压调速的一个优点是调速范围大。   (   )
7. 三相感应电动机运行在电源反接制动状态时，定子磁势的转向与电机转向相反。
                                                                (   )
8. 一般认为，直接全压起动时，三相笼型感应电动机的起动电流和起动转矩都比较大。
                                                                (   )
9. 反接电源极性时，串励直流电动机的转向不会发生改变。   (   )
10. 起动他励直流电动机，合闸前，电枢回路的起动电阻应调节到阻值最大的位置。
                                                                (   )

二、单选题和填空题（每题 2 分，共 20 分）

1. 一台变比为 2∶1 的三相变压器，其联结组别为 Yd5。若已知一次线电压 $u_{AB}=200\sin\omega t$，则二次线电压 u_{bc} 的表达式为（   ）

   A. $u_{bc}=100\sin(\omega t-150°)$ B. $u_{bc}=100\sin(\omega t+150°)$
   C. $u_{bc}=(100/\sqrt{3})\sin(\omega t-150°)$ D. $u_{bc}=(100/\sqrt{3})\sin(\omega t+150°)$
   E. $u_{bc}=100\sqrt{3}\sin(\omega t-150°)$ F. $u_{bc}=100\sqrt{3}\sin(\omega t+150°)$

2. 变比 $k_a=2$ 的降压自耦变压器额定运行时，传导容量与电磁容量的比值为（   ）

   A. 1   B. 2   C. 1/2   D. 1/3

3. 定子绕组为 Y 形联结的三相感应电动机空载运行时，突然一相电源线断开，则该电动机将（   ）

   A. 逐渐停止旋转   B. 继续以原转向旋转
   C. 先停止再反向旋转

4. 若并网运行的同步发电机的工作点位于其 V 形曲线的下降段，则该发电机（   ）

   A. 无功功率为 0   B. 向电网输送感性无功功率
   C. 向电网输送容性无功功率

5. 同步发电机的内功率因数角 $\psi=-45°$ 时，其电枢反应的性质为（   ）

   A. 直轴增磁兼交轴电枢反应   B. 直轴去磁兼交轴电枢反应
   C. 只有直轴增磁电枢反应   D. 只有直轴去磁电枢反应
   E. 只有交轴电枢反应

6. 在国际单位制中，磁密的单位是（   ）；磁导率的单位是（   ）。

7. 一台定子绕组为 △ 形联结的三相笼型感应电动机直接起动时，电源供给的线电流为 100A，若起动时将其定子绕组改为 Y 形联结，则电源供给的线电流为（   ）

   A. 100A   B. 300A   C. $100\sqrt{3}$A   D. 100/3A

8. 设计三相感应电动机时，若将其气隙长度（厚度）适当减小，则空载电流将（   ）

   A. 不变   B. 增大   C. 减小

9. 一台并励直流发电机空载运行，当励磁回路电阻 $R_f=100\Omega$ 时，电枢端电压为 110V，如果将 R_f 减为 90Ω，则电枢端电压（   ）

A. 将低于110V　　B. 将高于110V　　C. 仍等于110V

10. 他励直流电动机处于倒拉反转状态，电枢回路所串电阻值适当增大后，其反转转速将（　　）

A. 增大　　　　　B. 不变　　　　　C. 减小

三、多选题（每题4分，共20分）

1. 属于并励直流发电机自励建压必要条件的有（　　）
   A. 铁心中有剩磁　　　　　　　　B. 励磁绕组与电枢绕组的相对极性要连接正确
   C. 励磁回路的总电阻要足够大　　D. 转速要大于额定转速

2. 深槽感应电动机起动过程中，下列说法正确的有（　　）
   A. 转子绕组的每相等效电阻逐渐减小　　B. 转子电流的频率逐渐降低
   C. 转子绕组的感应电势逐渐升高　　　　D. 转子绕组的绕组系数逐渐减小

3. 三相Yy联结的组式变压器接三相对称正弦额定电压空载运行。下列说法正确的有（　　）
   A. 励磁电流为正弦波　　　　　B. 主磁通为平顶波
   C. 二次相电势为尖顶波　　　　D. 二次线电压为正弦波

4. 关于同步电动机，下列说法正确的有（　　）
   A. 过励时功率因数为滞后性
   B. 欠励时要从电网吸收感性无功功率
   C. 采用异步起动法起动过程中同步转矩的平均值为0
   D. 负载转矩减小且稳定后转速会升高

5. 关于三相对称双层短距单叠交流绕组，下列说法正确的有（　　）
   A. 每相线圈组的数目等于极数　　B. 每相串联匝数一定等于每个线圈的匝数
   C. 每相支路数必定等于极数　　　D. 分布系数一定小于1

四、计算题（每题10分，共40分）

1. 一台起重机由他励直流电动机驱动，提升重物时电动机运行在额定状态。已知额定功率 $P_N = 11\text{kW}$，额定电压 $U_N = 440\text{V}$，额定转速 $n_N = 750\text{r/min}$，额定效率 $\eta_N = 82\%$，电枢回路总电阻（包括电刷与换向器之间的接触电阻）$R_a = 0.8\Omega$。假设电动机和起重机本身的阻力转矩都为0，问串入到电动机电枢回路的制动电阻 R_p 为多少欧姆时，才能以 $n_p = -280\text{r/min}$ 的转速下放同一重物？

2. 某变电站6台规格完全相同的变压器，每台的额定容量 $S_N = 1000\text{kVA}$，额定电压下的铁耗 $p_{Fe} = 1.6\text{kW}$，满载铜耗 $p_{kN} = 10\text{kW}$；变电站的总负载容量为2280kVA。假设负载的功率因数 $\cos\varphi_2 = 0.8$（滞后）保持不变，如果希望变电站的效率最大，问应投入几台变压器并联运行？

3. 一台4极绕线型三相感应电动机，$f = 50\text{Hz}$，额定功率 $P_N = 150\text{kW}$，转子每相电阻 $R_2 = 0.01\Omega$。已知在额定运行时转子铜耗 $p_{Cu2} = 2\text{kW}$，机械损耗和附加损耗之和 $p_m + p_\Delta = 2.2\text{kW}$。试求：
（1）额定转速 n_N 和额定电磁转矩 T；（2）若保持电磁转矩为额定值不变，而将转速降至 $n_p = 1300\text{r/min}$，应在转子每相电路中串入多少欧姆的电阻？所串三相电阻上消耗的总功率是多少kW？

4. 一台隐极同步发电机并联于无穷大电网运行，定子绕组为 Y 形联结，已知数据有：$S_N = 30000\text{kVA}$，$\cos\varphi_N = 0.8$（滞后），$U_N = 10\text{kV}$，同步电抗 $X_s = 6\Omega$，不计电枢电阻。

(1) 求额定状态时的电磁功率 P_M 和功角 δ_N；(2) 将 (1) 中的励磁电流减小 10%，求稳定后发电机的功率因数 $\cos\varphi$。（假设励磁电势与励磁电流成正比。）

10.1.4 模拟试题四

一、单选题（每题 2 分，共 30 分）

1. 一台并励直流电动机在额定电压下拖动恒转矩负载运行，若适当增大电枢回路的串联电阻，则稳定运行后的电枢电流将（　　）
   A. 减小　　　　　B. 增大　　　　　C. 不变

2. 一台并励直流发电机空载运行，其输出电压为额定值，现要改变这台发电机电刷间的正负极性，正确的做法是（　　）
   A. 对调电枢绕组两端　　　　　　B. 对调励磁绕组两端
   C. 改变电机转向　　　　　　　　D. 改变电机转向，并同时对调励磁绕组两端

3. 一台他励直流电机由原动机驱动顺时针旋转，接在直流电网上作为发电机运行，若撤掉原动机，则该直流电机稳定后的状态是（　　）
   A. 停转　　　　　B. 继续顺时针旋转　　C. 逆时针旋转

4. 串励直流电动机不允许空载运行的原因是，串励直流电动机空载时（　　）
   A. 转速很高，会发生"飞车"事故　　B. 电枢电流很大
   C. 会进入发电机运行状态

5. 一台变比 $k = U_{1N}/U_{2N} = 10$ 的单相变压器，在二次侧加 U_{2N} 做空载试验测得的空载损耗 $p_0 = 70\text{W}$，励磁阻抗为 $z_m = 32\Omega$。如果在一次侧加 U_{1N} 做空载试验，则测得的空载损耗和励磁阻抗在理论上分别为（　　）
   A. 7000W 和 3200Ω　B. 7000W 和 32Ω　C. 70W 和 32Ω　D. 70W 和 3200Ω

6. 两台变压器 a 和 b，额定容量均为 110kVA，阻抗电压分别为 $u_{ka} = 5\%$ 和 $u_{kb} = 6\%$，并联运行所需的其他条件均满足。现将 a 和 b 并联给总容量为 220kVA 的负载供电，则（　　）
   A. a 超载而 b 欠载　B. a 欠载而 b 超载　C. a 和 b 均超载　D. a 和 b 均不超载

7. 一台 Yy 联结的三相组式变压器，一次侧接额定正弦电压，二次侧开路，则主磁通为（　　）
   A. 平顶波　　　　B. 正弦波　　　　C. 尖顶波　　　　D. 马鞍形波

8. 额定电压 $U_{1N}/U_{2N} = 380/220\text{V}$ 的单相双绕组变压器的额定容量为 S_N，保持各绕组容量不变，改接成 600V/220V 的自耦变压器后，容量变为 S_{N1}；改接成 600V/380V 的自耦变压器后，容量变为 S_{N2}，则（　　）
   A. $S_N > S_{N1} > S_{N2}$　B. $S_N < S_{N1} < S_{N2}$　C. $S_N > S_{N2} > S_{N1}$　D. $S_N < S_{N2} < S_{N1}$

9. 在三相对称绕组的各相中通入大小相等、相位相同的正弦交流电流，产生的合成磁势为（　　）
   A. 圆形旋转磁势　B. 椭圆形旋转磁势　C. 零　　　　　D. 脉振磁势

10. 一台 4 极三相感应电动机接 50Hz 正弦电压运行，当转差率 $s = 0.05$ 时，转子电流的频率、转子磁势相对于定子的转速分别为（　　）

A. 50Hz 与 1500r/min B. 2.5Hz 与 1425r/min
C. 2.5Hz 与 1500r/min D. 2.5Hz 与 0

11. 一台笼型三相感应电动机分别采用星形-三角形换接开关起动和采用变比 $k_a = 1.5$ 的降压自耦变压器起动，最初起动瞬间，电网提供的线电流和电动机的起动转矩分别为 I_{st1}、I_{st2}、T_{st1} 和 T_{st2}，则（　　）

A. $I_{st1} > I_{st2}$，$T_{st1} > T_{st2}$ B. $I_{st1} > I_{st2}$，$T_{st1} < T_{st2}$
C. $I_{st1} < I_{st2}$，$T_{st1} > T_{st2}$ D. $I_{st1} < I_{st2}$，$T_{st1} < T_{st2}$
E. 以上都不对

12. 一台三相感应电动机稳定运行，已知转差率 $s = 0.03$，则电磁功率中有 3% 是（　　）

A. 定子铜耗 B. 转子铜耗 C. 铁心损耗 D. 机械损耗

13. 三相同步发电机并联在电网上负载运行，已知功率因数 $\cos\varphi = 1$。如果电网电压因故障下降了 20%，而原动机的输出转矩及发电机的励磁电流仍维持不变，则稳定后发电机的输出中（　　）

A. 有功不变而增加了感性无功 B. 有功不变而增加了容性无功
C. 有功增大且增加了感性无功 D. 有功减少且没有无功

14. 凸极同步发电机直轴同步电抗 X_d 大于交轴同步电抗 X_q 的主要原因是（　　）

A. 直轴主磁路的励磁主磁通较多 B. 交轴主磁路的电枢反应主磁通较多
C. 直轴主磁路磁阻大于交轴主磁路磁阻 D. 直轴主磁路磁阻小于交轴主磁路磁阻

15. 某厂欲将一台同步电动机完全当作同步调相机用，并且要用该电动机将厂内电网的功率因数从 0.5（滞后）补偿到 0.8（滞后），则该同步电动机的正确运行状态是（　　）

A. 额定负载，过励 B. 额定负载，欠励
C. 空载，过励 D. 空载，欠励

二、作图或简答题（每题 4 分，共 20 分）

1. 同一台直流电机接成他励和接成并励运行时，可得两条外特性曲线。试在同一直角坐标系中画出这两条曲线的示意图，并简述两条曲线变化趋势不同的原因。

2. 一台三相变压器，已知一次侧为 Y 形联结，线电压 $U_{AB} = 380\sqrt{2}\sin\omega t$，二次侧对应标记的线电压为 $U_{ab} = 220\sqrt{2}\sin(\omega t - 30°)$。计算该变压器的变比 k，给出其可能的联结组别并画出其中一种联结组别对应的绕组接线图。

3. 在交流电机中，气隙磁场非正弦时会产生高次谐波电势。问消除此类高次谐波电势的方法有哪些？用其中一种方法具体说明怎样消除 5 次谐波电势？

4. 图 10-1 为一台三相感应电动机在额定电压和额定频率 f_{1N} 下的机械特性曲线。现采用恒电势频率比（即保持 $E_1/f_1 = $ 常数）变频调速，试在图中补充画出频率为 $f_{11} = 0.7f_{1N}$ 和 $f_{12} = 0.4f_{1N}$ 的两条机械特性曲线，并简要说明频率改变时机械特性的变化特征。

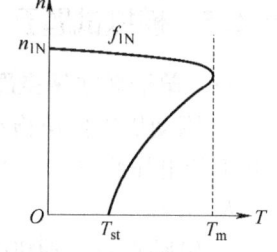

图 10-1　试题四图 1

5. 什么是同步发电机的 V 形曲线，在同一直角坐标系中定性画出空载及额定功率对应的两条 V 形曲线，标出正常励磁状态、过励状态和欠励状态所对应的区域或位置。

三、计算题（每题 10 分，共 50 分）

1. 一台并励直流电动机，额定功率 $P_N = 8kW$，额定电压 $U_N = 220V$，额定效率 $\eta_N = $

85%，电枢回路总电阻（包括电刷与换向器之间的接触电阻）$R_a = 0.1\Omega$，励磁回路电阻 $R_f = 100\Omega$，额定转速 $n_N = 1500\text{r/min}$。忽略电枢反应和磁路饱和。

（1）若额定电压下空载电枢电流 $I_{a0} = 2\text{A}$，计算空载转速 n_0。

（2）电动机驱动恒转矩负载额定运行时，如果将电源电压下调到180V，求稳定后的转速。

2. 一台单相变压器，额定数据为：$S_N = 4.4\text{kVA}$，$U_{1N}/U_{2N} = 220/110\text{V}$，$f_N = 50\text{Hz}$，在低压侧加额定电压做空载实验，测得空载损耗 $p_0 = 49\text{W}$；在高压侧加额定电流做稳态短路实验，测得短路电压 $U_k = 18\text{V}$，短路损耗 $p_k = 144\text{W}$。试求：

（1）简化等效电路的标幺值参数 R_k^* 和 X_k^*；

（2）负载系数 $\beta = 0.85$ 且 $\cos\varphi_2 = 0.8$（超前）时的电压调整率 ΔU 和效率 η；

（3）当 $\cos\varphi_2 = 0.8$ 时的最大效率 η_m。

3. 一台三相交流旋转电机的定子绕组为双层交流绕组，Y形联结，极数 $2p = 4$，定子槽数 $Z_1 = 60$，线圈节距 $y = 12$，每个线圈的匝数 $N_y = 6$，每相并联支路数 $a = 4$。给绕组通入三相对称正弦交流电流，相电流有效值 $I_1 = 249\text{A}$。试求：（1）基波绕组系数 k_{w1}；（2）每相串联匝数 N_1；（3）基波旋转磁势的幅值 F_1。

4. 一台三相绕线式感应电动机的主要数据为：$P_N = 28\text{kW}$，$U_N = 380\text{V}$，$\eta_N = 88\%$，$f_N = 50\text{Hz}$，△接法，$n_N = 1425\text{r/min}$，$R_1 = 0.715\Omega$，$R_2 = 0.04\Omega$，$X_{1\sigma} = 1.74\Omega$，$X_{2\sigma} = 0.1\Omega$，定子每相串联匝数 $N_1 = 200$，绕组系数 $k_{w1} = 0.94$，转子每相串联匝数 $N_2 = 50$，绕组系数 $k_{w2} = 0.96$。

（1）计算电动机额定运行时的电磁转矩 T 和电磁功率 P_M；

（2）若保持电磁转矩为额定值不变，在转子每相回路中串入电阻 $R_{tj} = 0.4\Omega$，计算稳定运行后的转速 n、R_{tj} 上的铜耗 p_{tj} 及效率 η。

5. 一台三相隐极同步发电机并联于无穷大电网运行，已知额定电压 $U_N = 400\text{V}$，额定容量 $S_N = 100\text{kVA}$，额定功率因数 $\cos\varphi = 0.8$（滞后），每相同步电抗 $X_s = 1.2\Omega$，定子绕组为 Y 形联结。（不计定子电阻。）

（1）求额定运行时，发电机的电磁功率 P_M 和功角 δ_N；

（2）若将电磁功率降低到额定值的0.8倍，但仍保持功率因数为 $\cos\varphi = 0.8$（滞后），则励磁电流应调节到额定运行时励磁电流的多少倍？（假设励磁电势 E_0 与励磁电流 I_f 成正比。）

10.1.5　模拟试题五

一、单选题或填空题（每题2分，共30分）

1. 原动机以恒速拖动一台他励直流发电机给电阻性负载供电，若负载电阻值增大，则负载上的电压将（　　）

　　A. 升高　　　　　　B. 不变　　　　　　C. 降低

2. 串励直流电动机带恒转矩轻载运行，当电源电压略有下降时，假设电动机主磁路未饱和，则电枢电流将（　　）

　　A. 略有增大　　　　B. 基本不变　　　　C. 略有减少

3. 一台他励直流电动机驱动恒转矩负载运行，若电刷逆着转子转动方向偏离正常位置一个小角度，则电动机的转速将（　　）

　　A. 升高　　　　　　B. 基本不变　　　　C. 降低

4. 一台单相变压器的额定电压为 220/110V，在低压侧做短路试验测得的短路阻抗标幺值为 0.1；若在高压侧做短路试验，则测得的短路阻抗标幺值为（   ）

5. 一台变压器在制造时被以次充好，将铁心的 30%硅钢片偷换成了非磁性材料，则该次品变压器与相同规格的合格变压器相比较，其额定电压和额定频率下的空载电流和主磁通的变化情况分别是（   ）

    A. 空载电流和主磁通都增大   B. 空载电流和主磁通都减小

    C. 空载电流和主磁通都基本不变   D. 空载电流增大，主磁通基本不变

    E. 空载电流基本不变，主磁通增大   F. 以上都不对

6. 几台变压器并联供给共同负载，其他并联条件均满足，只是阻抗电压略有差别，则会造成（   ）

    A. 各变压器间形成较大环流，影响运行

    B. 各变压器对应相的输出电流出现相位差，致使带负载能力下降

    C. 各变压器负载分配不合理，致使带负载能力下降

7. 输出容量一定的情况下，自耦变压器的变比与传导容量的关系是（   ）

    A. 变比越大，传导容量越大   B. 变比越小，传导容量越大

    C. 变比越接近 1，传导容量越大   D. 变比大小不影响传导容量

8. 将感应电机的定子三相对称交流绕组按照 AX-BY-CZ 串联起来，在 A、Z 两端加正弦电压，则电机内产生的合成磁势的情况为（   ）

    A. 合成磁势为 0   B. 合成磁势为脉振磁势

    C. 合成磁势为旋转磁势

9. 一台交流同步发电机，转子绕组加正向励磁电流时，定子三相绕组产生 ABC 相序的对称感应电势。若转子改加反向励磁电流且维持转向不变，则定子绕组将（   ）

    A. 产生 CBA 相序的对称电势   B. 产生 ABC 相序的对称电势

    C. 无法产生对称电势

10. 三相感应电动机正常运行时，若转子转速略有下降，则转子绕组产生的旋转磁势相对于转子的转速会（   ）

    A. 升高   B. 保持不变   C. 下降

11. 两台相同的三相感应电动机，转轴耦合在一起共同驱动负载。将它们的定子绕组串联起来接在电网上起动时，电网供给的起动电流为 100A；若将它们的定子绕组并联起来接在同一电网上直接起动，则电网供给的起动电流将为（   ）

    A. 50A   B. 100A   C. 200A   D. 400A

    E. 25A

12. 交流电动机从基速向下变频调速时，降低频率时要按比例降低定子电压，原因是（   ）

    A. 为了让转速下降得更快

    B. 为了保护线圈的绝缘不被高电压损坏

    C. 为了维持主磁通不变，防止电机过饱和引起励磁电流激增

13. 一台隐极同步发电机并网运行，原动机输出的功率不变，若电网电压因故障下降了 20%，要维持功角不变，则励磁电流应（   ）

A. 增大 　　　　　　　B. 不变 　　　　　　　C. 减小

14. 凸极同步电动机接在电网上空载运行，若断开励磁电流，则稳定后的状态是（　　）

A. 以同步转速旋转 　　B. 停止旋转 　　C. 以低于同步转速旋转

15. 同步发电机作单机运行时，其功率因数由什么因素决定？（　　）

A. 负载的大小 　　　　　　　　　　　　B. 负载的性质

C. 发电机的励磁电流 　　　　　　　　　D. 原动机的输出功率

二、简答题（每题 5 分，共 20 分）

1. 他励直流电动机带恒转矩负载运行时，发现电枢电流超过了额定值，有同学建议给电枢回路串入电阻以限制电枢电流，是否可行？简述理由。

2. 一台连接成 Yd11 的三相变压器，额定电压为 440/110V，一次绕组依次用 AX、BY、CZ 表示，二次绕组依次用 ax、by、cz 表示。

（1）画出绕组连接图和相应的电势相量图。（注：只给出一种答案就行。）

（2）用导线将端点 A 和 a 连接在一起，一次侧加有效值为 400V 的三相对称线电压，试求 B、c 两点间电压的有效值 U_{Bc}。

3. 三相绕线式感应电动机驱动恒功率负载运行时，当转子电阻适量增加且运行稳定后，电动机的电磁转矩、定子电流和转速分别如何变化？简述理由。

4. 直流电动机拖动同步发电机构成发电机组，发电机与无穷大电网并联成功后，在合理范围内减小直流电动机励磁电流，机组稳定后，直流电动机的电枢电流和转速、同步发电机的电磁功率和功角与调节前相比会发生何种变化？简述理由。

三、计算题（每题 10 分，共 50 分）

1. 一台并励直流电动机，额定功率 $P_N = 22$kW，额定电压 $U_N = 220$V，额定电流 $I_N = 110$A，额定转速 $n_N = 1500$r/min。电枢回路的总电阻（包括电刷与换向器间的接触电阻）$R_a = 0.1\Omega$，励磁回路的总电阻 $R_f = 110\Omega$。试求：

（1）该电动机额定运行时的电磁转矩 T、负载转矩 T_{2N} 和空载转矩 T_0 各为多少 N·m？

（2）给励磁回路串入一个阻值为 $R_p = 110\Omega$ 的电阻，若维持负载转矩不变，则稳定后的电枢电流和转速将分别达到多少？（提示：①假设磁通和励磁电流成正比；②不考虑电枢反应的影响；③假设空载转矩不变。）

2. 一台单相变压器，额定容量 $S_N = 100$kVA，额定电压 $U_{1N}/U_{2N} = 6000/230$V，$f = 50$Hz，额定电压对应的铁耗 $p_{Fe} = 810$W，额定电流对应的铜耗 $p_{Cu} = 1960$W，阻抗电压 $u_k = 5.5\%$。该变压器一次侧加额定电压，给功率因数 $\cos\varphi_2 = 0.8$（滞后）的负载供电时，测得二次侧端电压 $U_2 = 222$V。试求：（1）变压器短路参数的标幺值 z_k^*、R_k^* 和 X_k^*；（2）变压器在该负载时的电压调整率 ΔU 和负载系数 β；（3）变压器的最大效率 η_m。

3. 某交流电机定子绕组为三相对称双层叠绕组，相序为 ABC 顺时针，已知极数 $2p = 6$，定子槽数 $Z_1 = 54$，线圈节距 $y = 7$，每相并联支路数 $a = 1$，每个线圈的匝数 $N_y = 10$。接到三相交流电源后，通过 A、B、C 三相的电流（单位为 A）分别为：

$$i_A = 100\sqrt{2}\cos(120\pi t), \quad i_B = 100\sqrt{2}\cos(120\pi t + 2\pi/3), \quad i_C = 100\sqrt{2}\cos(120\pi t - 2\pi/3)$$

（1）求三相合成磁势的幅值和转速；（2）合成磁势的转向为顺时针还是逆时针？

4. 一台三相 6 极绕线式感应电动机，额定功率 $P_N = 7.5$kW，额定电压 $U_N = 380$V，定子绕组为 △ 形联结，频率为 50Hz，额定转速 $n_N = 960$r/min，转子绕组每相电阻值 $R_2 = 0.1\Omega$。

额定运行时，测得功率因数 $\cos\varphi_1 = 0.8$，定子铜耗 $p_{Cu1} = 470W$，铁耗 $p_{Fe} = 230W$，机械损耗和附加损耗之和为 $p_m + p_\Delta = 80W$。现将该电动机用来驱动起重设备，提升某重物时，电动机运行在额定状态。（假设电动机空载转矩不变，起重设备的空载转矩为0。）

（1）求提升重物时电动机的输入线电流和效率。

（2）若要求电动机以500r/min的转速下放同样的重物，则电动机转子绕组每相应串入多少欧姆的电阻？

5. 一台三相凸极式同步发电机并联于无穷大电网运行，定子绕组为Y形联结。已知电网电压 $U_N = 400V$，发电机直轴同步电抗 $X_d = 3\Omega$，交轴同步电抗 $X_q = 2\Omega$，每相励磁电势 $E_0 = 400V$，功角 $\delta = 20°$，忽略电枢绕组的电阻。试求：

（1）发电机的功率因数 $\cos\varphi$ 和有功功率 P_M。

（2）保持（1）中求得的有功功率不变，通过调节励磁电流使功率因数变为1，调节成功后的励磁电流与原来励磁电流的比值是多少？（提示：假设励磁电流与励磁电势成正比。）

10.2 模拟试题答案

10.2.1 模拟试题一答案

一、单选题或填空题（每题4分，共40分）

1. D；2. B；3. A；4. B；5. E；6.（H/m 或 Wb/A/m）(A/m)；7. B；8. C；9. D；10. D

二、判断题（每题2分，共20分）

1. 错误；2. 正确；3. 正确；4. 错误；5. 错误；6. 正确；7. 正确；8. 正确；9. 错误；10. 错误

三、多选题（每题6分，共30分）

1. ACD；2. AB；3. ABC；4. ACDE；5. AB

四、计算题（每题15分，共60分）

1. 解：$I_N = (P_N/U_N)/\eta_N = (10 \times 10^3/220)A/0.85 = 53.4759A$；$I_f = U_N/R_f = 220V/200\Omega = 1.1A$

$I_{aN} = I_N - I_f = (53.4759 - 1.1)A = 52.3759A$；$E_{aN} = U_N - I_{aN}R_a = 220V - 52.3759A \times 0.4\Omega = 199.0496V$

$$I_a = \frac{U_N}{U}I_{aN} = \frac{220}{185}52.3759A = 62.285A；E_a = U - R_a I_a = 185V - 0.4\Omega \times 62.285A = 160.09V$$

$$n = \frac{E_a}{E_{aN}}\frac{U_N}{U}n_N = \frac{160.09}{199.0496}\frac{220}{185}1500r/min = 1434.6r/min$$

2. 解：（1）$\beta_A = 1$，$\beta_B = \frac{u_{kA}}{u_{kB}}\beta_A = \frac{4.2}{4.0} \times 1 = 1.05$

$$\eta_B = \frac{\beta_B S_{NB}\cos\varphi}{\beta_B S_{NB}\cos\varphi + \beta_B^2 p_{kB} + p_{0B}} \times 100\%$$

$$= \frac{1.05 \times 1600 \times 10^3 VA \times 0.8}{1.05 \times 1600 \times 10^3 VA \times 0.8 + 1.05^2 \times 13600W + 5300W} \times 100\% = 98.51\%$$

(2) $\beta_{Am} = \sqrt{\dfrac{p_{0A}}{p_{kA}}} = \sqrt{\dfrac{6600\text{W}}{15000\text{W}}} = 0.6633$, $\beta_B = \dfrac{u_{kA}}{u_{kB}}\beta_{Am} = \dfrac{4.2}{4.0}\times 0.6633 = 0.6965$

3. 解：（1）$n_1 = \dfrac{60f_N}{p} = \dfrac{60\times 50}{2}\text{r/min} = 1500\text{r/min}$；$s_N = \dfrac{n_1 - n_N}{n_1} = \dfrac{(1500-1450)\text{r/min}}{1500\text{r/min}} = 0.0333$

$$P_\Omega = P_N + p_m + p_\Delta = (15\times 10^3 + 320)\text{W} = 15320\text{W}；P_M = \dfrac{P_\Omega}{1-s_N} = \dfrac{15320\text{W}}{1-0.0333} = 15848\text{W}$$

$$p_{Cu2} = s_N P_M = 0.0333\times 15848\text{W} = 528.2759\text{W}$$

$$P_1 = P_M + p_{Cu1} + p_{Fe} = (15848 + 1000 + 500)\text{W} = 17348\text{W}$$

$$\eta_N = \dfrac{P_N}{P_1}\times 100\% = \dfrac{15000\text{W}}{17348\text{W}}\times 100\% = 86.46\%$$

(2) $s_p = \dfrac{n_1 - n_p}{n_1} = \dfrac{(1500-1200)\text{r/min}}{1500\text{r/min}} = 0.2$；$R_p = \left(\dfrac{s_p}{s_N} - 1\right)R_2 = \left(\dfrac{0.2}{0.0333} - 1\right)\times 0.2\Omega = 1\Omega$

4. 解：（1）$\sin\varphi_N = \sqrt{1-\cos^2\varphi_N} = \sqrt{1-0.8^2} = 0.6$，$U = U_N/\sqrt{3} = 400\text{V}/\sqrt{3} = 230.9401\text{V}$

$$I_N = \dfrac{S_N}{\sqrt{3}\,U_N} = \dfrac{160\text{kVA}}{\sqrt{3}\times 400\text{V}} = 230.9401\text{A}，\varphi_N = \arccos 0.8 = 36.8699°$$

$$\psi_N = \arctan\dfrac{U\sin\varphi_N + I_N X_s}{U\cos\varphi_N} = \arctan\dfrac{230.9401\text{V}\times 0.6 + 230.9401\text{A}\times 1.2\Omega}{230.9401\text{V}\times 0.8} = 66.0375°$$

$$\delta_N = \psi_N - \varphi_N = 66.0375° - 36.8699° = 29.1676°$$

$$E_0 = \sqrt{(U\sin\varphi_N + I_N X_s)^2 + (U\cos\varphi_N)^2}$$
$$= \sqrt{(230.9401\times 0.6 + 230.9401\times 1.2)^2 + (230.9401\times 0.8)^2}\text{V} = 454.8993\text{V}$$

(2) $P = S_N \cos\varphi_N/2 = 160\text{kVA}\times 0.8/2 = 64\text{kW}$，$Q = S_N \sin\varphi_N = 160\text{kVA}\times 0.6 = 96\text{kvar}$

$$\cos\varphi_p = P/\sqrt{P^2 + Q^2} = 64\text{kW}/\sqrt{64^2 + 96^2}\,\text{VA} = 0.5547$$

$$\sin\varphi_p = \sqrt{1-\cos^2\varphi_p} = \sqrt{1-0.5547^2} = 0.8321$$

$$I_p = \dfrac{P}{3U\cos\varphi_p} = \dfrac{64\text{kW}}{3\times 230.9401\text{V}\times 0.5547} = 166.5333\text{A}$$

$$\psi_p = \arctan\dfrac{U\sin\varphi_p + I_p X_s}{U\cos\varphi_p} = \arctan\dfrac{230.9401\text{V}\times 0.8321 + 166.5333\text{A}\times 1.2\Omega}{230.9401\text{V}\times 0.5547} = 71.9027°$$

$$\varphi_p = \arccos 0.5547 = 56.3099°，\delta_p = \psi_p - \varphi_p = 71.9027° - 56.3099° = 15.5928°$$

10.2.2 模拟试题二答案

一、单选题或填空题（每题 4 分，共 40 分）

1. (1/H, A/Wb)(A)；2. D；3. C；4. C；5. B；6. D；7. A；8. C；9. B；10. A

二、判断题（每题 2 分，共 20 分）

1. 错误；2. 错误；3. 正确；4. 正确；5. 正确；6. 错误；7. 错误；8. 错误；9. 正确；10. 正确

三、多选题（每题 6 分，共 30 分）

1. ABC；2. ACD；3. BC；4. BCD；5. ACD

四、计算题（每题15分，共60分）

1. 解：$I_{aN} = I_N = 48A$；$E_{aN} = U_N - R_a I_{aN} = 440V - 1\Omega \times 48A = 392V$

$$C_e \Phi = E_{aN}/n_N = 392V/(760r/min) = 0.5158V/(r/min)$$

$I_a = I_{aN} = 48A$；$E_a = C_e \Phi n = 0.5158V/(r/min) \times (-300)r/min = -154.7368V$

$$R_p = (0 - E_a)/I_a - R_a = 0 - (-154.7368)V/48A - 1\Omega = 2.2237\Omega$$

2. 解：$\cos\varphi_2 = 1$，$\beta_N = 1$

$$\eta_N = \frac{\beta_N S_N \cos\varphi_2}{\beta_N S_N \cos\varphi_2 + \beta_N^2 p_{kN} + p_0} \times 100\% = \frac{80kW}{80kW + 1095W + 480W} \times 100\% = 98.07\%$$

$$\cos\varphi_2 = 1，\beta_m = \sqrt{p_0/p_{kN}} = \sqrt{480W/1095W} = 0.6621$$

$$\eta_m = \frac{\beta_m S_N \cos\varphi_2}{\beta_m S_N \cos\varphi_2 + 2p_0} \times 100\% = \frac{0.6621 \times 80kW}{0.6621 \times 80kW + 2 \times 480W} \times 100\% = 98.22\%$$

3. 解：$n_1 = \dfrac{60 f_N}{p} = \dfrac{60 \times 50}{2} r/min = 1500 r/min$

$$s_N = \frac{n_1 - n_N}{n_1} = \frac{(1500-1480)r/min}{1500 r/min} = 0.0133，s_p = \frac{R_2 + R_p}{R_2} s_N = \frac{(1.1+2.2)\Omega}{1.1\Omega} \times 0.0133 = 0.04$$

$$n_p = n_1(1 - s_p) = 1500 r/min (1 - 0.04) = 1440 r/min$$

4. 解：$U = \dfrac{U_N}{\sqrt{3}} = \dfrac{400V}{\sqrt{3}} = 230.9401V$；$E_0 = \dfrac{E_{0L}}{\sqrt{3}} = \dfrac{500V}{\sqrt{3}} = 288.6751V$

$$\delta = \arcsin \frac{P_M}{3 E_0 U/X_s} = \arcsin \frac{12kW}{3 \times 288.6751V \times 230.9401V/5.8\Omega} = 20.365°$$

$$I_1 = \frac{\sqrt{(E_0 \sin\delta)^2 + (E_0 \cos\delta - U)^2}}{X_s}$$

$$= \frac{\sqrt{(288.6751V \times \sin 20.365°)^2 + (288.6751V \times \cos 20.365° - 230.9401V)^2}}{5.8\Omega} = 18.6234A$$

$$\cos\varphi = \frac{E_0 \sin\delta}{\sqrt{(E_0 \sin\delta)^2 + (E_0 \cos\delta - U)^2}}$$

$$= \frac{288.6751V \times \sin 20.365°}{\sqrt{(288.6751V \times \sin 20.365°)^2 + (288.6751V \times \cos 20.365° - 230.9401V)^2}} = 0.93$$

10.2.3 模拟试题三答案

一、判断题（每题2分，共20分）

1. 正确；2. 错误；3. 错误；4. 正确；5. 错误；6. 错误；7. 正确；8. 错误；9. 正确；10. 正确

二、单选题和填空题（每题2分，共20分）

1. C；2. A；3. B；4. C；5. A；6. （T，Wb/m²）（H/m）；7. D；8. C；9. B；10. A

三、多选题（每题4分，共20分）

1. AB；2. AB；3. ABCD；4. BC；5. AD

四、计算题（每题10分，共40分）

1. 解：$I_N = \dfrac{P_N}{\eta_N U_N} = \dfrac{11\times 10^3\text{W}}{0.82\times 440\text{V}} = 30.4878\text{A}$

$$E_{aN} = U_N - R_a I_N = 440\text{V} - 0.8\Omega\times 30.4878\text{A} = 415.6098\text{V}$$

$$E_{ap} = \dfrac{n_p}{n_N}E_{aN} = \dfrac{-280\text{r/min}}{750\text{r/min}}415.6098\text{V} = -155.161\text{V}\ ;\ I_p = I_N = 30.4878\text{A}$$

$$R_p = \dfrac{U_N - E_{ap}}{I_p} - R_a = \dfrac{(440-(-155.161))\text{V}}{30.4878\text{A}} - 0.8\Omega = 18.7213\Omega$$

2. 解：$\beta_m = \sqrt{\dfrac{p_{Fe}}{p_{kN}}} = \sqrt{\dfrac{1.6\text{kW}}{10\text{kW}}} = 0.4\ ;\ S_p = \beta_m S_N = 0.4\times 1000\text{kVA} = 400\text{kVA}$

$$x = S/S_p = 2280\text{kVA}/400\text{kVA} = 5.7$$

取 $x=5$ 时，$\beta_5 = \dfrac{S}{5S_N} = \dfrac{2280\text{kVA}}{5\times 1000\text{kVA}} = 0.456$

$$\eta_5 = \dfrac{\beta_5 S_N\cos\varphi_2}{\beta_5 S_N\cos\varphi_2 + p_{Fe} + \beta_5^2 p_{kN}}\times 100\%$$

$$= \dfrac{0.456\times 1000\text{kVA}\times 0.8}{0.456\times 1000\text{kVA}\times 0.8 + 1.6\text{kW} + 0.456^2\times 10\text{kW}}\times 100\% = 99\%$$

取 $x=6$ 时，$\beta_6 = \dfrac{S}{6S_N} = \dfrac{2280\text{kVA}}{6\times 1000\text{kVA}} = 0.38$

$$\eta_6 = \dfrac{\beta_6 S_N\cos\varphi_2}{\beta_6 S_N\cos\varphi_2 + p_{Fe} + \beta_6^2 p_{kN}}\times 100\%$$

$$= \dfrac{0.38\times 1000\text{kVA}\times 0.8}{0.38\times 1000\text{kVA}\times 0.8 + 1.6\text{kW} + 0.38^2\times 10\text{kW}}\times 100\% = 99.01\%$$

可见，投入6台变压器时全站效率最高。

3. 解：$P_M = P_N + p_m + p_\Delta + p_{Cu2} = (150+2.2+2)\text{kW} = 154.2\text{kW}$

$$n_1 = \dfrac{60f}{p} = \dfrac{60\times 50}{2}\text{r/min} = 1500\text{r/min}\ ;\ s_N = \dfrac{p_{Cu2}}{P_M} = \dfrac{2\text{kW}}{154.2\text{kW}} = 0.013$$

$$n_N = n_1(1-s_N) = 1500\text{r/min}(1-0.013) = 1480.5\text{r/min}$$

$$\Omega_1 = \dfrac{2\pi n_1}{60} = \dfrac{2\pi\times 1500\text{rad}}{60\text{s}} = 157.0796\text{rad/s}$$

$$T = \dfrac{P_M}{\Omega_1} = \dfrac{154.2\times 10^3\text{W}}{157.0796\text{rad/s}} = 981.6677\text{N}\cdot\text{m}\ ;\ s_p = \dfrac{n_1-n_p}{n_1} = \dfrac{(1500-1300)\text{r/min}}{1500\text{r/min}} = 0.1333$$

$$R_p = \left(\dfrac{s_p}{s_N}-1\right)R_2 = \left(\dfrac{0.1333}{0.013}-1\right)\times 0.01\Omega = 0.0928\Omega$$

$$p_{RP} = (s_p - s_N)P_M = (0.1333-0.013)\times 154.2\text{kW} = 18.55\text{kW}$$

4. 解：$U = \dfrac{U_N}{\sqrt{3}} = \dfrac{10\times 10^3\text{V}}{\sqrt{3}} = 5773.5\text{V}\ ;\ I = \dfrac{S_N}{\sqrt{3}U_N} = \dfrac{30000\text{kVA}}{\sqrt{3}\times 10\text{kV}} = 1732.1\text{A}$

$$P_M = S_N\cos\varphi_N = 30000\text{kVA}\times 0.8 = 24000\text{kW}\ ;\ \varphi_N = \arccos 0.8 = 36.8699°$$

$$\sin\varphi_N = \sqrt{1-\cos^2\varphi_N} = \sqrt{1-0.8^2} = 0.6$$

$$\psi_N = \arctan\frac{U\sin\varphi_N + X_s I}{U\cos\varphi_N} = \arctan\frac{5773.5\text{V}\times 0.6 + 6\Omega\times 1732.1\text{A}}{5773.5\text{V}\times 0.8} = 71.5651°$$

$$\delta_N = \psi_N - \varphi_N = 71.5651° - 36.8699° = 34.6952°$$

$$E_{0N} = \sqrt{(U\cos\varphi_N)^2 + (U\sin\varphi_N + X_s I)^2} = \sqrt{(5773.5\times 0.8)^2 + (5773.5\times 0.6 + 6\times 1732.1)^2}\text{V} = 14606\text{V}$$

$$E_{0p} = 0.9 E_{0N} = 0.9\times 14606\text{V} = 13145\text{V}$$

$$\delta_p = \arcsin\frac{P_M}{3E_{0p}U/X_s} = \arcsin\frac{24\times 10^6\text{W}}{3\times 13145\text{V}\times 5773.5\text{V}/6\Omega} = 39.2315°$$

$$\cos\varphi_p = \frac{E_{0p}\sin\delta_p}{\sqrt{(E_{0p}\sin\delta_p)^2 + (E_{0p}\cos\delta_p - U)^2}}$$

$$= \frac{13145\text{V}\times\sin 39.2315°}{\sqrt{(13145\text{V}\times\sin 39.2315°)^2 + (13145\text{V}\times\cos 39.2315° - 5773.5\text{V})^2}} = 0.8835$$

10.2.4 模拟试题四答案

一、单选题（每题 2 分，共 30 分）

1. C；2. D；3. B；4. A；5. D；6. A；7. A；8. B；9. C；10. C；11. D；12. B；13. A；14. D；15. C

二、作图或简答题（每题 4 分，共 20 分）

1. 答案：两条特性曲线如图 10-2 所示。并励直流发电机外特性曲线下降程度更大，因为在并励直流发电机中，端电压的下降会进一步引起励磁电流减小，从而使每极磁通减小，电枢感应电势减小，引起端电压的进一步减小。

2. 答案：联结组别为 Yd1；变比 $k = (U_{1N}/\sqrt{3})/U_{2N} = (380/\sqrt{3})/220 = 1$；绕组接线图见图 10-3。

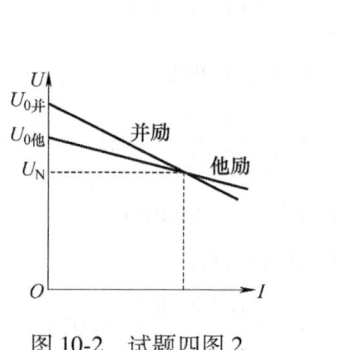

图 10-2 试题四图 2

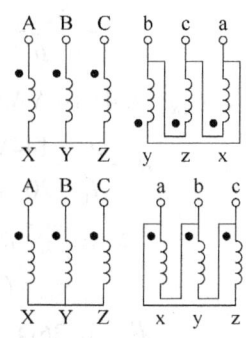

图 10-3 试题四图 3

3. 答案：方法：采用短距绕组或分布绕组。采用短距绕组，例如取短距角 $\beta = \pi/5$，使 $\cos(5\beta/2) = 0$，即可消除 5 次谐波。

4. 答案：两条机械特性曲线如图 10-4 所示。特征：同步转速随频率正比变化；最大转矩不变；最初起动转矩增大。

5. 答案：V 形曲线是指同步发电机并网运行时，在一定的有功功率下，电枢电流随励磁电流的变化曲线。两条 V 形曲线如图 10-5 所示。

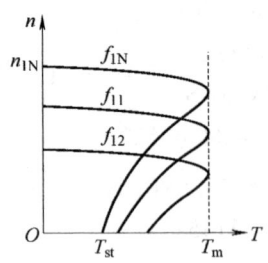

图 10-4 试题四图 4

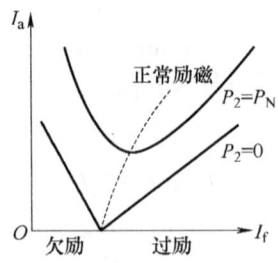

图 10-5 试题四图 5

三、计算题（每题 10 分，共 50 分）

1. 解：$I_N = \dfrac{P_N}{\eta_N U_N} = \dfrac{8\times 10^3 \text{W}}{0.85\times 220\text{V}} = 42.7807\text{A}$；$I_{fN} = \dfrac{U_N}{R_f} = \dfrac{220\text{V}}{100\Omega} = 2.2\text{A}$

$$I_{aN} = I_N - I_{fN} = (42.7807 - 2.2)\text{A} = 40.5807\text{A}$$

$$E_{aN} = U_N - R_a I_{aN} = 220\text{V} - 0.1\Omega \times 40.5807\text{A} = 215.9419\text{V}$$

$C_e \Phi_N = \dfrac{E_{aN}}{n_N} = \dfrac{215.9419\text{V}}{1500\text{r/min}} = 0.144\text{V/(r/min)}$；$E_{a0} = U_N - R_a I_{a0} = 220\text{V} - 0.1\Omega \times 2\text{A} = 219.8\text{V}$

$$n_0 = \dfrac{E_{a0}}{C_e \Phi_N} = \dfrac{219.8\text{V}}{0.144\text{V/(r/min)}} = 1526.8\text{r/min}$$

（1）$I_a = \dfrac{U_N}{U} I_{aN} = \dfrac{220}{180}\times 40.5807\text{A} = 49.5987\text{A}$

（2）$E_a = U - R_a I_a = 180\text{V} - 0.1\Omega \times 49.5987\text{A} = 175.0401\text{V}$

$$C_e \Phi = \dfrac{U}{U_N} C_e \Phi_N = \dfrac{180}{220} 0.144\text{V/(r/min)} = 0.1178\text{V/(r/min)}$$

$$n = \dfrac{E_a}{C_e \Phi} = \dfrac{175.0401\text{V}}{0.1178\text{V/r/min}} = 1486.1\text{r/min}$$

2. 解：$I_{1N} = S_N/U_{1N} = 4.4\times 10^3 \text{VA}/220\text{V} = 20\text{A}$；$I_k = I_{1N} = 20\text{A}$

$$R_k = \dfrac{p_k}{I_k^2} = \dfrac{144\text{W}}{20^2 \text{A}^2} = 0.36\Omega \text{；} z_k = \dfrac{U_k}{I_k} = \dfrac{18\text{V}}{20\text{A}} = 0.9\Omega$$

$$X_k = \sqrt{z_k^2 - R_k^2} = \sqrt{0.9^2 - 0.36^2}\,\Omega = 0.8249\Omega$$

$$z_{1b} = U_{1N}/I_{1N} = 220\text{V}/20\text{A} = 11\Omega$$

$$R_k^* = \dfrac{R_k}{z_{1b}} = \dfrac{0.36\Omega}{11\Omega} = 0.0327 \text{；} X_k^* = \dfrac{X_k}{z_{1b}} = \dfrac{0.8249\Omega}{11\Omega} = 0.075$$

$$\beta = 0.85，\cos\varphi_2 = 0.8（超前），\sin\varphi_2 = -0.6$$

$$\Delta U = \beta(R_k^* \cos\varphi_2 + X_k^* \sin\varphi_2)\times 100\% = 0.85\times(0.0327\times 0.8 - 0.075\times 0.6)\times 100\% = -1.6\%$$

$$\eta = \dfrac{\beta S_N \cos\varphi_2}{\beta S_N \cos\varphi_2 + \beta^2 p_k + p_0}\times 100\%$$

$$= \dfrac{0.85\times 4.4\times 10^3 \text{VA}\times 0.8}{0.85\times 4.4\times 10^3 \text{VA}\times 0.8 + 0.85^2\times 144\text{W} + 49\text{W}}\times 100\% = 95.13\%$$

$$\beta_{\mathrm{m}} = \sqrt{\frac{p_0}{p_{\mathrm{k}}}} = \sqrt{\frac{49\mathrm{W}}{144\mathrm{W}}} = 0.5833 \ ; \quad \cos\varphi_2 = 0.8$$

$$\eta_{\mathrm{m}} = \frac{\beta_{\mathrm{m}} S_{\mathrm{N}} \cos\varphi_2}{\beta_{\mathrm{m}} S_{\mathrm{N}} \cos\varphi_2 + 2p_0} \times 100\% = \frac{0.5833 \times 4.4 \times 10^3 \mathrm{W} \times 0.8}{0.5833 \times 4.4 \times 10^3 \mathrm{W} \times 0.8 + 2 \times 49\mathrm{W}} \times 100\% = 95.44\%$$

3. 解：（1）$\tau = \dfrac{Z_1}{2p} = \dfrac{60}{4} = 15 \ ; \quad q = \dfrac{Z_1}{2pm} = \dfrac{60}{4 \times 3} = 5$

$$\alpha = \frac{p \times 360°}{Z_1} = \frac{2 \times 360°}{60} = 12° \ ; \quad \beta = (\tau - y)\alpha = (15 - 12) \cdot 12° = 36°$$

$$k_{\mathrm{w1}} = k_{\mathrm{y1}} k_{\mathrm{q1}} = \cos\frac{\beta}{2} \cdot \frac{\sin\dfrac{q\alpha}{2}}{q\sin\dfrac{\alpha}{2}} = \cos\frac{36°}{2} \sin\frac{5 \times 12°}{2} \bigg/ 5\sin\frac{12°}{2} = 0.9098$$

（2）$N_1 = \dfrac{2pqN_y}{a} = \dfrac{4 \times 5 \times 6}{4} = 30$

（3）$F_1 = 1.35\dfrac{I_1 N_1}{p} k_{\mathrm{w1}} = 1.35 \times \dfrac{249\mathrm{A} \times 30}{2} \times 0.9098 = 4587.7\mathrm{A}$

4. 解：（1）$k_z = \left(\dfrac{N_1 k_{\mathrm{w1}}}{N_2 k_{\mathrm{w2}}}\right)^2 = \left(\dfrac{200 \times 0.94}{50 \times 0.96}\right)^2 = 15.3403$

$R_2' = k_z R_2 = 15.3403 \times 0.04\Omega = 0.6136\Omega \ ; \quad X_{2\sigma}' = k_z X_{2\sigma} = 15.3403 \times 0.1\Omega = 1.534\Omega$

$$n_1 = 1500\mathrm{r/min} \ ; \quad U = U_{\mathrm{N}} = 380\mathrm{V}$$

$$s_{\mathrm{N}} = \frac{n_1 - n_{\mathrm{N}}}{n_1} = \frac{(1500 - 1425)\mathrm{r/min}}{1500\mathrm{r/min}} = 0.05$$

$$\Omega_1 = \frac{2\pi n_1}{60} = \frac{2\pi \times 1500\mathrm{rad}}{60\mathrm{s}} = 157.0796\mathrm{rad/s}$$

$$T = \frac{1}{\Omega_1} \frac{3U^2 R_2'/s_{\mathrm{N}}}{(R_1 + R_2'/s_{\mathrm{N}})^2 + (X_{1\sigma} + X_{2\sigma}')^2}$$

$$= \frac{1}{157.0796} \frac{3 \times 380^2 \times 0.6136/0.05}{(0.715 + 0.6136/0.05)^2 + (1.74 + 1.534)^2} \mathrm{N \cdot m} = 188.6689\mathrm{N \cdot m}$$

$$P_{\mathrm{M}} = T\Omega_1 = 188.6689\mathrm{N \cdot m} \times 157.0796\mathrm{rad/s} = 29.636\mathrm{kW}$$

（2）$s_{\mathrm{p}} = \dfrac{R_2 + R_{\mathrm{tj}}}{R_2} s_{\mathrm{N}} = \dfrac{(0.04 + 0.4)\Omega}{0.04\Omega} 0.05 = 0.55$

$$n = n_1(1 - s_{\mathrm{p}}) = 1500\mathrm{r/min}(1 - 0.55) = 675\mathrm{r/min}$$

$p_{\mathrm{tj}} = (s_{\mathrm{p}} - s_{\mathrm{N}})P_{\mathrm{M}} = (0.55 - 0.05) \times 29.636\mathrm{kW} = 14.818\mathrm{kW} \ ; \quad P_1 = P_{\mathrm{N}}/\eta_{\mathrm{N}} = 28\mathrm{kW}/0.88 = 31.818\mathrm{kW}$

$$\eta = \frac{P_{\mathrm{N}} - p_{\mathrm{tj}}}{P_1} \times 100\% = \frac{(28 - 14.818)\mathrm{kW}}{31.818\mathrm{kW}} \times 100\% = 41.43\%$$

5. 解：（1）$U = \dfrac{U_{\mathrm{N}}}{\sqrt{3}} = \dfrac{400\mathrm{V}}{\sqrt{3}} = 230.9401\mathrm{V} \ ; \quad I_{\mathrm{N}} = \dfrac{S_{\mathrm{N}}}{\sqrt{3} U_{\mathrm{N}}} = \dfrac{100 \times 10^3 \mathrm{W}}{\sqrt{3} \times 400\mathrm{V}} = 144.3376\mathrm{A}$

$$P_{\mathrm{M}} = S_{\mathrm{N}} \cos\varphi_{\mathrm{N}} = 100\mathrm{kVA} \times 0.8 = 80\mathrm{kW} \ ; \quad \varphi_{\mathrm{N}} = \arccos 0.8 = 36.8699°$$

$$\sin\varphi_N = \sqrt{1-\cos^2\varphi_N} = \sqrt{1-0.8^2} = 0.6$$

$$\psi_N = \arctan\left(\frac{U\sin\varphi_N + X_s I}{U\cos\varphi_N}\right) = \arctan\left(\frac{230.9401\text{V}\times 0.6 + 1.2\Omega\times 144.3376\text{A}}{230.9401\text{V}\times 0.8}\right) = 59.3493°$$

$$\delta_N = \psi_N - \varphi_N = 59.3493° - 36.8699° = 22.4794°$$

(2) $E_{0N} = \sqrt{(U\cos\varphi_N)^2 + (U\sin\varphi_N + X_s I_N)^2}$

$= \sqrt{(230.9401\times 0.8)^2 + (230.9401\times 0.6 + 1.2\times 144.3376)^2}\text{V} = 362.3994\text{V}$

$$I_p = \frac{0.8 P_M}{3 U\cos\varphi_N} = \frac{0.8\times 80\times 10^3\text{W}}{3\times 230.9401\text{V}\times 0.8} = 115.4701\text{A}$$

$E_{0p} = \sqrt{(U\cos\varphi_N)^2 + (U\sin\varphi_N + X_s I_N)^2}$

$= \sqrt{(230.9401\times 0.8)^2 + (230.9401\times 0.6 + 1.2\times 144.3376)^2}\text{V} = 333.0666\text{V}$

$$k = E_{0p}/E_{0N} = 333.0666\text{V}/362.3994\text{V} = 0.9191$$

10.2.5 模拟试题五答案

一、单选题或填空题（每题2分，共30分）

1. A；2. B；3. A；4. (0.1)；5. D；6. C；7. C；8. A；9. B；10. A；11. E；12. C；13. A；14. A；15. B

二、简答题（每题5分，共20分）

1. 答案：不可行。因为他励直流电动机的磁通恒定，恒转矩负载所需的电磁转矩也恒定，根据电磁转矩公式，系统稳定后，电枢电流将保持不变。

2. 答案：(1) 绕组连线图如图10-6所示；相量图如图10-7所示。(2) 参考图10-8。

AB = 400， ab = 100， AD = $100\times\sqrt{3}/2 = 50\sqrt{3}$， BD = $400 - 50\sqrt{3}$

Dc = 50， Bc = $\sqrt{Dc^2 + BD^2} = \sqrt{50^2 + (400-50\sqrt{3})^2} = 317.3609$；$U_{Bc} = 317.3609\text{V}$

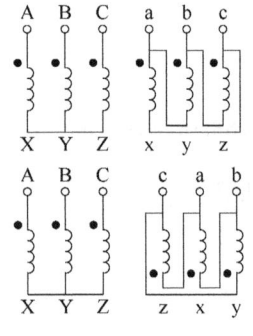
图10-6 试题五图1

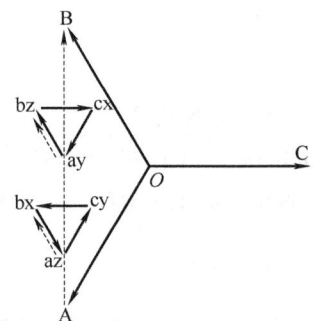
图10-7 试题五图2

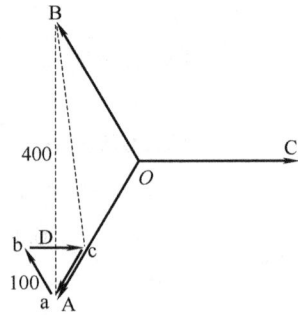
图10-8 试题五图3

3. 答案：(1) 电磁转矩增大，定子电流增大，转速降低。(2) 理由：转子电阻增大后，转子电流和电磁转矩瞬间减小，系统减速。系统减速后，负载转矩增大，转子电流和电磁转矩也随之增大，在新的平衡位置，转矩增大了，转子电流增大了，转速降低了。根据磁势平衡，定子电流也增大了。解析：可参看图10-9来理解。转子串电阻前，系统运行在A点，串电阻且稳定后，系统运行在B点，显然B的转速低于A点，转矩大于A点。如果电动机驱动的是恒转矩负载,则串电阻稳定后运行在 B'点,B'点的转速相对于 A 点下降了,转矩没变,电流也没变。从 B'点到 B 点,转矩增大了,电流也增大了。

4. 答案:直流电动机的电枢电流增大,转速不变,同步发电机的电磁功率增大,功角增大。理由:并网后发电机组转速被电网频率锁定而保持不变。减小直流电动机的励磁电流后,直流电动机的磁通减少,电枢电势减小,导致电枢电流增大,从而导致电磁转矩增大,使得同步发电机的输入有功增大,电磁功率和功角也随之增大。解析:可参看图 10-10 来理解。直流电动机转速被同步发电机锁定后,如果减少直流电动机的励磁电流,稳定后,直流电动机的工作点从 A 点转移到了 B 点,显然 B 点的转矩大于 A 点。所以同步电动机的有功功率增加了,功角增大了。

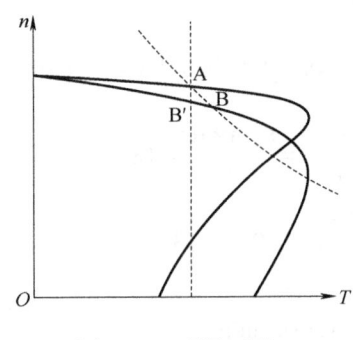

图 10-9　试题五图 4

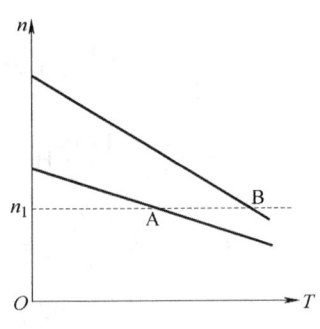

图 10-10　试题五图 5

三、计算题(每题 10 分,共 50 分)

1. 解:(1) $I_{fN} = \dfrac{U_N}{R_f} = \dfrac{220\text{V}}{110\Omega} = 2\text{A}$;$I_{aN} = I_N - I_{fN} = (110-2)\text{A} = 108\text{A}$

$E_{aN} = U_N - R_a I_{aN} = 220\text{V} - 0.1\Omega \times 108\text{A} = 209.2\text{V}$;$P_M = E_{aN} I_{aN} = 209.2\text{V} \times 108\text{A} = 22.594\text{kW}$

$\Omega_N = \dfrac{2\pi n_N}{60} = \dfrac{2\pi \times 1500\text{rad}}{60\text{s}} = 157.0796\text{rad/s}$;$T = \dfrac{P_M}{\Omega_N} = \dfrac{22.594 \times 10^3\text{W}}{157.0796\text{rad/s}} = 143.8353\text{N}\cdot\text{m}$

$T_{2N} = \dfrac{P_N}{\Omega_N} = \dfrac{22 \times 10^3\text{W}}{157.0796\text{rad/s}} = 140.0563\text{N}\cdot\text{m}$;$T_0 = T - T_{2N} = (143.8353 - 140.0563)\text{N}\cdot\text{m} = 3.779\text{N}\cdot\text{m}$

(2) $I_{ap} = 2I_{aN} = 2 \times 108\text{A} = 216\text{A}$;$E_{ap} = U_N - R_a I_{ap} = 220\text{V} - 0.1\Omega \times 216\text{A} = 198.4\text{A}$

$$n_p = 2n_N \dfrac{E_{ap}}{E_{aN}} = 2 \times 1500\text{r/min} \times \dfrac{198.4\text{V}}{209.2\text{V}} = 2845.1\text{r/min}$$

2. 解:(1) $z_k^* = u_k = 0.055$;$R_k^* = \dfrac{p_{Cu}}{S_N} = \dfrac{1960\text{W}}{100 \times 10^3\text{VA}} = 0.0196$

$$X_k^* = \sqrt{z_k^{*2} - R_k^{*2}} = \sqrt{0.055^2 - 0.0196^2} = 0.0514;\ \sin\varphi = 0.6$$

(2) $\Delta U = \dfrac{U_{2N} - U_2}{U_{2N}} \times 100\% = \dfrac{(230-222)\text{V}}{230\text{V}} \times 100\% = 3.48\%$

$$\beta = \dfrac{\Delta U}{R_k^* \cos\varphi + X_k^* \sin\varphi} = \dfrac{0.0348}{0.0196 \times 0.8 + 0.0514 \times 0.6} = 0.7478$$

(3) $\beta_m = \sqrt{\dfrac{p_{Fe}}{p_{Cu}}} = \sqrt{\dfrac{810\text{W}}{1960\text{W}}} = 0.6429$

$$\eta_m = \frac{\beta_m S_N \cos\varphi}{\beta_m S_N \cos\varphi + 2p_{Fe}} \times 100\% = \frac{0.6429 \times 100 \times 10^3 \text{VA} \times 0.8}{0.6429 \times 100 \times 10^3 \text{VA} \times 0.8 + 2 \times 810\text{W}} \times 100\% = 96.95\%$$

3. 解：（1）$q = \dfrac{Z_1}{2pm} = \dfrac{54}{2 \times 3 \times 3} = 3$；$\tau = \dfrac{Z_1}{2p} = \dfrac{54}{6} = 9$

$$\beta = \frac{\tau - y}{\tau} 180° = \frac{9-7}{9} 180° = 20°;\quad \alpha = \frac{p \times 360°}{Z_1} = \frac{3 \times 360°}{54} = 20°$$

$$k_q = \frac{\sin\dfrac{q\alpha}{2}}{q\sin\dfrac{\alpha}{2}} = \frac{\sin\dfrac{3 \times 20°}{2}}{3 \times \sin\dfrac{20°}{2}} = 0.9598$$

$$k_y = \cos\frac{\beta}{2} = \cos\frac{20°}{2} = 0.9397;\quad k_{w1} = k_y k_q = 0.9397 \times 0.9598 = 0.9019$$

$$f_1 = \frac{\omega_1}{2\pi} = \frac{120\pi}{2\pi} \text{Hz} = 60\text{Hz};\quad N_1 = \frac{2pqN_y}{a} = \frac{6 \times 3 \times 10}{1} = 180$$

$$F_1 = 1.35 \frac{N_1 I_1}{p} k_{w1} = 1.35 \times \frac{180 \times 100\text{A}}{3} \times 0.9019 = 7305.5\text{A}$$

$$n_1 = \frac{60 f_1}{p} = \frac{60 \times 60}{3} \text{r/min} = 1200 \text{r/min}$$

（2）由于电流的相序为 ACB，所以合成磁势转向为逆时针。

4. 解：（1）$P_\Omega = P_N + p_m + p_\Delta = (7.5 \times 10^3 + 80)\text{W} = 7580\text{W}$

$$n_1 = \frac{60f}{p} = \frac{60 \times 50}{3} \text{r/min} = 1000\text{r/min};\quad s_N = \frac{n_1 - n_N}{n_1} = \frac{(1000-960)\text{r/min}}{1000\text{r/min}} = 0.04$$

$$P_M = P_\Omega/(1-s_N) = 7580\text{W}/(1-0.04) = 7895.8\text{W}$$

$$P_1 = P_M + p_{Cu1} + p_{Fe} = (7895.8 + 470 + 230)\text{W} = 8595.8\text{W}$$

$$I_1 = \frac{P_1}{\sqrt{3} U_N \cos\varphi_1} = \frac{8595.8\text{W}}{\sqrt{3} \times 380\text{V} \times 0.8} = 16.325\text{A}$$

$$\eta_N = \frac{P_N}{P_1} \times 100\% = \frac{7.5 \times 10^3 \text{W}}{8595.8\text{W}} \times 100\% = 87.25\%$$

（2）$s = \dfrac{n_1 - n}{n_1} = \dfrac{(1000-(-500))\text{r/min}}{1000\text{r/min}} = 1.5$；$R_{2p} = \left(\dfrac{s}{s_N} - 1\right) R_2 = \left(\dfrac{1.5}{0.04} - 1\right) 0.1\Omega = 3.65\Omega$

5. 解：（1）$U = U_N/\sqrt{3} = 400\text{V}/\sqrt{3} = 230.9401\text{V}$

$$I_d = \frac{E_0 - U\cos\delta}{X_d} = \frac{400\text{V} - 230.9401\text{V} \times \cos 20°}{3\Omega} = 60.9958\text{A}$$

$$I_q = \frac{U\sin\delta}{X_q} = \frac{230.9401\text{V} \times \sin 20°}{2\Omega} = 39.4931\text{A}$$

$$\psi = \arctan\frac{I_d}{I_q} = \arctan\frac{60.9958\text{A}}{39.4931\text{A}} = 57.0780°$$

$$\cos\varphi = \cos(\psi - \delta) = \cos(57.0780° - 20°) = 0.7978$$

$$I=\sqrt{I_d^2+I_q^2}=\sqrt{60.9958^2+39.4931^2}\,\text{A}=72.6649\text{A}$$

$$P_M=3UI\cos\varphi=3\times230.9401\text{V}\times72.6649\text{A}\times0.7978=40165\text{W}$$

（2） $I_p=I\cos\varphi=72.6649\text{A}\times0.7978=57.9731\text{A}$

$$\psi_p=\arctan\frac{X_q I_p}{U}=\arctan\frac{2\Omega\times57.9731\text{A}}{230.9401\text{V}}=26.6595°$$

$$I_{pd}=I_p\sin\psi_p=57.9731\text{A}\times\sin26.6595°=26.0118\text{A}$$

$$E_{0p}=U\cos\psi_p+I_{pd}X_d=230.9401\text{V}\times\cos26.6595°+26.0118\text{A}\times3\Omega=284.424\text{V}$$

$$k=E_{0p}/E_0=284.424\text{V}/400\text{V}=0.7111$$

参 考 文 献

[1] 苏少平，高琳，杜锦华，等. 电机学 [M]. 北京：机械工业出版社，2021.
[2] 阎治安，苏少平，崔新艺. 电机学 [M]. 3版. 西安：西安交通大学出版社，2016.
[3] 阎治安，孙萍. 电机学习题解析及实验指导 [M]. 3版. 西安：西安交通大学出版社，2016.
[4] CHAPMAN S J. 电机学：第五版 [M]. 刘新正，苏少平，高琳，等译. 北京：电子工业出版社，2012.
[5] UMANS S D. 电机学：第七版 [M]. 刘新正，苏少平，高琳，译. 北京：电子工业出版社，2014.
[6] 汪国梁. 电机学 [M]. 北京：机械工业出版社，2004.
[7] 戴文进，杨莉. 电机学导学导教 [M]. 北京：清华大学出版社，2010.